“十二五”国家重点图书
先进钢铁材料技术丛书

铁素体不锈钢的
物理冶金学原理及生产技术

刘振宇 江来珠 著

北京
冶金工业出版社
2014

内 容 简 介

本书描述了铁素体不锈钢的物理冶金学原理和工业生产技术，重点讨论铁素体不锈钢的凝固组织控制及凝固组织对产品性能的影响、微合金元素析出行为及对使用性能的影响、显微组织和织构的演变规律、表面质量控制原理和技术、铁素体不锈钢焊接性能及铁素体不锈钢的高温氧化行为等。

本书可为从事铁素体不锈钢生产和应用方面的专业技术人员提供一定的理论依据和工艺设计参考。

图书在版编目(CIP)数据

铁素体不锈钢的物理冶金学原理及生产技术/刘振宇，江来珠著.—北京：冶金工业出版社，2014.3
(先进钢铁材料技术丛书)
"十二五"国家重点图书
ISBN 978-7-5024-6467-7

Ⅰ.①铁… Ⅱ.①刘… ②江… Ⅲ.①铁素体—不锈钢—物理冶金学 Ⅳ.①TG113.1

中国版本图书馆 CIP 数据核字(2014)第 028018 号

出 版 人 谭学余
地　　址 北京北河沿大街嵩祝院北巷 39 号，邮编 100009
电　　话 (010)64027926 电子信箱 yjcbs@cnmip.com.cn
策　　划 谭学余 张 卫 责任编辑 卢 敏 美术编辑 彭子赫
版式设计 孙跃红 责任校对 石 静 刘 倩 责任印制 牛晓波
ISBN 978-7-5024-6467-7
冶金工业出版社出版发行；各地新华书店经销；三河市双峰印刷装订有限公司印刷
2014 年 3 月第 1 版，2014 年 3 月第 1 次印刷
169mm×239mm；16.75 印张；12 彩页；353 千字；254 页
58.00 元

冶金工业出版社投稿电话:(010)64027932 投稿信箱:tougao@cnmip.com.cn
冶金工业出版社发行部 电话:(010)64044283 传真:(010)64027893
冶金书店 地址:北京东四西大街 46 号(100010) 电话:(010)65289081(兼传真)
(本书如有印装质量问题，本社发行部负责退换)

《先进钢铁材料技术丛书》
编辑委员会

序言

钢铁材料具有资源丰富、生产规模大、品种规格多、性能稳定且多样化等特点，并易于加工、价格低廉。钢铁材料既方便使用，又便于回收，是人类从铁器时代就开始使用的材料，目前也是工业生产和人民生活中最广泛使用的材料。在可以预见的未来，还没有哪一种材料能够全面取代钢铁材料的作用。钢铁材料是人类社会进步的重要物质基础。

我国经济和社会持续不断地发展，钢产量持续快速增长，自1996年以来，粗钢产量连续十多年保持世界首位。但是，金属矿产资源、能源、交通运输和环境等方面却难以支撑不断增长且数量庞大的钢材生产和使用的需求。在技术进步和各种材料的竞争条件下，人们提出了钢铁材料合理生产和创新发展的问题。那么，中国需要什么样的钢铁材料呢？

进入21世纪，一方面，国民经济各个部门都需要高性能、高精度和低成本的先进钢铁材料，如高层建筑、海洋设施、大跨度重载桥梁、高速铁路、轻型节能汽车、石油开采和长距离油气输送管线、大型储存容器、工程机械、精密仪器、大型民用船舶、军用舰艇、航空航天和国防装备等都需要专业用途的先进钢铁材料；另一方面，社会的发展对钢铁的生产、加工、使用和回收等环节又提出了节约能源、节省金属矿产资源、保持环境等要求。因此，从科学发展观来看，我们现在和未来的经济建设和社会发展迫切需要的先进钢铁材料，应该是采用先进技术生产的高技术含量的钢铁材料，是具有高性能、高精度、低成本、绿色化为特征的钢铁材料，如高强度、高韧性、长寿命的高性能化；高形状尺寸精度和高表面质量的高精度化；低合金含量和优化工艺流程的低成本化；易于回收和再利用的绿色化。

近年来，在国家发改委、国防科工委和科技部的大力支持下，国内的科研院所、高校和企业的研发人员承担了国家工程研究中心、重点工程配套材料、国家支撑计划、国家“973”规划、国家“863”计划等国家重要科技项目工作，开展了先进钢铁材料的研发，在基础理论、工艺技术、产品应用等方面都取得了很好的成绩。为了促进钢铁材料发展，满足市场需要，先进钢铁材料技术国家工程研究中心，中国金属学会特殊钢分会和冶金工业出版社共同发起，并由先进钢铁材料技术国家工程研究中心和中国金属学会特殊钢分会负责组织编写了《先进钢铁材料技术丛书》。先进钢铁材料技术国家工程研究中心专家委员会专家和中国金属学会特殊钢分会的专业人员组成本套丛书的编辑委员会。本套丛书的编写与出版具有时代意义。丛书编委会将组织国内钢铁冶金和材料领域的知名学者分别撰写，努力反映先进钢铁材料的科研、生产和应用的最新进展。期望本套丛书能够在推动先进钢铁材料的研究、生产和应用等方面发挥积极作用。本套丛书的出版可以为钢铁材料生产和使用部门的技术人员提供先进钢铁材料生产和使用的技术基础、也可为相关大专院校师生提供教学参考。我们组织编写《先进钢铁材料技术丛书》尚属首次。本套丛书将分册撰写，陆续出版。书中存在的疏漏和不足之处，欢迎读者批评指正。

《先进钢铁材料技术丛书》编委会

前言

我国不锈钢表观消费量在2010年突破了1000万吨，2012年粗钢产能超过了1600万吨，呈快速增长的态势。但是，镍金属价格波动带来的奥氏体不锈钢效益下滑的风险始终如一把“达摩克利斯之剑”高悬于我国不锈钢生产行业的头上。因此，大力发展节镍型的铁素体不锈钢已经势在必行。“十一五”规划期间，国家自然科学基金重点项目及国家科技支撑计划等分别对这一方面的研究工作进行了资助。我国不锈钢主要生产企业如太钢、宝钢和酒钢等的铁素体不锈钢产量比例也先后突破了40%，品种结构较5年前有了大幅度改善。铁素体不锈钢在国民经济建设中正在发挥着越来越重要的作用，其生产过程中遇到的各类物理冶金学问题也受到了更大的关注。

虽然关于不锈钢甚至铁素体不锈钢各类性能的专业书籍已不乏其类，但至今未有一部专门讨论铁素体不锈钢物理冶金学原理的专业书籍问世。为填补这方面的缺憾，更希望为从事铁素体不锈钢生产和应用方面的专业技术人员提供一定的理论参考和工艺设计依据，本书作者结合前人已经取得的宝贵经验和研究结果，将自身从事这方面研究的一些心得体会汇集成书，希望能够对有关人员起到一定的帮助作用。

本书并没有将铁素体不锈钢的耐腐蚀性能作为讨论的重点。原因是：(1) 关于铁素体不锈钢耐蚀性能的讨论已有众多论述，如肖纪美院士的《不锈钢的金属学问题》(冶金工业出版社，2006) 和康喜范先生的《铁素体不锈钢》(冶金工业出版社，2012)，他们精深的论点足以为不锈钢耐蚀性能的深入研究指明方向；(2) 作者写作本书的意图是从铁素体不锈钢所特有的物理冶金学原理入手，尽可能与实际生产相结合，阐述铁素体不锈钢在生产过程中显微组织和力学性能的变化规律，为解决现场生产中出现的各类问题提供一定的理论参考。因此，作者以材料加工工艺为切入点，将讨论的重点放在了铁素体不锈钢生产过程中（特别是热轧、冷轧及热处理过程）涉及的物理冶金学问题，更多关注了显微组织结构、微结构、力学性能及成型性能的演变规律。

基于此，本书在第2章中重点介绍了不锈钢的工业生产装备和工艺技术，目的是为不锈钢初学者或在校的研究生及本科生熟悉不锈钢的生产过程打下初步的基础；第3章以热力学计算为基础讨论了铁素体不锈钢的相组成及其演变规律，提出了合金化和微合金化的成分设计准则；第4章分析了铁素体不锈钢凝固组织的变化规律及其对显微组织演变的影响；第5章针对微合金元素的沉淀析出行为讨论了超纯铁素体不锈钢的微合金化机理；第6章对铁素体不锈钢的再结晶行为进行了系统阐述；第7章和第8章分别论述了铁素体不锈钢成型性能和表面起皱行为的影响因素及控制方法；第9章针对铁素体不锈钢热轧过程中经常出现的热轧粘辊现象及其机理和控制措施进行了讨论；第10章总结了铁素体不锈钢的一些先进制备技术，以期对高性能铁素体不锈钢的生产起到促进作用。

铁素体不锈钢生产中涉及的问题众多，而作者的能力有限且积累的知识和经验不足，因此本书不可能面面俱到，很多方面还不会得出成熟的结论。因此只能抛砖引玉，唯望能借此将铁素体不锈钢存在的一些问题引向更深层次的研究和讨论。如果此书的出版能给我国铁素体不锈钢的生产带来一点点帮助，那就更是本书作者所求之不得的。

本书第2章、第3章主要由江来珠负责撰写，其他章节由刘振宇撰写并负责全书的修订和编写。本书中涉及的大部分研究结果来自于作者领导的不锈钢研究小组中各位研究生的辛勤工作。他们是已经毕业的博士研究生刘海涛、张驰、方轶流、杜伟和郑淮北博士，以及硕士研究生于德建和程逸明，在读博士及硕士研究生高飞、谢胜涛、张向军等，在此向他们表示衷心的感谢。在本书写作过程中，王国栋院士及作者所在单位的领导对本书的完成给予了高度的关心和关注并给予了全力支持，在此向他们表示衷心感谢。谢胜涛同学在本书校对和参考文献整理等方面做了大量工作，在此表示感谢。本书是在国家自然科学基金重点项目（50734002）的资助下完成的，在此向自然科学基金委表示衷心感谢。

著　者

2013年8月

目录

1 概　　论

1.1 我国不锈钢需求变化、生产技术发展及面临的主要问题

我国不锈钢的消费和生产与整个钢铁工业一样发展迅速，对不锈钢的需求达到了一个很高的水平，但不锈钢昂贵的价格，也使其在我国的应用受到了一定的限制。随着近几年国民经济的快速发展，不锈钢除在航空、核能、舰船、石化等工业领域广泛应用外，已向交通运输（汽车、火车）、厨房用具、家用电器、建筑装饰等民用领域发展。自 2001 年我国已成为世界上不锈钢第一消费大国。产量从 1998 年的 20 万吨增加到 2004 年的 236.4 万吨，6 年间翻了近 12 倍，到 2010 年达到了 1000 万吨左右。不锈钢消费的快速增长主要体现在以下领域：

（1）汽车工业是当前发展最快的不锈钢应用领域。汽车的排气系统、油箱、甚至车身等越来越多地采用不锈钢，日本轿车不锈钢用量已从平均每辆 10kg 增至 30kg，美国已超过 40kg。

（2）建筑业是不锈钢应用最早的领域之一，目前也是用量最大的行业。在建筑装饰、不锈钢屋面、建筑结构等都大量采用不锈钢。

（3）在家电业中，不锈钢用量大的有自动洗衣机内筒、热水器内胆、微波炉内外壳体、冰箱内衬等，并且多采用铁素体不锈钢。国内家电行业是不锈钢应用的潜在大市场。据估计，今后 5～10 年，我国家电行业不锈钢需求将达到 10 万～15 万吨。

（4）当前，工业设施也越来越多采用不锈钢，比例可达到 15%～20%。化工、石化、化纤、造纸、食品、医药、能源（核电、火电、燃料电池）、环保等领域都需要不锈钢。

此外，城市建设和城市美化也大量使用不锈钢。尤其是我国的大城市和沿海城市，使用不锈钢的数量甚至超过了欧美国家，如不锈钢旗杆、街道护栏、过街天桥、指示牌、垃圾桶、候车亭、交通指挥亭等有基本实现不锈钢化的趋势。但是，不锈钢生产和使用每时每刻都在受到镍价波动的影响，严重限制了含 Ni 不锈钢的应用。2000～2011 年镍金属价格波动如图 1-1 所示。

时至今日，高性能铁素体不锈钢已经存在多年，所做的研发工作也进入了市场大力推广阶段。可以说，铁素体不锈钢对用户和生产者来说都不再是新品种。

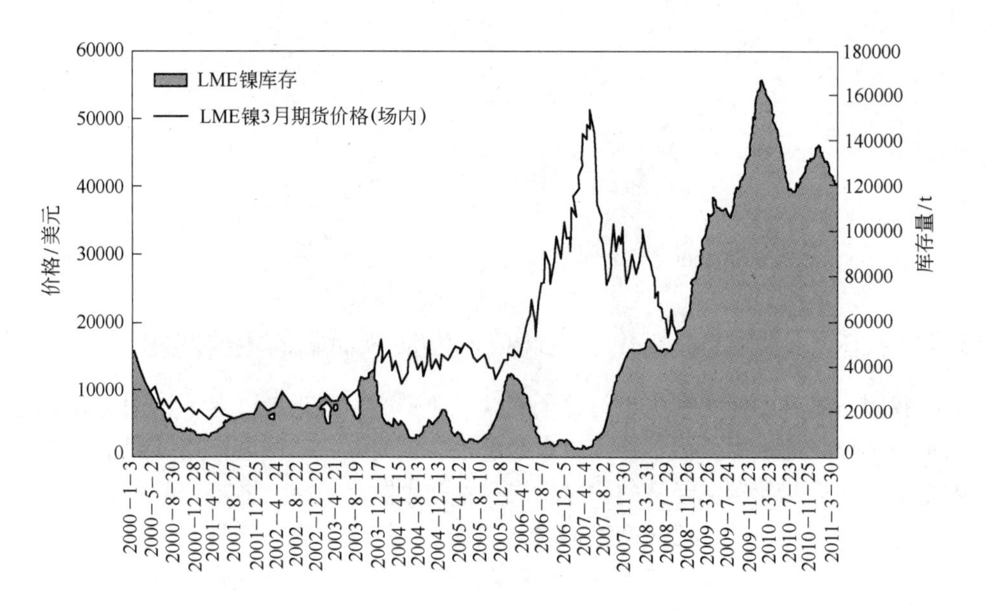

图 1-1 2000 ~ 2011 年镍金属期货价格和库存量波动

但基于历史的原因，人们对于铁素体不锈钢的认识一直存在偏差，致使这一品种始终受到冷落。430 系列曾是早期市场上唯一存在并得到认可的铁素体不锈钢品种，那时的用户们能够得到的技术支持也相当有限，特别是关于其焊接性能和严重腐蚀条件下的性能表现方面的知识更是严重匮乏。总之，对铁素体不锈钢的偏见由此形成，即：它是一种低级别的不锈钢，只有奥氏体不锈钢才是真正的不锈钢。

铁素体不锈钢正是在这种历史背景下艰难发展起来的，而现代铁素体不锈钢的处境已经有了本质改善。首先是用户可以得到全面的技术支撑，其次是品种范围大大增加，形成了以用户要求为目标的产品种类，并且在性能方面完全达到了与奥氏体不锈钢相抗衡的程度。当前，在很多情况下铁素体不锈钢都可以更好地替代其他昂贵料，因为它们可以提供“恰到好处”地满足实际应用条件的各种性能，这样就不会因性能过高而造成材料浪费。因此，把铁素体不锈钢视为低级别或高级别不锈钢的概念都是错误的，它是一种具有不同性能特点、能够满足特殊环境要求的不锈钢。与碳钢相比，铁素体不锈钢体现出更低的全生命周期损耗、更高的耐久性和极强的耐腐蚀性能；与奥氏体不锈钢相比，它体现出的优势不仅在于成本较低，更重要的是在多种性能特征方面具有优势。在铁素体不锈钢中添加其他合金元素可以获得意想不到的性能，这是铁素体不锈钢之所以具有无限发展前景的独特优势。

一直以来，我国不锈钢的结构始终以含镍奥氏体不锈钢为主。然而，我国是一个镍资源贫乏的国家，这种不锈钢产品结构造成了我国每年面临的镍资源短缺近8万吨。到2007年，我国不锈钢粗钢年产量达到884万吨，如按现有的产品结构，每年需要镍资源60万吨。严重的镍资源紧缺将成为影响钢铁工业发展的重大问题，这不仅仅是一个经济问题，还有可能危及不锈钢产业链的安全和完整。在世界不锈钢生产中，奥氏体不锈钢平均比例为75%，而在发达国家中，美国的奥氏体钢使用比例小于60%，日本在60%左右。因此，为了保证我国不锈钢产业持续、良性发展，我国不锈钢产品结构急需做出调整，为了使不锈钢的成本达到能使用户接受的程度，须大力推广和使用节镍型不锈钢。

1.2　铁素体不锈钢的发展历程及主要应用

铁素体不锈钢早期被称为“不锈铁”，主要指含11%～30% Cr，在使用状态下组织结构以铁素体为主的Fe-Cr或Fe-Cr-Mo合金，其典型相图如图1-2所示。

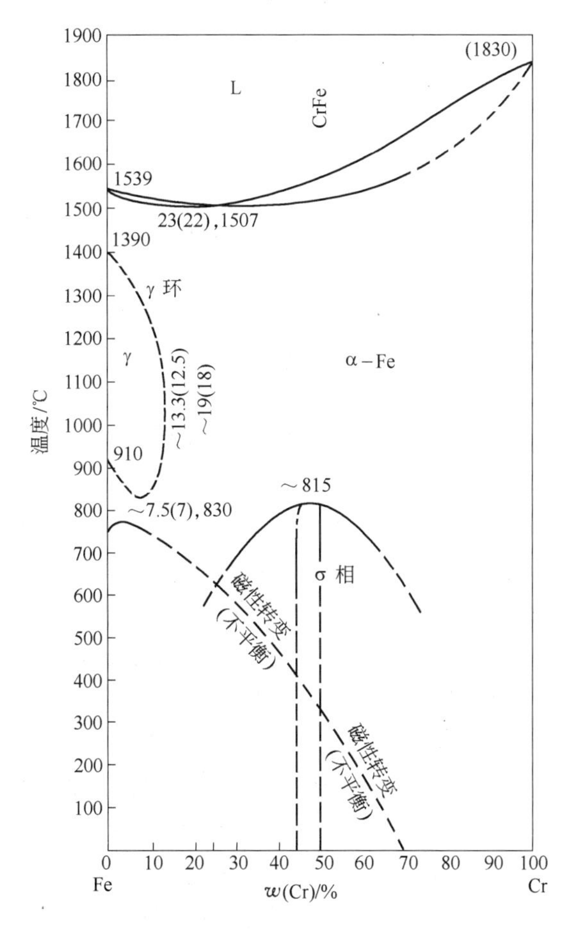

图1-2　典型的Fe-Cr合金相图

它一般具有比奥氏体不锈钢好得多的耐氯化物、苛性碱等应力腐蚀性能，还具有很好的耐海水局部腐蚀（抗点蚀、抗缝隙腐蚀和应力腐蚀开裂）性能和抗高温氧化性能。普通铁素体不锈钢的缺点是对晶间腐蚀敏感，塑性和韧性较低，韧脆转变温度在室温以上。由于焊接热影响区的晶粒粗化、475℃脆性、高温脆性以及δ相形成所引起的焊缝韧性不足，焊接裂纹倾向较大。20 世纪 60 年代的研究表明，铁素体不锈钢的上述缺陷是由间隙元素 C 和 N 造成的。随着 C、N 含量的增加，铁素体不锈钢的冲击韧性下降，韧脆转变温度上移，钢的缺口敏感性、冷却速度效应和尺寸效应显著恶化。当把 C、N 总量降到 150×10^{-6} 以下，即为超纯铁素体不锈钢时，钢的各种性能会有明显改善。铁素体不锈钢多年的发展历程大致可以归纳如下：

（1）第一代：代表钢种为中 Cr 含量的 AISI430，具有较高的 C 含量（0.08% ~0.2%），在凝固或加热过程中易形成一定量的奥氏体。

（2）第二代：代表钢种为低 Cr 含量的 AISI409，具有较低的 C 含量，可以将钢中马氏体含量降至最低；钢中添加 Ti、Nb 以稳定钢中间隙原子 C 和 N。

（3）第三代：代表钢种为高 Cr 含量的超级铁素体不锈钢 AISI444，含有极低含量的 C 和 N 等间隙原子，具有与奥氏体不锈钢相当的耐腐蚀性能。

随着不锈钢冶炼技术的进步，发展高纯甚至超纯铁素体不锈钢成为必然趋势。日本川崎西宫厂用 50t SS-VOD 设备精炼 17% Cr 超纯铁素体不锈钢时，底吹氩流量（标态）达 1000L/min（常规 VOD 为 100 ~ 300L/min），生产出了 $w(C)+w(N) \leqslant 100 \times 10^{-6}$ 的超高纯铁素体不锈钢。住友金属工业公司开发出了从 VOD 顶部向钢水中吹入铁矿粉的深脱碳和脱氮技术，这是高真空和强脱碳技术的结合。该厂生产出的 29Cr4Mo2Ni 超高纯铁素体不锈钢，氮含量降至 59×10^{-6}，碳和氮总量降至 79×10^{-6}。日本大同特殊钢公司开发的 VCR 法（Vacuum Converter Refiner）实质上是给 AOD 转炉加上真空功能，由 AOD 氩氧脱碳精炼阶段和 VCR 真空精炼阶段组成。在 AOD 阶段由强搅拌快速吹氧脱碳，脱碳量比 VOD 法大，因此 N 含量迅速下降。经 VCR 精炼后，13% Cr 和 20% Cr 铁素体钢中氮含量可达到极低水平，分别可达到 $(20 \sim 40) \times 10^{-6}$ 和 $(70 \sim 90) \times 10^{-6}$。因此，VCR 法是高真空、高碳区的强脱碳和低碳区的强搅拌三大技术措施的结合。

在国内，近年来，太钢利用二炼钢 2002 年 12 月投产的三步法冶炼流程（三脱铁水 + 电炉→K-OBM-S 转炉→VOD(LF)→CC）开发了高纯铁素体不锈钢品种如 SUS410L、436L 和 444L 等。宝钢不锈钢分公司最近几年加大了铁素体不锈钢的生产比例，对超纯铁素体不锈钢新钢种的研发工作也取得了重要进展。达到高纯化甚至超纯化以后，除了一些有特殊用途需要的不锈钢材料制作外，绝大多数制品都可以采用铁素体不锈钢制作。例如，五金行业现在已广泛使用铁素体不锈钢：燃气用具的热水器使用的不锈钢要求很强的抗应力腐蚀能力，日本开发的444牌号铁素体不锈钢用于各种热水器效果很好；在太阳能热水器领域，铁素体不锈钢也是最好的选择。家电行业广泛使用铁素体不锈钢：洗衣机内筒要求的耐蚀不锈性能很高，洗衣机为了消毒还要有一定的耐高温能力（约95℃）和很好的强度，因此Cr17类铁素体不锈钢是较佳的选择；冰箱外壳也广泛采用了这类铁素体不锈钢。

目前，我国人均不锈钢消费量还远低于世界平均水平，铁素体不锈钢的发展还有很大的潜力。中国是一个家电生产大国，随着中国社会全面进入小康社会，中国的二、三级市场将达到全面家用电器时代，而家电工业是铁素体不锈钢的使用大户，铁素体不锈钢的用量预计还将翻番增长。另外，随着国内家电业国际竞争能力的逐渐增强，也将客观地拉动铁素体不锈钢的使用量。中国汽车工业的迅猛发展，汽车排气系统也成为铁素体不锈钢的重要应用领域（多采用409等牌号不锈钢）；建筑室内外的装饰，特别是屋面采用铁素体不锈钢更具有优势，所以铁素体不锈钢在建筑装饰行业也有广泛使用的前景；在石化和环保等一些工业领域内，超纯铁素体不锈钢也将成为重要材料。近年发展的高铬、钼和低碳、氮超级铁素体不锈钢问世以来，解决了以往存在的不少性能问题，尤其解决了由氯化物引起的压力腐蚀、点蚀、缝隙腐蚀等问题，使铁素体不锈钢成为不锈钢的重要角色。提高铁素体不锈钢的生产和使用比例已成为不锈钢生产企业生存和发展的一个重要的新思路。因此，全世界范围内铁素体不锈钢的发展迎来了前所未有的机遇。

现代铁素体不锈钢主要分为5大类，包括3大类常规品种和两大类特殊品种。当前，铁素体不锈钢无论是用量还是用途主要集中在3大常规品种。对于大多数情况，常规铁素体不锈钢品种基本可以满足要求。铁素体不锈钢常规品种分类如图1-3所示。第一类铁素体不锈钢主要包括409和410L，它们具有较低的Cr含量，在铁素体不锈钢中价格最低。这一类铁素体不锈钢是应用于轻微腐蚀环境中的理想钢种，即使发生轻微的点腐蚀也无伤大雅。409系列最初被开发并应用

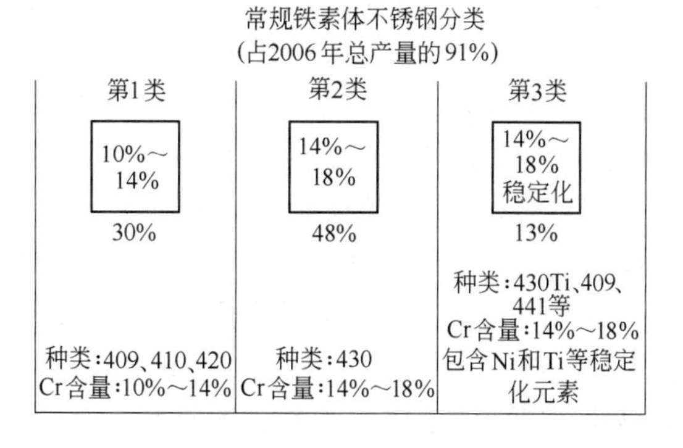

图1-3 常规铁素体不锈钢品种分类（第1、2、3类）

于汽车排气系统，通常用于非严重腐蚀环境的外层部件。410系列则通常用于容器、公共汽车和大型客车等，最近也开始用于LCD显示屏的框架。第二类铁素体不锈钢为430系列，这也是铁素体不锈钢中应用最广泛的一种。由于含有较高的Cr含量，因此其耐腐蚀性能更好甚至达到奥氏体不锈钢304的水平。在某些应用环境中如室内应用环境，430完全可以取代304；430系列也是洗衣机滚筒和室内装潢部件的主要原材料，并且可以取代304用于厨房用具如炒锅和餐具等，也用于洗碗机。第三类铁素体不锈钢主要包括430Ti、439和444等。与第二类相比，这类铁素体不锈钢具有更好的焊接性能和成型性能。多数情况下，它们的耐腐蚀性能比304更好。这类钢种的典型应用包括水槽、制糖和能源工业中的交换管以及洗衣机中需要焊接的部件等。

第四、五类为特殊用途铁素体不锈钢，如图1-4所示。第四类铁素体不锈钢主要包括434、436和444等，钢中需要添加Mo等元素，具有超强的耐腐蚀性能。主要应用包括热水罐、太阳能热水器、汽车排气系统的可视部件、电水壶、微波炉中的某些部件、汽车边条和户外装饰板等。典型的444铁素体不锈钢的耐腐蚀性能可以达到316奥氏体不锈钢水平。第五类铁素体不锈钢包括446、445和447等，除钢中Cr含量更高外，还需要添加更高的Mo，因此具有极高的耐腐蚀性能和抗氧化性能，甚至超过316奥氏体不锈钢。这类钢种的典型应用主要为沿海和其他高腐蚀环境。日本开发的JIS447甚至达到了钛金属的耐腐蚀水平。

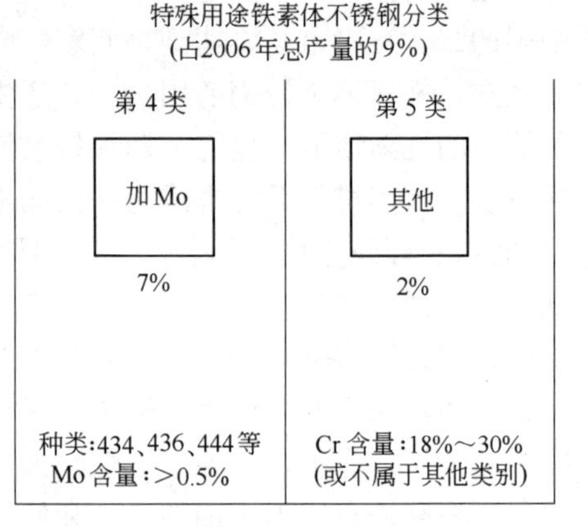

图1-4　特殊用途铁素体不锈钢品种分类（第4、5类）

铁素体不锈钢与奥氏体不锈钢在性能上的最大差别在于其室温至居里点（650~750℃）时具有铁磁性。磁性能与化学成分密切相关而与腐蚀性能无关。另外，如果不考虑应力腐蚀情况，则耐腐蚀性能与显微组织也基本无关。之所以得出铁磁性会导致降低耐腐蚀性能这一错误结论，是因为将含有较低Cr的铁素体不锈钢（13%~16%）与304系列进行对比。事实上，在某些应用方面，铁磁性是不锈钢的一项重要优势，从冰箱门上磁力吸附磁贴到存放刀具等均需要金属具有磁性能。在使用电磁炉时，也必须使用铁素体不锈钢等具有铁磁性材料的厨具，才能将电磁能转化为热能。在用于热传导部件时，铁素体不锈钢较低的线膨胀系数和较高的导热性是奥氏体不锈钢所不具备的另一项主要优势。表1-1示出的是典型铁素体不锈钢的主要物理性能。

表 1-1 典型铁素体不锈钢的物理性能

不锈钢种类	密度 /g·cm^{-3}	电阻 /Ω·mm^2·m^{-1}	比热容 (0～100℃) /J·(kg·℃)$^{-1}$	导热系数 (100℃) /W·(m·℃)$^{-1}$	线膨胀系数		杨氏模量 /GPa
					0～200℃	0～600℃	
409/410 10%～14%Cr	7.7	0.58	460	28	11×10^{-4}	12×10^{-4}	220
430 14%～17%Cr	7.7	0.60	460	26	10.5×10^{-4}	11.5×10^{-4}	220
稳定化 430Ti，439，441	7.7	0.60	460	26	10.5×10^{-4}	11.5×10^{-4}	220
Mo>0.5% 434，436，444	7.7	0.60	460	26	10.5×10^{-4}	11.5×10^{-4}	220
其他 17%～30%Cr	7.7	0.62	460	25	10.0×10^{-4}	11.0×10^{-4}	220
304	7.9	0.72	500	15	16×10^{-4}	18×10^{-4}	200
碳 钢	7.7	0.22	460	50	12×10^{-4}	14×10^{-14}	215

表 1-2 示出的是各类典型铁素体不锈钢品种的力学性能。图 1-5 示出的是铁素体不锈钢拉伸性能与其他钢种的比较。可以看出，铁素体不锈钢的屈服强度高于奥氏体不锈钢，而其伸长率和成型性能则与普碳钢相当。基于此，铁素体不锈钢一般具有冷成型过程中回弹量小和更容易进行深加工和切削等优势。

表 1-2 典型铁素体不锈钢力学性能

ASTM A240				JIS G4305				EN 10088-2				
钢种	R_m (min) /MPa	$R_{p0.2}$ (min) /MPa	A_c (min) /%	钢种	R_m (min) /MPa	$R_{p0.2}$ (min) /MPa	A_c (min) /%	钢种	标准	R_m /MPa	$R_{p0.2}$ (min) /MPa	A_c (min) /%
409	380	170	20	—	—	—	—	X2CrTi12	1.4512	380～560	220	25
410S	415	205	22	SUS 410	440	205	20	X2CrNi12	1.4003	450～650	320	20
430	450	205	22	SUS 430	420	205	22	X6Cr17	1.4016	450～600	280	18
434	450	240	22	SUS 434	450	205	22	X6CrMo17-1	1.4113	450～630	280	18
436	450	240	22	SUS 436	410	245	20	X6CrMoNb17-1	1.4526	480～560	300	25

续表 1-2

ASTM A240				JIS G4305				EN 10088-2				
钢种	R_m (min) /MPa	$R_{p0.2}$ (min) /MPa	A_c (min) /%	钢种	R_m (min) /MPa	$R_{p0.2}$ (min) /MPa	A_c (min) /%	钢种	标准	R_m /MPa	$R_{p0.2}$ (min) /MPa	A_c (min) /%
439	415	205	22	—	—	—	—	X2CrTi17	1.4520	380 ~ 530	200	24
439	415	205	22	—	—	—	—	X2CrTi17	1.4510	420 ~ 600	240	23
441	415	205	22	—	—	—	—	X2CrMoNb18	1.4509	430 ~ 630	250	18
S44400 (444)	415	275	20	SUS 444	410	245	20	X2CrMoTi18-2	1.4521	420 ~ 640	320	20
304	515	205	40	SUS 304	520	205	40	X5CrNi1-80	1.4301	540 ~ 750	230	45

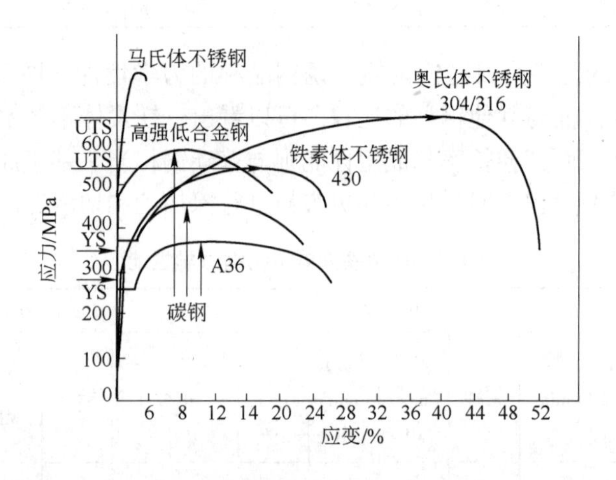

图 1-5　铁素体不锈钢拉伸性能与其他钢种的比较

我国不锈钢产业在改革开放后迅速崛起，并在世界上扮演越来越重要的角色，同时也不得不直面存在的问题和隐患，400 系铁素体不锈钢产品在生产和应用上与世界发达国家特别是日本还存在明显的差距。与他们相比，我们开展这方面的研究时间较短，投入精力相对不足，对生产过程中遇到的一些关键技术问题还不能清楚地了解背后的冶金学原理，处于“知其然而不知其所以然”的阶段。如果不能深入地认识和有效解决这些问题，无疑会妨碍这个产业的健康发展。令人欣慰的是，广大生产与科研工作者已开始重视并致力于解决这些问题，因此我国铁素体不锈钢事业一定会有更广阔的发展前景。

参 考 文 献

[1] The ferritic solutions-the essential guide to ferritic stainless steels. International Stainless Steel Forum (ISSF), 2007.

[2] Lo K H, Shek C H, Lai J K L. Recent developments in stainless steels[J]. Materials Science and Engineering R, 2009, 65(4-6): 39~104.

[3] 陆世英. 现代铁素体不锈钢(上)[J]. 不锈开发, 2005, (3): 3~19.

[4] 陆世英. 现代铁素体不锈钢(下)[J]. 不锈开发, 2005, (4): 6~18.

[5] 陆世英, 张廷凯, 康喜范, 等. 不锈钢[M]. 北京: 原子能出版社, 1995, 78~155.

[6] 肖纪美. 不锈钢的金属学问题[M]. 北京: 冶金工业出版社, 2006: 164~194.

[7] 康喜范. 铁素体不锈钢[M]. 北京: 冶金工业出版社, 2012.

2 不锈钢基本生产工艺

不锈钢生产技术的发展始终围绕如何提高铬资源利用率并降低生产制造成本等中心议题而展开。与普碳钢不同的是，除了耐腐蚀性能以外，不锈钢还时常因用户需要而对其耐热性能、焊接性能、成型性能、磁性能及表面质量等提出特殊的要求，因此造成不锈钢产品种类繁多。不锈钢生产技术由于实现了与普碳钢冶炼和产品制造技术的相互融合而得到了进一步的发展。近年来，由于环境与生态保护的迫切需要，不锈钢的发展和应用得到了前所未有的关注。汽车尾气处理、家电的循环再利用、免维修维护的河体坝堰、为改善工作环境而开发的免涂免漆构件等，均为不锈钢生产技术和产品的快速发展提供了契机和应用场所。

为使在校研究生、本科生及不锈钢初学者在深入了解铁素体不锈钢的物理冶金学原理之前对其生产过程有大体了解，本章对不锈钢生产的基本环节和主要的先进生产技术作简要介绍。

2.1 不锈钢冶炼及连铸技术的发展和应用

在不锈钢炼钢过程中，必须对以低成本原料炼出的钢水进行充分精炼，且要求实现高效连铸以获得具有较高的高温加工性能的连铸坯[1,2]。炼钢过程中，不锈钢与普碳钢的主要区别在于，钢中的铬会降低碳的活度且在低碳区易发生氧化。由此发展出多种不同于普碳钢冶炼的炼钢技术以延迟甚至防止铬的氧化。例如 1967 年前联邦德国开发的真空吹氧脱碳技术（Vacuum Oxygen Decarborization，VOD）及 1968 年美国的 Union Carbide 开发出的混合吹氩氧脱碳技术（Argon Oxygen Decarborization，AOD），它们已经成为了不锈钢精炼的主要技术。日本新日铁开发出了另一种真空精炼技术，即 RH-吹氧脱碳技术（RH-Oxygen Blowing），在不锈钢精炼中取得了较好的效果。总之，在不锈钢炼钢阶段，一般先采用电弧炉（Electric Arc Furnace，EAF）将不锈钢废钢、低碳钢废钢和铁矿石进行熔化，之后在 AOD 中进行脱碳并采用 Al/Si 进行脱氧。在这一过程中，吹 Ar 是为了能够避免 Cr 被氧化成渣。对 100t 左右的 AOD 转炉，一般钢水最终碳含量可达到 0.30% ~0.35%，硫含量可达到$(30\sim50)\times10^{-6}$。最后，在真空吹氧脱碳过程中继续脱碳获得最终的钢水成分。在这一过程中，最终碳含量达到0.01%～0.03%，硫含量达到(30～50)×10^{-6}，Cr的回收率达98%，Ni和Mo保留在钢水中。图2-1示出的是冶炼过程中的AOD和VOD冶炼钢水示意图。获得最终成分的钢水经连铸机组生产出连铸坯，为后续热轧过程做准备。

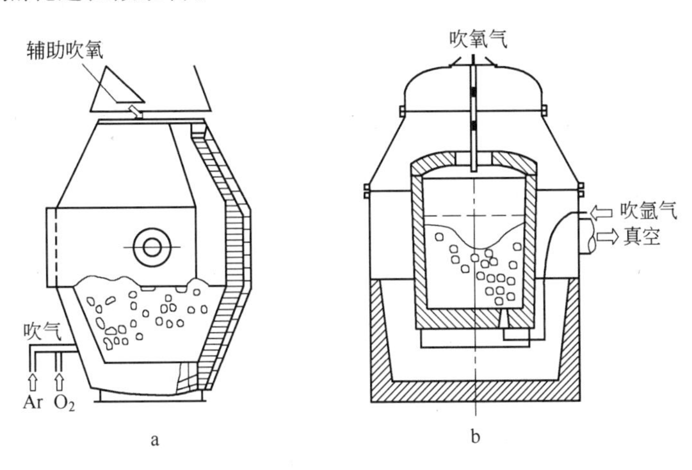

图2-1 不锈钢冶炼过程

a—AOD；b—VOD

铁素体不锈钢中的氮是一种与碳具有类似作用的间隙元素，因此在铁素体不锈钢冶炼过程中如何去除氮是不锈钢精炼工艺中的又一项重要任务。在VOD和AOD技术的基础上，已开发出更新的精炼技术来有效去除钢中的碳和氮。其中包括：(1) 强搅拌VOD（SS-VOD）工艺，大量氩气自钢包底部的疏松插棒吹入以强烈搅动钢包中的钢水从而使钢中碳和氮的含量降低至极低的水平；(2) VOD-吹粉工艺（VOD-Powder Blowing），大量粉状精炼物质，如铁矿石或干燥石灰石脱硫剂等，由顶部吹入钢水表面以去除钢中的碳和氮。除上述两种技术外，还开发出了钢水表面吹氢工艺、真空转换精炼工艺（VCR，即具有真空功能的改进型AOD工艺，它可以节省氩气用量并降低钢中碳氮含量）、具有顶吹氧功能的RH工艺（KTB——川崎制铁开发）以及AOD和VOD混合精炼工艺等技术。采用这些技术可以把铬含量为20%～30%的铁素体不锈钢中碳和氮的总含量控制在100×10^{-6}以下。当前不锈钢冶炼技术的发展趋势是：进一步区分钢中碳和氮对不锈钢使用性能的影响效果，以开发出低生产成本的高效炼钢工艺技术。表2-1总结的是不锈钢生产中主要使用的精炼工艺及其脱碳氮的能力。

选择冶炼工艺流程必须考虑不锈钢生产的原料供应条件、生产规模、生产成本和产品品种与质量等因素。对生产规模较小的企业，在不锈钢返回料供应充足

表 2-1 不锈钢生产中主要使用的精炼工艺及其脱碳氮的能力

工艺		主要优势			含量(18Cr 钢)/%		
		效率	成本	含量	[C]	[N]	[C+N]
VOD	SS-VOD	—	—	○	$\leqslant 20\times10^{-4}$	$\leqslant 50\times10^{-4}$	$\leqslant 70\times10^{-4}$
	VOD-PB	—	—	○	32×10^{-4}	48×10^{-4}	80×10^{-4}
	$VOD-H_2$ 喷吹	○	○	—	—	—	—
AOD	VCR	○	○	○	20×10^{-4}	60×10^{-4} ~ 80×10^{-4}	80×10^{-4} ~ 100×10^{-4}
AOD-VOD		○	—	—	—	—	—
RH	RH-OB	○	○	—	—	—	—
	KTB	○	○	○	—	—	—

注:“○”代表此项是工艺的主要优势;“—”代表此项不是这种工艺的主要优势。

的条件下，可选用适合不锈钢返回料生产的电炉不锈钢生产工艺流程。对生产规模较大的企业，如具有较大的不锈钢返回料供应条件，可选用适合铁水 + 不锈钢返回料生产的“电炉—转炉”不锈钢生产工艺流程。对生产规模较大而不锈钢返回料供应缺乏的钢铁企业，为降低投资可选用适合全铁水不锈钢冶炼的转炉不锈钢生产工艺流程。熔融铁水还原工艺可以减少铬铁原料的用量，进一步降低不锈钢的原料成本。这种生产流程以铁水和镍矿石及铬矿石为原料，由焦炭直接还原成不锈钢钢水，其主要缺点是冶炼周期长、工序多、废弃物处理难度大及投资成本高等，因此在使用之前需要进行综合评估。图 2-2 示出的是当前不锈钢生产的主要冶炼流程。

在冶金技术发展历程中，不锈钢先于碳素钢实现了模铸向连铸的转变，因为不仅诸如 304 等不锈钢具有较佳的连铸特性，而且不锈钢较碳素钢昂贵，实现连铸后可以更有效地降低成本、提高产能。目前除一些特厚和超高合金不锈钢板的生产仍在采用模铸以外，几乎所有不锈钢产品均实现了连铸。自 20 世纪 60 年代连铸技术实现工业规模生产以来，连铸技术已经逐步走向成熟并得到了持续的改进和提高，其中典型技术包括：（1）夹杂物去除及防止新夹杂物形成的无氧化连铸技术；（2）钢包加热（等离子加热技术、电极电阻加热技术和感应加热技术等）促进夹杂物漂浮技术；（3）控制凝固组织状态以减少偏析、提高成品板成型性能的电磁搅拌技术；（4）以提高生产效率和产能为目标的顺序凝固技术；（5）结晶器在线调宽以连续生产出不同宽度铸坯的技术。连铸机由开始时的垂直连铸机发展为弓形连铸机及垂直-弯曲连铸机，随后发展出水平连铸机，主要用于生产不锈钢棒线材的方型铸坯。连铸不锈钢板坯的厚度一般在 150 ~ 250mm，在欧洲和美国，目前已经开发出了板坯厚度为 25 ~ 50mm 的连铸机，用于生产薄规格产品。

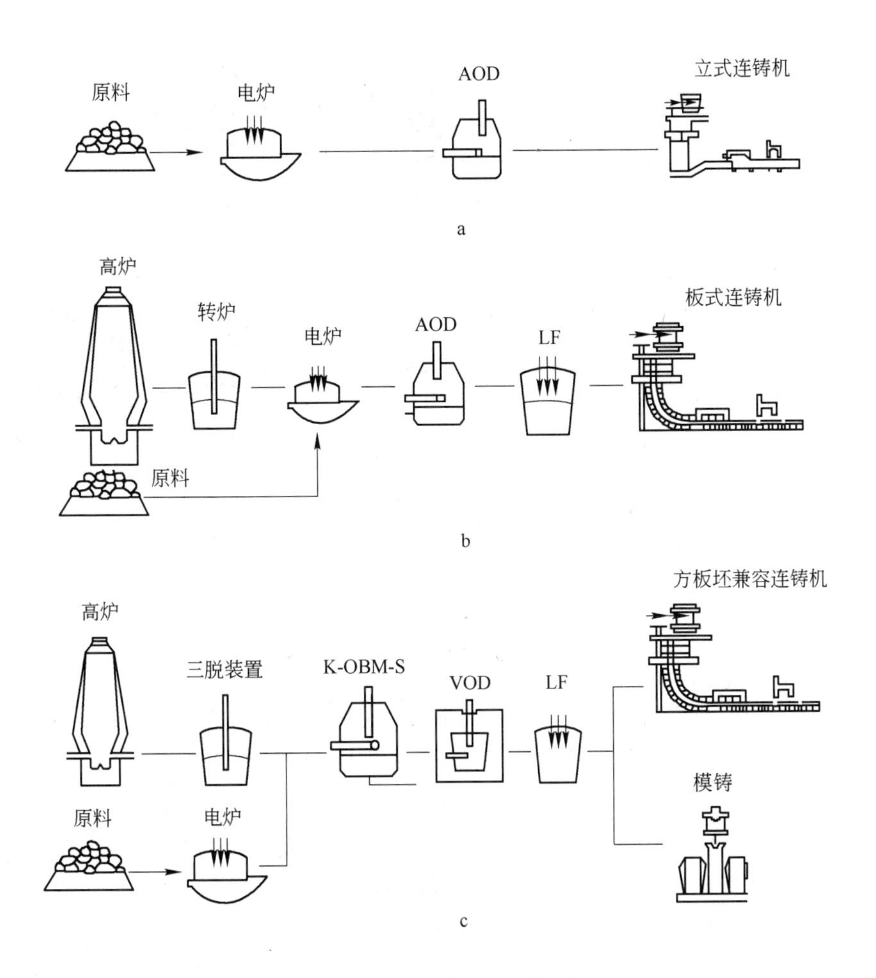

图 2-2 主要不锈钢冶炼流程

a—废钢电炉流程；b—全铁水转炉流程；c—铁水 + 废钢流程

2.2 不锈钢热轧生产技术

在不锈钢产品生产过程中，热轧是决定产品性能、表面质量以及能否顺利进行冷轧的关键工序。不锈钢热轧机组主要有两种，即用于不锈钢和碳钢混轧的热连轧机组和主要用于不锈钢生产的炉卷轧机，如图 2-3 所示。炉卷轧机用于不锈钢生产的主要优势在于产品厚度规格较宽（3 ~ 60mm），且轧制过程中可有效避免板带长度和宽度方向温度的偏差，抑制边部开裂等缺陷的发生；其劣势在于生产效率较连轧生产线略低，薄规格产品的形状控制精度较低。不锈钢中厚板主要采用四辊中厚板轧机进行生产。不锈钢棒线材一般采用四辊连轧机组进行生产。

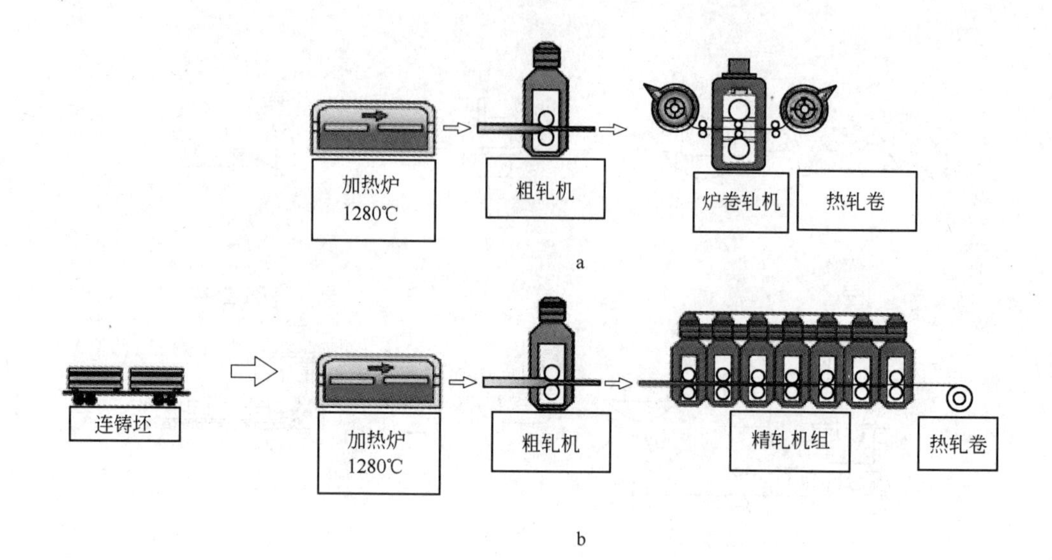

图 2-3　采用炉卷轧机和连轧机组生产热轧不锈钢工艺示意图

a—炉卷轧机机组；b—热连轧机组

到目前为止，不锈钢热轧生产技术取得的主要进展包括：（1）加热过程中（加热至卷取的）带卷的力学性能和表面质量控制技术；（2）提高热轧材表面质量的新的轧辊材质和轧制润滑技术；（3）超高精度厚度自动控制技术（AGC）；（4）应用交叉轧机和六辊轧机工作辊窜辊实现高精度板凸度和板形控制的技术；（5）热卷箱的应用技术；（6）薄规格产品和大卷重产品的生产技术。

不锈钢热轧生产技术的未来主要发展趋势是：（1）实现薄带连铸技术的工业化应用（图 2-4 示出的是典型的薄带铸轧生产流程）；（2）实现无头和半无头轧制生产（在碳素钢生产中已经实现，如图 2-5 所示）。这两项技术的工业化应用将大幅度提高不锈钢热轧材头尾的成材率、提高生产效率和节能减排效果。另外，不锈钢控制轧制和控制冷却技术的开发和应用以及采用连铸坯生产宽厚板的控制轧制技术也是不锈钢热轧技术重要发展方向。采用控制轧制和控制冷却技术可实现直接固溶处理（DST），从而省去不锈钢中厚板的常规离线固溶处理工序。

不锈钢热轧板卷生产工艺过程主要包括板坯准备、加热、轧制、冷却、卷取等工序[3]。

2.2.1　板坯准备

不锈钢热轧用的坯料多数是连铸坯和初轧坯。随着连铸技术的发展，现在

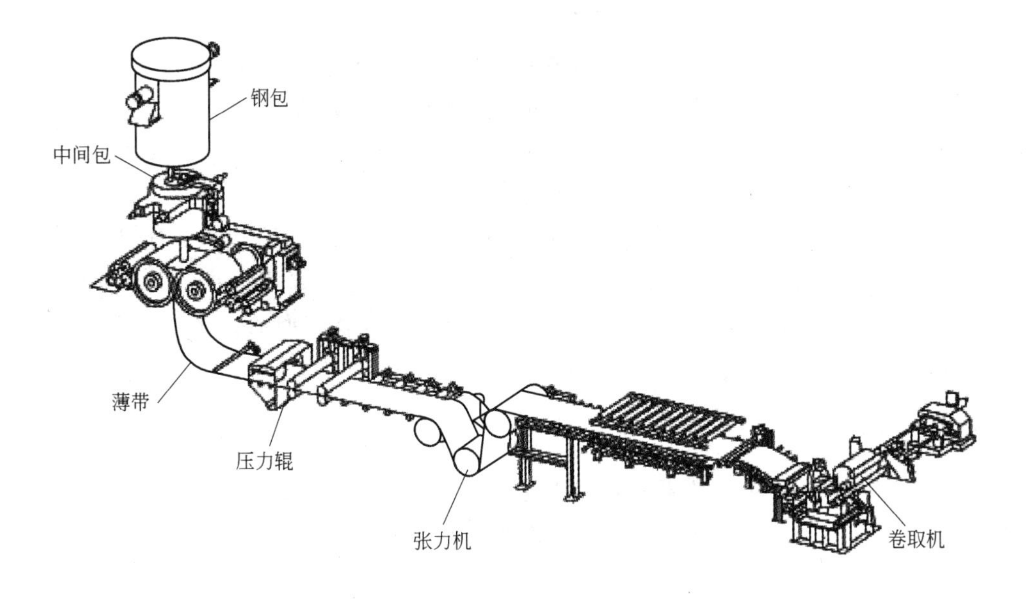

图 2-4 双辊薄带铸轧生产流程示意图

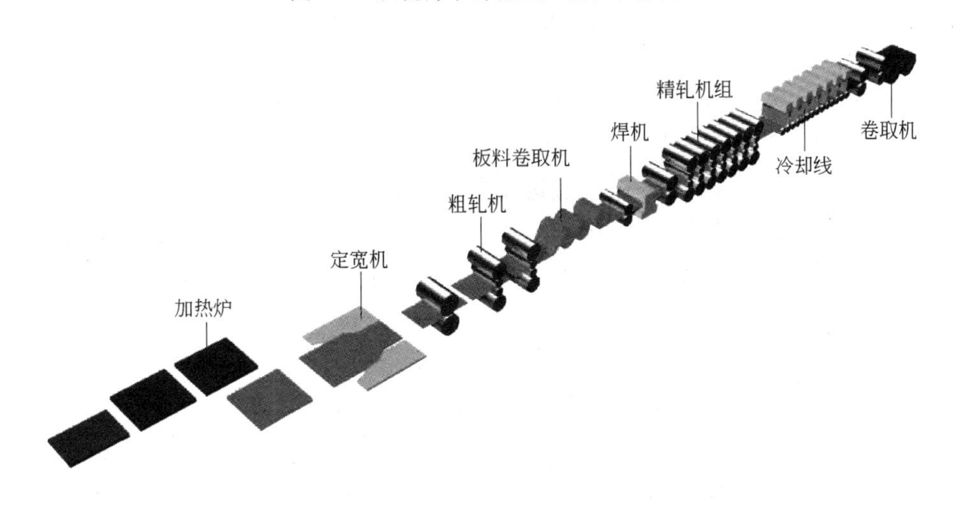

图 2-5 无头轧制生产流程示意图

基本广泛采用连铸坯。板坯厚度一般为 150 ~ 300mm，多数为 200 ~ 250mm。近代连轧机完全取消了展宽工序，以便加大板坯长度，采用全纵轧制，故板坯宽度要比成品宽度大或相等，由立辊轧机控制带钢宽度，而其长度则主要取决于加热炉的宽度和所需坯重。板坯重量增大可以提高产量和成材率，但也受到设备条件、轧件终轧温度与前后允许温度差，以及卷取机所能容许的板卷最大外径等的限制。

铁素体不锈钢的表面质量要求十分严格，而其表面又很容易产生各种缺陷，所以热轧前的坯料都要经过认真的研磨、清理，尤其是含 Ti 的铁素体不锈钢必须经过全面修磨。板坯的修磨是不锈钢生产中非常重要的一个工序，为提高修磨效率，目前多采用重负荷、高速度、机械化的砂轮研磨机。

此外，铁素体不锈钢尤其是中高铬铁素体不锈钢存在的一个主要力学性能问题是低温脆性。当温度低于脆性转变温度后，铁素体不锈钢冲击韧性显著下降而发生脆性断裂。并且随着铬含量的升高，脆性转变温度有升高的趋势。因此铁素体不锈钢板坯一般需要进行保温处理。通常铁素体不锈钢的脆性转变温度在 100～150℃，因此在整个板坯修磨及后续输送、保存过程中板坯温度都要控制在脆性转变温度以上。

2.2.2　加热

不锈钢板坯加热一般采用推钢式连续加热炉或步进式加热炉，绝大多数厂家采用步进式炉加热，使用的燃料有：天然气、发生炉与焦炉混合煤气，以及重油和煤气的混合燃料等。

不锈钢的加热操作应根据奥氏体系不锈钢、铁素体系不锈钢、马氏体系不锈钢进行区分[4]。另外，即使在同一钢种内，操作也要根据化学成分的变化而变化。由于不锈钢的导热性差，如快速加热则容易产生裂纹，所以开始阶段应缓慢加热，预热段的温度不能超过 900℃。板坯的加热温度一般是：马氏体钢为 1100～1260℃，奥氏体不锈钢为 1150～1260℃，铁素体不锈钢为 1100～1180℃。加热中既要保证烧透烧匀，又要防止过热，特别是含 Ti 奥氏体钢和铁素体钢加热时尤其要注意。温度过高，铁素体不锈钢晶粒的长大倾向增加，塑性降低，容易出现裂纹，容易使板坯变形下垂。由于铁素体不锈钢轧制变形抗力较小，所以加热温度可以控制得较低。但是加热温度过低时，轧制荷重增大并使轧辊表面粗糙。对于高温下有相变的铁素体不锈钢，控制合理的加热温度以控制板坯的相组织也是制订加热工艺时需要考虑的一个因素。此外，铁素体不锈钢轧制中的展宽率随温度变化而变化，因此要求加热温度的波动要小。

为了节约热能消耗，近年来板坯加热和直接轧制技术得到迅速发展。热装是将连铸坯或初轧坯在热状态下装入加热炉，热装温度越高，则节能越多。热装对板坯的温度要求不如直接轧制严格。直接轧制则是板坯在连铸后，不再入加热炉加热而只略经边部补偿加热后直接进行的轧制。图 2-6 为典型直接轧制示意图。

2.2.3　轧制和卷取

目前不锈钢热轧卷板主要采用两种方式生产：一种是半连续或连续式热连轧机，其占绝大多数；一种是炉卷轧机，其占少数。图 2-7 为国内外著名不锈钢厂

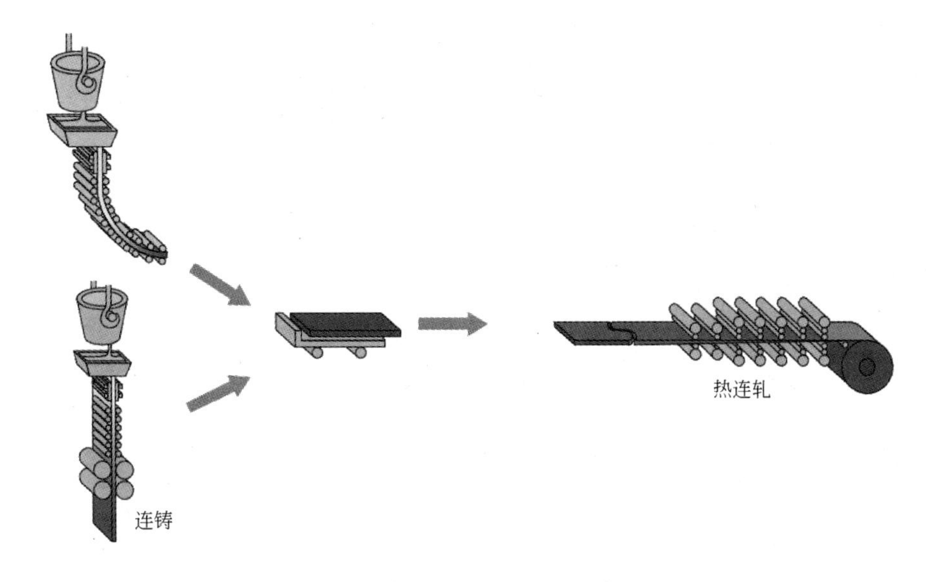

图 2-6　直接轧制生产流程示意图

商热连轧机示意图[5~7]。热连轧机组一般由粗轧、精轧和卷取三个区域组成，除轧机和卷取机外还设置有除鳞装置、轧辊冷却装置、飞剪和带钢冷却装置等。炉卷轧机和连轧机的主要区别是精轧阶段的工艺特性不同，其他工序都比较接近。铁素体系不锈钢热轧时的变形抗力比奥氏体系不锈钢和马氏体系不锈钢低，因此对铁素体不锈钢而言，轧制力一般不是问题。铁素体不锈钢热轧生产的关键是表面质量控制。

粗轧机的配置主要有可逆式（非连续轧制）、半连续式（部分机架进行可逆轧制，其他机架进行连续轧制）和全连续式（进行不可逆连续轧制）三大类。不管是哪一类，粗轧机组都不是同时在几个机架上对板坯进行连续轧制的，因为粗轧阶段轧件较短、厚度较大而难以实现连轧，因此各粗轧机架间的距离须根据轧件走出前一机架以后再进入下一机架的原则来确定。另外还设置有立辊或 VSB（立轧破鳞机）等宽度压下装置调整板宽。成品宽度主要在粗轧阶段决定。粗轧机前后还设置有除鳞装置以去除加热后板坯表面上的一次铁鳞和轧制过程中形成的二次铁鳞。除鳞方法以高压水喷射为主。

为了减少输送辊道上的温降以节约能耗，改善边部质量，主要有 3 种方法来改善和补偿温降，分别是保温罩（保温炉）、边部加热器和热卷箱。保温罩主要利用逆辐射原理，以耐火陶瓷纤维做成绝热毡，受热的一面覆以金属屏膜，受热时金属膜迅速升至高温，然后作为发热体将热量逆辐射给钢坯。这种保温罩结构简单，成本低，效率高，可提高板带末端温度，使板带温度更加均匀。边部加热器主要是改善板材轧制过程中横向边角部的温降，采用电磁感应加热法、煤气火

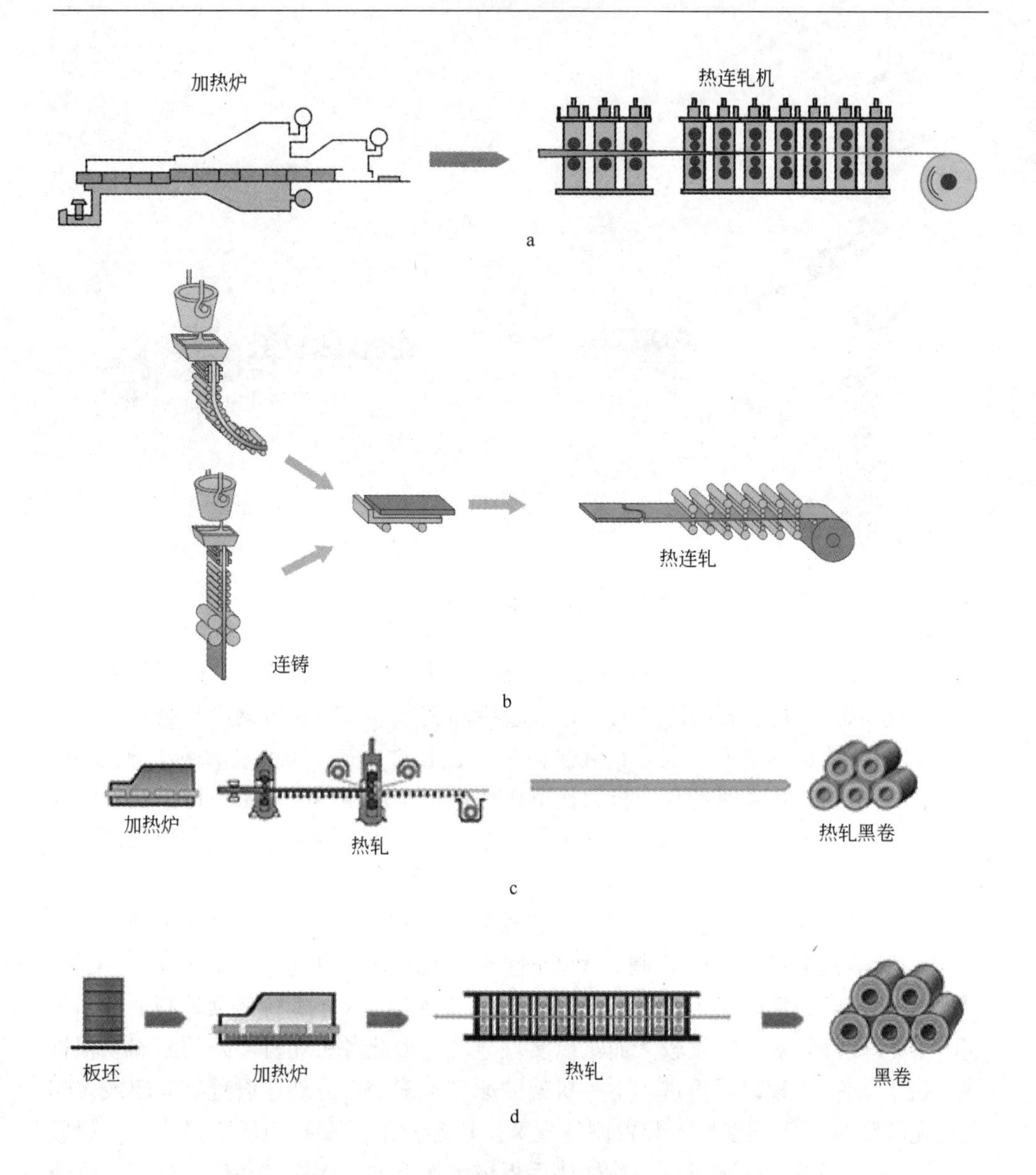

图 2-7　国内外著名不锈钢厂热轧机示意图

a—日本 JFE 的热连轧机组示意图；b—日本新日铁住金的热轧机组示意图；
c—张家港浦项热轧机组示意图；d—韩国浦项热轧机组示意图

焰加热法等在精轧机入口处对板坯边角部进行加热，可以明显改善带钢边部质量。热卷箱在粗轧后、精轧机前对板带进行热卷取，可以保存板带热量，减少温降。热卷取的板带首尾倒置开卷，以尾为头进入精轧，可以均匀板带的头尾温度，提高成品厚度精度。热卷箱还可以起储料、增大卷重、减少中间坯厚度和提高产量、质量的作用。但是，表面质量要求比较高的铁素体不锈钢一般很少采用热卷箱，因为板带热卷取过程中可能发生表面划伤以及表面氧化物和基体黏结，既不利于开卷，又恶化表面质量。

热连轧精轧机组通常设置6或7机架（大部分为7机架）的4辊或6辊轧机，其采用液压压下，或采用液压压下与电动压下相结合以提高动作响应速度[8]。为了灵活控制板形和辊形，连轧机上设有液压弯辊装置，以根据情况实行正弯辊或负弯辊。在连轧机各机架之间设置有活套装置，以保持连轧中各机架的压下和张力平衡。为减轻轧制中轧辊的磨损、保护轧辊表面和控制轧辊的热凸度，粗轧和精轧机上都设有轧辊水冷装置，冷却水的压力和水量应设定适当，以防止冷却水造成过大温降，也防止轧辊冷却水流到带钢表面造成带钢温度不均和变形不均。精轧过程的终轧温度是保证带钢力学性能的一个重要参数，主要靠轧制速度来调节，各机架间的喷水装置也可起到一定调节作用。

炉卷轧机是一种在轧机前后均设有保温炉，在单机架上进行可逆式多道次轧制的轧机。在轧机前后的保温炉内安装有卷取带钢用的卷筒，炉内温度一般为800~1100℃。热轧板带在轧制过程中，后方卷筒开卷送钢、前方卷筒卷取收钢，一道次压下完成再逆向进行下一道次轧制。由于带钢在轧制变形以外的时间段内保存于保温炉中，带钢的边部得到较好的保温，因此，轧后带钢的边部形状较好，而且，其尤其适用于轧制加工温度范围较窄、难变形的钢种。此外，炉卷轧机还可以在较大范围内改变轧制道次，适用于小批量多品种的生产。

精轧机高速轧出的带钢经过层流冷却后，在短短几秒钟内冷却到卷取温度，然后进行卷取及后续加工。卷取机由夹送辊、侧导板、主卷筒和助卷辊等组成，在精确的条件下将钢带卷取成卷。根据不锈钢具体的钢种特性选择后续冷却方式，一般以空冷为主，少部分整卷水冷。卷取温度是影响不锈钢组织、力学性能及成型性能的一个重要参量。

2.3 不锈钢冷轧生产技术

图2-8示出的是不锈钢冷轧生产典型工艺流程，包括：热轧带钢退火酸洗、冷轧、最终退火酸洗和精整等[9~12]。

2.3.1 热轧带钢退火

不锈钢冷轧之前的退火因钢种不同而有不同的退火目的和退火方式，如表2-2所示。奥氏体不锈钢的退火目的是使析出的碳化物在高温下固溶，并通过急冷使固溶碳保持到室温，提高材料的耐蚀性，同时，在退火过程中调整晶粒尺寸，以达到软化的目的。因此，奥氏体不锈钢采用连续退火方式，加热温度通常在1000~1100℃，后续采用水冷或空冷模式。

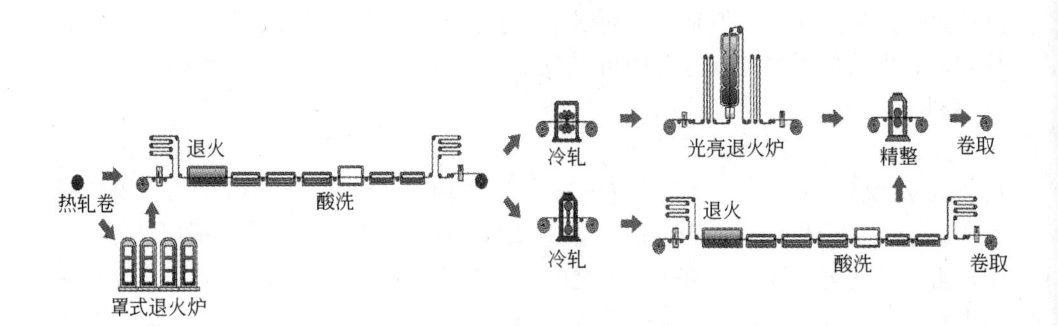

图 2-8　不锈钢冷轧生产典型工艺流程

表 2-2　几种不锈钢热轧板退火的目的和方式

钢　种	热轧板退火目的	退火方式
奥氏体不锈钢	再结晶软化、碳化物固溶	连续退火
马氏体不锈钢	再结晶软化、马氏体分解、碳化物均匀分布	罩式退火
传统铁素体不锈钢	再结晶软化、马氏体分解、碳化物均匀分布	罩式退火
超纯铁素体不锈钢	再结晶软化	连续退火
双相不锈钢	再结晶软化、析出物固溶、两相比例调整	连续退火

马氏体不锈钢在热轧前加热时处于奥氏体相区，在热轧后冷却过程中发生马氏体相变，常温下得到高硬度、低塑性的马氏体热轧带钢。热轧之后的退火目的是将这种马氏体分解为铁素体基体上均匀分布的球状碳化物，以使带钢变软，便于后续的加工。为了消除马氏体并使碳化物均匀化，马氏体不锈钢需要采用罩式退火，退火温度在800℃左右。

传统的铁素体不锈钢（如430/410S等）中碳氮含量较高，热轧过程中存在一定比例的高温奥氏体相区，热轧后带钢中有一定比例的马氏体相，而且，热轧后钢中碳化物往往呈带状分布，影响材料的加工性能和耐蚀性能。因此，传统铁素体不锈钢需要进行罩式炉退火，使马氏体分解为铁素体和碳化物，并使铁素体相中的碳化物均匀弥散分布，从而达到软化材料、提升耐蚀性的目的。其退火温度通常在750～850℃。图2-9为430铁素体不锈钢罩式退火过程中温度和氢气吹扫流量变化曲线。

新型的超纯铁素体不锈钢（如439、436、443等）具有极低的碳氮含量，其在高温下不存在奥氏体相，快速冷却至室温亦无马氏体出现。因此，超纯铁素体不锈钢通常采用连续退火方式，使热轧变形组织发生再结晶，以提高组织的均匀性和成形性，其退火温度在1000℃左右。

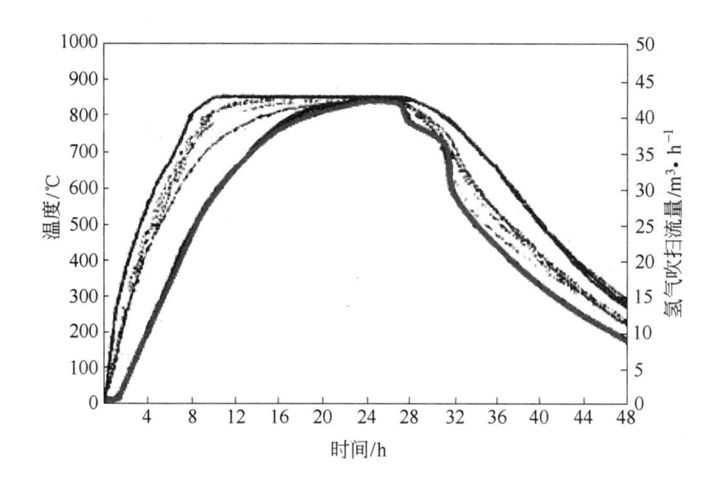

图 2-9 430 铁素体不锈钢罩式退火温度和氢气吹扫流量变化曲线

奥氏体-铁素体型双相不锈钢（如 2205、2507 等）热轧后钢中有多种富 Cr、Ni 的析出相形成，其退火目的首先是使各类析出物溶解，以提高基体耐蚀性能，其次是使热轧变形组织发生再结晶，以软化带钢，此外，还通过退火温度的适当设定来调整奥氏体和铁素体的相比例，其退火温度通常在 1000 ~ 1100℃。

2.3.2 不锈钢酸洗

酸洗是冷轧不锈钢的重要工序，其目的是去除热轧和退火过程中带钢表面形成的氧化铁皮，改善带钢表面质量；同时，对带钢裸露表面进行钝化处理，提高钢板耐蚀性。不锈钢酸洗主要有三种方式：机械法除铁鳞，如喷丸、拉矫等；电化学法酸洗，如在 H_2SO_4 中或中性盐 Na_2SO_4 中阳极极化；化学法酸洗，如在氧化性 HNO_3-HF、HF、HF-H_2SO_4 或 HCl 中浸泡。

机械法除铁鳞主要有两种方式：一种是喷丸处理，另一种是拉矫处理。喷丸处理是利用压力和离心力将很小的钢丸以很高的速度喷射到运行带钢的表面进行除鳞。喷丸处理的能力主要由叶轮装置的输出功率、投射量和投射速度决定。拉矫处理是利用一组辊子（包括前后夹送辊、破鳞辊和矫直辊等）将钢带呈“S”形反复弯曲，使带钢表面上的铁鳞龟裂，以便于剥落。这种方法不会损伤带钢表面，可以代替喷丸处理或与喷丸处理组合使用，并且能改善带钢板形。

中性盐电解法一般采用硫酸钠溶液作为电解质，带钢在电极作用下，表面产生正负交替的感应电势，发生电化学反应，带钢表面的铬氧化物溶解，转化为溶于水的 CrO_4^{2-}，从而达到除鳞的效果。此外，带钢表面的水被电解成氢气和氧气从带钢表面逸出，其逸出力也有助于带钢表面氧化物的剥离。图 2-10 为电化学酸洗槽工作示意图。

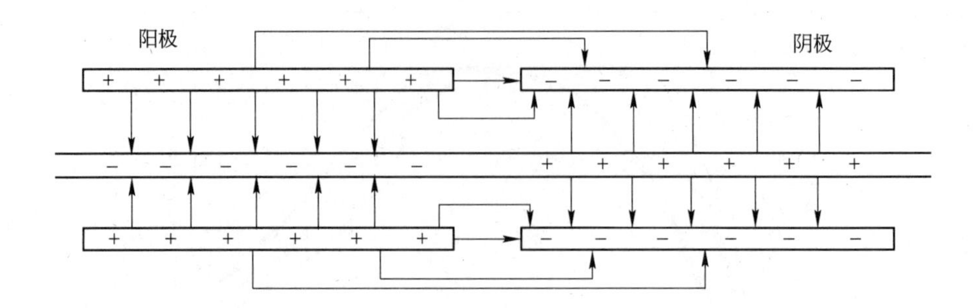

图 2-10　电化学酸洗槽工作示意图

带钢在硫酸钠酸洗槽中的主要电解反应有：

$$Fe_2O_3 = 2Fe^{3+} + 3/2O_2 + 6e^-$$

$$2Fe = 2Fe^{3+} + 6e^-$$

$$Cr_2O_3 + 5H_2O = 2CrO_4^{2-} + 10H^+ + 6e^-$$

$$Cr + 4H_2O = CrO_4^{2-} + 8H^+ + 6e^-$$

$$Fe^{3+} + 3OH^- = Fe(OH)_3$$

整个反应中，硫酸钠只是作为一个导电介质，负责电子的转移，本身并没有化学消耗，只是由于带钢的运行、沉淀物的排出和酸洗液的蒸发而损耗一部分。影响电解效果的首要因素是硫酸钠的浓度，其浓度越大电流就越大，而电流越大电解效果越好；其次是酸洗液的 pH 值，由于在不同介质中，+3 价 Cr 转化为+6价 Cr 的电极电势不同，酸洗液的 pH 值一般控制在 4.0～7.0。

化学酸洗法（浸泡法）使用的酸有硝酸、氢氟酸和硫酸等。硝酸是氧化剂，可使不锈钢钝化，单独使用没有除鳞作用；氢氟酸腐蚀性强，不仅腐蚀铁鳞，也腐蚀基体金属，使带钢表面粗糙。因此，这两种酸都不宜单独使用，而使用它们的混合物短时间内就可获得良好的表面，而且点蚀的危险也小，故大多数不锈钢都采用这种混合酸来酸洗。采用硫酸酸洗时，关键是设定合适的酸液温度。硫酸在较高温度下酸洗效果良好，但温度较低时却很差。硫酸一般在以下两种情况时使用：一是为改善铬系钢热轧卷的除鳞性，设置热硫酸槽，与硝酸、氢氟酸的混酸槽组合使用；二是在冷轧卷退火酸洗线上，为中和经过碱洗槽后带钢表面附带的碱液，在盐浴和水洗槽之间设置硫酸槽，以提高后面酸洗槽的酸洗效率。

2.3.3　不锈钢冷轧

不锈钢（尤其奥氏体不锈钢）属于加工硬化倾向大的金属材料，必须采用高精度、高效率和高刚度的多辊轧机。目前世界上轧制不锈钢主要采用二十辊或十二辊轧机[13]。表2-3 列出不锈钢冷轧机的种类和主要技术特点、其中森吉米尔（Sendzimir）二十辊轧机为主力机型，十分具有代表性。森吉米尔二十辊轧机在机构性能上有如下特点：（1）整体铸造的机架刚度大，轧制力呈放射状作用在机架的各个断面上；（2）轧机本体呈塔形分布，工作辊通过第一、第二中间辊和支撑辊作用在机架上，轧辊宽度方向上的挠曲变形很小，可以使用小直径的工作辊，实现高强度带钢的大压下；（3）具有轴向/径向辊形调整、轧辊直径补偿、轧制线调整等机构，并采用液压压下及液压 AGC 系统，产品板形好、尺寸精度高；（4）采用纯油润滑，轧制的带钢表面质量好；（5）设备重量轻，基建投资少。森吉米尔二十辊轧机的厚度控制主要通过反馈 AGC 实现，板形控制通过一中间辊锥度、一中间辊窜动、二中间辊凸度和支撑辊 AS-U 凸度的调整来实现。

表 2-3 不锈钢冷轧机的种类和主要技术特点

种类		Z 轧机	KST 轧机	KT 轧机	UC 轧机	CR 轧机
制造厂商		森吉米尔（日立）	神户制铁	神户制铁	日立	三菱重工
轧辊布置						
简称		森吉米尔轧机	Kobelco Sand-vik 二十辊轧机	Kobelco 十二辊轧机	万能凸度控制轧机	束型轧机
特征	板形控制	分段辅助轧辊弯曲 第一中间辊横向移动	分段辅助轧辊弯曲 第一中间辊横向移动	分段辅助轧辊弯曲 第一中间辊横向移动	中间辊移动 中间辊弯曲 工作辊弯曲	分段辅助辊凸度调整 中间辊弯曲 工作辊弯曲
	厚度控制	液压驱动螺旋压下和偏心调整	楔形电机驱动螺旋压下 电机驱动螺旋压下	楔形电机驱动螺旋压下 电机驱动螺旋压下	液压驱动螺旋压下 电机驱动螺旋压下	液压驱动螺旋压下 电机驱动螺旋压下
	机架结构	整体式机架	四柱组合式机架	四柱组合式机架	组合式机架	组合式机架
	工作辊直径减少	直径可极度减少	直径可极度减少	直径可减少	—	直径可减少
	工作辊轴承	无	无	无	无	无
	轧辊驱动	顶部和底部第一中间辊	顶部和底部第一中间辊	顶部和底部中间辊	顶部和底部中间辊	顶部和底部中间辊

不锈钢生产工艺技术的进步使铁素体不锈钢的应用越来越广泛，而且，铁素体不锈钢变形抗力较小，可以采用大辊径连轧机组生产。图 2-11 示出铁素体不锈钢 430 与奥氏体不锈钢 304 的冷加工硬化性能。因此，采用大辊径连轧机组生

产不锈钢成为一种新趋势。采用传统串列式连轧机组进行不锈钢冷轧，可以将带钢头尾连接实现无头轧制，并且采用乳化液润滑，大大提高了生产效率和成材率，降低了生产成本，但是，生产难点在于带钢表面光泽度的保证和热划伤等缺陷的预防。目前采用串列式连轧机组进行不锈钢冷轧的厂家有美国的 AK-Rockport 厂和日本的 JFE 千叶厂、新日铁八幡厂、住友金属鹿岛厂等。其中 AK-Rockport 厂前三机架为 4 辊，第四、五机架为 6 辊布置，可以生产铁素体不锈钢和奥氏体不锈钢。JFE 千叶厂的前四机架为 4 辊，第五机架为连续可变凸度的 6 辊 CVC 轧机，可以生产普碳钢、高强钢和铁素体不锈钢。新日铁八幡厂为五机架 UCMW。JFE 的冷连轧不锈钢原料未经热处理，生产的冷轧不锈钢成品表面等级为 KD 和 KB。新日铁和住友的冷连轧不锈钢成品表面等级为 BT-P。

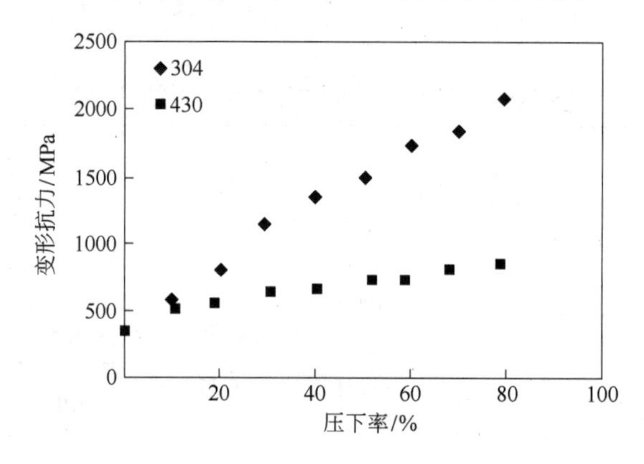

图 2-11　铁素体不锈钢 430 与奥氏体不锈钢 304 的冷加工硬化性能

此外，新型的 Z-High 轧机正受到越来越多的关注，其结构类似带有侧支撑的 6 辊轧机。图 2-12 示出 Z-High 轧机的轧辊配置。其特点是工作辊辊径

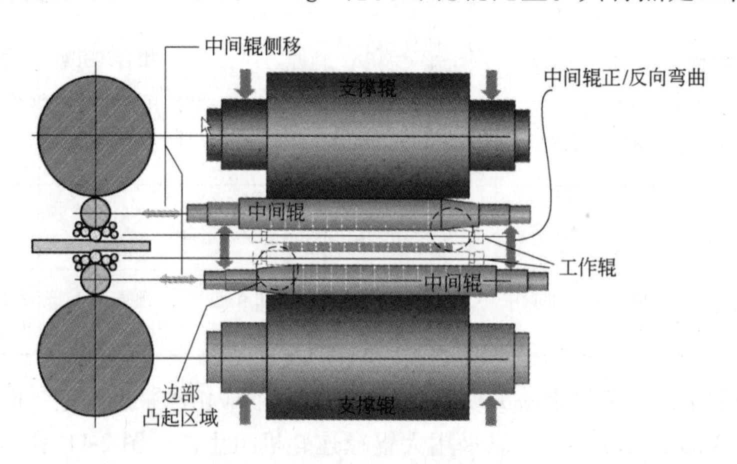

图 2-12　Z-High 轧机的轧辊配置

较常规 6 辊轧机小很多，可以实现单道次大压下。其板形控制手段包括中间辊锥度、中间辊弯辊和支撑辊凸度等。Z-High 轧机早期主要应用于退火酸洗线上的在线压下，如 Avesta 的 Nyby Bruks 工厂、J&L 公司的 Midland 工厂、Ugine Isbergues 工厂以及国内的太原钢铁公司和宝钢均在退火酸洗线上配置了此类型轧机。另外，最近几年也有使用 Z-High 轧机进行不锈钢多道次连轧的尝试，如中国的联众不锈钢和宝钢德盛公司利用 Z-High 轧机生产铬锰氮系奥氏体不锈钢。

2.3.4 冷轧带钢退火

不锈钢冷轧时会发生加工硬化，冷轧量越大，加工硬化的程度也越大。将加工硬化的材料加热到 200 ~ 600℃，可消除变形应力；加热至 600℃以上，冷轧变形组织可发生再结晶，材料显著软化。冷轧带钢的退火包括中间退火和最终退火，其目的都是为了使加工硬化的组织发生再结晶而软化带钢，降低其强度，提高其塑性和韧性，得到所要求的成品性能。铁素体不锈钢一般在 700℃以上发生再结晶，其冷轧退火温度通常在 800 ~ 1000℃；而奥氏体不锈钢通常一般在 1000℃以上才能发生再结晶，其冷轧退火温度通常在 1000 ~ 1100℃。对于厚度规格较小、表面要求极高的冷轧不锈钢带材，需要进行全氢气氛下的光亮退火，以实现高表面质量控制，其退火温度一般为 1050℃左右。图 2-13 示出不锈钢冷轧带材的光亮退火工艺。

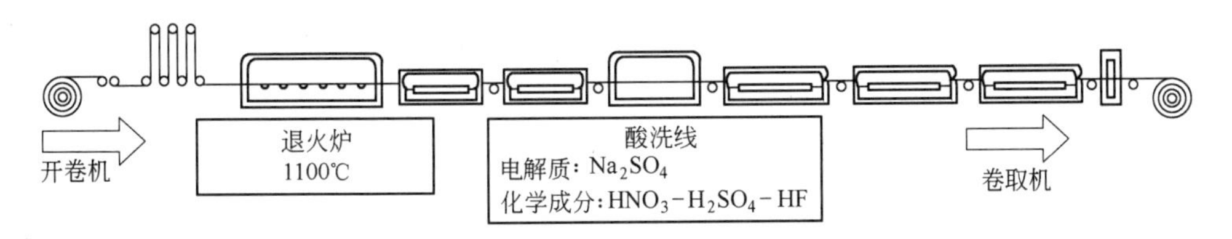

图 2-13 高精度薄规格不锈钢冷轧带材的光亮退火工艺示意图

不锈钢的冷轧带钢退火通常与后续的酸洗集成到一条生产线上，称之为 APL（Annealing and Pickling Line）。图 2-14 示出的是典型不锈钢连续退火-酸洗生产线布置图，最大运行速度可达 100m/min，其退火采用高效废气预热式的长预热段节能型热处理炉，其酸洗采用中性盐电解液与碱性电解液相结合取代熔融盐电解液的酸洗技术。随着不锈钢产量的提升和设备能力的进步，出现了连续性更强的 DRAP（Direct Rolling，Annealing and Pickling）机组，其将冷轧、退火和酸洗建设在一条生产线上，实现了从热轧酸洗带钢到冷轧成品的全连续式生产。该类机组避免了一次开卷过程，提高了生产效率和成材率，减少了设备投资，但是对设备稳定性和生产组织提出了更高要求。

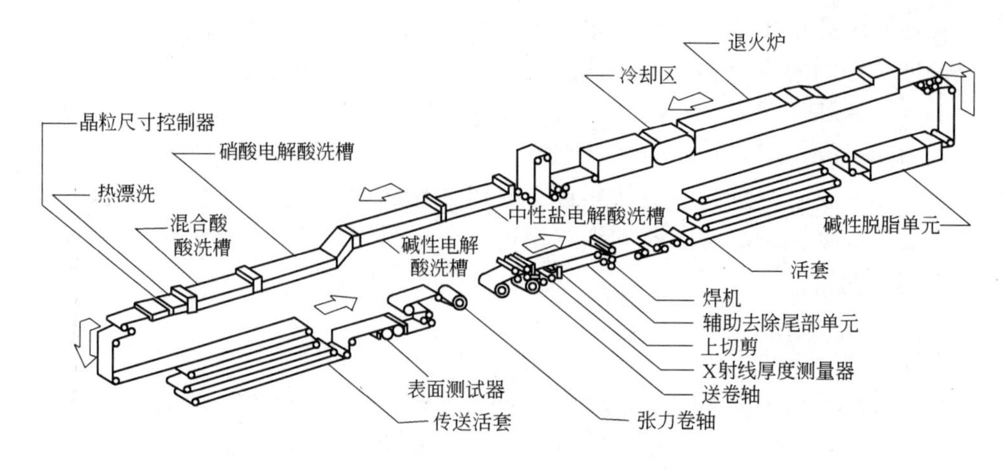

图 2-14　不锈钢连续退火-酸洗生产线布置图

2.3.5　不锈钢冷轧产品的表面等级

根据国标 GB/T 3280—2007《不锈钢冷轧钢板和钢带》的规定，不锈钢的冷轧产品因其加工工序和表面质量不同分为 2D、2B、BA、HL 和 3 号等不同表面等级，详见表 2-4。

表 2-4　不锈钢冷轧产品的表面等级

表面等级	加工类型	表面状态	备　注
2D 表面	冷轧、热处理、酸洗或除鳞	表面均匀、呈亚光状	冷轧后热处理、酸洗。亚光表面经酸洗或除鳞产生。可用毛辊进行平整。毛面加工便于在深冲时将润滑剂保留在钢板表面。这种表面适用于加工深冲部件，但这些部件成型后还需进行抛光处理
2B 表面	冷轧、热处理、酸洗或除鳞、光亮加工	较 2D 表面光滑平直	在 2D 表面基础上，对经热处理、除鳞后的钢板用抛光辊进行小压下量的平整。属于最常用表面。除极为复杂的深冲外，可用于任何用途
BA 表面	冷轧、光亮退火	平滑、光亮、反光	冷轧后在可控气氛炉内进行光亮退火。通常采用氢或氢氮混合气氛，以防止退火过程中的氧化现象。也是后工序再加工常用的表面加工
3 号表面	对单面或双面进行刷磨或亚光抛光	无方向纹理、不反光	需方可制定抛光带的等级或表面粗糙度。由于抛光带的等级或表面粗糙度不同，表面所呈现的状态不同。这种表面适用于延伸产品还需进一步加工的场合。若钢板或钢带做成的产品不进行另外的加工或抛光处理，建议用 4 号表面
4 号表面	对单面或双面进行通用抛光	无方向纹理、反光	经粗磨料粗磨后，再用粒度为 120 号 ~ 150 号或更细的研磨料进行精磨。这种材料被广泛用于餐馆设备、厨房设备、店铺门面、乳制品设备等

续表 2-4

表面等级	加工类型	表面状态	备 注
6 号表面	单面或双面亚光缎面抛光，坦皮科研磨	呈亚光状、无方向纹理	表面反光率较 4 号表面差。是用 4 号表面加工的钢板在中粒度研磨料和油的介质中经坦皮科刷磨而成。适用于不要求光泽度的建筑和装饰。研磨粒度可由需方指定
7 号表面	高光泽度加工表面	光滑、高反光度	是由优良的基础表面进行擦磨而成。但表面磨痕无法消除。该表面主要适用于要求高光泽度的建筑物外墙装饰
8 号表面	镜面加工	无方向纹理、高反光度、影像清晰	该表面是用逐步细化的磨料抛光和用极细的铁丹大量擦磨而成。表面不留任何擦磨痕迹。该表面被广泛用于模压板、镜面
TR 表面	冷作硬化处理	应材质及冷作量的大小而变化	对退火除鳞或光亮退火的钢板进行足够的冷作硬化处理。大大提高强度水平
HL 表面	冷轧、酸洗、平整、研磨	呈连续性磨纹状	用适当粒度的研磨材料进行抛光，使表面呈连续性磨纹

2.4 铁素体不锈钢成型性能检测方法

成型性能是指板材对各种冲压成型的适应能力，即板材在冲压过程中产生塑性变形而不失效的能力。成型性通常用塑性应变比（r 值）来衡量，其物理含义为钢板在承受塑性变形时，板面（RD-TD）内的真实应变与厚度方向（ND）的真实应变之比，其表征的是板材在承受塑性变形时厚度抵抗变化的能力，r 值的计算公式为式（2-1）。

$$r = \frac{\ln\left(\frac{W}{W_0}\right)}{\ln\left(\frac{h}{h_0}\right)} \tag{2-1}$$

式中，W_0 和 h_0 分别为试样拉伸前，标距区的宽度和厚度；W 和 h 分别为试样拉伸至某阶段时，标距区的宽度和厚度。

由于测量长度的变化比测量厚度的变化容易和精确，所以通常根据塑性变形前后标距区体积不变原理，采用式（2-2）来计算 r 值。

$$r = \frac{\ln\left(\frac{W}{W_0}\right)}{\ln\left(\frac{L_0 W_0}{LW}\right)} \tag{2-2}$$

式中，L_0 和 L 分别为试样拉伸前和拉伸至某阶段时，标距区的长度。

按照国家标准 GB 5027—1999《金属薄板塑性应变比（r 值）试验方法》，在拉伸试验机上进行室温拉伸，当工程应变为15%或20%时，测定板材的 r 值。其主要试验参数一般为：夹头位移速度为 3mm/min，矩形标距区的长度为 50mm，矩形标距区的宽度为 12.5mm，引伸计的测量误差小于 0.3%。由于轧制和退火的板材内部均有织构，其通常具有平面各向异性，即在板面内沿不同方向拉伸所得到的 r 值不同，因此，通常选取板面内与轧制方向（RD）呈 0°、45°和 90°的三个代表性方向上分别取样进行拉伸实验，如图 2-15 所示。测得三者的 r 值 r_0、r_{45}和 r_{90}后，再采用式（2-3）和式（2-4）计算得到板材的平均塑性应变比（$\bar{r}$）和平面各向异性参数（Δr），从而对板材的成型性能进行评价。板材的 $\bar{r}$ 值越大，其深冲过程中厚度越不易减薄，其成型能力越强；板材的 Δr 值越大，其深冲后凸耳越严重，所需切边高度越大，成材率越低。

$$\bar{r} = \frac{r_0 + r_{90} + 2r_{45}}{4} \tag{2-3}$$

$$\Delta r = \frac{r_0 + r_{90}}{2} - r_{45} \tag{2-4}$$

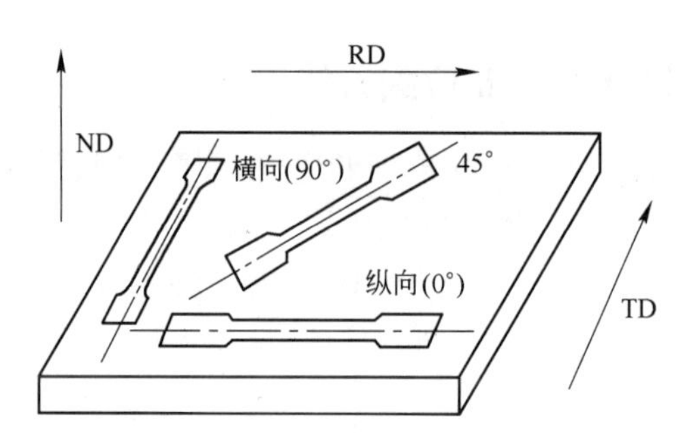

图 2-15 金属薄板塑性应变比（r 值）测定试验的取样方法

2.5 体心立方金属的织构检测方法

对于轧制变形样品，通常用平行于轧面（RD-TD）的晶面 $\{hkl\}$ 和平行于轧向（RD）的晶向 $\langle uvw \rangle$（即 Miller 指数 $\{hkl\}\langle uvw \rangle$）来表征样品内晶粒的晶体学取向。通常，当许多晶粒的取向集中分布于某一或某些晶体学取向附近时，称晶体具有择优取向。具有择优取向的多晶体的取向结构被称为织构。织构可以表征为宏观织构和微观织构。宏观织构的主要检测手段为 X 射线衍射术和中子衍射术，其测量区域较大，具有统计意义。微观织构的检测手段主要有透射电子显微术、选区通道花样术、蚀坑术及电子背散射衍射术（Electron Back-Scattered Diffraction，EBSD）等，其测量区域较小，但是可以表征不同晶体学取向晶粒的空间分布。本书中，主要采用 X 射线衍射技术测量宏观织构，采用电子背散射衍射技术测量微观织构。

织构测量结果的分析方法主要有极图、反极图和取向分布函数（Orientation Distribution Function，ODF）等，本书采用 ODF 法分析织构。ODF 法是把晶粒的晶体学取向坐标系与试样的外观坐标系的相对关系用一组三维旋转角（即欧拉角 Φ、φ_1 和 φ_2）来建立，三个欧拉角只需在（$0\leqslant\Phi\leqslant\pi$，$0\leqslant\varphi_1\leqslant2\pi$，$0\leqslant\varphi_2\leqslant2\pi$）范围内变化，即可唯一确定任意取向晶粒的晶体学坐标系与试样外观坐标系间的相对关系。以这三个欧拉角为三维直角坐标建立的空间称为欧拉空间。试样检测区域内所有晶粒的晶体学取向在欧拉空间上的分布密度称为试样的取向分布函数（ODF）。人们常用带有取向分布密度等强线的欧拉空间图（ODF 图）来直观表征多晶体材料的织构特征。

立方晶系金属的轧制和退火织构往往分布于欧拉空间的某些取向线上，其中体心立方晶系的铁素体不锈钢的轧制和退火织构主要分布在 α 取向线和 γ 取向线上。α 取向线的一个分支位于 ODF 图中的（$\Phi=0\sim90°$，$\varphi_1=0°$，$\varphi_2=45°$）区域内，其包含的织构组分主要为$(001)[1\bar{1}0]$、$(112)[1\bar{1}0]$和$(111)[1\bar{1}0]$。γ 取向线的一个分支位于 ODF 图中的（$\Phi=54.7°$，$\varphi_1=0\sim90°$，$\varphi_2=45°$）区域内，其包含的织构主要为$(111)[1\bar{1}0]$、$(111)[1\bar{2}1]$、$(111)[0\bar{1}1]$和$(111)[\bar{1}\bar{1}2]$。此外，铁素体不锈钢的退火板中还经常出现$(334)[4\bar{8}3]$、$(554)[\bar{2}\bar{2}5]$和$(110)[001]$（Goss）等织构。上述这些织构都可以在 ODF 图的 $\varphi_2=45°$ 截面上观察到，如图 2-16 所示。

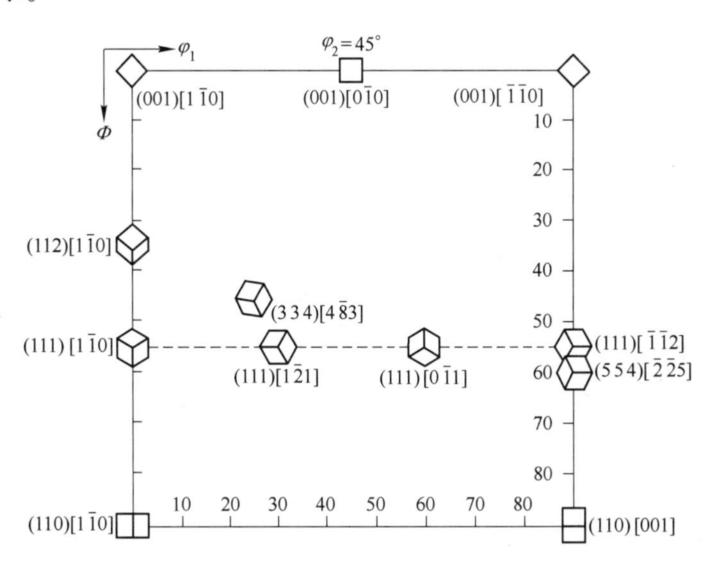

图 2-16 立方晶系材料的 ODF 图 $\varphi_2=45°$截面及代表性取向

Held[14]最先指出，钢板的〈111〉//ND 织构有利于冲压性能，〈001〉//ND 织构不利于冲压性能，而且，〈111〉//ND 织构与〈001〉//ND 织构的强度之比与材料的平均塑性应变比（$\bar{r}$）呈正比关系，如图 2-17 所示。Daniel 等人[15]和 Hamada 等人[16]采用 Taylor 部分约束模型计算了体心立方金属的几种常见轧制和再结晶取向的 r 值，它们的 $\bar{r}$ 值和 Δr 值见表 2-5。其中，{001}〈1$\bar{1}$0〉取向的 $\bar{r}$ 值最小，最不利于深冲性；{111}〈1$\bar{1}$0〉和{111}〈1$\bar{2}$1〉取向的 $\bar{r}$ 值虽然不是最高的，但是在尽量高的 $\bar{r}$ 值和尽量低的 Δr 值的综合评价原则下，{111}〈uvw〉取向是最佳选择；而且，由于{111}〈1$\bar{1}$0〉和{111}〈1$\bar{2}$1〉取向的 r 值随测定方向与轧向夹角的变化规律是恰好相反的，因此{111}〈1$\bar{1}$0〉与{111}〈1$\bar{2}$1〉之间织构强度的对等分布可以在深冲过程中完全避免凸耳。综上所述，在铁素体不锈钢生产过程中，必须优化生产工艺以获得强度尽量高，并且在{111}〈1$\bar{1}$0〉和{111}〈1$\bar{2}$1〉之间强度对等分布的{111}〈uvw〉再结晶织构，才能最大限度地提高铁素体不锈钢成品板的成型性能。

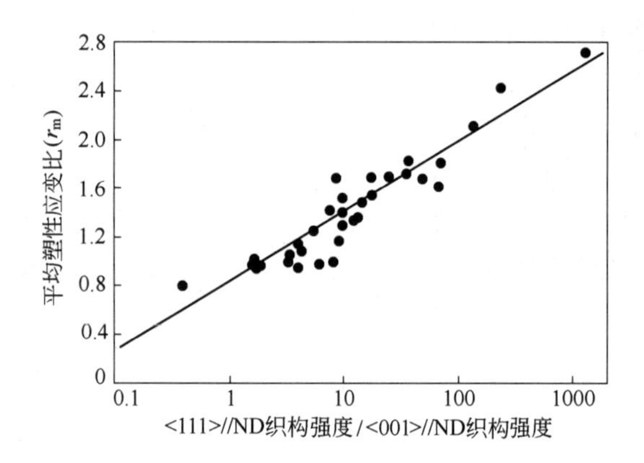

图 2-17　〈111〉//ND 织构与〈001〉//ND 织构的强度之比与平均塑性应变比的关系

表 2-5　Taylor 部分约束模型计算的体心立方金属几种常见轧制和再结晶取向的 $\bar{r}$ 值和 Δr 值

晶 粒 取 向	$\bar{r}$	Δr
{001}〈1$\bar{1}$0〉	0.4	-0.8
{112}〈1$\bar{1}$0〉	2.1	-2.7
{111}〈1$\bar{1}$0〉	2.6	0
{111}〈1$\bar{2}$1〉	2.6	0
{554}〈$\bar{2}\bar{2}$5〉	2.6	1.1
{110}〈001〉	5.1	8.9

参 考 文 献

[1] 刘浏. 不锈钢冶炼工艺与生产技术[J]. 河南冶金，2010，18(6)：2 ~ 9.

[2] Sumino Watanabe. Technological progress and future outlook for stainless steels[J]. Nippon Steel Technical Report，1996，71(10)：1 ~ 9.

[3] 王廷溥，齐克敏. 金属塑性加工学——轧制理论与工艺[M]. 北京：冶金工业出版社，2001.

[4] 陆世英. 不锈钢[M]. 北京：原子能出版社，1995.

[5] JFE steel corporation. Stainless steel product manual，2010.

[6] Nippon Steel & Sumikin Stainless Steel Corporation. Cold Rolled Stainless Steel Sheet and Strip，2012.

[7] POSCO. Stainless steel product manual，2012.

[8] Takada Hajime，Yamamoto Katsushi. Quality Measurement Techniques for Hot-rolling Rolls[J]. JFE technical Report，2007，10(12).

[9] Akihiko Fukhara. Establishment of a High Grade Steel Sheet Production System in Chiba Works No. 3 Cold Rolling Mill[J]. Kawasaki Steel Technical Report，1991，23(4)：286 ~ 292.

[10] Tatsuo Kawasaki. Stainless Steel Production Technologies at Kawasaki Steel[J]. Kawasaki Steel Technical Report，1999，40(5)：5 ~ 15.

[11] Junichi Yamamoto，Akira Kishida，Hisanao Nakahara. Stainless Steel Cold Rolling Plant at Chiba Works[J]. Kawasaki Steel Technical Report，1994，31(11)：12 ~ 20.

[12] Shigenori Tsuru，Yuji Nomiyama，Kiyoshi Nishioka. Progress and Outlook of Steel Plate Production Technology at Nippon Steel Corporation[J]. Nippon Steel Technical Report，1997，75(11)：2 ~ 7.

[13] 王一德. 不锈钢冷轧机的选择及应用[J]. 2005，26(3)：41 ~ 44.

[14] Held J F. Mechanical working and steel processing Ⅳ[M]. 1965，3，New York，American Institute of Mining，Metallurgical and Petroleum Engineers.

[15] Daniel D，Jonas J J. Measurement and prediction of plastic anisotropy in deep-drawing steels[J]. Metallurgical Transactions A，1990，21A(2)：331 ~ 343.

[16] Hamada J I，Agata K，Inoue H. Estimation of planar anisotropy of the r-value in ferritic stainless steel sheets[J]. Materials Transactions，2009，50(4)：752 ~ 758.

3　铁素体不锈钢合金成分设计及相组成的变化规律

铁素体不锈钢因其经济性和鲜明的性能特点而日益受到用户的广泛认同。随着对铁素体不锈钢性能变化规律认识的深入，钢中合金元素含量的设计和控制成为了生产企业和用户极为关心的问题。一方面，铁素体不锈钢中间隙元素如碳和氮的控制向超纯化方向发展，以消除成型性能和耐蚀性能可能出现的各种问题；另一方面，不同品种的铁素体不锈钢均主要向微合金化方向发展。同时，为满足不同服役状态下的性能要求，需要通过添加 Mo、Cu、Al 和 W 等合金元素来解决。因此，准确理解铁素体不锈钢合金元素设计的基本原则及对钢中相组成变化的影响规律，是开发新品种以满足不同应用条件下性能要求的基础。

3.1　铁素体不锈钢中主要合金元素的作用

不锈钢的耐腐蚀性能取决于其化学成分而不是晶体结构如面心立方（fcc，奥氏体）或体心立方（bcc，铁素体），其中对耐腐蚀性能影响最大的元素不是多数人想象中的 Ni，而是 Cr，它是保证不锈钢耐蚀性的最主要合金元素。铁素体不锈钢中的 Cr 含量（质量分数）一般控制在 11% ~50%。钢中 Cr 含量（质量分数）低于 11% 时不能保证钢材具有足够的耐蚀性，而钢中 Cr 含量（质量分数）超过 50% 时会破坏钢材的热加工和冷加工性能。因此，钢中 Cr 含量（质量分数）通常控制在 11% ~35% 的范围内。由于不锈钢中通常含有较多种类的合金元素，因此一般采用等效 Cr 含量的概念来衡量钢中铁素体含量和耐腐蚀性能的指标。常用的方法之一为 K 因子计算公式（Kaltenhanser）和 W^2 等效 Cr 含量计算公式（Wright 和 Wood），分别如式（3-1）和式（3-2）所示。

Kaltenhanser 因子：

$$K = w(\mathrm{Cr}) + 6w(\mathrm{Si}) + 8w(\mathrm{Ti}) + 4w(\mathrm{Mo}) + 2w(\mathrm{Al}) - 40[w(\mathrm{C}) + w(\mathrm{N})] - 2w(\mathrm{Mn}) - 4w(\mathrm{Ni}) \tag{3-1}$$

由式（3-1）可以得出，对于低 Cr 铁素体不锈钢如 409，当 K 因子高于 13.5 时，钢中组织为全铁素体组织。对于中 Cr 铁素体不锈钢如 430，当 K 因子高于 17 时具有完全的铁素体组织。

W^2等效 Cr 含量计算公式：

$$Cr_{eq} = w(Cr) + 5w(Si) + 7w(Ti) + 4w(Mo) + 12w(Al) - 40[w(C) + w(N)] - 2w(Mn) - 3w(Ni) - w(Cu) \quad (3\text{-}2)$$

当 Cr_{eq}值高于 12 时，钢中具有完全的铁素体组织。从式（3-1）和式（3-2）还可以看出，为提高 Cr_{eq}值应尽可能降低钢中 C 和 N 的含量。等效 Cr 含量对不锈钢显微组织的影响效果如图 3-1 所示。

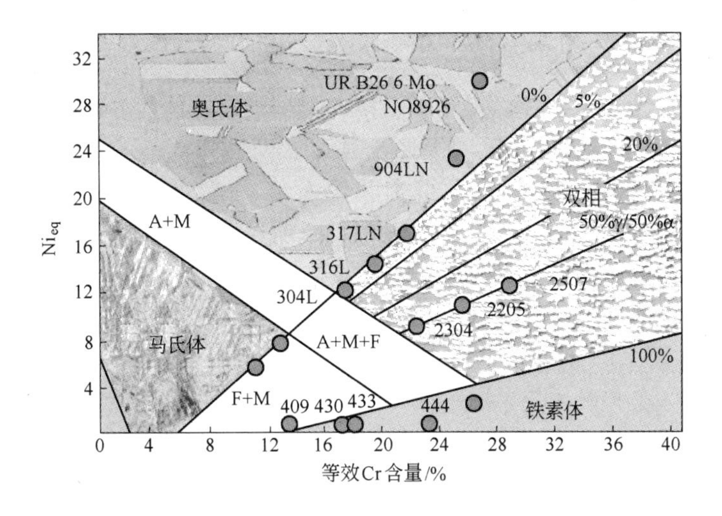

图 3-1 等效 Cr 含量对不锈钢显微组织的影响规律
(The Schaeffler diagram)

除 Cr 元素外，Mo 是提高铁素体不锈钢耐蚀性的最主要的合金元素，增加其质量分数对提高铁素体不锈钢的抗局部腐蚀性能（如点蚀和缝隙腐蚀）有很大作用。钢中 Mo 元素的含量（质量分数）不低于 0.1% 时，可起到提高耐蚀性和抗表面起皱性能的作用。钢中 Mo 元素含量（质量分数）的上限应不超过 5.0%，更多的 Mo 含量不会使耐蚀性能和防锈性能进一步提高，反而会形成 α′相和 χ 相而破坏钢材的耐蚀性能和加工性能。因此，钢中 Mo 含量（质量分数）应该控制在 1.0% 左右以保证力学性能和耐腐蚀性能。铁素体不锈钢的耐点蚀指数为 $PRE \approx w(Cr) + 3.3w(Mo)$。

在铁素体不锈钢中加入适量的 Ag 和 Cu 等合金元素可生产出抗菌不锈钢。其基本原理是，钢材经抗菌性热处理后，钢中金属相（如 ε-Cu 相）富集于表面，在与含菌水溶液接触后钝化膜发生破裂，ε-Cu 等相释放出的 Cu 离子与细菌酵素发生反应，使细菌停止呼吸并最终被杀死。抗菌不锈钢的抗菌作用原理如图 3-2 所示。

微合金元素（如铌和钛）是铁素体不锈钢中常用的稳定化元素。它们能与间隙原子碳和氮结合成碳、氮化物，起到细化晶粒的作用，同时也能抑制钢中形

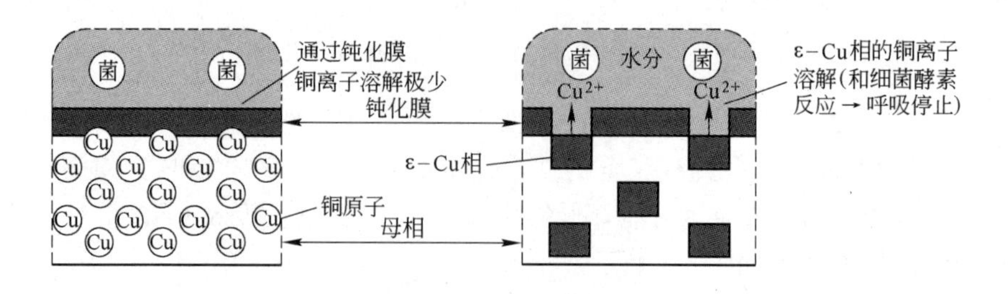

图 3-2　抗菌不锈钢的抗菌作用原理示意图

成铬的碳、氮化物，从而可以提高不锈钢的耐晶间腐蚀性能。采用微合金元素稳定铁素体不锈钢中的 C 和 N 等间隙原子是开发高性能产品的关键，一直是铁素体不锈钢研究工作的重中之重。J. B. Hill 等人于 1990 年研究了钛稳定化对铁素体不锈钢板坯表面质量的影响。结果发现，添加过多的 Ti，会在液相线温度以上生成 TiN 析出相，从而导致板坯表面出现缺陷。因此，为避免表面缺陷，添加的 Ti 含量须降低至液相线温度的溶解度以下，但这样的 Ti 含量一般很难充分稳定间隙元素碳和氮[1]。因此，在 Ti 单稳定化的情况下，最低 Ti 含量要求为 $w(\mathrm{Ti}) = 0.08 + 8[w(\mathrm{C}) + w(\mathrm{N})]$，或钢中 Ti 含量比 N 和 C 含量（质量分数）的总和高出 0.10% ~0.15%。尽管添加 Nb 的价格比相同含量 Ti 的价格要高，但 Nb 和 Ti 复合微合金化可以提高板坯的表面质量从而减少修磨量并提高产品的耐腐蚀性能和成型性能等，因此采用 Nb 和 Ti 的复合微合金化可以节省综合生产成本。添加 Nb 和 Ti 的含量一般要求满足 $w(\mathrm{Ti + Nb}) = 0.10 + 8w(\mathrm{C + N})$。

铁素体不锈钢热轧生产及后续热处理过程中经常发生晶粒异常长大的现象。通过采用 B + Nb 或 B + Ti 的复合微合金化的对比研究发现，B + Nb 的复合微合金化可以最大程度阻止冷轧带钢退火过程中的晶粒长大；以 B 进行单独微合金化对晶粒长大阻碍的效果次之；而 B + Ti 的复合微合金化易造成晶粒粗化，其晶粒粗化程度甚至超过单 Ti 微合金化[2]。如果在炼钢过程中采用含 B 保护渣，往往会使钢中不可避免地含有 30×10^{-6}左右的 B。此时应在设计微合金化路线时考虑采用一定量的 Nb，而不是单一采用 Ti 进行微合金化处理，这样可以避免冷轧板在退火过程中发生强烈的晶粒长大现象，有助于提高钢材的表面质量。硼微合金化对晶粒长大行为的影响机理将在第 5 章进行详细论述。

Nb 和 Ti 的微合金化处理对提高铁素体不锈钢的焊接性能可产生有利的影响。郑淮北等针对 12CrNi 铁素体不锈钢，研究了 Nb 和 Ti 微合金化对焊接热影响区粗晶组织的影响规律[3,4]。图 3-3 示出的是采用热膨胀仪模拟不同微合金化处理的 12CrNi 焊接热影响区粗晶区组织的金相照片（模拟的加热冷却制度为：以 3℃/s 加热到 1350℃ 保温 1min，然后以 10℃/s 冷却到室温）。可以看出，进行 Nb 或 Ti 微合金化处理后，焊接粗晶组织较未进行微合金化处理的实验钢均有所

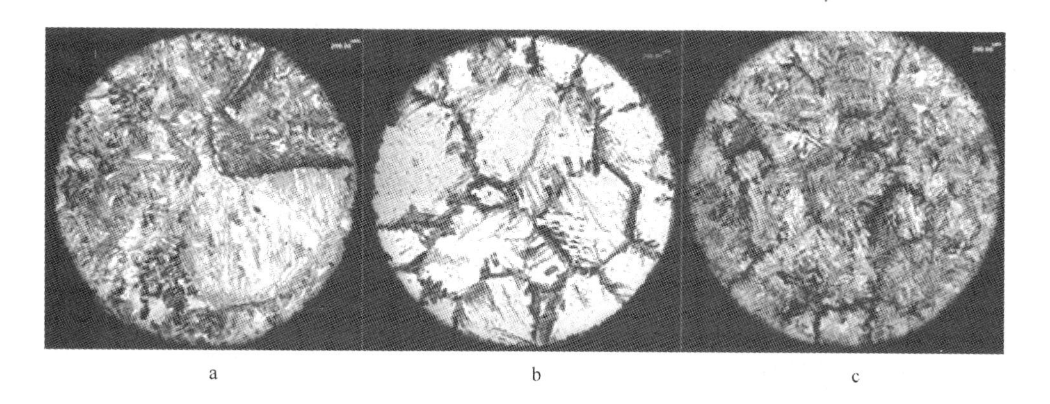

a b c

图 3-3 Nb、Ti 微合金化对焊接粗晶区组织的影响
a—12CrNi；b—Nb 微合金化 12CrNi；c—Ti 微合金化 12CrNi

细化。但是，Nb 微合金化的实验钢的粗晶区组织为粗大的 δ 铁素体和沿 δ/δ 铁素体晶界呈网状分布的马氏体，马氏体的形态为仿晶界型、锯齿型和魏氏体形态；而 Ti 微合金化处理的实验钢中，粗晶区的马氏体组织得到显著细化，如图 3-3c 中马氏体板块和马氏体板条束比图 3-3a 中未进行微合金化处理的实验钢明显细小。图 3-4 示出的是 12CrNi 中 TiN 析出相对焊接热影响区组织细化的影响。可以看出，钢中形成 TiN 析出相可以促进“δ 铁素体→奥氏体”相变的晶内形核，从而细化相变前奥氏体的尺寸。另外，TiN 析出相也可以促进马氏体相变的形核，如图 3-4a 中马氏体晶区 A1、A2 和 A3 由同一个奥氏体晶粒转变而来，而马氏体晶区 B1 和 B2 也是在同一个原始奥氏体晶粒中形成的，图中箭头所示的 TiN 粒子诱导了马氏体相变的形核，因而细化了马氏体晶区。对微合金化钢晶粒长大动力学规律

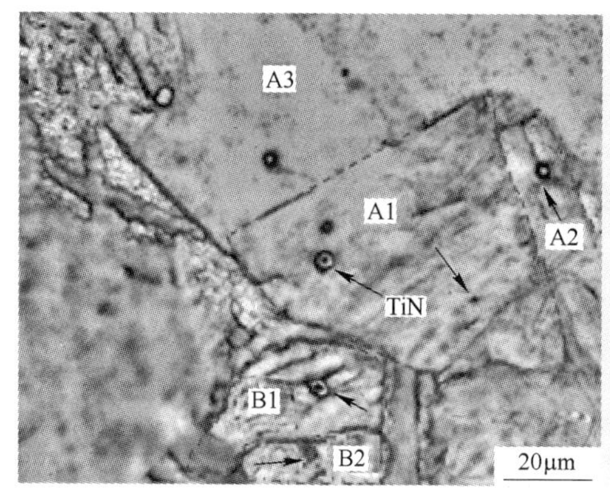

a

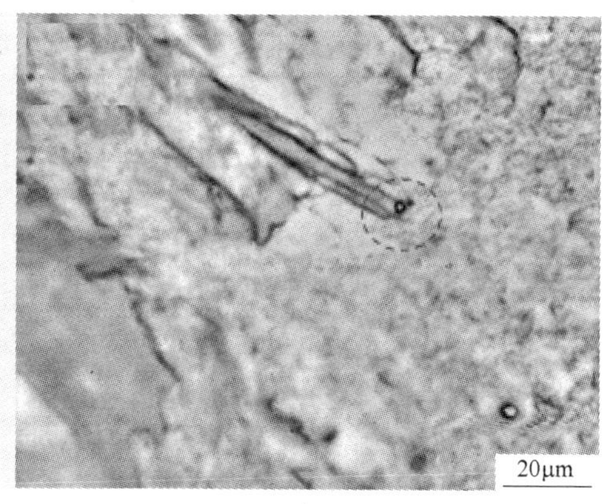

b

图 3-4 钢中 TiN 析出相对粗晶区组织的影响
a—马氏体细化作用；b—阻碍马氏体束生长的作用

的研究发现，如果马氏体板条群在生长过程中所遇到 (Ti,V)(C,N)粒子并与之满足 B-N（Baker-Nutting）取向关系，则粒子对其生长不会造成阻碍；如果马氏体板条群在生长过程中遇到的(Ti,V)(C,N)粒子与之不能满足 B-N 取向关系，则这种粒子会造成板条群推进或横向增长的阻碍。由以上分析可知，对 12CrNi 不锈钢进行 Ti 微合金化处理，形成的 TiN 粒子可以促进"δ 铁素体→奥氏体"相变和马氏体相变的形核，因而细化了粗晶区的马氏体组织，同时使粗晶区宽度减小，从而提高焊接接头的冲击韧性。

铁素体不锈钢中添加钒，在阻止析出 $M_{23}C_6$ 方面的作用比 Nb、Ti 和 Mo 更加有效，而且钒在软相铁素体中以 VC 的形式析出后，会提高局部铁素体的硬度，形成钢中软硬相结合，有助于提高材料的能量吸收性能，同时也可提高钢的耐磨损性能[5]。对无稳定化元素和分别添加 Mo、Ti、V 和 Nb 含量（质量分数）达到 1% 的铁素体不锈钢（化学成分如表 3-1 所示）的铸锭进行锻打处理，然后进行差热分析（DTA）后发现，其铁素体晶粒粗化的峰值温度分别为 1244.8℃，1154.7℃，1174.4℃，1298.3℃和 1199.2℃，如图 3-5 所示。可以看出，Nb、Ti 和 Mo 的稳定化均会造成钢中铁素体晶粒粗化温度降低；而对于钒微合金化钢，其晶粒粗化的峰值温度与无稳定化的铁素体不锈钢相比提高了 50℃以上，这是由于 VC 存在于晶界处起到钉扎作用，从而延迟了铁素体晶粒的粗化。

表 3-1　采用 Nb、V、Ti 和 Mo 合金稳定化的 Cr18 铁素体不锈钢化学成分

试　样	化学成分(质量分数)/%									
	C	Mn	Si	Cr	Mo	Ti	V	Nb	P	S
1	0.048	0.25	0.28	18.21	—	—	—	—	0.020	0.010
2	0.043	0.28	0.28	18.02	1.0	—	—	—	0.020	0.010
3	0.047	0.38	0.54	18.17	—	1.0	—	—	0.020	0.010
4	0.035	0.33	0.36	18.21	—	—	1.0	—	0.020	0.010
5	0.052	0.30	0.30	17.75	—	—	—	1.0	0.020	0.010

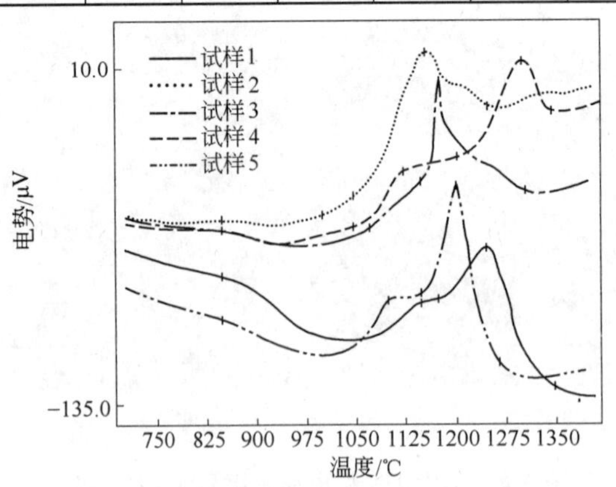

图 3-5　不同微合金化铁素体不锈钢的差热分析曲线

当铁素体不锈钢中添加过量的稳定化元素时，固溶于钢中的微合金元素含量对力学性能和耐腐蚀性能均会产生很大影响。在进行铁素体不锈钢微合金化成分设计时，通常采用欧标如（EN10088-2）来确定不同种类铁素体不锈钢所需要的最低 Nb 或 Ti 的含量。但是，这些标准的制定是以假定钢中出现最简单的析出物为前提条件的。例如，根据上述标准，仅可以确定需要形成 TiN 和 TiC 的最低 Ti 含量。但实际情况是，钢中其他元素如 Al 和 Mo 等也是强碳、氮化物形成元素，可消耗钢中一定量的 C 和 N。微合金元素的稳定化是一个较为复杂的过程，形成的化合物主要包括：(Ti,Nb)(C,N)、AlN、MoC、Fe_2Nb 及 Fe_3Nb_3C 等。采用常规方法如按欧洲标准，通常按式（3-3）来确定钢中固溶的微合金化元素含量。

$$\begin{cases} w(\mathrm{Ti})_{\mathrm{Free}} = w(\mathrm{Ti}) - w(\mathrm{Ti})_{\min} \\ w(\mathrm{Nb})_{\mathrm{Free}} = w(\mathrm{Nb}) - w(\mathrm{Nb})_{\min} \end{cases} \tag{3-3}$$

式中，$w(\mathrm{Ti})_{\mathrm{Free}}$ 和 $w(\mathrm{Nb})_{\mathrm{Free}}$ 分别代表固溶于钢中的 Ti 和 Nb 元素含量；$w(\mathrm{Ti})_{\min}$ 和 $w(\mathrm{Nb})_{\min}$ 分别代表稳定钢中 C 和 N 需要的最低 Ti 和 Nb 的含量。图 3-6 示出的是分别采用 EN1.4512($w(\mathrm{Ti})_{\min} = 6(w(\mathrm{C}) + w(\mathrm{N}))$)，EN1.4510($w(\mathrm{Ti})_{\min} = 0.15 + 4(w(\mathrm{C}) + w(\mathrm{N}))$) 和 EN1.4509($w(\mathrm{Nb})_{\min} = 0.30 + 3w(\mathrm{C})$) 确定的钢中固溶量与采用电子探针实测结果之间的对比。可以看出，两者之间没有明确的线性对应关系，说明采用这种常规方法（如上述欧洲标准）不能准确反映钢中发生的微合金化元素的沉淀析出过程，也不能准确确定钢中固溶的微合金元素含量。因此，如何准确确定钢中固溶的稳定化元素含量显得非常重要。

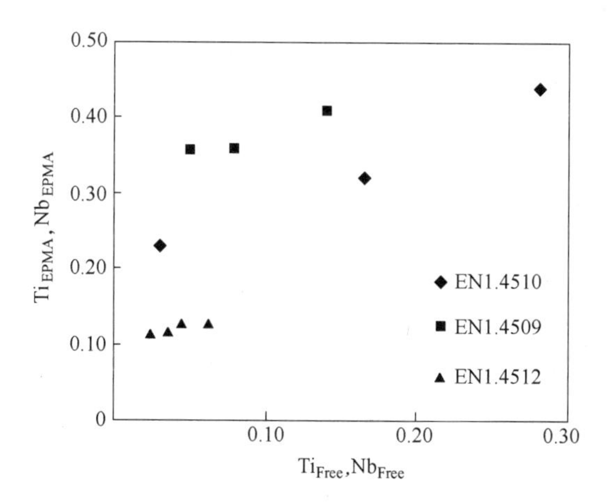

图 3-6 铁素体不锈钢中 Ti 和 Nb 的固溶量与欧标计算出的固溶量之间的关系

Almagro 等人采用电子探针（EPMA）技术，确定了这些元素添加量和固溶量之间的对应关系[6]。为充分考虑铁素体不锈钢中微合金元素发生的各种沉淀析出过程，将固溶于钢中的元素含量定义为式（3-4）：

$$r_{\text{Bulk}} = \left[\frac{w(\text{Al})}{27.0} + \frac{w(\text{Ti})}{47.9} + \frac{w(\text{Nb})}{92.9} + \frac{w(\text{Mo})}{95.9} - \frac{w(\text{C})}{12.0} - \frac{w(\text{N})}{14.0}\right] \times 1000 \tag{3-4}$$

把固溶的合金元素实测值按式（3-4）转化为原子分数，可以得到式（3-5）：

$$r_{\text{EPMA}} = \left[\frac{w(\text{Al})_{\text{EPMA}}}{27.0} + \frac{w(\text{Ti})_{\text{EPMA}}}{47.9} + \frac{w(\text{Nb})_{\text{EPMA}}}{92.9} + \frac{w(\text{Mo})_{\text{EPMA}}}{95.9}\right] \times 1000 \tag{3-5}$$

图3-7示出的是 r_{Bulk} 和 r_{EPMA} 之间的对应关系。两者之间的线性相关度达到0.9931。尽管在铁素体不锈钢中很难观察到AlN析出相，且钢中形成的碳化物和氮化物一般不会达到理想比，但从这种极佳的线性相关度仍可看出，采用Almagro方法可以准确确定钢中固溶的微合金元素含量，也就能够更为准确地确定出需要稳定钢中C和N间隙原子所需要的最佳微合金元素含量。

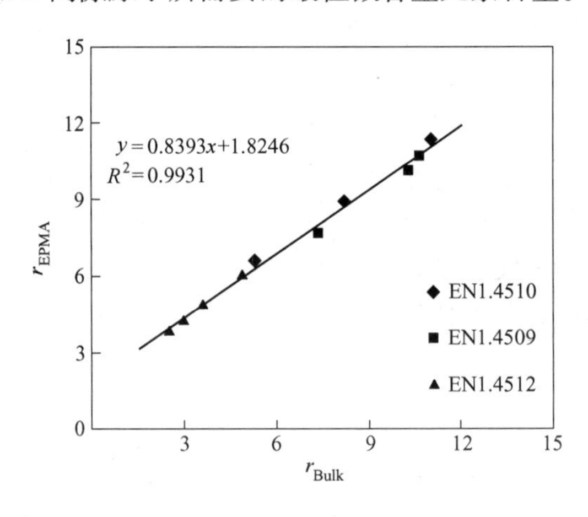

图3-7　采用EPMA实测的钢中固溶微合金元素含量与钢的微合金元素添加量之间对应关系

3.2　铁素体不锈钢夹杂元素含量控制的基本原则

铁素体不锈钢中的碳元素可降低成品板的 r 值、伸长率及耐蚀性，并对低温韧性产生破坏性影响，特别是当钢中的碳含量（质量分数）高于0.02%时，这些有害效果会更加凸显。因此，钢中碳含量（质量分数）不应该高于0.02%，最好不高于0.005%。与C元素一样，铁素体不锈钢中的N元素会降低 r 值、伸长率并破坏耐蚀性，而且因形成铬的氮化物而形成铬元素的贫化层。钢中N含量（质量分数）不应该高于0.03%，更高的N含量会使N元素的负面作用更加凸显。因此，N含量（质量分数）应该控制在0.01%左右。铁素体不锈钢中的C

和 N 一样均会降低成品板的 r 值、伸长率和耐蚀性。如果 C 和 N 的总含量（质量分数）超过 0.03%，这些负面作用会表现得更加明显。但是，如果 C 和 N 的总含量（质量分数）低于 0.005%，会促进柱状晶凝固组织的生长，对成品板有利织构的控制极为不利并破坏抵抗表面起皱的能力。另外，前人的研究结果表明，C 和 N 的质量分数之比（$w(\mathrm{C})/w(\mathrm{N})$）对有利织构强度具有重要的影响效果。如果（C/N）低于 0.6，〈111〉//ND 织构强度与〈310〉//ND 织构强度的比值会有所增加，从而提高成品板的 r 值和伸长率，且各向异性程度会有所降低。因此，C 和 N 含量之比应该控制在 0.6 以下。

由于碳、氮在铁素体中的溶解度很低且其在体心立方晶体（bcc）中的扩散速度比在面心立方晶体（fcc）中更快，故在铁素体不锈钢中易生成碳化物和氮化物，造成晶界处出现铬的贫化而引发晶间腐蚀。当铁素体不锈钢中 $w(\mathrm{C})+w(\mathrm{N})\leqslant 150\times10^{-6}$ 时，其腐蚀性能、力学性能及焊接性能可得到显著改善。在超纯铁素体不锈钢中除要求低的碳和氮间隙元素的质量分数外，还要求杂质元素尽可能低，如要求 P 和 S 元素含量低于 0.01% 和极低的氧和氢含量。

图 3-8a 和 b 分别示出的是铁素体不锈钢中 C 和 N 含量对低温韧性的影响规律。可以看出，钢中 C 元素对低温韧性的破坏作用明显超过 N 元素，而 N 含量增加基本不会改变铁素体不锈钢的韧脆转变温度，仅改变其高阶冲击功。因此，钢中 C 和 N 的总含量（质量分数）最好满足：约 $0.005\% \leqslant (w(\mathrm{C})+w(\mathrm{N})) \leqslant$ 约 0.03%。

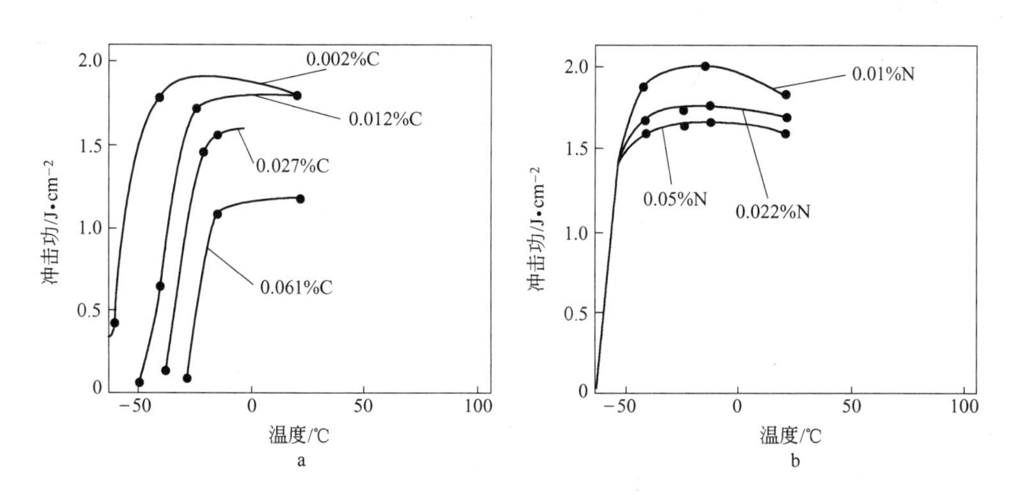

图 3-8　17% Cr 铁素体不锈钢中 C 含量和 N 含量对低温韧性的影响规律
a—C 含量的影响；b—N 含量的影响

铁素体不锈钢中的硅含量（质量分数）不低于 0.01% 时可起到脱氧的作用，但是，钢中 Si 含量（质量分数）上限不应高于 1.0%。Si 含量（质量分数）超过1.0%会破坏成品板的冷加工成型性能并降低塑性。因此，钢中Si元素的添加量（质量分数）应控制在0.03%～0.5%的范围内。钢中的Al含量（质量分数）在不低于0.005%时会起到脱氧的作用。钢中Al含量的上限应该控制在0.30%，Al含量过高会形成Al的夹杂物而导致表面缺陷。因此，钢中Al含量（质量分数）应该控制在0.005%～0.10%的范围内。钢中的Mn含量（质量分数）不低于0.01%时，可起到将S元素从钢中分离出来并加以固定的作用，从而有效提高钢的热加工性能。钢中Mn含量（质量分数）的上限应控制在1.0%左右，高于1.0%时会降低冷加工成型性能并破坏钢的耐蚀性能，因此钢中Mn含量（质量分数）的最佳范围应该控制在0.1%～0.5%。钢中P元素是一种有害元素，不仅会降低钢的热加工性能而且会破坏钢材的力学性能。钢中P元素含量（质量分数）的上限应该控制在0.08%左右，因为超过这一含量会使P元素对性能的负面影响更加凸显。因此，钢中P含量（质量分数）最好控制在不超过0.04%左右的水平。钢中S元素是一种有害元素，它与Mn结合会形成促进钢材生锈的MnS，而且Mn元素倾向于在晶界处发生偏析而导致晶界脆化。因此，钢中S含量（质量分数）的上限应该控制在0.01%。如果钢中S含量（质量分数）高于0.01%，S元素的有害作用会更加凸显。因此，钢中S含量（质量分数）应该控制在不超过0.006%的水平。

3.3　铁素体不锈钢中合金元素含量对生产工艺的影响

铁素体不锈钢在实际生产过程中，随着钢中合金元素含量的变化，其生产工艺要做出相应的调整。例如，板坯的冷却方式要随着合金元素含量的变化而改变。不锈钢中合金元素的含量一般用PA值来表征，即式（3-6）：

$$PA = [189 + 470w(\mathrm{N}) + 420w(\mathrm{C}) + 23w(\mathrm{Ni}) + 9w(\mathrm{Cu}) + 7w(\mathrm{Mn})] - [11.5w(\mathrm{Cr}) + 11.5w(\mathrm{Si}) + 12w(\mathrm{Mo}) + 23w(\mathrm{V}) + 47w(\mathrm{Nb}) + 49w(\mathrm{Ti}) + 52w(\mathrm{Al})] \tag{3-6}$$

当$PA<37$时，要求板坯在罩式箱内缓慢冷却；当$37<PA<45$时，要求板坯在空气中堆冷；当$PA>45$时，建议板坯缓慢冷却以防止马氏体转变。因此，PA值的控制对实际生产意义重大。采用THERMO-CALC软件计算不同的PA值对铁素体不锈钢430中高温奥氏体含量的影响，结果如图3-9所示。一方面，随着PA值升高，高温奥氏体体积分数增加。在温度为1135℃下，当$PA=47$时，奥氏体体积分数为28%；当$PA=39$时，奥氏体体积分数为20.8%，含量较前者减少7.2%。另一方面，随着温度在1000～1300℃区间内升高，高温奥氏体体积分数减少。对于$PA=43$的铁素体不锈钢430，当温度为1135℃时，奥氏体体积分数为26.2%；当温度为1160℃时，奥氏体体积分数为19.4%，含量较前者减少6.8%。因此，PA值可以反映钢中合金元素含量对高温奥氏体含量的影响，而高温奥氏体在板坯冷却过程中容易转变为马氏体，不同的 *PA* 值意味着板坯冷却中马氏体相变的难易和多少，因此，有必要对不同 *PA* 值的板坯采用不同的冷却工艺，从而控制板坯冷却后马氏体的生成量，避免板坯中裂纹的形成。此外，也有必要根据 *PA* 值来调整板坯的加热制度，从而降低热轧过程中高温奥氏体和铁素体的混合程度，避免热轧中边裂等缺陷的产生。

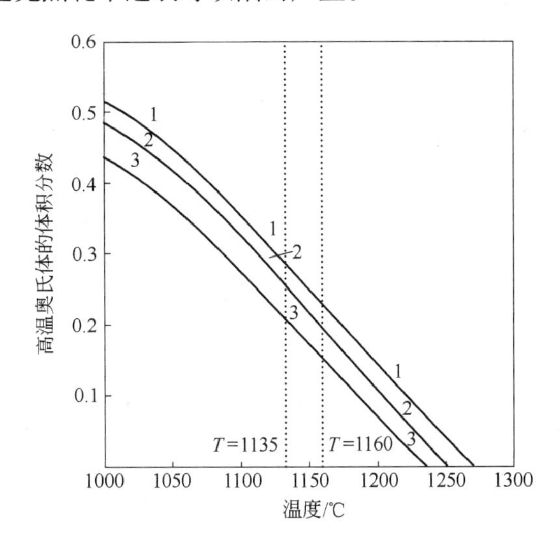

图 3-9 不同 *PA* 值的铁素体不锈钢 430 中
高温奥氏体的体积分数随温度的变化
1—*PA* =47；2—*PA* =43；3—*PA* =39

3.4 铁素体不锈钢相组成的变化规律

在掌握和认识铁素体不锈钢中各元素对其性能影响规律的基础上，还需要理解其相组成状态才能真正发挥其性能优势。为理解铁素体不锈钢相组成的变化规律，本章采用瑞典皇家工学院发展起来的、迄今为止应用最广泛、最成熟的大型热力学计算软件 THERMO-CALC 对典型铁素体不锈钢相组成的演变过程进行计算分析，并与热处理实验结果进行对比。

相比例图示出的是成分一定的体系中各相比例随温度变化的图，横轴一般表示温度，纵轴可根据需要表示成各相的摩尔分数、质量分数或体积分数。图 3-10 示出采用 THERMO-CALC 软件计算的典型铁素体不锈钢 AISI430（化学成分（质量分数）：C 0.057%，Si 0.25%，Mn 0.3%，Cr 16.3%，Ni 0.19%，Mo 0.02%，Cu 0.02%，N 0.04%）的平衡相图。在 800℃时除少量的 $M_{23}C_6$ 外，基体相为铁素体，随着温度逐渐升高，在 840℃时开始出现奥氏体，其含量迅速增加、铁素体含量迅速减少，在 950℃时奥氏体含量达到最大，随后奥氏体含量转而较为缓慢地减少、铁素体相应地增加，在1280℃时奥氏体消失，组织全部为铁素体，在1460℃时液相开始出现并极为迅速地增加、铁素体相应地减少，在1500℃时组织全部为液相。

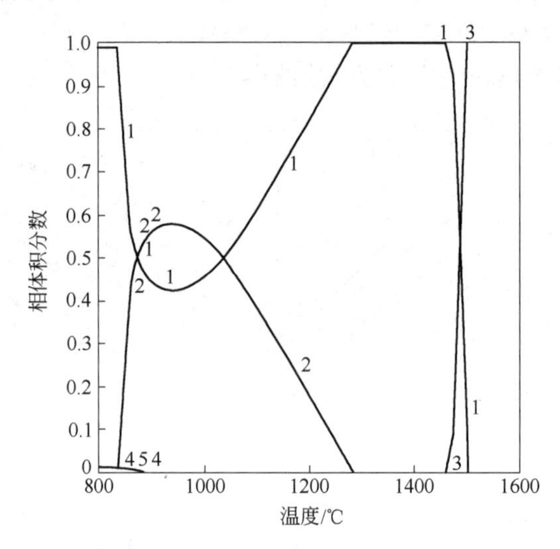

图3-10　THERMO-CALC软件计算的铁素体不锈钢AISI430的平衡相图

1—bcc；2—fcc；3—液相；4—$M_{23}C_6$；5—HCP

图3-11示出采用THERMO-CALC软件计算的C、N和Cr三种元素分别对铁素体不锈钢430平衡相图的影响。图3-11a示出，随着C含量的增加，液固两相区变宽、向低温区扩展，高温铁素体单相区变窄、向高温区收缩，奥氏体与铁素体两相区变宽、向高温区扩展。图3-11b示出，随着N含量的增加，液固两相区基本不变，高温铁素体单相区变窄、向高温区收缩，奥氏体与铁素体两相区变宽、向高温区扩展。图3-11c示出，随着Cr含量的增加，液固两相区基本不变，高温铁素体单相区变宽、向低温区扩展，奥氏体与铁素体两相区变窄、向低温区收缩，Cr_2N的开始析出温度升高。

THERMO-CALC软件计算的相图为平衡相图，而实际过程中因为有保温时间和内部应力等因素的影响，很难达到平衡状态，而目前THERMO-CALC软件还不能将这些影响因素引入计算模型中。另外，由于多元体系的复杂性和数据库的不完备性，也使得计算结果产生偏差。因此，有必要结合热处理实验，对高温相变的动力学进行研究。

为了研究由THERMO-CALC软件计算的平衡相图与实际获得的非平衡状态的相组成的关系，将具有铸态组织的坯料加热到不同温度，分别保温不同时间，再淬火至室温，对获得的组织的相组成进行分析。为了保证实验的精度和可行性，当保温时间在20min以下时，采用热模拟机进行实验，其升温速率为以5℃/s升

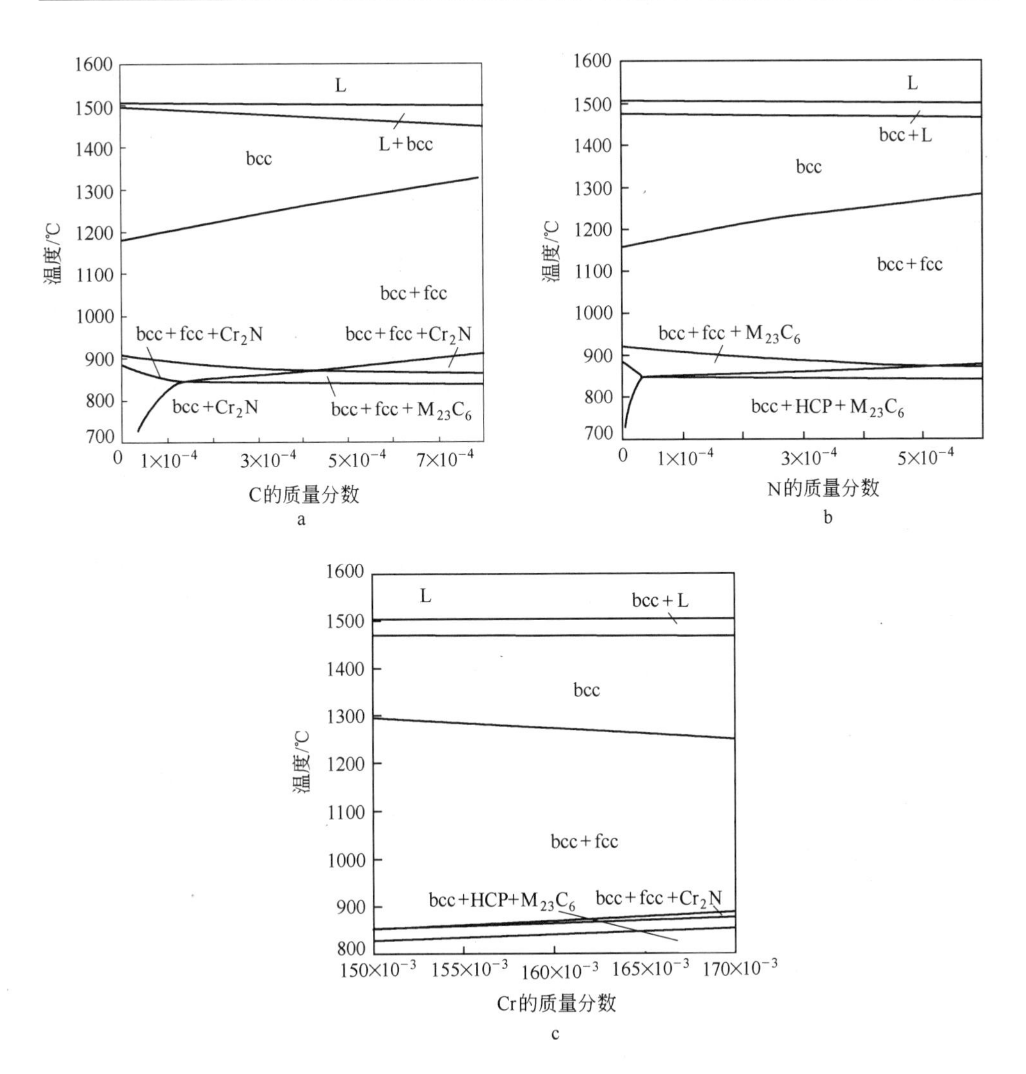

图 3-11 C、N 和 Cr 含量对铁素体不锈钢 430 平衡相图的影响

a—C 含量-温度相图；b—N 含量-温度相图；c—Cr 含量-温度相图

温至 800℃，然后以 2℃/s 升温至保温温度；当保温时间在 30min 以上时，采用热处理炉进行实验，先将热处理炉升温至保温温度，再将样品放入炉内，样品的平均升温速率约为 7.5℃/s。

图 3-12 示出铁素体不锈钢 430 加热至 850～1200℃间的不同温度，分别保温 30min 后，淬火至室温的显微组织。其中，黑色组织为马氏体，由高温奥氏体转变而来；白色组织为铁素体，由高温铁素体转变而来。由于在加热、保温过程中，高温奥氏体呈枝叶结构形成于原始组织的晶界处，加之原始铸态组织晶粒较粗大，因此热处理后所呈现的高温奥氏体的形态具有显著的枝叶特征。随着保温

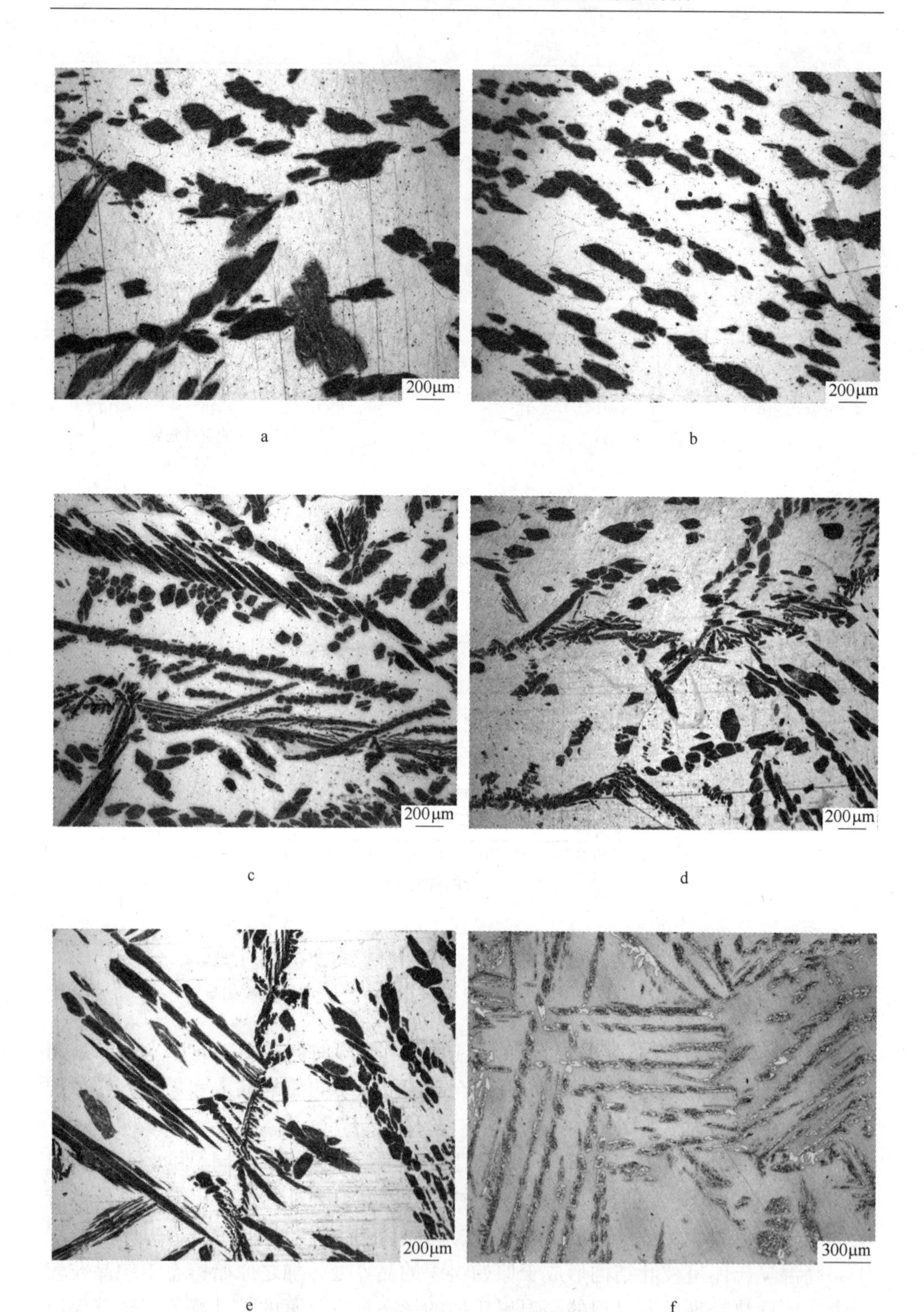

a　　b

c　　d

e　　f

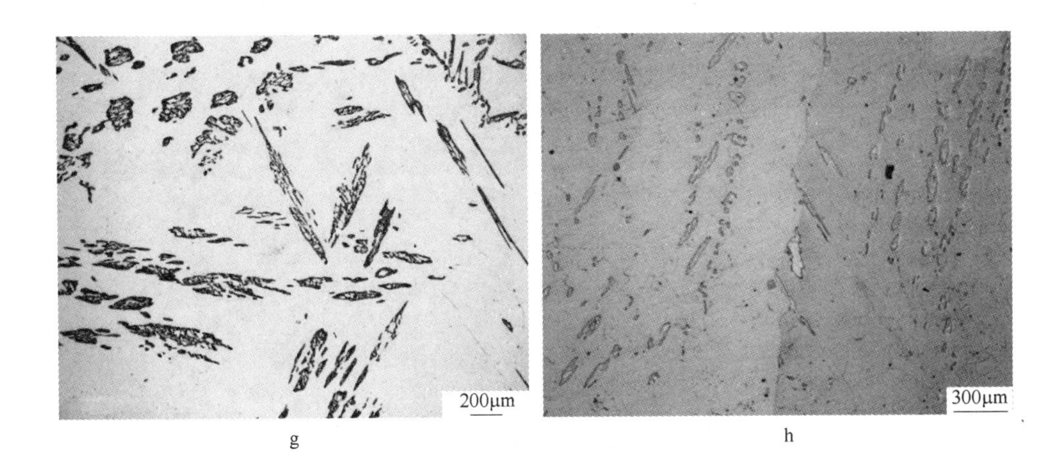

图 3-12 铁素体不锈钢 430 在 850～1200℃保温 30min 的显微组织
a—850℃；b—900℃；c—950℃；d—1000℃；e—1050℃；
f—1100℃；g—1150℃；h—1200℃

温度由 850℃升高至 1200℃，分别保温 30min 后获得的高温奥氏体的含量先增加后减少，在 950℃达到最多；当保温温度处于 850～950℃时，由于保温过程中高温奥氏体的含量是持续增加，因此，最终高温奥氏体的形状均多为粗大的片状；当保温温度处于 1000～1200℃时，由于保温过程中高温奥氏体的含量均是先增加后减少的，因此最终高温奥氏体的分布较为均匀、形状多为细小的片状。

图 3-13 示出铁素体不锈钢 430 在 1100℃和 1150℃分别保温 10～60min 后，淬火至室温所得的显微组织。由于 1100℃和 1150℃均高于平衡相图中获得最高相比例奥氏体的 950℃，因此，在这两个温度下，随着保温时间由 10min 延长至 60min，高温奥氏体的含量均有所减少，逐渐趋于平衡状态下的含量。

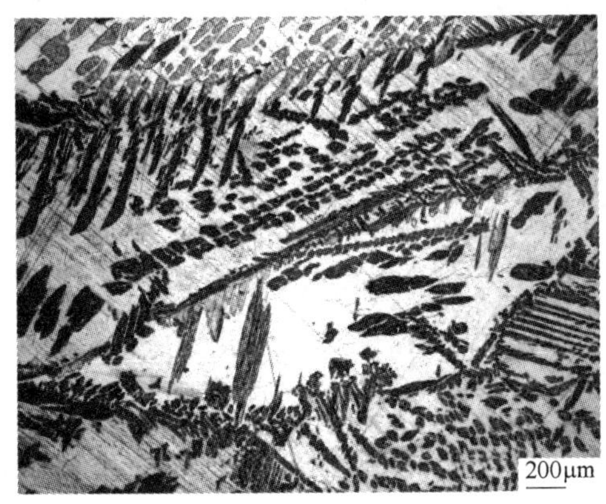

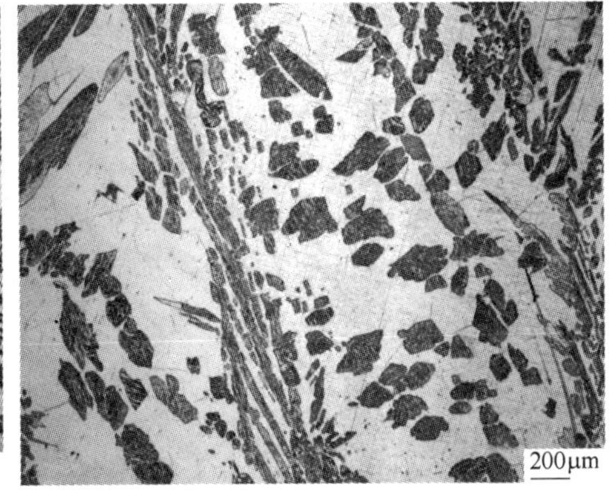

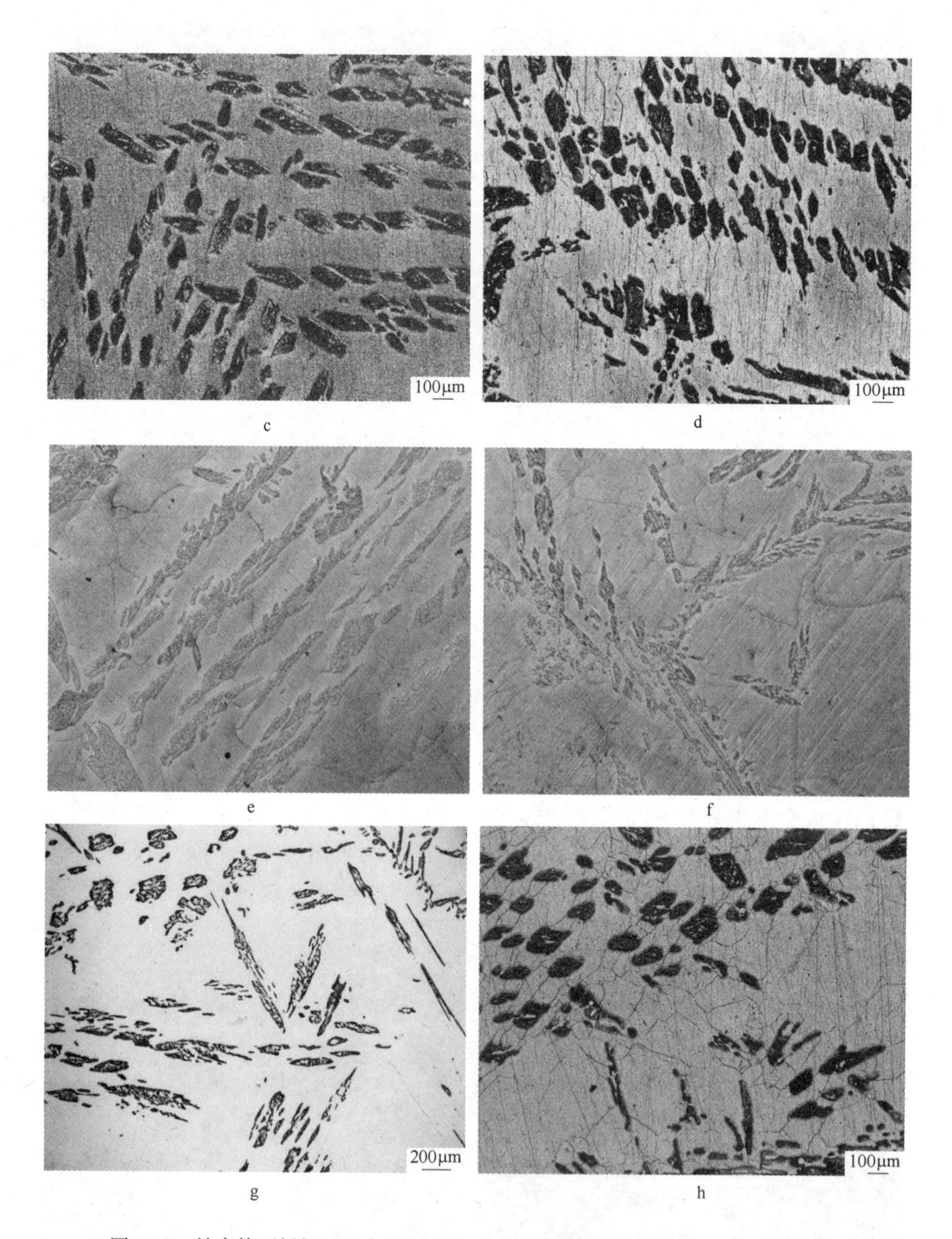

c　d　e　f　g　h

图 3-13　铁素体不锈钢 430 在 1100℃和 1150℃分别保温 10～60min 的显微组织

a—1100℃，10min；b—1100℃，20min；c—1100℃，30min；d—1100℃，60min；
e—1150℃，10min；f—1150℃，20min；g—1150℃，30min；h—1150℃，60min

图3-14示出铁素体不锈钢430在850～1200℃分别保温60min后组织的相组成与由THERMO-CALC软件计算的平衡相组成比较。实验相组成与平衡状态相组成表现出相同的变化规律，随着温度由850℃升高至1200℃，二者确定的高温奥氏体的含量均先增大后减小，在950℃时达到最大值。因此，两者均揭示了高温下奥氏体与铁素体之间的相变规律。但是，实验获得的近似平衡值与软件计算的平衡值之间存在一定的差异，实验确定的高温奥氏体相比例总是比计算值小8%～10%，这表明对于铁素体不锈钢430，在850～1200℃保温60min还不足以达到其各温度点下的平衡状态。

图3-15示出采用THERMO-CALC软件的SCHEIL模块计算铁素体不锈钢430在凝固过程中的相变。由于SCHEIL模块是基于在较快速的冷却条件下，仅认为间隙原子C和N发生扩散，而其他元素不发生扩散，因此其计算结果为非平衡状态下凝固过程中的相演变，其与平衡相图（图3-10）中的凝固过程存在差异。在SCHEIL模块设定的非平衡状态下，铁素体不锈钢430由1500℃降温至1300℃，先后经过如下相区：液相区，液相与铁素体两相区，气相、液相与铁素体三相区，气相、液相、铁素体与奥氏体四相区，气相、液相与奥氏体三相区，液相与奥氏体两相区，最后为奥氏体单相区。凝固完成的温度为1300～1400℃。与之相比，在平衡相图（图3-10）中，铁素体不锈钢430由1500℃降温至1460℃，仅经历液相区、液相与铁素体两相区就进入铁素体单相区，从而完

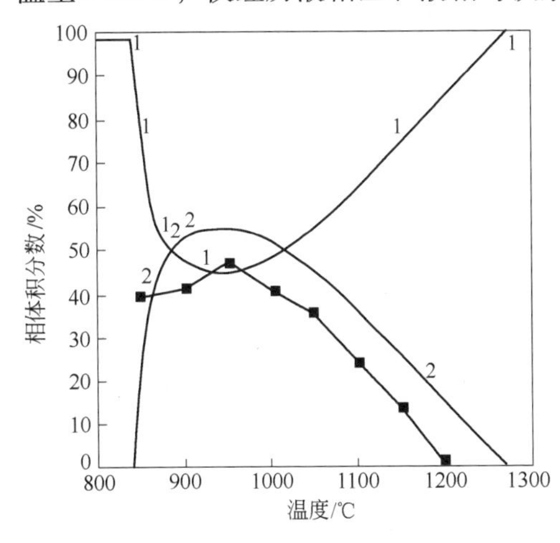

图3-14　铁素体不锈钢430在850～1200℃保温60min后获得的相比例与THERMO-CALC软件计算的平衡值比较

1—bcc；2—fcc

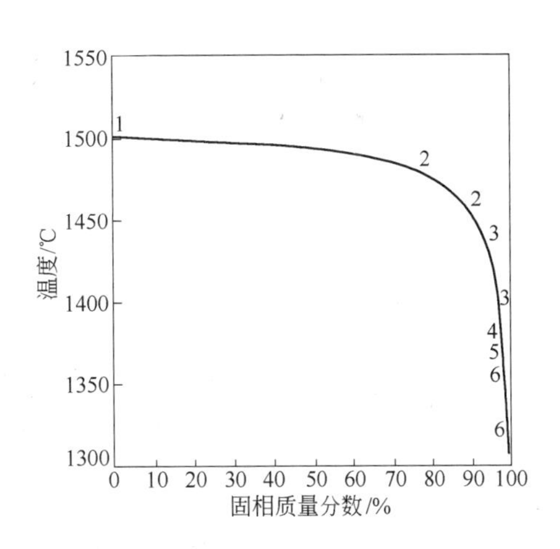

图3-15　采用THERMO-CALC软件中SCHEIL模块计算铁素体不锈钢430的凝固相图

1—液相；2—液相+体心立方固相；3—气相+液相+体心立方固相；4—气相+液相+体心立方固相+面心立方固相；5—气相+液相+面心立方固相；6—液相+面心立方固相

成凝固。因此，SCHEIL 设定的较快速凝固过程与平衡相图中的凝固过程差异较大。

图 3-16 和图 3-17 示出的是利用 THERMO-CALC 软件计算得到的典型铁素体不锈钢 SUS410S（化学成分（质量分数）：C 0.035%，Si 0.28%，Mn 0.27%，Cr 12.5%，Ni 0.15%，N 0.03%）和 SUS410L（化学成分（质量分数）：C 0.027%，Si 0.25%，Mn 0.28%，Cr 12.9%，Ni 0.13%，N 0.016%）的在 800～1600℃温度区间内的平衡相图。

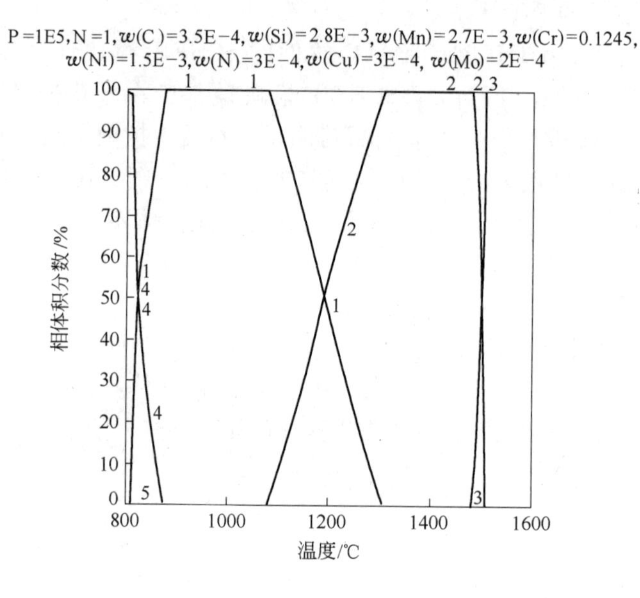

图 3-16　铁素体不锈钢 410S 的平衡相图

1—fcc；2，4—bcc；3—液相；5—HCP

图 3-16 示出，对于 410S 铁素体不锈钢，随着温度的升高，在 810℃时，铁素体中开始出现奥氏体，在 875℃时进入奥氏体单相区，在 1080～1310℃，奥氏体含量逐渐减少、铁素体含量增多，在 1310℃时，奥氏体全部转变为铁素体，进入铁素体单相区，在 1480℃铁素体逐渐转变为液相，在 1510℃进入单一液相区。

图 3-17 示出，410L 铁素体不锈钢具有与 410S 相似的相演变规律，但是 410L 较低的 C、N 含量使其高温奥氏体的含量少于 410S。对于 410L 铁素体不锈钢，随着温度的升高，在 750～1260℃区间内，奥氏体的含量先增加后减少，但是没能形成奥氏体单相区，始终为奥氏体与铁素体两相区，在 1260℃进入铁素体单相区，在 1495℃铁素体逐渐转变为液相，在 1520℃进入单一液相区。

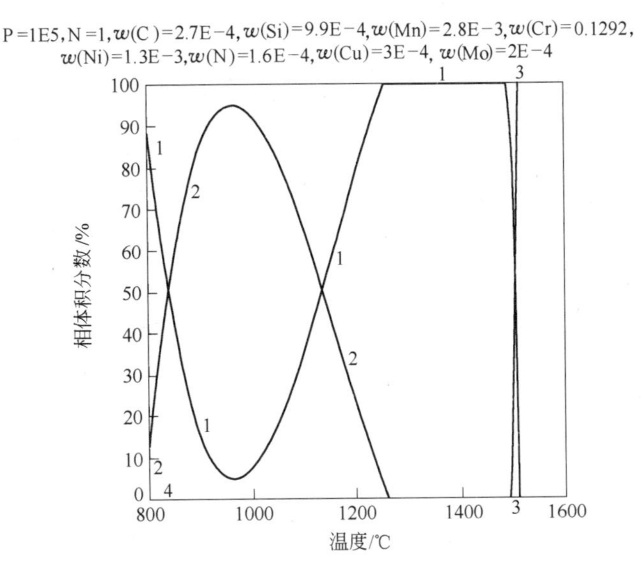

图 3-17 铁素体不锈钢 410L 的平衡相图

1—bcc；2—fcc；3—液相；4—$M_{23}C_6$

图 3-18 示出的是利用 THERMO-CALC 软件计算得到的 C、N 和 Cr 三种元素含量分别对铁素体不锈钢 410S 平衡相图的影响。图 3-18a 示出，随着 C 含量的增加，液固两相区变宽，高温单相铁素体区变窄，铁素体与奥氏体的两相区向高温方向移动，奥氏体单相区变宽、向高温区扩展。图 3-18b 示出，随着 N 含量的增加，液固两相区基本不变，高温单相铁素体区变窄，当氮含量高于 0.05% 时，会有氮气析出，铁素体与奥氏体的两相区向高温方向移动，奥氏体单相区变宽、向高温区扩展。图 3-18c 示出，随着 Cr 含量的增加，液固两相区基本不变，高温

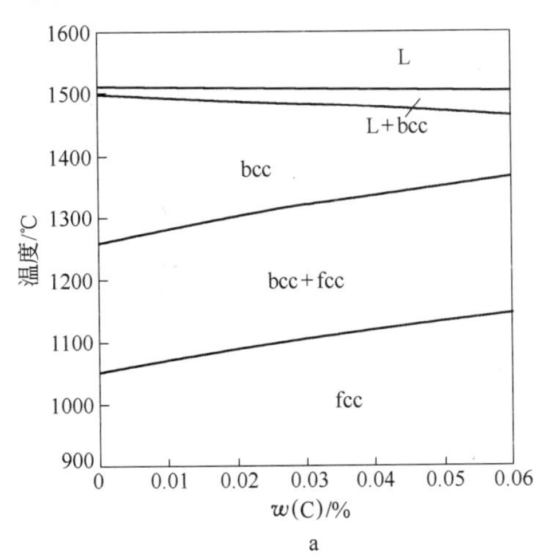

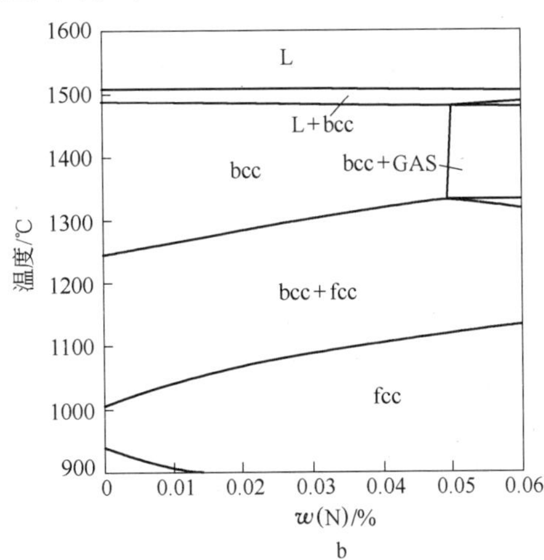

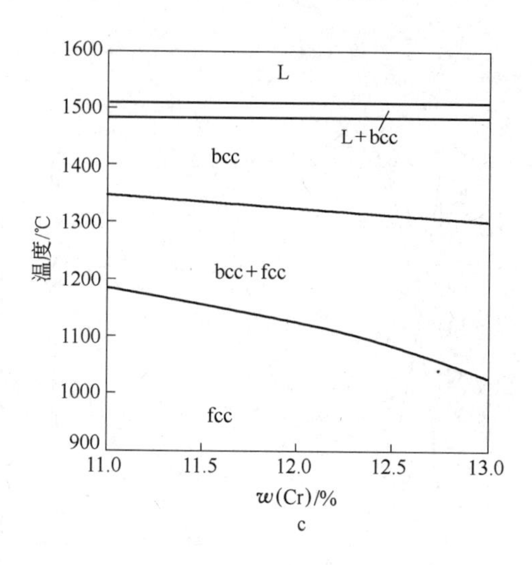

图 3-18　C、N、Cr 含量对铁素体不锈钢 410S 平衡相图的影响
a—C 含量-温度相图；b—N 含量-温度相图；c—Cr 含量-温度相图

单相铁素体区变宽，铁素体与奥氏体的两相区变宽、向低温区扩展，奥氏体单相区变窄，向 950℃附近收缩。

图 3-19 示出利用 THERMO-CALC 软件计算得到的 C、N 和 Cr 三种元素含量分别对铁素体不锈钢 410L 平衡相图的影响。图 3-19a 示出，随着 C 含量的增加，液固两相区变宽，高温铁素体单相区变窄，铁素体与奥氏体两相区和奥氏体单相区均变宽，奥氏体单相区出现于 C 含量高于 0.025% 的成分区间。图 3-19b 示出，随着 N 含量的增加，高温单相铁素体区变窄，并向高温方向移动，固液两相区基本不变，铁素体与奥氏体两相区和奥氏体单相区均变宽，奥氏体单相区出现于 N 含量高于 0.023% 的成分区间。图 3-19c 示出，随着

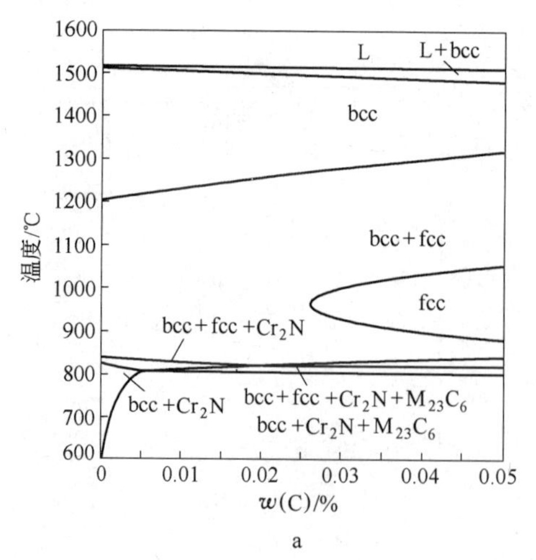

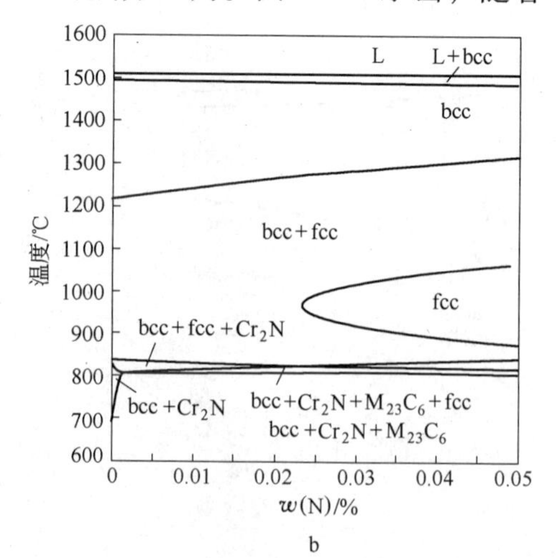

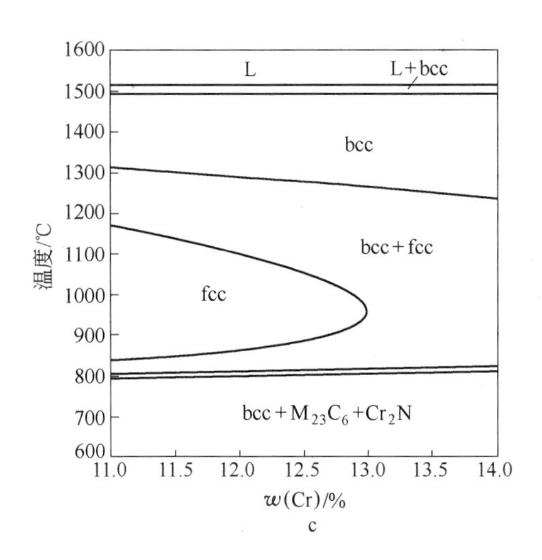

c

图 3-19　C、N、Cr 含量对铁素体不锈钢 410L 平衡相图的影响
a—C 含量-温度相图；b—N 含量-温度相图；c—Cr 含量-温度相图

Cr 含量的增加，液固两相区基本不变，高温铁素体单相区变宽、向低温区扩展，铁素体与奥氏体两相区和奥氏体单相区均变窄，奥氏体单相区消失于 Cr 含量高于 13% 的成分区间。

为了研究铁素体不锈钢 410S 和 410L 在实际高温保温过程中，高温相组成的变化与平衡相图的关系，将铁素体不锈钢 410S 和 410L 分别在不同的高温温度下保温不同的时间，然后淬火至室温，分析高温相组成，再与两者的平衡相图作比较。

图 3-20 示出铁素体不锈钢 410S 在 850～1300℃间的不同温度分别保温 60min 后，淬火至室温的显微组织。随着保温温度由 850℃升高至 1300℃，高温奥氏体的含量先增加后减少，在 950℃时达到最大值。另外，在高温奥氏体含量较少的

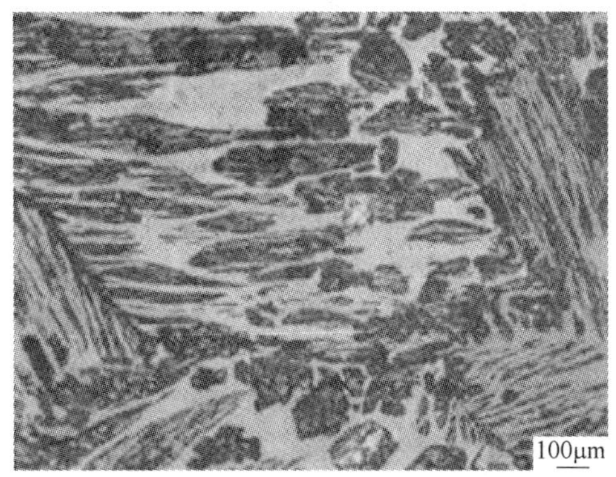

a

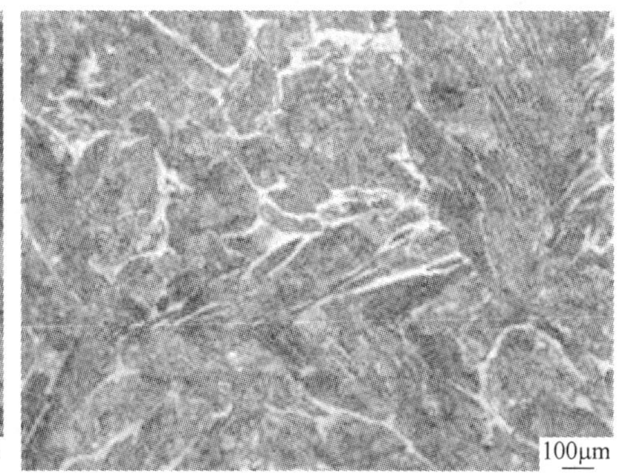

b

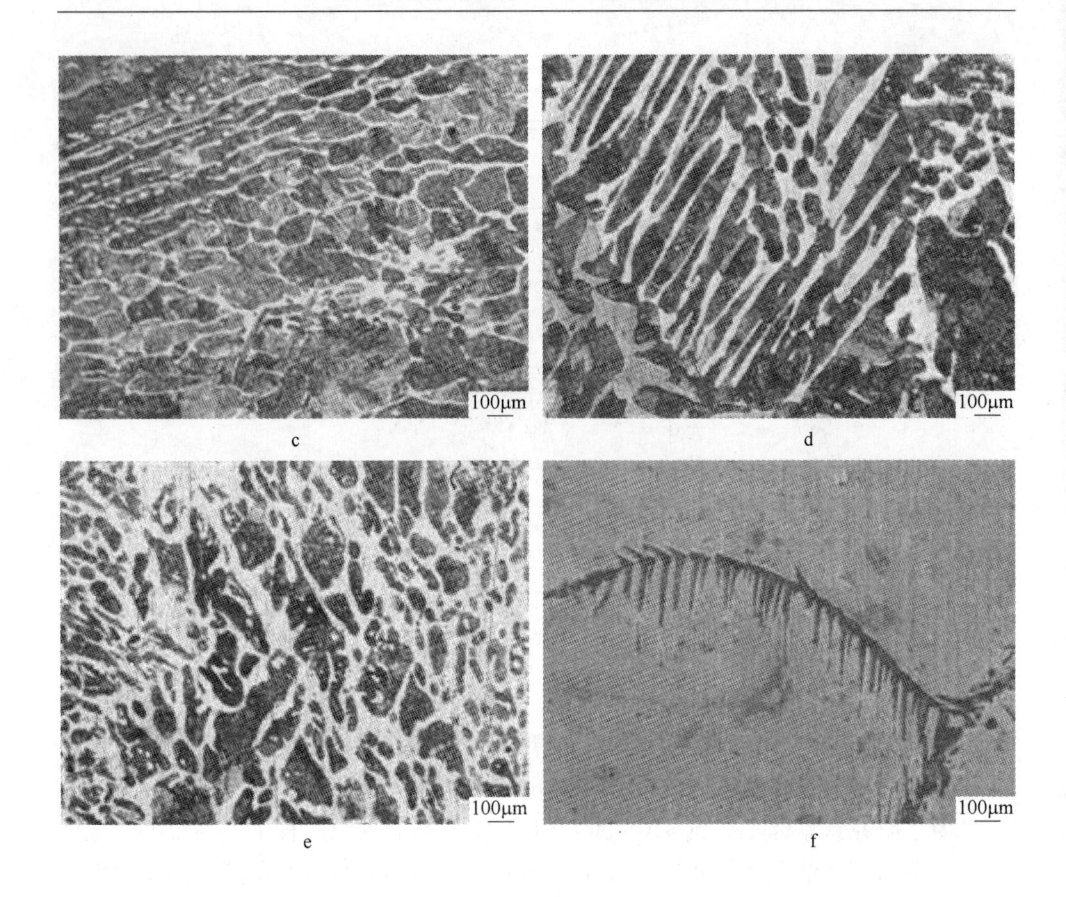

图 3-20　铁素体不锈钢 410S 在 850 ~ 1300℃分别保温 60min 的显微组织

a—850℃；b—950℃；c—1100℃；d—1150℃；e—1200℃；f—1300℃

850℃和 1300℃，其形状的片状特征较为明显；在高温奥氏体含量较多的950 ~ 1200℃区间内，其形状的岛状特征较明显。

图 3-21 示出铁素体不锈钢 410S 在 1100℃和 1200℃下分别保温 10 ~ 30min 后，淬火至室温得到的显微组织。在 1100℃时，高温奥氏体含量在保温时间由 10min 延长至 30min 的过程中变化不明显。这是由于高温奥氏体的含量在 875 ~ 1080℃温度区间的平衡相比例是不发生变化的，其在升温至 1100℃的过程中，相比例就已经经历了一段时间的稳定期，1100℃又与 1080℃十分接近，因此，其在 1100℃保温时，相比例容易趋于平衡值。在 1200℃保温时，由于组织较前者多经历了 1100 ~ 1200℃的温度段，此温度段的平衡相比例是有一定变化量的，即高温奥氏体的含量较前者要多发生一段减少的过程，因此，高温奥氏体含量在保温时间由 10min 延长至 30min 的过程中有所减少，即其趋于平衡状态的过程较为缓慢。

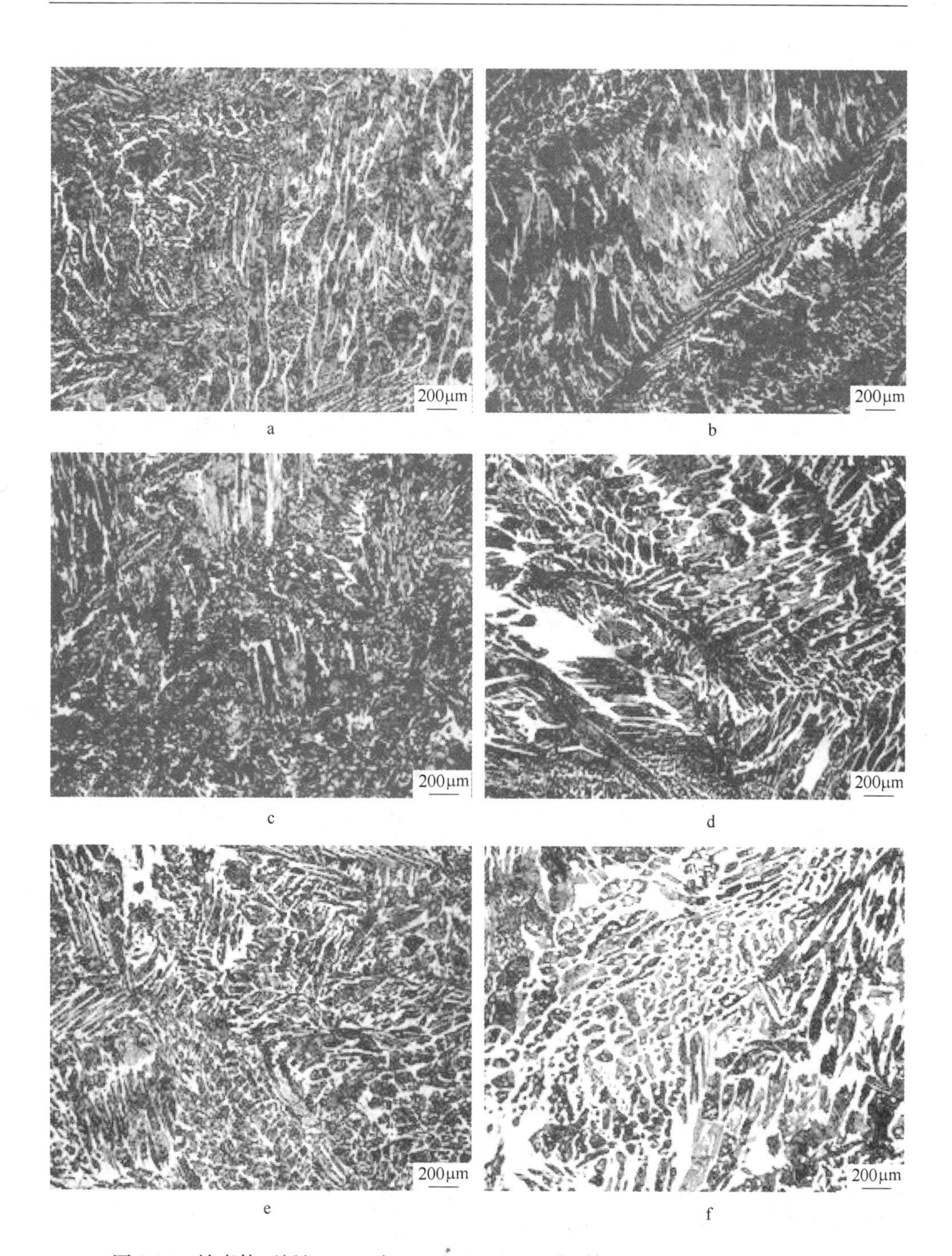

图 3-21 铁素体不锈钢 410S 在 1100℃和 1200℃分别保温 10 ~ 30min 的显微组织

a—1100℃，10min；b—1100℃，20min；c—1100℃，30min；

d—1200℃，10min；e—1200℃，20min；f—1200℃，30min

图 3-22 示出铁素体不锈钢 410L 在 900 ~ 1200℃间的不同温度分别保温 60min 后，淬火至室温的显微组织。随着保温温度的升高，马氏体的含量先渐增加后减少，在 1050℃附近达到最大值。同时，由于铁素体不锈钢 410L 在 900 ~ 1200℃

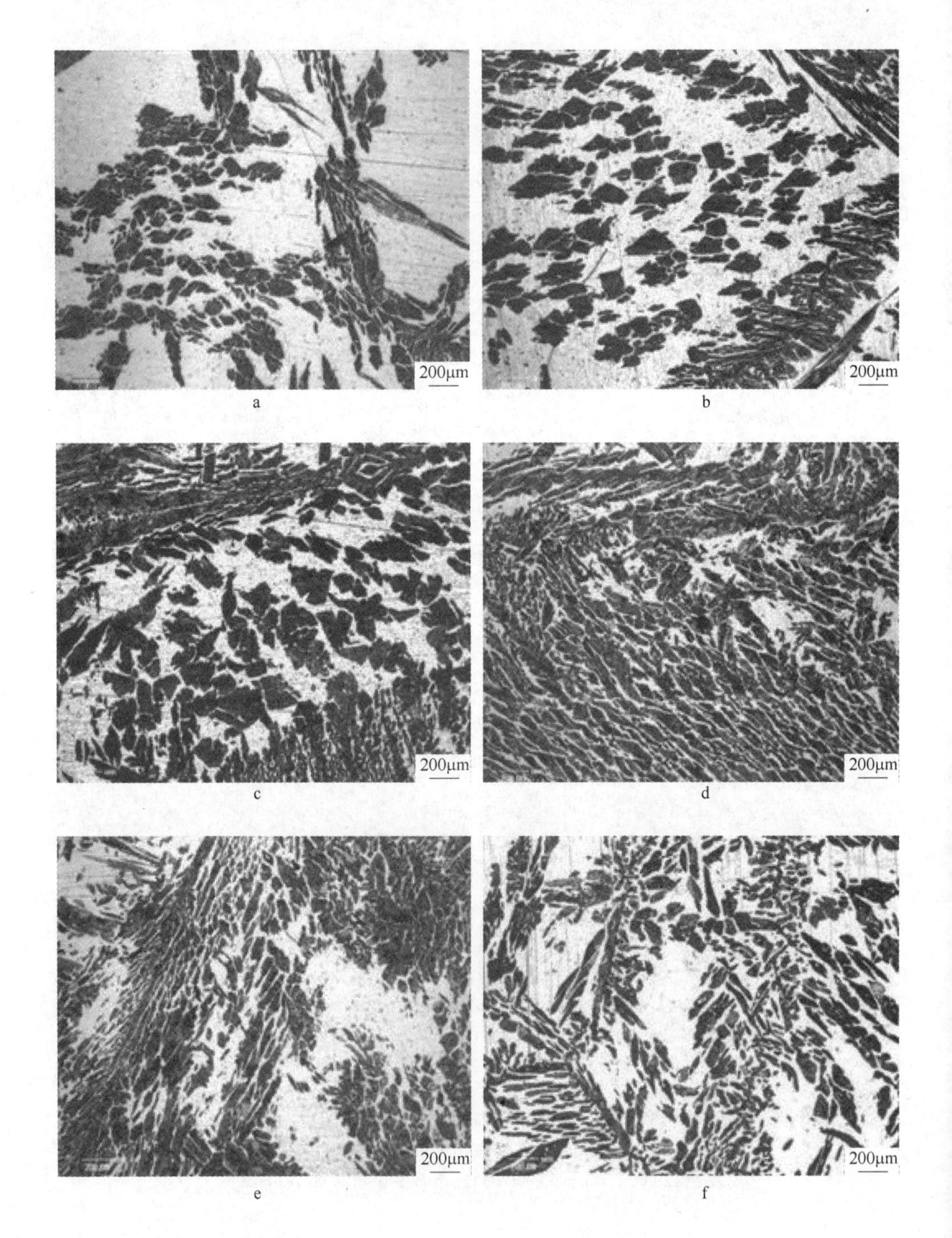

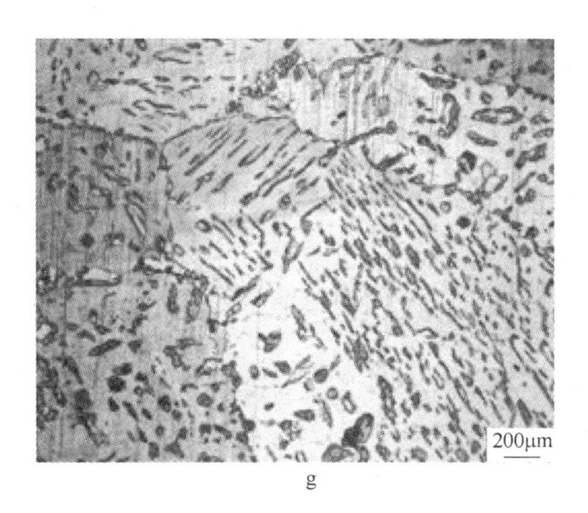

g

图 3-22 铁素体不锈钢 410L 在 900～1200℃分别保温 60min 的显微组织
a—900℃；b—950℃；c—1000℃；d—1050℃；e—1100℃；f—1150℃；g—1200℃

间的高温奥氏体含量整体低于 410S，因此，保温过程中对铸态组织形态的改变较少，高温奥氏体的片状特征整体较 410S（图 3-20）明显。另外，由于当保温温度处于 900～1050℃区间时，高温奥氏体含量在保温过程中是持续增加的，因此，高温奥氏体为较粗大的片状；而当保温温度处于 1050～1200℃区间时，高温奥氏体含量在保温过程中是先增加后减少的，因此，高温奥氏体的分布会更均匀，其表现为较细小的片状。

图 3-23 示出铁素体不锈钢 410L 在 1150℃和 1200℃下分别保温 5～60min 后，淬火至室温所得到的显微组织。在 1150℃和 1200℃下，当保温时间由 5min 延长至 30min 时，高温奥氏体含量有所增加；当保温时间由 30min 延长至 60min 时，高温奥氏体含量变化不明显。这表明铁素体不锈钢 410L 在 1150℃和 1200℃下，保温 30min 的相变量可以接近平衡相变量。

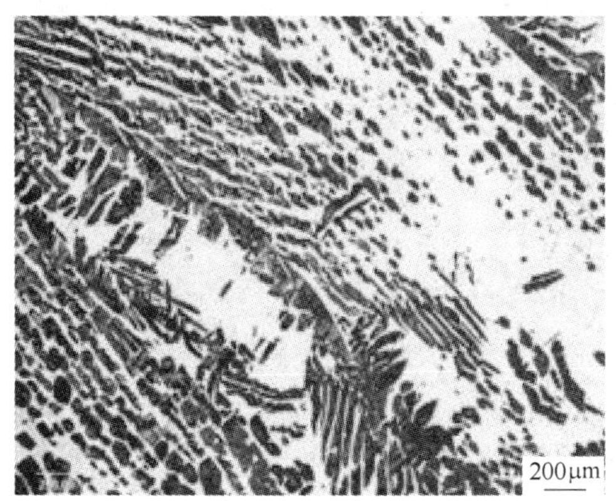

a

b

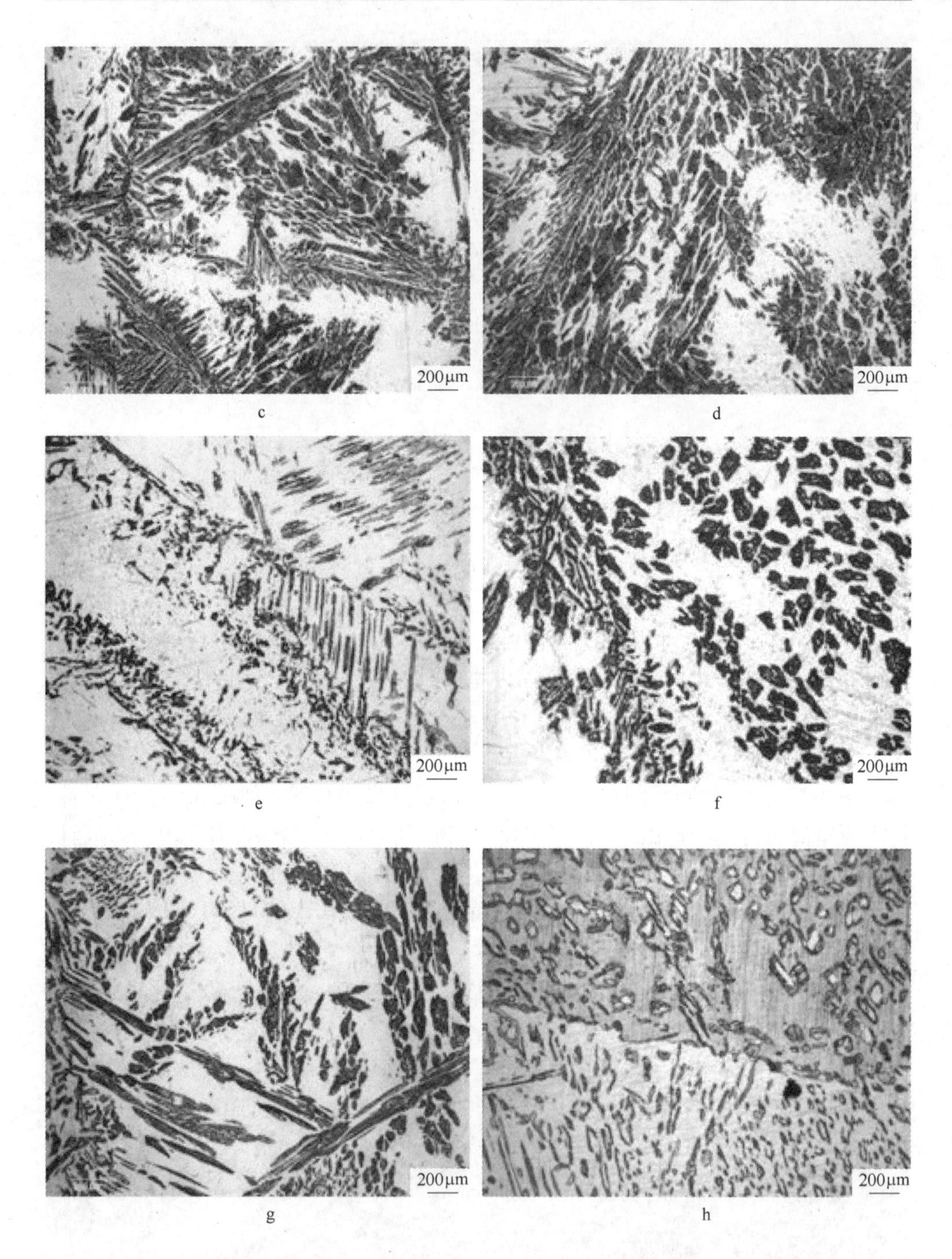

图 3-23　铁素体不锈钢 410L 在 1150℃和 1200℃分别保温 5～60min 的显微组织

a—1150℃，5min；b—1150℃，10min；c—1150℃，30min；d—1150℃，60min；
e—1200℃，5min；f—1200℃，10min；g—1200℃，30min；h—1200℃，60min

将铁素体不锈钢410S和410L保温60min后的相组成与平衡相图比较。图3-24示出，对于铁素体不锈钢410S，实验所测得的相图与平衡相图表现出相同的变化趋势。但是，在850～1050℃实验值比平衡值低约15%；而在1075～1300℃，实验值与平衡值吻合较好。

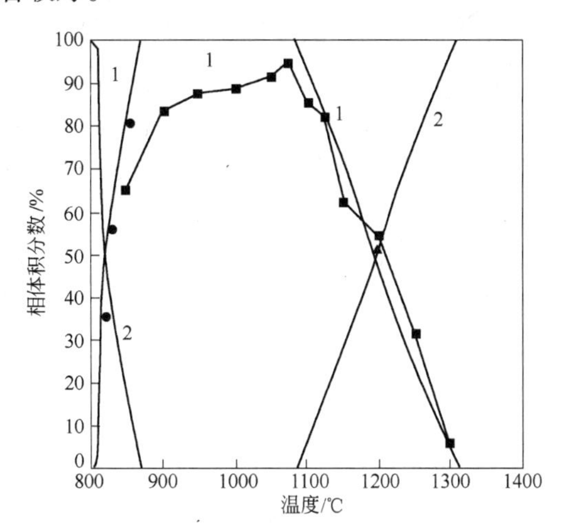

图3-24 铁素体不锈钢410S在850～1300℃保温60min获得的相比例与THERMO-CALC软件计算的平衡值比较

1—fcc；2—bcc

图3-25示出，对于铁素体不锈钢410L，实验所测得的相图与平衡相图也表

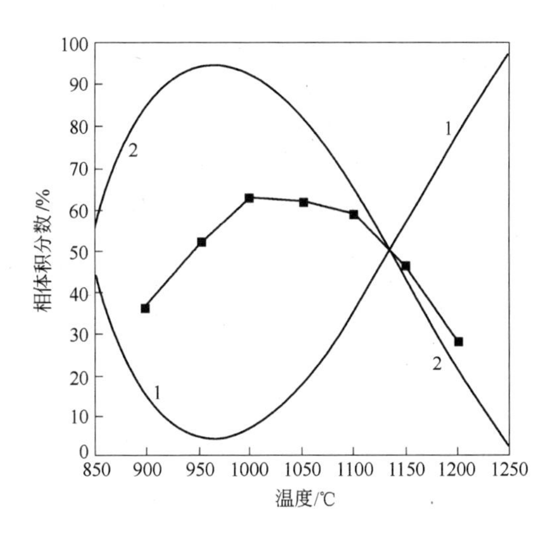

图3-25 铁素体不锈钢410L在900～1200℃保温60min获得的相比例与THERMO-CALC软件计算的平衡值比较

1—bcc；2—fcc

现出相同的变化趋势。但是，在 900 ~ 1000℃实验值比计算值低 40% ~ 20%，随着温度的升高，两者的差异逐渐减小；在 1100 ~ 1200℃实验值与平衡值吻合较好。

由图 3-24 和图 3-25 可知，一方面，铁素体不锈钢 410S 和 410L 的高温相变动力学与相变温度的关系十分密切，随着温度的升高，两者的相变动力学水平均逐渐升高。因此，对于铁素体不锈钢 410S 和 410L，在低于 1050℃的温度区间，两者保温 60min 的相变量均逐渐接近平衡相变量；在高于 1050℃的温度区间，两者保温 60min 的相变量均与平衡相变吻合较好。另一方面，两者在某温度下的相变动力学水平与此温度下的平衡相变量也关系密切，若平衡相变量越大，其在此温度下的相变动力学水平越高。因此，铁素体不锈钢 410S 在低于 1050℃的温度区间，保温 60min 的相变量与平衡相变量之间的差值整体较 410L 小。

参 考 文 献

[1] Hill J B, Ferritic stainless steels. US Patent 4, 964, 926, October 26, 1990.

[2] El-Kashif E, Asakura K, Koseki T, et al. Effects of boron, niobium and titanium on grain growth in ultra high purity 18% Cr ferritic stainless steel[J]. ISIJ International, 2004, 44(9): 1568 ~ 1575.

[3] 郑淮北. 12CrNi 铁素体不锈钢焊接性研究[D]. 沈阳：东北大学，2011.

[4] Zheng H B, Liu Z Y, Wang G D, et al. Study on microstructure of low carbon 12% chromium stainless steel in high temperature heat-affected zone[J]. Materials and Design, 2010, 31(10): 4836 ~ 4841.

[5] Kuzucu V, Aksoy M, Korkut M H. Effect of strong carbide-forming elements such as Mo, Ti, V and Nb on the microstructure of ferritic stainless steel[J]. Journal of Materials Processing Technology, 1998, 82(1-3): 165 ~ 171.

[6] Juan F. Almagro, et al. Soluble fraction of stabilizing elements in ferritic stainless steel[J]. Microchim Acta, 2008, 161: 323 ~ 327.

[7] United States Patent US5851316, Published on December 22, 1998.

4 凝固组织演变行为及其对组织性能的影响规律

尽管铁素体不锈钢体现出了众多优势，但与低碳钢和奥氏体不锈钢相比，其深冲性能较低，且深加工过程中容易出现表面起皱，造成表面质量控制方面的难度加大[1~3]。图 4-1 示出的是铁素体不锈钢与奥氏体不锈钢经深冲后表面质量比较。可以看出，铁素体不锈钢表面易产生沿带钢轧制方向山岭状凹凸。这种山岭状凹凸也被称之为表面起皱。众多学者就这些问题在合金成分以及冶金工艺方面已开展大量研究工作[4~8]。研究发现，衡量深冲性能的 r 值同薄板的宏观织构类型和强度密切相关，而薄板的表面起皱程度则取决于金属在塑性变形中的各向异性。铁素体不锈钢在连铸过程中容易形成发达的柱状晶凝固组织[9~10]，导致钢中形成较多的带状组织，在深加工过程中易引发金属的各向异性流动，从而产生严重的表面皱褶。因此，控制铁素体钢凝固组织是消除其表面起皱的最重要途径之一。

图 4-1　铁素体不锈钢和奥氏体不锈钢经深冲后表面质量比较

a—铁素体不锈钢 430；b—奥氏体不锈钢 304

4.1　微合金化对凝固组织的影响规律

以 21% Cr 含量作为超纯铁素体不锈钢的合金成分基础，张驰等人设计了不同 C、N 含量和 Ti 和 Nb 微合金元素配比的实验钢，分析微合金元素对铁素体不锈钢凝固组织的影响规律[11,12]。实验钢的化学成分如表 4-1 所示。采用真空感应炉冶炼 21% Cr 铁素体不锈钢，利用高真空熔炼和精炼等控制工艺将 C 和 N 间隙原子含量降低到 150×10^{-6} 以下，并添加微合金元素，浇注成 50kg 铸锭，控制浇铸过热度为60～70℃。采用C/S分析仪、O/N分析仪和直读光谱仪对铸锭成分进行分析，得到实验钢的化学成分如表4-1所示。其中，1号钢中没有添加微合金元素；2号和3号实验钢的C、N含量相对较低[$w(C+N)=80\times10^{-6}$]，采用Ti、Nb复合微合金化，微合金化元素的配比分别为1∶2和1∶1；4号和5号实验钢的C、N含量相对较高[$w(C+N)=(120\sim130)\times10^{-6}$]，4号钢为单Ti微合金化，5号钢为Ti、Nb复合微合金化，微合金化元素的配比为1∶1。

表4-1　21%Cr超纯铁素体不锈钢的化学成分（质量分数，%）

实验钢号	C	N	P	S	Mn	Si	Cr	Ti	Nb
1号	0.002	0.009	≤0.01	≤0.01	0.2	0.2	21.25	—	—
2号	0.002	0.006	≤0.01	≤0.01	0.2	0.2	21.70	0.09	0.23
3号	0.003	0.005	≤0.01	≤0.01	0.2	0.2	21.25	0.14	0.17
4号	0.005	0.007	≤0.01	≤0.01	0.2	0.2	21.48	0.25	—
5号	0.005	0.008	≤0.01	≤0.01	0.2	0.2	21.48	0.14	0.17

在实验钢铸锭上取样进行铸态组织观察，并采用THERMO-CALC软件中的TCFE6数据库对不同成分实验钢在高温过程中的平衡相比例进行详细的热力学计算。

图4-2示出的是实验钢凝固组织的宏观照片。由图可见，在没有添加Ti和Nb的超纯铁素体不锈钢中，铸锭基本为柱状晶组织，只在边部有很少量细等轴晶存在；在钢中添加微合金元素后，铸锭中的等轴晶比率明显增加，且铸态组织的晶粒尺寸减小，凝固组织细化。图4-3示出的是通过图像分析软件统计得到的各成分实验钢凝固组织中等轴晶比率的变化情况。通过对比可以发现：

（1）添加Ti、Nb微合金化元素，21%Cr铁素体不锈钢凝固组织的等轴晶比率提高。

（2）2号钢和3号钢的C、N含量相近，随着Ti含量由0.09%增加到0.14%，铸锭的等轴晶率由30%增加到40%。

（3）4号和5号钢的C、N含量相近，添加微合金元素种类不同，复合添加Ti和Nb微合金化元素5号钢铸锭的等轴晶率为60%，明显高于单一添加Ti微合金化元素4号钢的45%等轴晶率。

（4）3号钢与5号钢的微合金元素添加量一致，对比发现C和N含量同样对超纯铁素体不锈钢的等轴晶率有重要影响，随C和N含量的增加，凝固组织中的等轴晶率增加。

由上述结果可知，对于超纯21%Cr铁素体不锈钢，凝固组织的等轴晶率与钢中C、N间隙原子含量和Ti和Nb微合金元素含量密切相关。

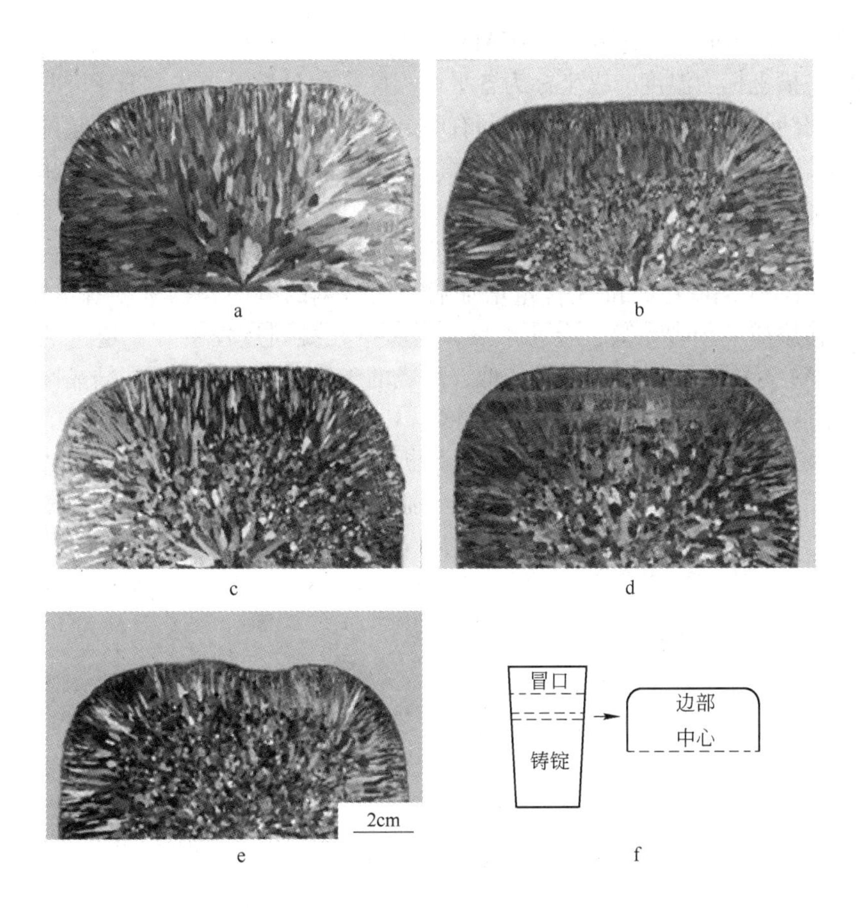

图4-2 实验钢凝固组织的宏观照片

a—1号钢；b—2号钢；c—3号钢；d—4号钢；e—5号钢；f—取样位置示意图

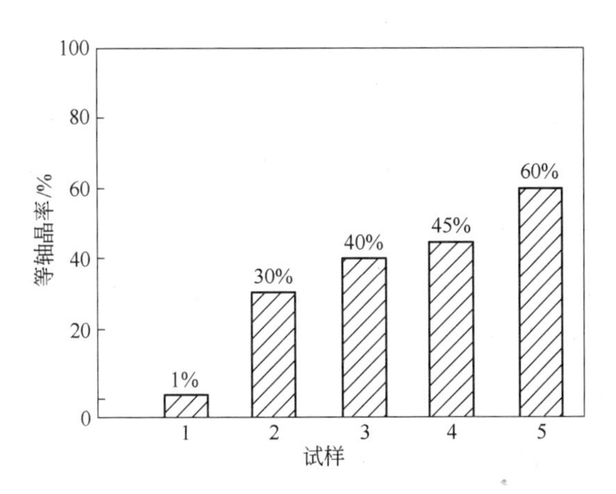

图4-3 不同微合金成分实验钢的等轴晶比率统计

图 4-4 示出的是由 THERMO-CALC 计算得到的实验钢在高温凝固过程中的平衡相图，横坐标为温度，纵坐标为各平衡相的摩尔分数。首先，Ti 和 Nb 微合金元素对超纯铁素体不锈钢的结晶区间有明显影响，添加微合金元素后超纯铁素体不锈钢的结晶区间变宽，复合添加 Ti 和 Nb 比单一添加 Ti 的实验钢结晶区间更宽，说明 Nb 元素对铁素体不锈钢结晶区间的影响更大。C 和 N 间隙原子含量对结晶温度也有影响，对比图 4-4c 和 e 可以发现，在微合金元素添加量一致时，超纯铁素体不锈钢中 C 和 N 含量增加后，实验钢的凝固开始温度有小幅降低。其次，在添加 Ti 和 Nb 微合金元素后，实验钢在凝固过程中有一定量的 TiN 析出。2 号和 3 号钢中 C 和 N 含量较低，形成的 TiN 含量较少，且在结晶区间较低温度范围内开始析出，而 4 号和 5 号钢中 C 和 N 含量相对较高，生成的 TiN 较多，并且在结晶区间内较高温度时就开始析出。由此可知，在超纯铁素体不锈钢中，TiN 的析出与实验钢中 C 和 N 含量及添加的微合金元素含量均密切相关。

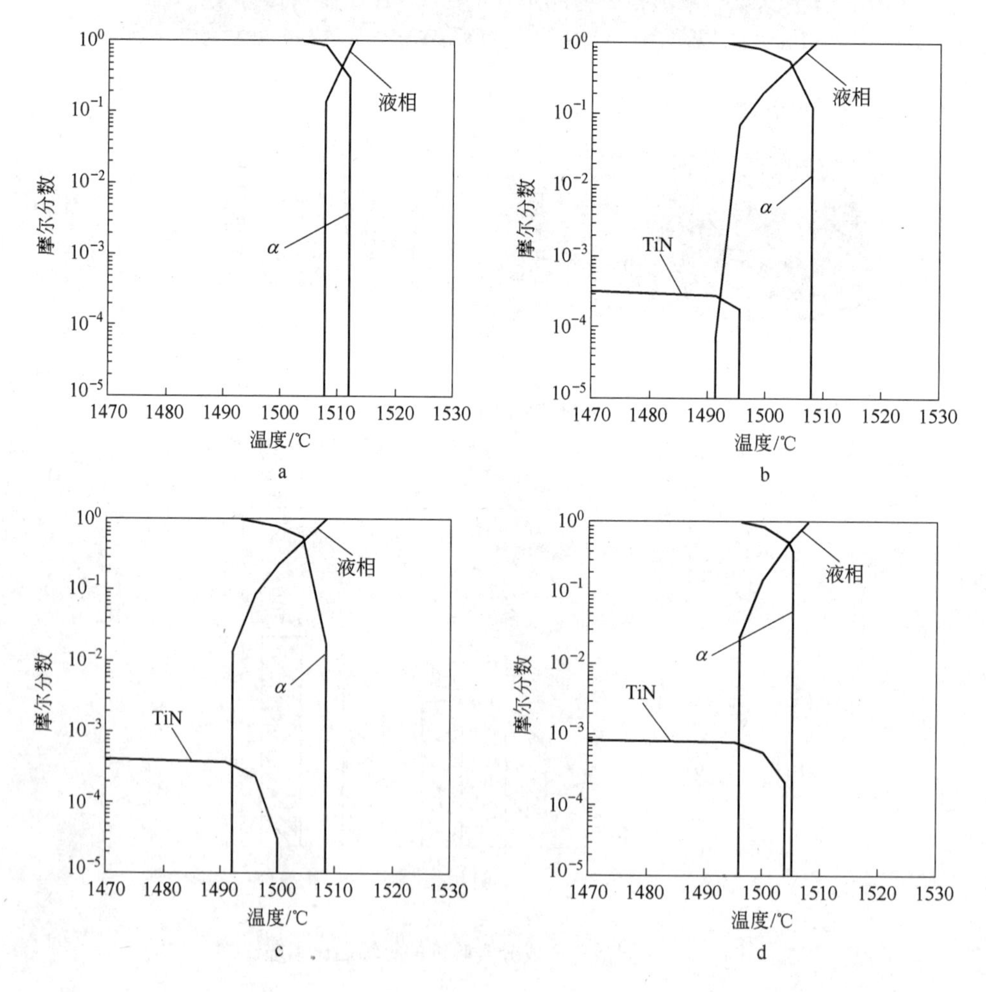

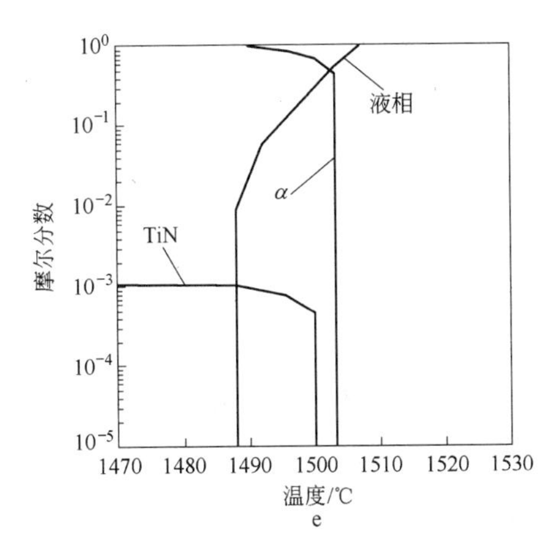

图 4-4　THERMO-CALC 计算得到的实验钢凝固过程中的平衡相图

a—1 号钢；b—2 号钢；c—3 号钢；d—4 号钢；e—5 号钢

采用扫描电子显微镜对实验钢凝固组织中的第二相进行了观察，除了未添加微合金化元素的 1 号钢外，其他 4 种合金成分钢中均观察到了第二相粒子。图 4-5 示

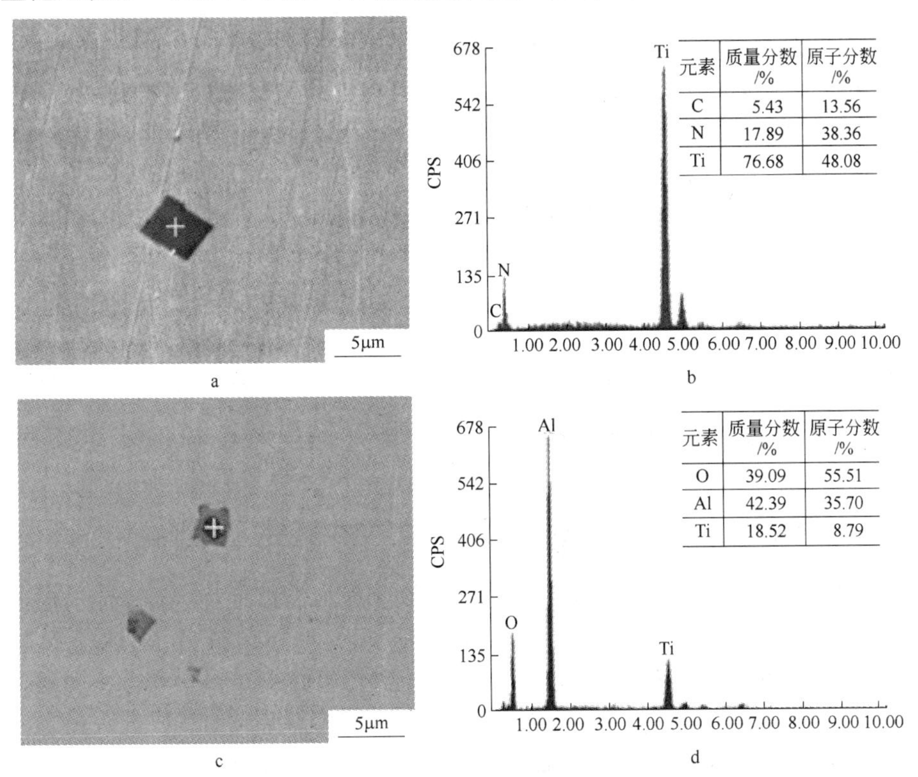

元素	质量分数/%	原子分数/%
C	5.43	13.56
N	17.89	38.36
Ti	76.68	48.08

元素	质量分数/%	原子分数/%
O	39.09	55.51
Al	42.39	35.70
Ti	18.52	8.79

图 4-5　凝固组织中析出相粒子的形貌及能谱分析

a，b—独立生长的 TiN 粒子；c，d—TiN 附着在铝的氧化物上生长

出的是扫描电镜观察到的凝固组织中第二相粒子的形貌，第二相粒子的尺寸在1~3μm，经能谱分析并结合热力学计算可确定该第二相粒子为TiN粒子。

观察显示，凝固组织中TiN有两种典型形貌：（1）形状较规则，多为方形或三角形，为纯TiN粒子独立生长情况，如图4-5a和b所示；（2）形状不规则，能谱分析显示在粒子核心有铝的氧化物存在，TiN为附着在先析出的铝的氧化物上形核和生长，如图4-5c和d所示。

微合金化对超纯铁素体不锈钢凝固组织的影响主要有两个方面。一方面，添加微合金元素可以加宽超纯铁素体不锈钢的结晶区间，使糊状区宽度增加，有助于提高柱状晶前沿过冷度[13]，提高非均质形核的几率，促进等轴晶的生成。另一方面，添加微合金元素后，实验钢在凝固过程中析出TiN第二相促进了等轴晶的形成。Bramfitt等人指出，钛的细小析出相可以提供铁素体等轴晶生长的核心[14]。异质形核的核心尺寸在1μm左右，对凝固组织中等轴晶的形成最为有利。若异质形核颗粒的尺寸较小，则细小颗粒的曲面将增加晶粒形成的形核功，而颗粒尺寸较大时将影响铸坯质量及钢材的韧性[15]。因此，添加微合金化元素后，实验钢在凝固过程中析出的TiN作为有效的等轴晶异质形核核心，促进了等轴晶的生成。当TiN析出量较多且在凝固区间内较高温度析出时，获得的铁素体不锈钢铸锭的等轴晶率最大。5号实验钢中添加Ti、Nb微合金化元素后，结晶区间相对较宽，在凝固过程中还有TiN析出，因此，5号实验钢凝固组织中的等轴晶比率高于其他实验用钢。

通过上述分析可知，超纯铁素体不锈钢凝固组织的等轴晶比率与它的结晶区间和TiN析出相关，经热力学计算得到的计算结果与实验获得的凝固组织中的等轴晶率存在对应关系。在超纯范围内，适当提高超纯铁素体不锈钢中C、N间隙原子含量，并添加Ti和Nb等微合金元素，有助于提高凝固过程中柱状晶界面前沿过冷度，提高非均质形核几率。另外，凝固过程中析出的TiN粒子提供了有效的等轴晶形核核心，可以提高铁素体不锈钢初始凝固组织的等轴晶比率。

4.2　柱状晶凝固组织对冷轧变形行为和再结晶行为的影响

铁素体不锈钢在凝固过程中不可避免会形成不同程度的柱状晶组织，因此理解柱状晶的变形行为和再结晶行为至关重要。Tsuji等人系统研究了具有柱状晶凝固组织的19%Cr铁素体不锈钢中，各晶粒的晶体取向在冷轧和再结晶退火过程中的演变行为及各晶粒之间的相互影响规律[16~18]。他们首先对不同凝固组织晶粒的原始取向进行了标定，然后通过跟踪冷轧变形和再结晶退火后各晶粒取向的变化，详细研究了柱状晶凝固组织的冷轧变形行为和再结晶行为。图4-6示出的是原始凝固组织ND面的拓扑结构及各晶粒的晶体取向。他们的研究发现，冷轧前具有{001}⟨uv0⟩的晶粒经70%冷轧变形后显示出{001}⟨$1\bar{1}0$⟩的织构特征。这一结果充分显示了铁素体不锈钢轧制组织和晶体取向在轧制变形过程中的旋转与原始晶体取向具有密切的关系。经70%冷轧变形后的(001)[100]取向的晶粒中包含有大量的细线状剪切带，而(001)[$1\bar{1}0$]取向的晶粒具有均匀光滑的变形组织。在具有中间取向如(001)[$5\bar{1}0$]~[$3\bar{2}0$]的晶粒中，细线状剪切带在靠近晶界处形成。经70%冷轧变形后，(001)[100]和(001)[$1\bar{1}0$]取向的晶粒均会保持其原始的晶体取向，而具有(001)[$5\bar{1}0$]~[$3\bar{2}0$]取向的晶粒则在冷轧变形过程中向(001)[$1\bar{1}0$]方向旋转。这种铁素体不锈钢中(001)[100]取向晶粒在轧制过程中的稳定性与具有(001)[100]取向的单晶bcc合金在变形过程中向(001)[$1\bar{1}0$]方向发生晶体转动的规律是不同的，主要原因在于变形过程中相邻晶粒之间存在交互作用。

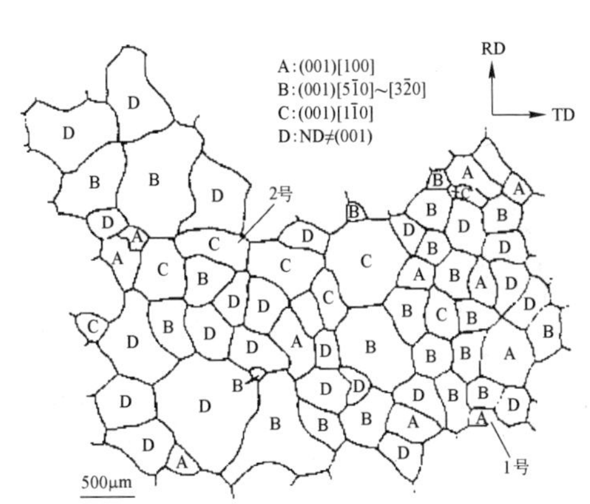

种类	状态	晶粒数量	压下70%后的主要取向	轧制导致晶粒旋转
A:(001)[100]	ND-[001]≤15° RD-[100]<10°	11	(001)[100]	(未旋转)
B:(001)[510]~[320]	ND-[001]≤15° RD-[100]≥10° RD-[$1\bar{1}0$]≥10°	22	(001)[$1\bar{1}0$]	(旋转)
C:(001)[110]	ND-[001]≤15° RD-[$1\bar{1}0$]<10°	8	(001)[$1\bar{1}0$]	(未旋转)
D:ND≠(001)	ND-[001]>15°	24	(001)[$1\bar{1}0$] 或 (111)[$1\bar{1}0$]	(旋转)

ND 15° 种类A、B、C 种类D

RD 10° 10° 种类A 种类B 种类C

图4-6 不同取向的柱状晶晶粒的原始取向及轧制变形后的取向变化

图4-7a和b分别示出的是具有(001)[100]取向的凝固组织经70%冷轧变形后的变形组织和经700℃退火600s后典型组织的金相照片。图4-8a和b分别示出的是具有(001)[$1\bar{1}0$]取向的凝固组织经70%冷轧变形后的变形组织和经700℃退火2400s后典型组织的金相照片。由上述结果对比可以看出，经相同冷轧压下率（70%）变形后再进行700℃的退火处理，不同原始取向的晶粒表现出不同的再结晶行为。每一个柱状晶的再结晶组织和取向都与原始取向有直接的关系。原始取向为(001)[100]的晶粒，其冷轧结构由细小拉长晶内剪切带组成，极易发生再结晶而形成再结晶晶粒。但是，对于原始取向为(001)[$1\bar{1}0$]取向的晶粒，冷轧后形成光滑的形变组织，这种组织极难发生再结晶，经长时间（2400s）退火后形成相对粗大的再结晶晶粒。由于柱状晶凝固组织的再结晶行为存在很大差异，柱状晶试样经充分再结晶后显示出强烈的混晶组织。

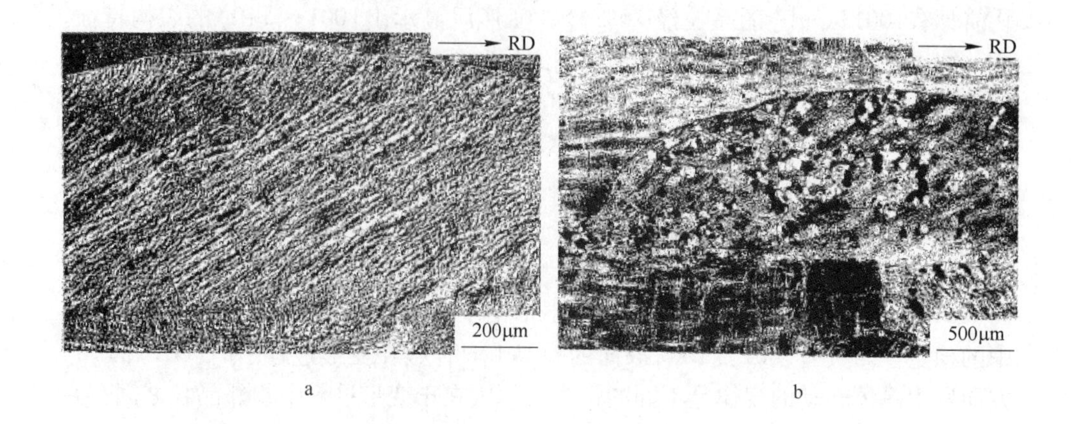

图 4-7 金相组织照片（一）
a—取向(001)[100]晶粒的典型冷轧组织；b—700℃经 600s 退火处理后的再结晶形核

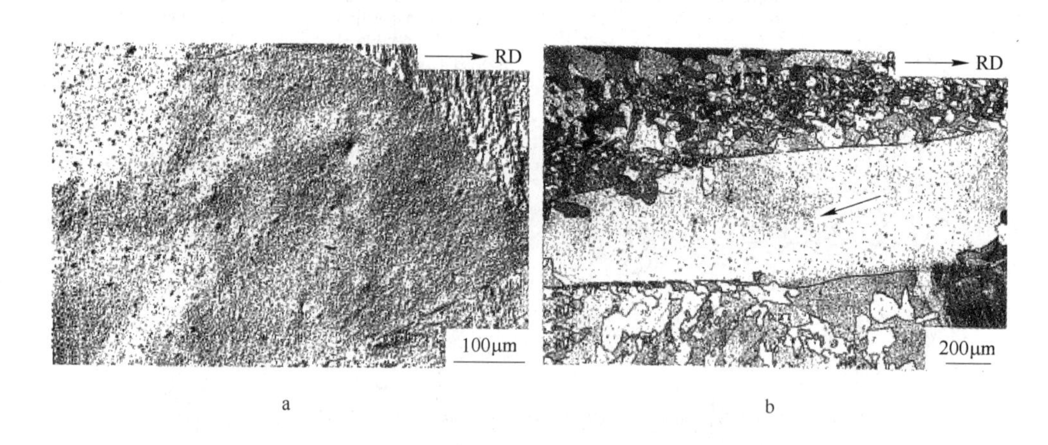

图 4-8 金相组织照片（二）
a—取向(001)[$1\bar{1}0$]晶粒的典型冷轧组织；b—700℃经 2400s 退火处理后的再结晶形核

图 4-9 示出的是(001)[$1\bar{1}0$]柱状晶经冷轧变形后变形组织的典型 TEM 照片。可以看出，在(001)[$1\bar{1}0$] 柱状晶中缺乏细小的形变组织，而且位错在晶粒内部均匀分布且不存在胞状组织，位错密度经 70% 冷轧变形后仍较低且在较大范围内观察不到大的取向差，这是很难发生再结晶的主要原因。

图 4-10 示出的是(001)[100]柱状晶凝固组织经 70% 冷轧后晶粒内部位错组织的 TEM 照片。可以看出，晶粒内部存在大量位错胞状组织，呈等轴多边形结构，尺寸约为 1μm。衍射分析表明，沿晶粒拉长方向大约 20μm 的区域内，晶体取向由原始的(001)[100]变化为近似(115)[$41\bar{1}$]取向，进一步证明了这种柱状晶晶粒经冷轧变形后会发生较大幅度的晶体取向变化。

图 4-9 经冷轧 70% 后(001)[1$\bar{1}$0]取向的晶粒内部微结构的 TEM 照片

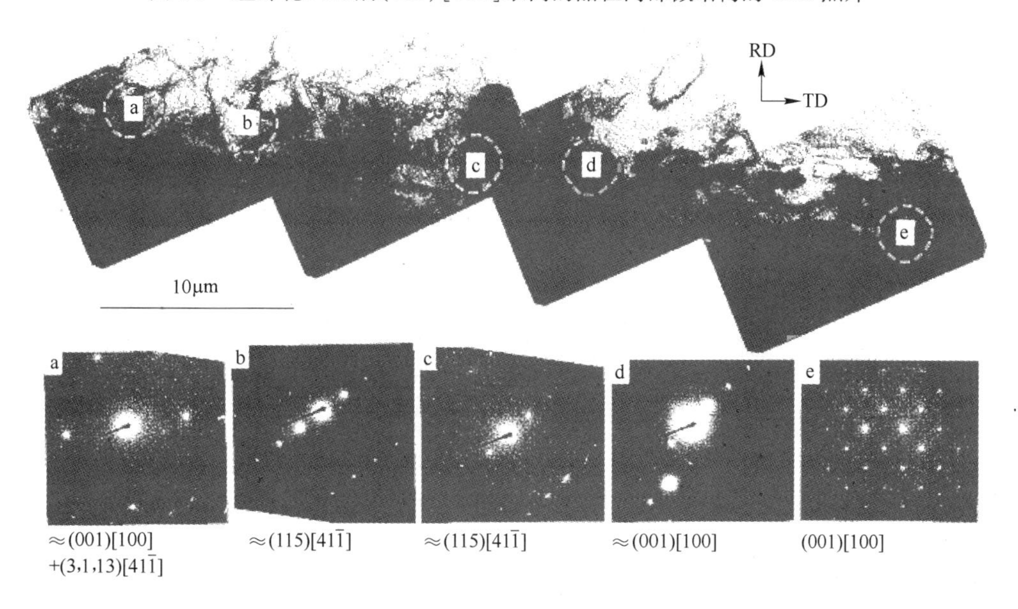

图 4-10 经 70% 冷轧变形后，(001)[100]柱状晶组织中心部位
不同位置处的 TEM 照片和 SAD 衍射分析

4.3 凝固组织对成品板表面质量和成型性能的影响

Hamada 等人研究了 430 不锈钢凝固组织对表面皱褶高度的影响规律[19]。发现，热轧后进行退火处理的薄板，柱状晶比等轴晶显示了更高的皱褶高度；热轧后不进行退火直接进行冷轧的板，柱状晶和等轴晶的起皱高度相差不大。Park 等人通过截取凝固组织为柱状晶的试样，对比了 430 和 409L 铁素体不锈钢的宏观织构和微观组织[20]。发现，409L 的起皱高度达到 430 的 2.5 倍，并在 409L 的冷轧退火板中发现了{001}⟨1$\bar{1}$0⟩和{112}⟨1$\bar{1}$0⟩取向晶粒簇的存在，证明取向晶粒

簇的存在是导致409L皱褶明显高于430不锈钢的主要原因。Shin等人对409L和430两种铁素体不锈钢的等轴晶铸坯、柱状晶铸坯分别进行了轧制和退火处理。结果表明，两种钢的柱状晶铸坯的冷轧退火板都比等轴晶铸坯的冷轧退火板的表面起皱更严重[21]，如图4-11所示。这进一步证明了柱状晶组织是产生带状晶粒簇、造成微织构分布不均并产生表面皱褶的根本原因。

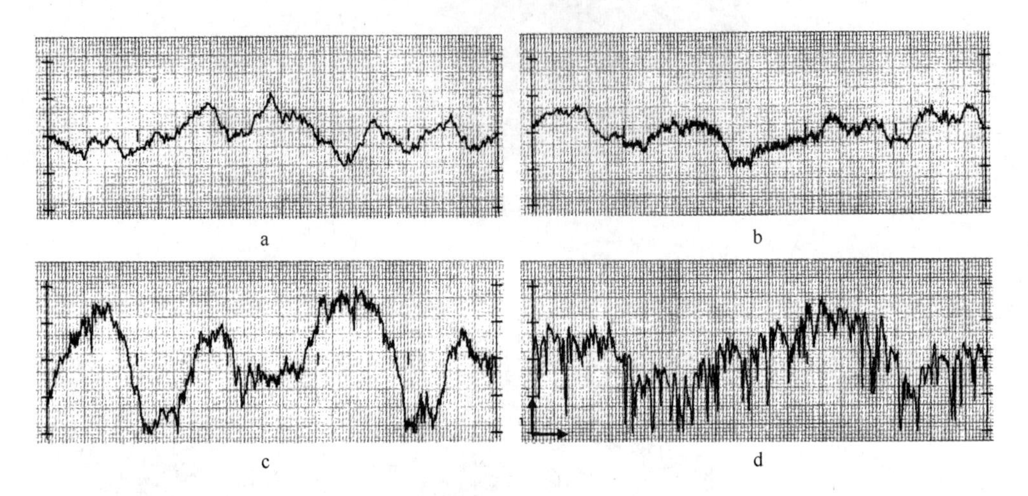

图4-11　430和409L铁素体不锈钢不同初始凝固组织的冷轧退火板拉伸15%后的表面粗糙度轮廓

a—430柱状晶；b—430等轴晶；c—409L柱状晶；d—409L等轴晶

初始凝固组织对铁素体不锈钢冷轧退火板的宏观织构有很大影响。Shin等人发现当409L铁素体不锈钢的初始凝固组织为柱状晶时，冷轧退火板在形成$\langle 111\rangle$//ND织构的同时还保留着很强的$\{115\}\langle 1\bar{1}0\rangle$织构，如图4-12a所示。他们认为柱状晶的$\langle 001\rangle$//ND织构经轧制（平面压缩）变形后形成$\{001\}\langle 1\bar{1}0\rangle$织构，而这种织构与$\{115\}\langle 1\bar{1}0\rangle$仅偏差16°[22]。因此，他们推断$\{115\}\langle 1\bar{1}0\rangle$取向是由于柱状晶在轧制过程中发生变形而产生的。再结晶时$\{001\}\langle 1\bar{1}0\rangle$织构最终转变成$\{111\}\langle 1\bar{2}1\rangle$织构[23,24]。但是，$\{001\}\langle 1\bar{1}0\rangle$取向的晶粒再结晶速度非常慢，所以退火后仍然保留着很高的强度。相比之下，当初始凝固组织为等轴晶时，冷轧退火板则形成了更高强度的$\langle 111\rangle$//ND织构，并没有出现$\{115\}\langle 1\bar{1}0\rangle$织构，如图4-12b所示。另外，初始凝固组织对铁素体不锈钢的微织构也有很大影响。Park和Kim认为具有显著$\langle 001\rangle$//ND取向特征的初始柱状晶凝固组织是产生$\{001\}\langle 1\bar{1}0\rangle$和$\{112\}\langle 1\bar{1}0\rangle$晶粒簇的根源[25]。一方面，在热轧过程中由于铁素体不锈钢很少发生“铁素体/奥氏体”相变和铁素体再结晶，钢板中心层晶粒只是在轧制的平面变形条件下向稳定取向发生转动，因此很容易形成显著的$\{001\}\langle 1\bar{1}0\rangle$和$\{112\}\langle 1\bar{1}0\rangle$热轧织构；另一方面，具有这两种取向的晶粒由于泰勒因子较小，变形储能较低，很难发生再结晶，在随后的退火过程中变化不大而被部分保留下来[22,23,26]。这种带状组织特征经冷轧和退火后也很难完全消除，从而形成了平行于轧制方向的带状晶粒簇。

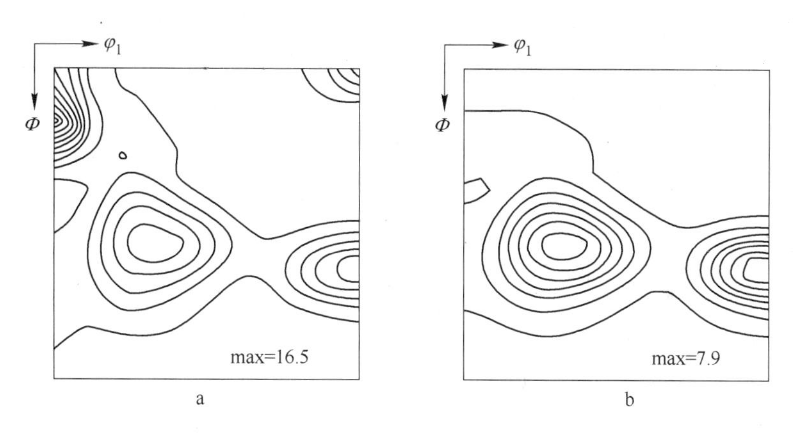

图 4-12 409 铁素体不锈钢不同初始凝固组织的最终退火板的 $\varphi_2=45°$ ODF 截面图

a— 柱状晶；b—等轴晶

杜伟等人选用现场生产的 200mm 厚 SUS430 和超低碳 17% Cr 铁素体不锈钢连铸坯，分别截取尺寸为 220mm × 240mm × 35mm（长 × 宽 × 高）的等轴晶（简称 E）和柱状晶（简称 C）试样进行了实验室热轧、冷轧和退火处理，分析对比了柱状晶和等轴晶凝固组织对这两种钢织构演变行为的影响效果[27,28]。铸坯取样如图 4-13 所示。表 4-2 示出的是实验钢的化学成分。加热温度控制在 1150℃，保温时间为 60min，终轧温度 900℃，热轧后空冷至 700℃ 后送入保温炉保温

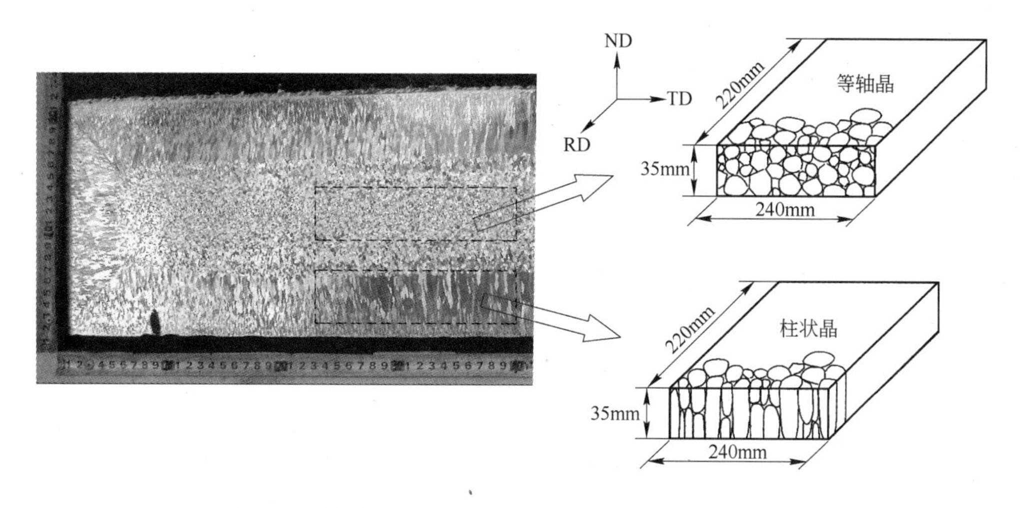

图 4-13 等轴晶和柱状晶试样在连铸坯上的取样示意图

30min，然后随炉冷却以模拟热轧板卷取过程中的冷却条件。热轧各道次压下量为：50mm→22mm→15mm→10mm→6mm→4mm。实验钢的退火温度设定为850℃，保温时间5h，然后随炉冷却至室温，试验完毕后用喷丸机去除表面的氧化皮，然后在实验室四辊可逆轧机上经九道次冷轧到0.8mm。SUS430和超低碳铁素体不锈钢的冷轧退火工艺制度分别为880℃ ×2min和950℃ ×2min。压下方向平行于柱状晶的生长方向，试样的法线方向用ND表示（Normal Direction）、轧制方向用RD表示（Rolling Direction），以及板宽度方向用TD表示（Transverse Direction）。

表 4-2　实验钢的化学成分（质量分数,%）

项　目	C	N	Cr	Mn	Si	P	S	Nb	Ti
超低碳氮钢	0.01	0.01	16.8	0.31	0.42	< 0.02	0.001	0.19	0.13
SUS430	0.04	0.04	17.1	0.25	0.31	< 0.02	0.001	—	—

图4-14示出的是SUS430初始凝固组织分别为柱状晶和等轴晶的试样经过热轧、热轧退火以及最终冷轧退火后的宏观织构。从热轧织构（图4-14a和b）可以看出，无论是等轴晶还是柱状晶试样，都显示了强烈的α纤维变形织构，同时也发现存在少量的γ纤维再结晶织构。经过热轧后，柱状晶试样的织构峰值出现在{115}〈1$\bar{1}$0〉处，取向密度$f(g)$ = 10.44；等轴晶试样的织构峰值出现在{223}〈1$\bar{1}$0〉处，取向密度$f(g)$ = 11.01，等轴晶试样经热轧后织构强度向{111}〈1$\bar{1}$0〉靠拢。由图4-14c和d可以看出，柱状晶试样在热轧退火后依然存在较强的旋转立方织构（{001}〈1$\bar{1}$0〉），其取向密度为$f(g)$ = 7.48；等轴晶试样经热轧退火后的旋转立方织构已经很弱，织构的峰值强度接近{111}〈1$\bar{1}$0〉。此外，等轴晶和柱状晶试样的最大区别在于，等轴晶试样的〈111〉//ND织构已经获得的很大的生长，其强度在{111}〈2$\bar{3}$1〉处达到最大值。冷轧板再结晶退火后，变形织构已经很弱，再结晶织构由完全的〈111〉//ND织构所控制，织构的峰值

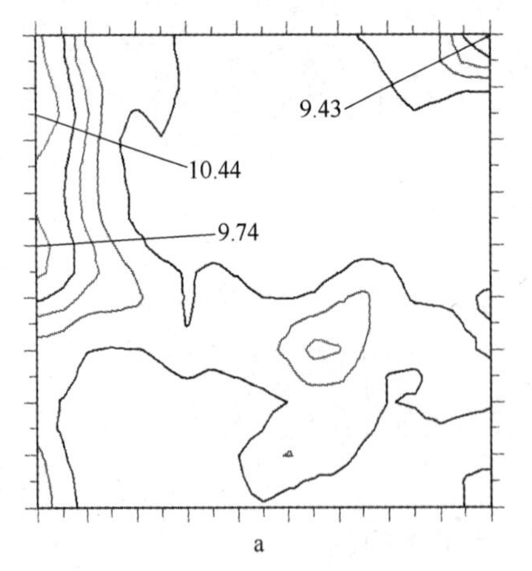

a

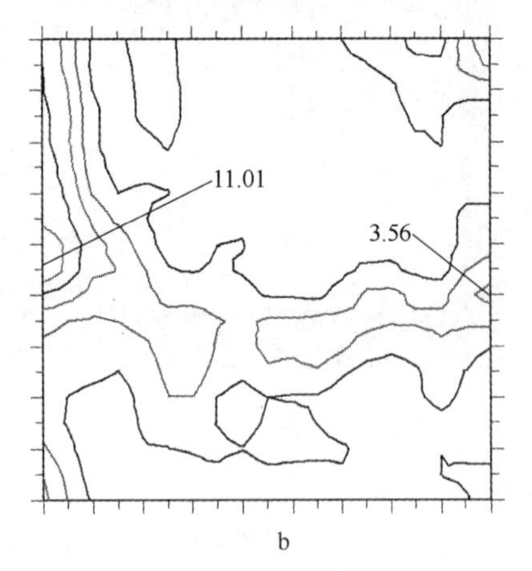

b

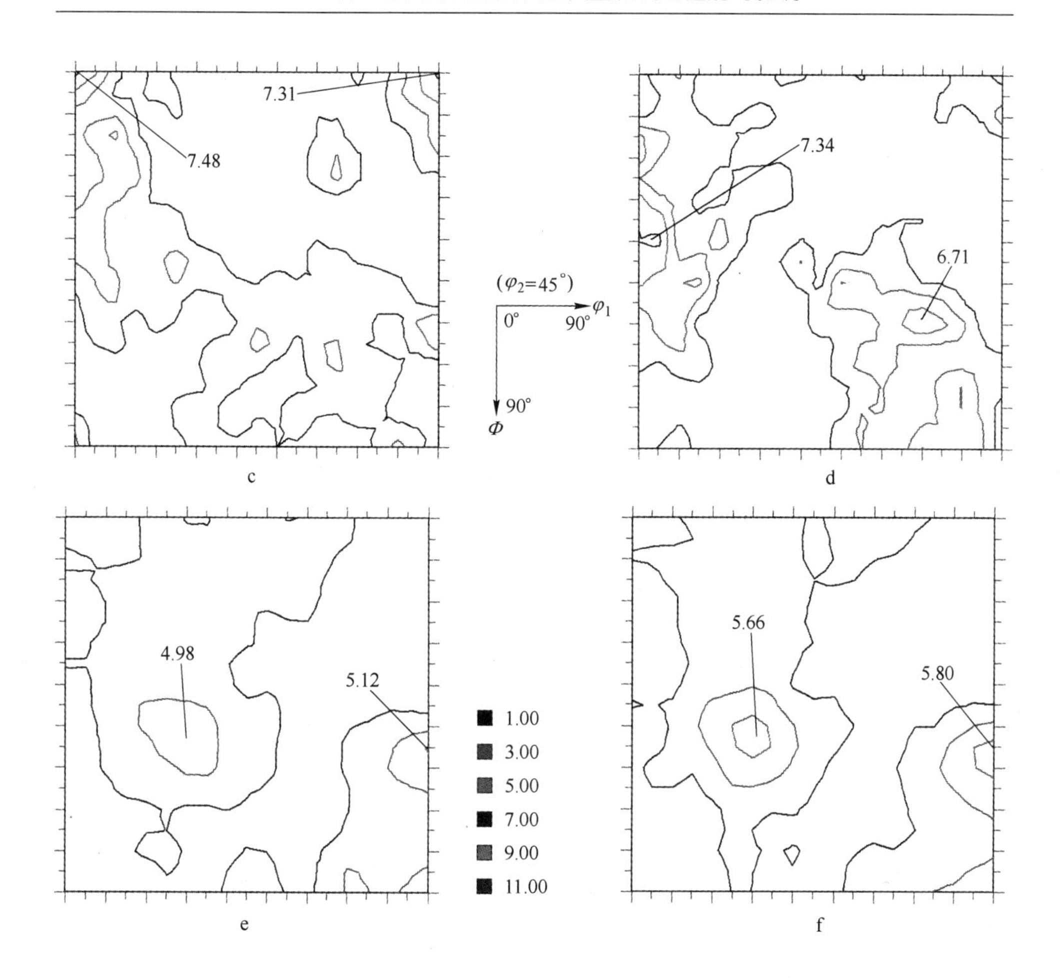

图 4-14 SUS430 柱状晶和等轴晶凝固组织铸坯在生产过程中的织构演化行为（彩图见书后彩页）

a，c，e—分别为柱状晶热轧、热轧退火、冷轧退火的织构；
b，d，f—分别为等轴晶热轧、热轧退火、冷轧退火的织构

都是位于{111}〈1$\bar{2}$1〉处，只是初始组织为等轴晶的试样的〈111〉∥ND 织构要更强一些。

图 4-15a 和 b 分别示出的是由凝固组织为柱状晶和等轴晶的铸坯制备的冷轧板经再结晶退火后的显微组织的 EBSD 分析。可以看出，凝固组织为柱状晶的成品板具有更多〈001〉∥ND 织构组分，而〈111〉∥ND 织构组分相对要少一些；与柱状晶凝固组织的成品板相比，等轴晶凝固组织的成品板具有相对较少的〈001〉∥ND 组分以及更多的〈111〉∥ND 组分。另外，从不同织构的分布可以看出，在柱状晶凝固组织的成品板中，〈111〉∥ND 织构多分布在试样的表层，而〈001〉∥ND 不利织构组分多分布在试样的中心层，并且呈聚集状态，形成了明

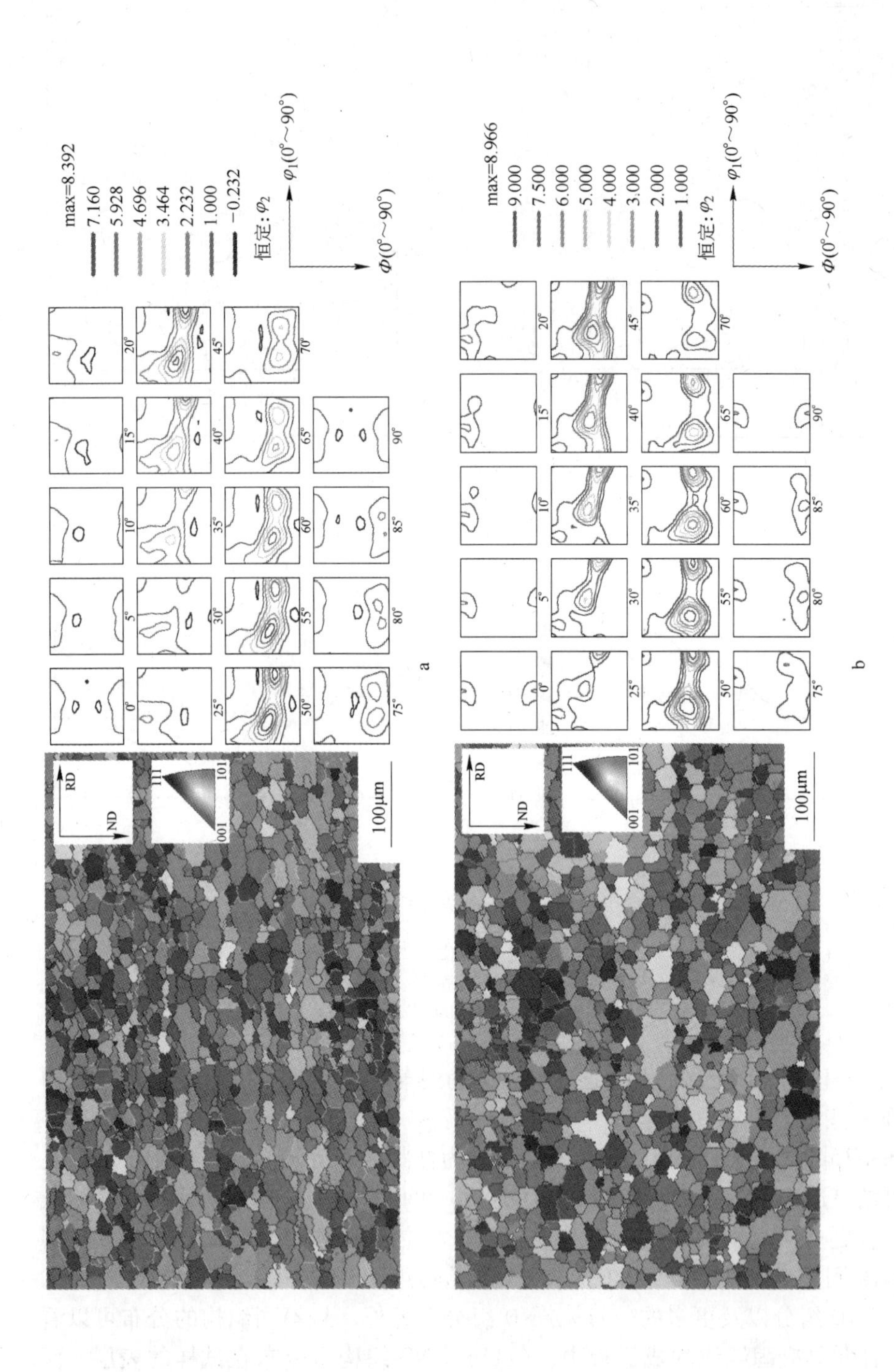

图 4-15　显微组织的 EBSD 分析（彩图见书后彩页）

a—凝固组织为等轴晶的成品板的取向分布图和恒 φ_2 的 ODF 图；b—凝固组织为柱状晶的成品板的取向分布图和恒 φ_2 的 ODF 图

显的取向晶粒团簇，它们在拉伸变形过程中引起金属的各向异性流动而导致表面起皱。从 ODF 分析可以看出，柱状晶凝固组织的成品板中〈111〉∥ND 组分强度也要低于等轴晶成品板的〈111〉∥ND 强度，且强度峰值的织构偏离了通常的{111}〈1$\bar{2}$1〉组分，位于{334}〈4$\bar{8}$3〉位置，这一点与成品板中心层宏观织构分析类似。

图 4-16 示出的是 SUS430 不同凝固组织成品板的晶粒尺寸比较。可以看出，柱状晶凝固组织成品板的平均晶粒尺寸约为 19μm，等轴晶的成品板平均晶粒尺寸要略小一点，约为 17μm。在柱状晶凝固组织成品板中，表层晶粒比较细小，中心层的晶粒较大。细小晶粒的塑性应变比（r 值）较低，适度长大的晶粒的 r 值较高。正是由于这种塑性应变比的差异导致了柱状晶试样严重的表面起皱。与之相反，等轴晶凝固组织成品板的晶粒分布更加均匀，大小晶粒基本呈随机分布。

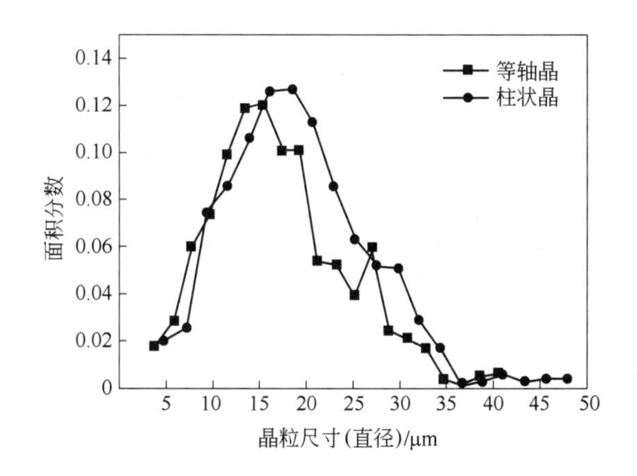

图 4-16 SUS430 成品板晶粒尺寸的比较

表 4-3 示出的是不同凝固组织成品板的深冲性能和抗起皱性能。可以看出，r 值沿着各个方向的变化规律是一致的，都是 $r_{45} < r_0 < r_{90}$。平均 r 值方面，等轴晶试样的成品板的平均 r 值略高于柱状晶试样的成品板。经 15% 预拉伸后，等轴晶凝固组织成品板表面起皱高度较低。因此，提高凝固组织等轴晶的比例，可以明显的改善薄板的抗皱性能，但对薄板的深冲性能改善并不明显。

表 4-3 柱状晶和等轴晶试样的成品板的深冲性和抗皱性

凝固组织	r_0	r_{45}	r_{90}	r_m	起皱高度/μm
柱状晶	0.66	0.60	1.20	0.76	22.4
等轴晶	0.62	0.61	1.38	0.81	15.4

图 4-17 示出的是铌和钛复合微合金化超低碳铁素体不锈钢热轧板表层和中心层的织构状态。可以看出，中心层具有显著的旋转立方织构（{001}〈1$\bar{1}$0〉）和不完整的 α 纤维织构。柱状晶凝固组织热轧板织构的峰值强度 $f(g)=29.7$，

位于{112}〈1$\bar{1}$0〉位置，等轴晶凝固组织热轧板中心层织构强度为 $f(g)=17.7$，位于{115}〈1$\bar{1}$0〉位置。在热轧板表层显示了鲜明的剪切变形特点。柱状晶凝固组织热轧板表层生成了强烈的高斯织构{110}〈001〉，取向密度达到了 $f(g)=11.4$；而在等轴晶凝固组织热轧板表层出现较强的{110}〈1$\bar{1}$2〉和{112}〈$\bar{1}\bar{1}$1〉织构。因等轴晶凝固组织的试样具有随机的织构取向，而柱状晶凝固组织试样具有明显的〈001〉//ND 取向特征，其快速生长的〈001〉晶向平行于板坯的法向，这种明显的〈001〉//ND 织构在热轧过程中很容易生成强烈的{001}〈1$\bar{1}$0〉织构。因此，柱状晶凝固组织的铸坯经热轧后，钢板中的{001}〈1$\bar{1}$0〉织构强度明显要高于等轴晶凝固组织的热轧板中同类织构的强度。

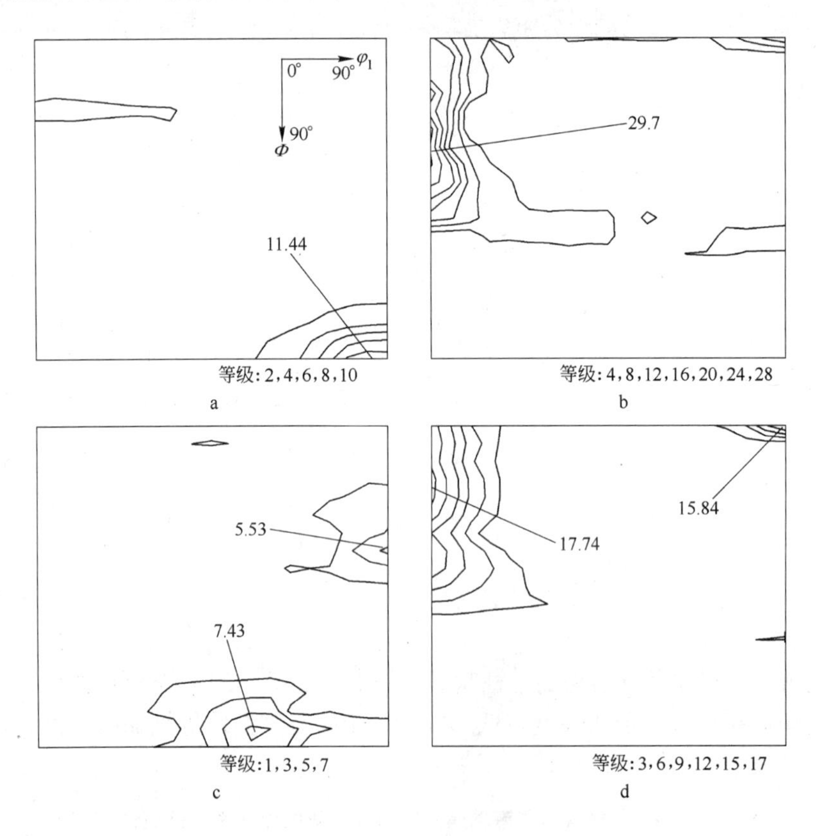

图 4-17　超低碳 Cr17 铁素体不锈钢不同凝固组织试样的热轧织构（彩图见书后彩页）

柱状晶：a—表层；b—中心层

等轴晶：c—表层；d—中心层

图 4-18 示出的是超低碳铁素体不锈钢热轧退火板表层和中心层的织构特征。柱状晶凝固组织热轧退火板中心层的 α 纤维变形织构在热轧退火后明显降低，其峰值取向密度 $f(g)=9.95$，表层的高斯织构强度依然很高（$f(g)=7.9$）。等轴晶凝固

组织热轧板退火后织构的变化趋势和柱状晶几乎一致，即无论在表层还是中心层，平面变形织构和剪切变形织构的强度都明显降低，仅形成了微弱的高斯织构。对于含稳定化元素的超低碳铁素体不锈钢，大部分间隙原子会被稳定化元素固定且具有单相组织结构，因此可以考虑采用高温短时间的连续退火方法使之完全软化再结晶。

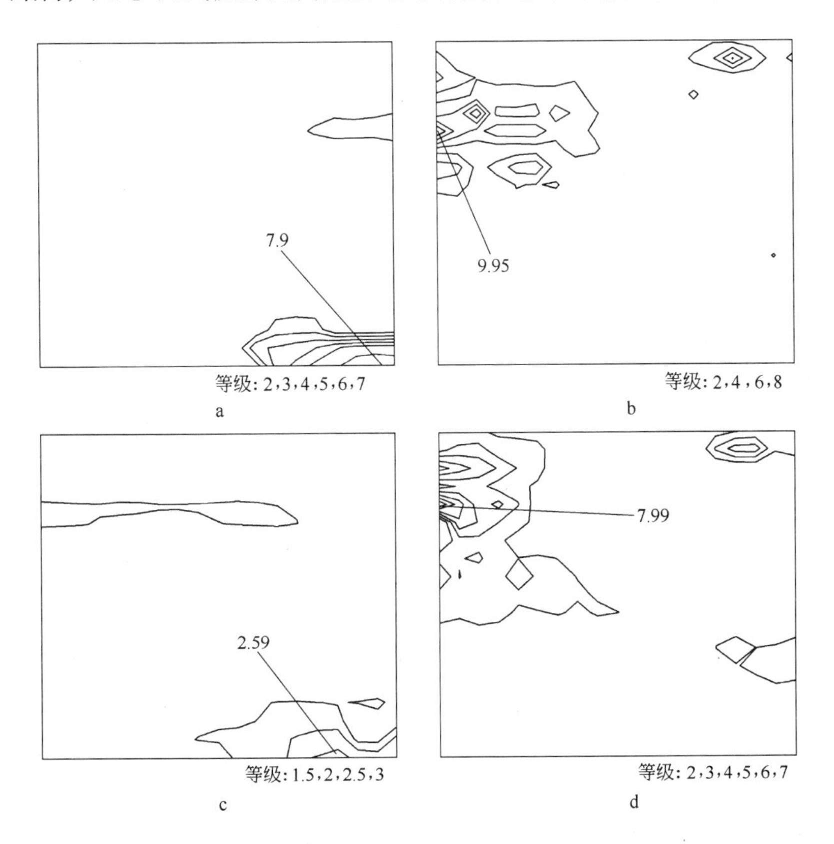

图 4-18 超低碳 Cr17 铁素体不锈钢不同凝固组织试样的热轧退火织构（彩图见书后彩页）

柱状晶：a—表层；b—中心层

等轴晶：c—表层；d—中心层

图 4-19 示出的是超低碳铁素体不锈钢冷轧退火后的宏观织构。等轴晶凝固组织冷轧退火板的再结晶织构强度略高，但峰值强度经常会偏离通常的〈111〉//ND 轴，位于{334}〈4$\bar{8}$3〉（欧拉角（φ_1，Φ，φ_2）为（26°，48°，45°））和{554}〈$\bar{2}\bar{2}$5〉（欧拉角（φ_1，Φ，φ_2）为（90°，60°，45°）），这种偏离织构组分不利于材料深冲性能的提高。中心层形成了显著的 γ 纤维再结晶织构，冷轧变形时形成的 α 纤维变形织构已经完全消失，在 $\Phi=55°$的取向线上形成了两个织构峰值强度。在冷轧退火板表层生成了较弱的 γ 纤维再结晶织构，同时在柱状晶的表层还存在一些微弱的高斯织构。

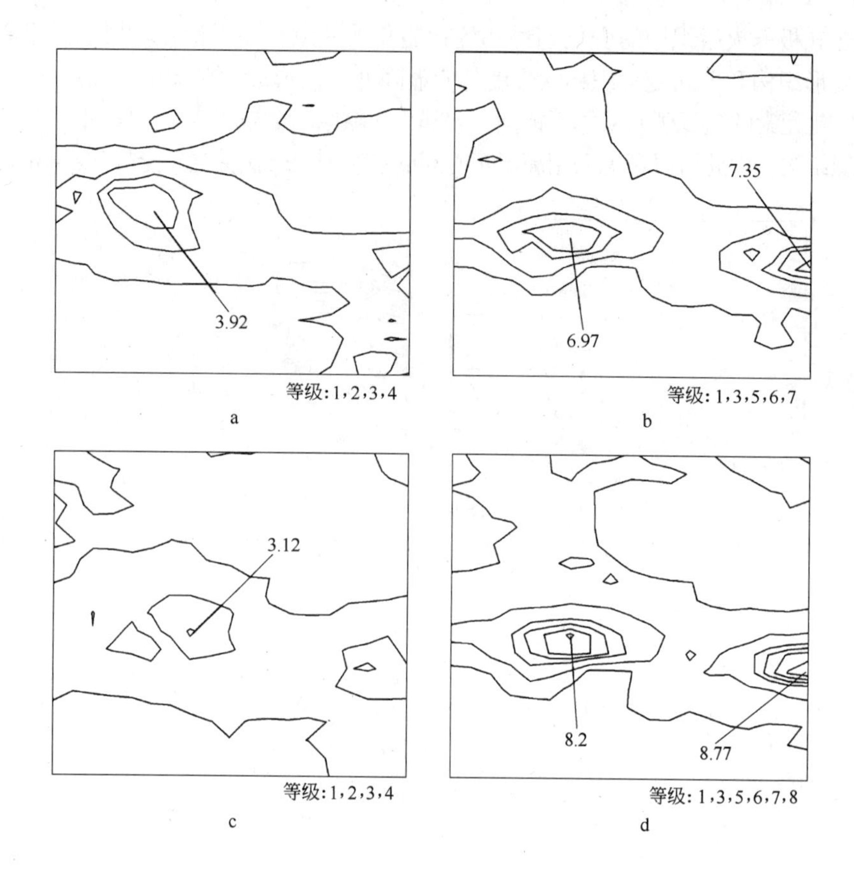

图 4-19　超低碳 Cr17 铁素体不锈钢不同凝固组织试样的冷轧退火织构（彩图见书后彩页）
柱状晶：a—表层；b—中心层
等轴晶：c—表层；d—中心层

图 4-20 示出的是超低碳 Cr17 铁素体不锈钢冷轧退火板晶粒取向的 EBSD 分析。无论凝固组织是等轴晶还是柱状晶，冷轧退火板最主要的取向是{111}〈1$\bar{2}$1〉及少量{111}〈1$\bar{1}$0〉。凝固组织为柱状晶时，试样中的{111}〈1$\bar{1}$0〉和{111}〈1$\bar{2}$1〉有利织构组分的含量为 33.4%；凝固组织为等轴晶时，试样中这两种有利织构的含量达到 38.7%。这种再结晶组分含量的差异同等轴晶和柱状晶的再结晶率有着密切的关系。柱状晶具有典型的〈001〉//ND 取向，与其他取向的晶粒相比具有较低的储存能，在热轧过程中很难发生再结晶[29~31]。由于织构的继承性，再结晶退火后，沿〈110〉//RD 取向线向〈111〉//ND 织构转变的难度加大，直接导致〈111〉//ND 织构强度的降低。与之相反，凝固组织为等轴晶时，初始织构呈随机分布且强度较弱，形变储能低的〈001〉//ND 组分很少，对再结晶织构的影响也要小一些，因此等轴晶试样经冷轧和退火处理后具有高的〈111〉//ND 织构组分。另外，等轴晶试样在整个纵截面各种织构呈随机弥散分布，而在柱状

晶纵截面的中心层可以看出有明显晶粒簇的聚集，晶粒簇的宽度约为 50μm，长度贯穿整个轧制方向。

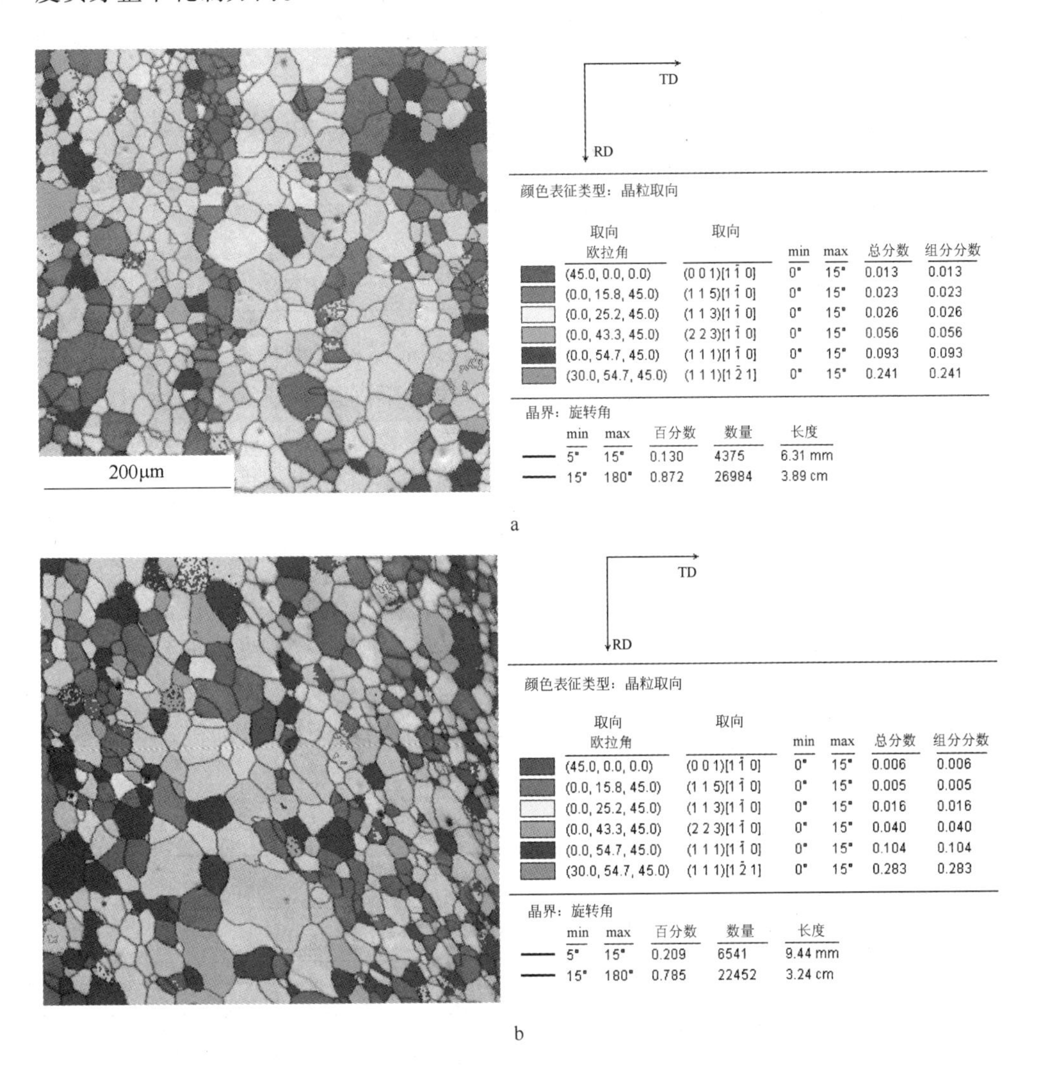

图 4-20　超低碳 Cr17 铁素体不锈钢不同凝固组织试样的冷轧退火板的取向分布图（彩图见书后彩页）

（再结晶晶粒取向(001)[1$\bar{1}$0]、(115)[1$\bar{1}$0]、(113)[1$\bar{1}$0]、(223)[1$\bar{1}$0]、(111)[1$\bar{1}$0]和(111)[1$\bar{2}$1]分别用紫色、深红色、黄色、绿色、蓝色以及红色进行表征，取向偏差设定为 15°）

a— 柱状晶；b—等轴晶

表 4-4 示出的是超低碳铁素体不锈钢成品板的深冲性能和抗起皱性能。塑性应变比 r 值沿着各个方向的变化规律也同前面 SUS430 的结果一致，即 $r_{45} < r_0 < r_{90}$，三个方向的 r 值呈“V”形分布；同时，等轴晶凝固组织成品板的 r_0、r_{45} 和

r_{90} 三个方向的 r 值都要高于柱状晶试样。为了阐明凝固组织对表面皱褶的影响，预拉伸 15% 后通过粗糙度仪测量了皱褶高度。柱状晶凝固组织的成品板的皱褶高度达到 30.2μm，等轴晶凝固组织的成品板的表面起皱高度为 22.3μm，比前者降低了近 27%。

表 4-4　超低碳铁素体不锈钢不同凝固组织的最终成品板的深冲性和抗皱性

凝固组织	r_0	r_{45}	r_{90}	r_m	起皱高度/μm
柱状晶	1.64	1.42	1.85	1.58	30.2
等轴晶	1.68	1.55	1.91	1.68	22.3

对于微合金元素稳定化的铁素体不锈钢，其成品板成型性能对原始凝固组织也非常敏感。张驰等人选用本章第一节中描述的凝固组织中等轴晶比率分别为 45% 和 60% 的 4 号和 5 号实验钢进行了轧制及退火实验，从而分析 Ti 单一稳定化和 Ti 与 Nb 复合微合金化对超纯 21% Cr 铁素体不锈钢成型性能和表面起皱的影响规律[11,12]。

表 4-5 示出的是两实验钢冷轧退火板的性能检测结果。由表中数据可知，与单 Ti 稳定化实验钢相比，Ti 和 Nb 复合稳定化实验钢的平均塑性应变比提高了 5%，而凸耳参数（Δr 值）降低了 35%，成品板的成型性能得到提高。另外，与单 Ti 稳定化实验钢相比，Ti 和 Nb 复合稳定化实验钢的成品板经拉伸 15% 后表面平均粗糙度 R_a 和最大起皱高度（R_p）分别下降 20% 和 24%，表明成型过程中薄板的表面起皱减弱。

表 4-5　实验钢冷轧退火板的 r 值与起皱高度

实 验 钢	r_0	r_{45}	r_{90}	$\bar{r}$	Δr	R_a/μm	R_p/μm
4 号（Ti-FSS）	1.82	1.40	1.95	1.64	0.49	2.14	6.49
5 号（Ti + Nb-FSS）	1.78	1.56	1.98	1.72	0.32	1.71	4.90

图 4-21 示出的是 Ti 单一稳定化实验钢与 Ti 和 Nb 复合稳定化实验钢成品板中心层的宏观织构检测结果。由图可见，冷轧退火后，两实验钢的织构以 γ 纤维织构为主，并伴随有少量偏离理想 α 纤维取向线的织构（集中在 $15° \leqslant \varphi_1 \leqslant 25°$，$0° \leqslant \Phi \leqslant 30°$ 区域），γ 纤维织构的强点集中在 $\{111\}\langle 1\bar{2}1\rangle$ 取向附近。Ti 单一稳定化实验钢成品板中 γ 纤维织构的取向密度峰值为 $f(g) = 13.5$，Ti 和 Nb 复合微合金化实验钢成品板中 γ 纤维织构的取向密度峰值为 $f(g) = 15.3$，后者高于前者。

有研究表明，带钢中心层的晶粒簇是引起铁素体不锈钢在成型过程中发生表面起皱的主要原因。因此，本章对冷轧退火板中心层的微观取向进行了对比分

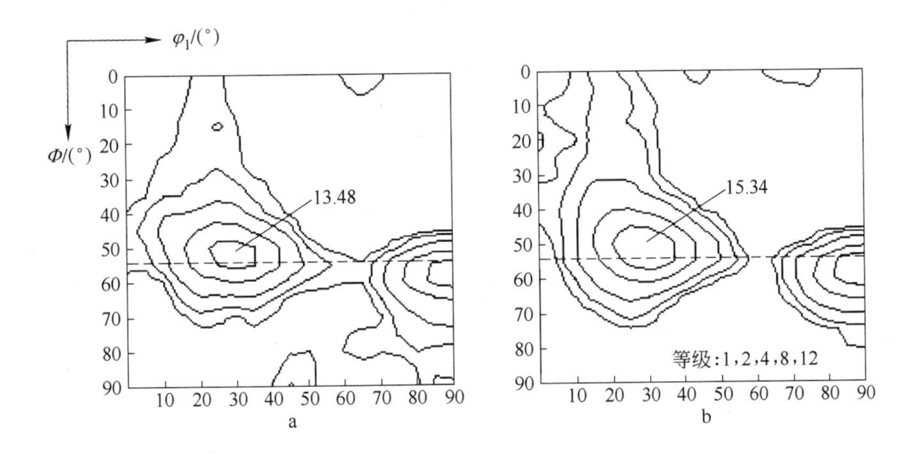

图 4-21 实验钢冷轧退火板中心层织构的恒 $\varphi_2=45°$ODF 截面图

a—Ti 稳定化实验钢；b—Ti、Nb 稳定化实验钢

析。图 4-22 示出的是实验钢冷轧退火后中心层的全部晶粒取向分布图和几种典型取向分布图。可见，在晶粒尺寸方面，Ti 单一稳定化实验钢的平均晶粒尺寸大于 Ti 和 Nb 复合微合金化实验钢的平均晶粒尺寸，这与添加 Nb 微合金元素提高实验钢的再结晶温度有关。由晶粒取向分布图可见，冷轧退火板中心层中主要含有取向接近〈111〉//ND（蓝色）晶粒取向和取向接近〈001〉//ND（红色）晶粒，相近取向的晶粒沿轧向呈一定的带状分布趋势。特征织构的分布图更清晰地表明了这种取向分布特点，具有{111}〈$1\bar{2}1$〉和{111}〈$1\bar{1}0$〉取向晶粒与其他取向晶粒相间排列，沿轧向呈带状分布而构成了晶粒簇。两实验钢的中心层都表现出了这种晶粒簇的分布特点。但对比可见，Ti 单一稳定化实验钢中晶粒簇的宽度要大于 Ti、Nb 复合稳定化实验钢中晶粒簇的宽度，且在 Ti 和 Nb 复合稳定化实验钢中〈111〉//ND 取向晶粒更多，将一些具有 α 纤维取向的晶粒和其他取向晶粒分割开，对晶粒簇起到了削弱作用。可见，与 Ti 单一稳定化实验钢相比，Ti 和 Nb 复合微合金化实验钢中心层处的晶粒簇宽度减小，晶粒簇分布减弱。

铁素体不锈钢的 r 值与成品板中的织构分布及强度密切相关。〈111〉//ND 再结晶织构越多，即 γ 纤维织构越强，r 值越大。宏观织构分析显示，Ti 和 Nb 复合微合金化实验钢中心层的 γ 纤维织构强度高于 Ti 单一稳定化实验钢，因此，Ti 和 Nb 复合稳定化实验钢冷轧退火后获得的 r 值更高，即 Ti 和 Nb 复合微合金化实验钢的成型性能更好。

铁素体不锈钢成型过程中的表面起皱与带钢中取向晶粒簇分布有关。由微观织构分析可知，Ti 和 Nb 复合微合金化实验钢成品板中晶粒簇的宽度较 Ti 单一微合金化实验钢成品板中晶粒簇的宽度小，且微观晶粒取向分布相对更加均匀，晶粒簇较弱，因此，Ti 和 Nb 复合微合金化实验钢在变形后表面起皱要相对较弱，

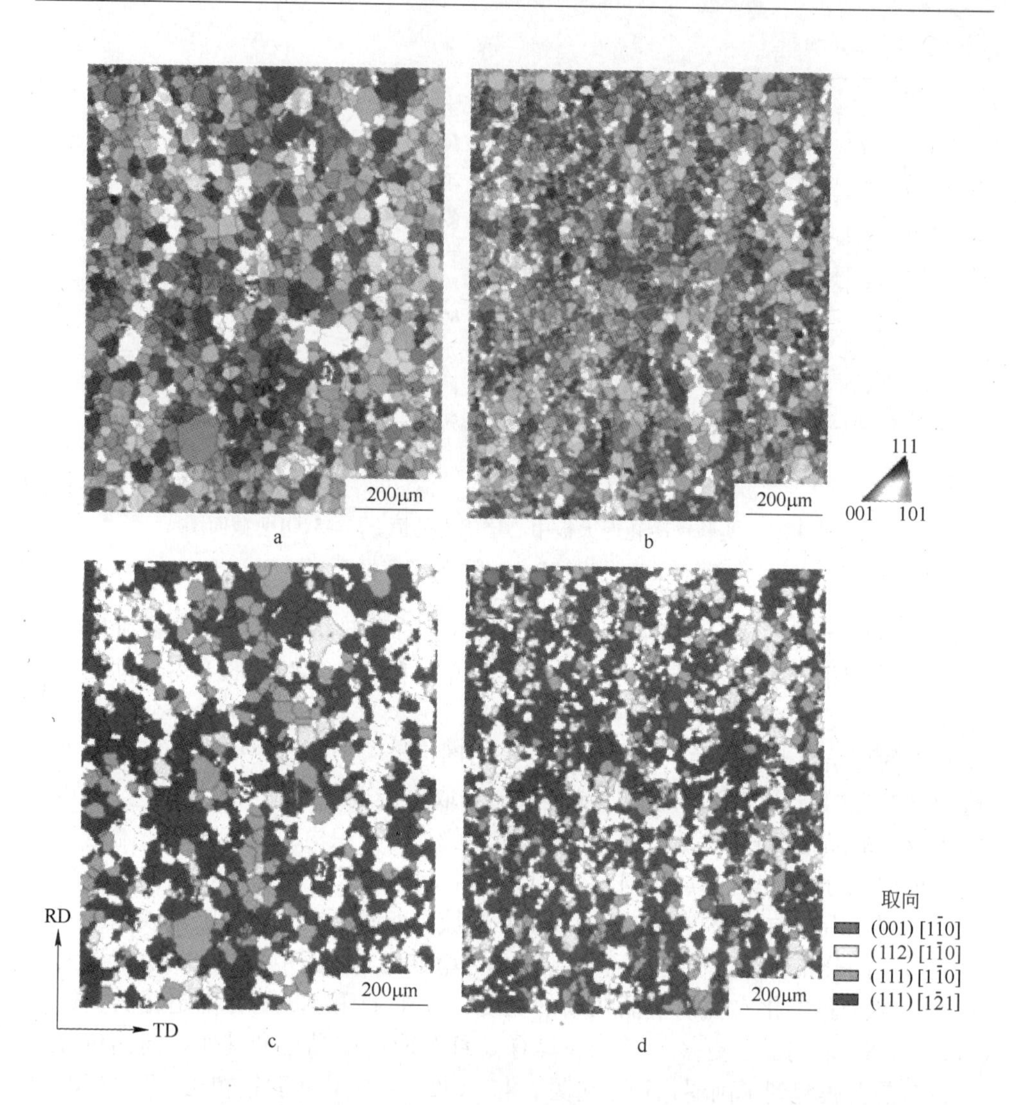

图 4-22　实验钢冷轧退火后中心层的晶粒全部取向分布图（a，b）和特定取向分布图（c，d）（彩图见书后彩页）

a，c—Ti 稳定化实验钢；b，d—Ti、Nb 稳定化实验钢

即 Ti 和 Nb 复合微合金化实验钢成品板在成型过程中抗表面起皱性能更优。

4.4　铁素体不锈钢凝固组织的细化方法

以上结果显示，铁素体不锈钢凝固组织对成品板成型性能具有重要影响。但是，铁素体不锈钢在连铸过程中容易形成发达的柱状晶组织[9,10]，柱状晶比例有时甚至高达70% ~80%。因此，如何抑制柱状晶生长、实现凝固组织细化成为了重要研究课题。其中在凝固过程中引入第二相析出（如 TiN 和 TiO_2）来实现凝固组织细化成为最为引人关注的技术[32]。这种技术的使用可以有效细化凝固组织，但如果控制不当也会造成 TiN 颗粒的聚集长大并堵塞浇注水口等问题。图 4-23 示出的是典型 409 不锈钢连铸过程中由于水口堵塞造成炉内浇铸停顿的过程。可以看出，Ti 稳定 409L 铁素体不锈钢的浇铸可以在短短 30min 内便由于浸入式水口的完全堵塞而被迫停止，同时水口堵塞过程伴随着结晶器液面的大幅震荡，板坯表面质量恶化，修磨损失上升。另外，随温度升高，铁素体不锈钢高温强度的降低幅度较奥氏体不锈钢更大。如图 4-24 所示，导致铁素体不锈钢出结晶器时坯壳强度降低，在连铸过程中更容易产生板坯的延展变形而造成铸坯拉窄。因此，不仅需要对铁素体不锈钢中的第二相析出进行详细分析和掌握，而且要对连铸工艺进行修订和优化。

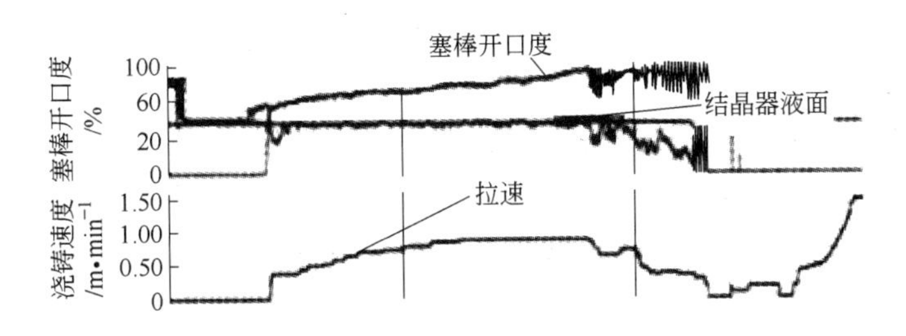

图 4-23 典型 409 不锈钢板坯连铸过程中出现浇口堵塞时塞棒开口度随时间的变化关系

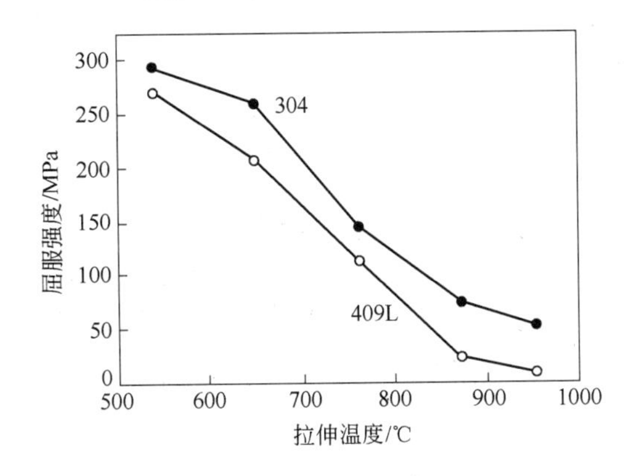

图 4-24 典型铁素体不锈钢高温强度与奥氏体不锈钢高温强度的比较

Pak 等人对 Fe-Cr 系合金中 TiN 的沉淀析出热力学进行了系统研究，建立了钢水中 TiN 析出的平衡热力学模型[33]。表 4-6 示出的是 Fe-Cr-Ti-N 合金体系溶液中元素间的一级和二级影响系数实测值。钢水中形成 TiN 析出的反应平衡方程可以表述为：

$$\begin{cases} \mathrm{TiN(s)} = \mathrm{Ti} + \mathrm{N} \\ \Delta G^{\ominus} = 379000 - 149T \\ K = \dfrac{h_{\mathrm{Ti}} \cdot h_{\mathrm{N}}}{a_{\mathrm{TiN}}} = f_{\mathrm{Ti}} \cdot f_{\mathrm{N}} \cdot w(\mathrm{Ti}) \cdot w(\mathrm{N}) \\ \lg K = \lg(f_{\mathrm{Ti}} \cdot f_{\mathrm{N}}) + \lg(w(\mathrm{Ti}) \cdot w(\mathrm{N})) \\ \quad = \sum\limits_i e_{\mathrm{Ti}}^i \cdot w(i) + \sum\limits_i e_{\mathrm{N}}^i \cdot w(i) + \lg(w(\mathrm{Ti}) \cdot w(\mathrm{N})) \end{cases} \tag{4-1}$$

式中，e_{Ti}^i和e_N^i分别为Ti和N与其他元素之间的一级影响系数；f_{Ti}和f_N分别为相对于1%Ti或N的标准状态铁水的Ti和N的活度。采用式（4-1）可以预测和估算钢水中TiN的稳定性。图4-25示出的是采用式（4-1）计算得到的含不同Ti和N含量的409不锈钢（Fe-11Cr-0.4Si-Ti-N）在1873K时的TiN稳定曲线。为确定图4-25的可信度，对含三种不同Ti和N含量的409不锈钢在1873K和Ar-1.5%N_2条件下进行保温12h的熔化处理。在这种条件下，N在钢水中的溶解度约为0.02%～0.025%。经1873K平衡化处理后，将试样经水淬至室温后，分析和检测试样中溶解的Ti和N含量。采用SEM和EPMA对淬火试样中析出相分析的结果如图4-26所示。根据平衡稳定图的预测，只有图4-26中的A成分可以形成稳定的TiN析出，而B和C成分在1873K条件下无法形成TiN析出。可以看出，在A成分的409不锈钢试样中，形成了大量TiN颗粒，尺寸约为2～3μm；而在B和C成分的409不锈钢中形成则的是TiO_x颗粒。将平衡温度由1873K降低至1800K并保温2h后，对含有0.1%～0.2%Ti的409不锈钢试样进行了类似处理。对淬火至室温的试样进行分析后发现，D和E成分的409不锈钢中均形成了TiN沉淀析出相，尺寸约为0.5μm，而F成分的不锈钢中则没有形成TiN。此图进一步证明，稳定化曲线随温度降低而下移，更容易在钢水中形成TiN析出相。改变温度对TiN稳定化曲线的影响效果如图4-27所示。

表4-6　铁素体不锈钢中各元素之间的相互影响系数

项　目	1873K	与温度的关系
e_{Ti}^{Ti}	0.048	—
e_{Ti}^{N}	-2.041	-19500/T+8.37
e_{Ti}^{O}	-1.8	—
e_{Ti}^{Si}	-0.0256	177.5/T-0.12
e_{N}^{Ti}	-0.593	-5700/T+2.45
e_{N}^{N}	0	—
e_{N}^{O}	0.05	—
e_{N}^{Si}	0.0491	-286.2/T+0.202

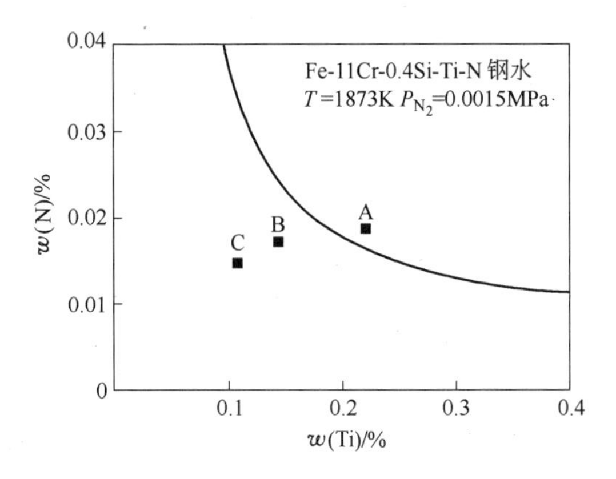

图 4-25　1873K 条件下 Fe-11Cr-0.4Si-Ti-N 钢水中 TiN 的稳定图

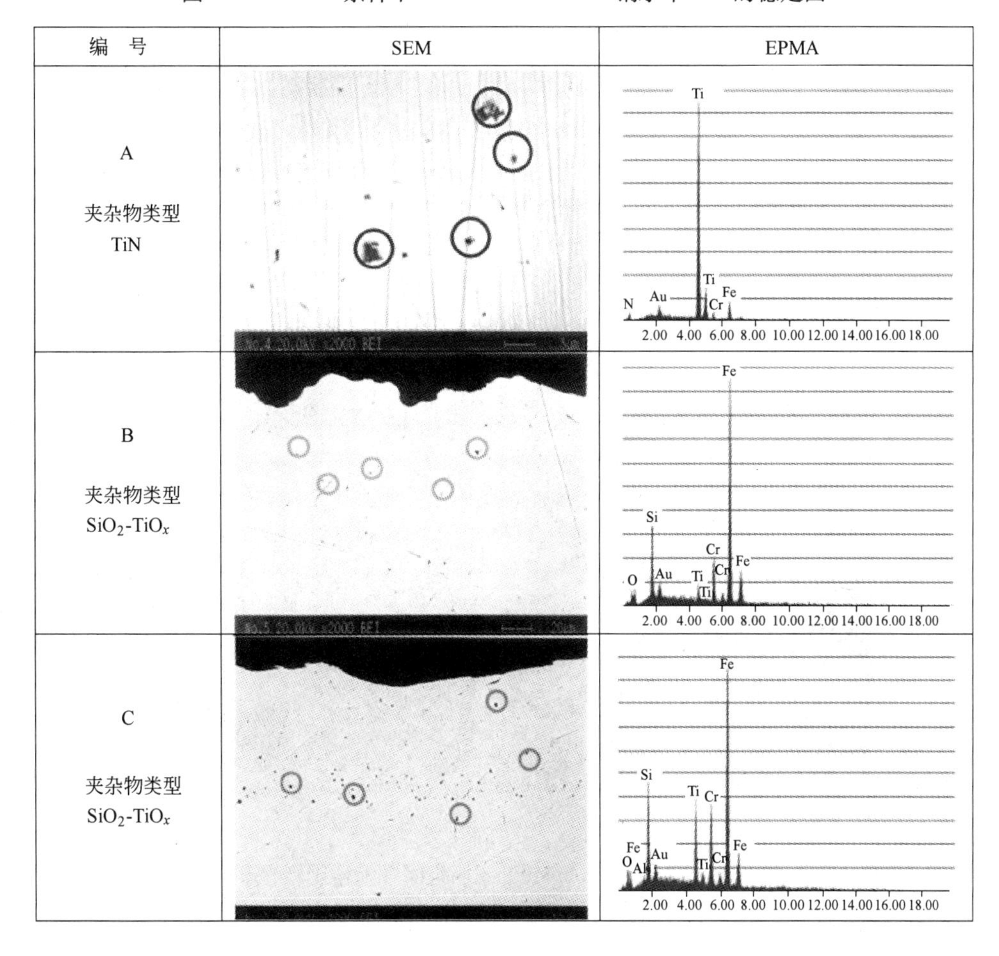

编　号	SEM	EPMA
A 夹杂物类型 TiN		
B 夹杂物类型 SiO_2-TiO_x		
C 夹杂物类型 SiO_2-TiO_x		

图 4-26　Fe-11Cr-0.4Si-Ti-N 由钢水淬火至室温后的
SEM 形貌和 EPMA 成分分析结果

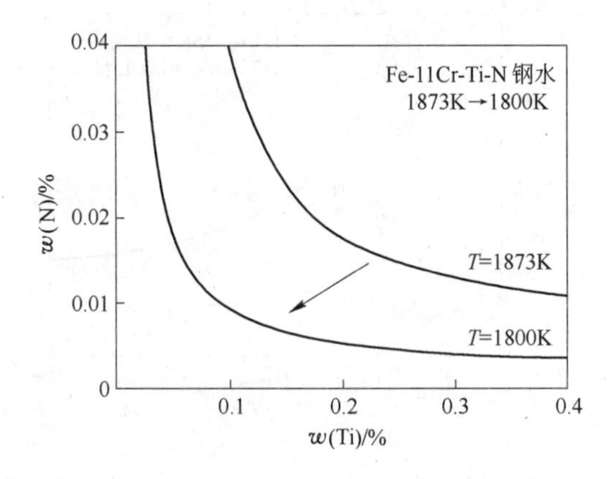

图 4-27　不同温度条件下 Fe-11Cr-Ti-N 钢水中 TiN 的稳定区域

根据 TiN 在钢水中的稳定化行为，通过真空感应炉对比实验考察了不同 Ti 含量条件下，430 不锈钢凝固组织的差异[34~37]。结果发现，钢中 Ti 含量由 0. 1% 升高到 0. 4% 时，钢锭的等轴晶比例由 20% 增加到近 70%，如图 4-28 所示。进一步的分析研究表明，当钢中 Ti 含量升高到 0. 4% 时，钢水中稳定形成了尺寸为 1 ~ 3μm 的 TiN 粒子，每平方毫米可达到 2000 ~ 3000 个。这些 TiN 粒子在钢水中可以充当形核质点，促进等轴晶凝固组织的形成。因此，在严格控制工艺条件的前提下，利用 TiN 析出作为形核质点可以有效细化铁素体不锈钢的凝固组织。

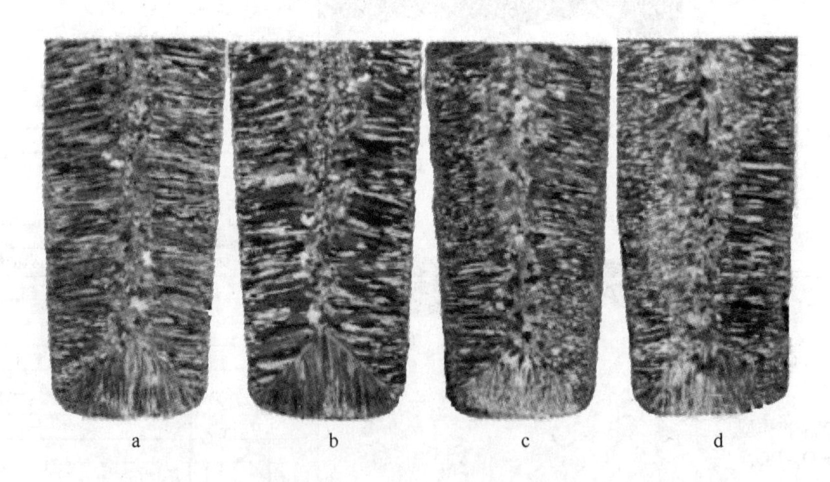

图 4-28　钢中 Ti 含量对钢锭凝固组织等轴晶比例的影响
a—加 0. 1% Ti；b—加 0. 2% Ti；c—加 0. 3% Ti；d—加 0. 4% Ti

除了采用 Ti 微合金化处理可以提高铁素体不锈钢凝固组织等轴晶比例并细化凝固组织以外，钢中添加稀土元素也可以起到类似的效果[38]。以工业生产的

430 铸坯为原料，采用 200kg 真空感应炉进行再熔炼，稀土元素 Ce 采用钢锭模顶部吊挂的方法加入钢水中。图 4-29a 和 b 分别示出的是普通 430 和添加稀土 Ce 的 430 不锈钢铸锭凝固组织的比较。表 4-7 示出的是 430 不锈钢中添加稀土元素后，柱状晶区域和等轴晶区域宽度的变化情况。可以看出，添加稀土元素后，钢锭中心凝固组织等轴晶区域扩大更加明显，整体凝固组织得到明显细化。

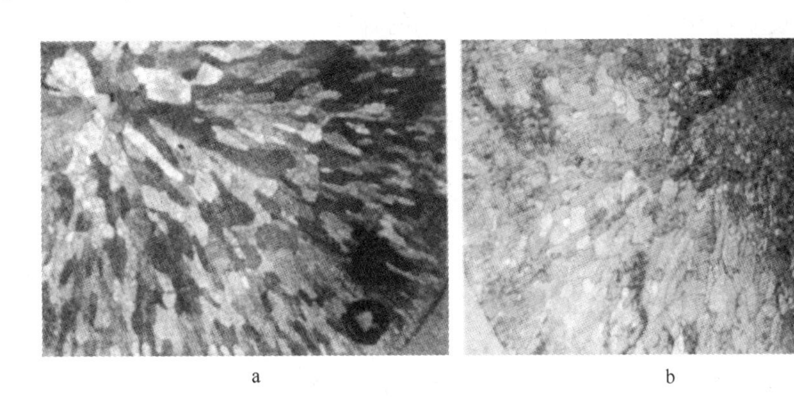

a b

图 4-29 凝固组织比较

a—普通 430 不锈钢；b—添加 0.073% Ce 的 430 不锈钢

表 4-7 钢中添加稀土元素对凝固组织的影响效果

稀土元素含量/%	细等轴晶区域宽度/mm	柱状晶区域宽度/mm	中心等轴晶区域宽度/mm
0	5	78	3
0.056	3	63	15
0.073	3	50	33
0.125	4	53	25

在铁素体不锈钢的实际生产过程中，在浇铸开始后钢水直接与结晶器表面接触，液相过冷度很大，同时结晶器表面促进非自发形核，因此液相形核率很高，形成表面细等轴晶区，由于形成速度很快，此时碳化物来不及析出。因此，在细等轴晶区形成后，一般会形成柱状晶，但对于（液 + 固）两相区很窄的钢种如 409L 等，则不会形成等轴晶。在实际连铸过程中国内外采取了诸如降低浇铸温度、施加电磁搅拌、调整二冷水水量等措施细化初始凝固组织，降低柱状晶比例[39~49]。铸坯中等轴晶比率与中间包钢水过热度和是否应用电磁搅拌之间的关系如图 4-30 所示。这是由于结晶时成分过冷度小，柱状晶不易向前生长，同时，在细等轴晶区形成之后，经过一段时间，形成微合金元素的氮化物颗粒如 TiN 等，促进非自发形核而形成等轴晶组织。因此，控制铸坯中等轴晶组织的关键因素一般可以归纳为：

（1）控制钢水量要适当，减少固相和液相的温度梯度，减少晶粒的生长速度，减少液相区温度梯度，可以增大液相的成分过冷，有利于晶粒的形核即等轴晶组织的形成。

（2）凝固结束后，全部形成铁素体相，在高温区晶粒仍不断长大，尤其是在900℃以上，晶粒长大很快，导致铸坯强度降低，因此在凝固后期冷却强度应适当加大，减缓晶粒的长大，才能得到更细的等轴晶组织。

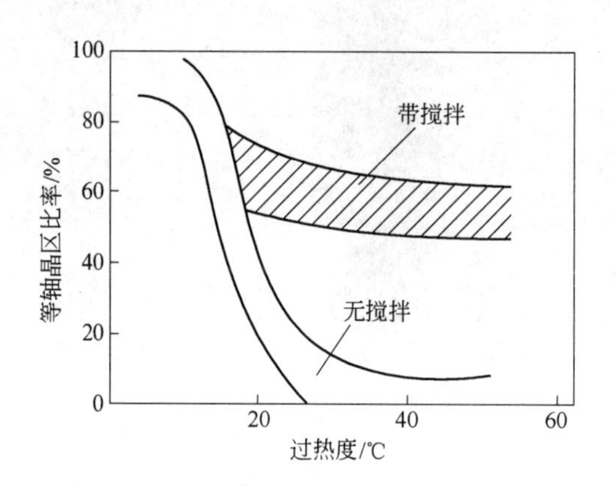

图4-30　典型Cr17不锈钢中间包内钢水过热度、有无电磁搅拌对铸坯中等轴晶比率的影响

参 考 文 献

[1] Yazawa Y, Muraki M, Kato Y. Effect of chromium content on relationship between r-value and {111} recrystallization texture in ferritic steel[J]. ISIJ International, 2003, 43(10): 1647.

[2] Yazawa Y, Ozaki Y, Kato Y. Development of ferritic stainless steel sheets with excellent formability by {111} recrystallization texture control[J]. JSAE Review, 2003, 24: 483.

[3] 范光伟，崔讳．改善SUS430不锈钢冷轧薄板皱折的措施[J]．太钢科技，2003，1：14～16.

[4] Chan J W. Fracture toughness of 304 stainless steel in an 8 tesla field [J]. Acta Metallurgica et Materialia, 1990, 38(3): 479～487.

[5] Tsuji N, Tsuzaki K, Maki T. Effect of initial orientation of the cold rolling behavior of solidified columnar crystals in a 19% Cr ferritic stainless steel[J]. ISIJ International, 1992, 32(12): 1319～1328.

[6] Tsuji N, Tsuzaki K, Maki T. Effect of initial orientation on recrystallization behavior of solidified columnar crystals in a 19% Cr ferritic stainless steel[J]. ISIJ International, 1993, 33(7): 783～792.

[7] Tsuji N, Tsuzaki K, Maki T. Effect of rolling reduction and annealing temperature on the recrystallization structure of solidified columnar crystals in a 19% Cr ferritic stainless steel[J]. ISIJ In-

ternational, 1994, 34(12): 1008 ~ 1017.

[8] Li B L, Godfrey A, Liu Q, et al. Microstructural evolution of IF-steel during cold rolling[J]. Acta Mater. 2004, 52(4): 1069 ~ 1081.

[9] Raabe D, Lücke K. Textures of ferritic stainless steels[J]. Materials Science and Technology, 1993, 9(4): 302 ~ 312.

[10] Shimizu Y, Ito Y, Iida Y. Formation of the Goss orientation near the surface of 3 pct silicon steel during hot rolling[J]. Metallurgical Transactions A, 1986, 17A(8): 1323 ~ 1334.

[11] 张驰. 超纯 21% Cr 铁素体不锈钢热轧粘辊机理及组织织构控制[D]. 沈阳: 东北大学, 2011.

[12] 张驰, 刘振宇, 王国栋, 等. Nb、Ti 对超纯铁素体不锈钢凝固组织及表面起皱的影响[J]. 材料热处理学报, 2011, 32(9): 20 ~ 25.

[13] 刘静, 罗兴宏, 胡小强, 等. Ti 和 Nb 微合金化对超纯 11% Cr 铁素体不锈钢组织的影响[J]. 金属学报, 2011, 47(6): 688 ~ 696.

[14] Bramfitt B L. Effect of carbide and nitride additions on the heterogeneous nucleation behavior of liquid iron[J]. Metallurgical transactions, 1970, 1(7): 1987 ~ 1995.

[15] Van D E C, Grong O, Haakonsen F, et al. Progress in the development and use of grain refiner based on cerium sulfide or titanium compound for carbon steel[J]. ISIJ International, 2009, 49(7): 1046 ~ 1050.

[16] Tsuji N, Tsuzaki K, Maki T. Effect of initial orientation on the cold rolling behavior of solidified columnar crystals in a 19% Cr ferritic stainless steel[J]. ISIJ International, 1992, 32(12): 1319 ~ 1328.

[17] Tsuji N, Tsuzaki K, Maki T. Effect of initial orientation on the recrystallization behavior of solidified columnar crystals in a 19% Cr ferritic stainless steel[J]. ISIJ International, 1993, 33(7): 783 ~ 792.

[18] Tsuji N, Tsuzaki K, Maki T. Effects of rolling reduction and annealing temperature on the recrystallization structure of solidified columnar crystals in a 19% Cr ferritic stainless steel[J]. ISIJ International, 1994, 34(12): 1008 ~ 1017.

[19] Hamada J, Matsumoto Y, Fudanoki F, et al. Effect of initial solidified structure on ridging phenomenon and texture in type 430 ferritic stainless steel sheets[J]. ISIJ International, 2003, 43(12): 1989 ~ 1998.

[20] Park S, Kim K Y. Evolution of microstructure and texture associated with ridging in ferritic stainless steels[J]. ISIJ International, 2002, 42(1): 100 ~ 105.

[21] Shin H J, An J K, Park S H, et al. The effect of texture on ridging of ferritic stainless steel[J]. Acta Materialia, 2003, 51(16): 4693 ~ 4706.

[22] Tsuji N, Tsuzaki K, Maki T. Effects of Rolling Reduction and Annealing Temperature on the Recrystallization structure of Solidified Columnar Crystals in a 19% Cr Ferritic Stainless Steel[J]. ISIJ International, 1994, 34(12): 1008 ~ 1017.

[23] Hong S H, Lee D N. Recrystallization textures in cold-rolled Ti bearing IF steels sheets[J]. ISIJ International, 2002, 42(11): 1278 ~ 1287.

[24] Lee D N. The evolution of recrystallization textures from deformation textures[J]. Scripta Metallurgica et Materialia, 1995, 32(10): 1689 ~ 1694.

[25] Park S H, Kim K Y, Lee Y D, et al. Evolution of microstructure and texture associated with ridging in ferritic stainless steel[J]. ISIJ International, 2002, 42(1): 100 ~ 105.

[26] Tsuji N, Tsuzaki K, Maki T. Effect of initial orientation on the recrystallization behavior of solidified columnar crystals in a 19% Cr ferritic stainless steel[J]. ISIJ International, 1993, 33(7): 783 ~ 792.

[27] 杜伟. 冶金工艺对超低碳铁素体不锈钢微观组织和成形性的影响[D]. 沈阳: 东北大学, 2010.

[28] 杜伟, 江来珠, 孙全社, 等. 凝固组织对超低碳铁素体不锈钢皱褶和深冲性的影响[J]. 宝钢技术, 2010, (2): 25 ~ 29.

[29] Raabe D, Lücke K. Texture and microstructure of hot rolled steel[J]. Scripta Metall, 1992, 26(8): 1221 ~ 1226.

[30] Yoshihiro U. Effects of hot rolling conditions on hot rolled microstrutures and ridging properties in 17% Cr ferritic stainless steel[J]. Tetsu to Hagane, 1992, 78(4): 632 ~ 639.

[31] Toshihiro T, Ryouji H, Kazuhiro F, Setsuo T. Ridging-free ferritic stainless steel produced through recrystallization of lath martensite[J]. ISIJ International, 2005, 45(6): 923 ~ 929.

[32] 王贺利. 提高 430 铁素体不锈钢连铸坯等轴晶比例的工艺实践[J]. 上海金属, 2007, 29(6): 27 ~ 30.

[33] Pak J J, Jeong Y S, Hong I K, et al. Thermodynamics of TiN formation in Fe-Cr melts[J]. ISIJ International, 2005, 45(8): 1106 ~ 1111.

[34] Minglin W, Guoguang C, Shengtao Q, et al. Roles of titanium-rich precipitates as inoculants during solidification in low carbon steel[J]. International Journal of Minerals, Metallurgy and Materials, 2010, 17(3): 276 ~ 281.

[35] 王明林, 成国光, 赵沛, 等. 含钛低碳钢凝固过程中氧化钛形成的热力学[J]. 钢铁研究学报, 2004, 16(3): 40 ~ 43.

[36] 王明林, 成国光, 杨新娥, 等. 含钛低碳钢凝固过程中氧化钛的析出和长大[J]. 钢铁研究学报, 2004, 16(5): 47 ~ 50.

[37] 王明林, 成国光, 仇圣桃, 等. 凝固过程中含钛析出物的析出行为[J]. 钢铁研究学报, 2007, 19(5): 44 ~ 53.

[38] 史彩霞, 成国光, 石超民, 等. 430 铁素体不锈钢 TiN 形核细化凝固组织的研究[J]. 中国稀土学报, 2006, 24(专辑): 423 ~ 426.

[39] 李晓波. 具有良好抗皱性能的 SUS430 型铁素体不锈钢冷板生产工艺技术的开发[J]. 塑性工程学报, 2006, 13(3): 35 ~ 39.

[40] Arakawa M, Takemura S, Ooka T. On the ridging properties and the textures of 17% Cr stainless steel strip coldrolled and annealed from continuously cast slab[J]. Transactions ISIJ, 1971, 11(2): 890 ~ 894.

[41] Takeuchi H, Mori H, Ikehara Y, et al. The effects of electromagnetic stirring on cast structure of continuously cast SUS430 stainless steel slabs[J]. Tetsu-to-Hagané, 1980, 66(6): 638 ~ 646.

[42] Hasegawa H, Maruhashi S, Muranaka Y, et al. Refining the solidification structure of continuously cast 18% chromium stainless steel by electromagnetic stirring [J]. Tetsu-to-Hagané, 1981, 67(8): 1354 ~ 1362.

[43] Uematsu Y, Yamazaki K. Effects of hot rolling conditions on hot rolled microstructures and ridging properties in 17% chromium ferritic stainless steel[J]. Tetsu-to-Hagané, 1992, 78(4): 632 ~ 639.

[44] Itoh Y, Takao S, Okajima T, et al. Effects of alloying elements and inoculators on refining of solidification structures of type 430 stainless steel [J]. Tetsu-to-Hagané, 1980, 66(6): 710 ~ 716.

[45] Itoh Y, Okajima T, Maede H, et al. Refining of solidification structures of continuously cast type 430 stainless steel slabs by electromagnetic stirring[J]. Tetsu-to-Hagané, 1981, 67(7): 946 ~ 953.

[46] 任智勇，辛建卿，张春亮，等. 提高铁索体不锈钢质量的主要措施[J]. 山西冶金，2005，2：31 ~ 32.

[47] 邱以清. 电磁离心复合力场作用下双相不锈钢及过共晶铝硅合金凝固组织特征与力学性能的研究[D]. 沈阳：东北大学，2001.

[48] 范金辉. 脉冲电流对奥氏体不锈钢凝固组织的影响[J]. 钢铁，2003，38(5)：44 ~ 46.

[49] 赵莉萍，王宝峰，麻永林，等. 409L 不锈钢的凝固特性与连铸中的质量控制[J]. 钢铁，2003，38(2)：22 ~ 24.

5 铁素体不锈钢中微合金元素的沉淀析出行为及作用

5.1 微合金元素的典型沉淀析出行为

铁素体不锈钢中足以改变性能的重要沉淀析出包括以下过程：

（1）钢中析出富 Cr 的 α' 相、σ 相和 χ 相，它们均会破坏钢材的力学性能。

（2）钢中析出 $M_{23}C_6$ 相，它是造成晶界敏化、破坏钢材耐腐蚀性能的主要原因。

为解决这些问题，钢中添加微合金元素以固定间隙元素 C 和 N，主要可达到以下目的：

（1）提高抗晶间腐蚀性能，降低敏化倾向。

（2）提高抗表面麻纹（roping）或表面起皱（ridging）能力。

（3）提高铁素体不锈钢的抗氧化性能和耐高温蠕变性能。

（4）降低成型过程中的模具磨损。

（5）形成有利织构，提高成型性能。

因此，在铁素体不锈钢生产过程中不仅要在炼钢过程中尽可能降低钢中的 C 和 N 的含量，而且需要添加强烈的碳、氮化物形成元素如铌和钛等[1,2]。在钢中添加 Nb 和 Ti 后，它们的析出温度要远高于 $Cr_{23}C_6$ 的析出温度且析出时间很短，可以在 $Cr_{23}C_6$ 形成之前完全固定 C 和 N，避免形成引起敏化的 Cr 的碳氮化物。图 5-1 示出的是 Cr 的碳氮化物和微合金元素的碳氮化物的析出温度与时间比较。图 5-2 示出的是采用 THERMO-CALC 软件计算得到的常规 SUS430 和铌钛复合微合金化超低碳 430 铁素体不锈钢的平衡相图。可以看出，常规 SUS430 不锈钢在 1220℃以上的固相区为单一的铁素体组织，在 1220℃到 850℃的温度区间则由铁素体和奥氏体组成，在 850℃下为铁素体和少量的铬的碳氮化物组织，如图 5-2a 所示。同常规 SUS430 不同的是，铌钛复合微合金化的超低碳 430 不锈钢在整个固相区都是单一的铁素体基体组织，同时还存在少量的析出相 Ti(C,N) 和 (Nb,Ti)C，如图 5-2b 所示。可以看出，微合金化的超低碳铁素体不锈钢的碳氮间隙原子间隙原子在高于铬碳氮化物形成温度时已经基本被铌和钛固定，而不会

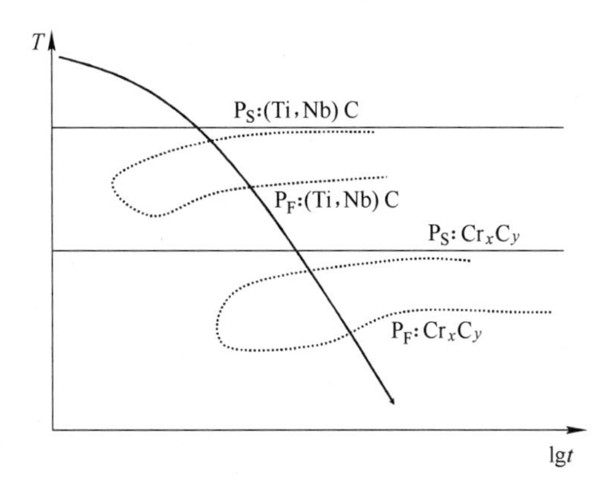

图 5-1 铁素体不锈钢中碳氮化物析出温度范围示意图

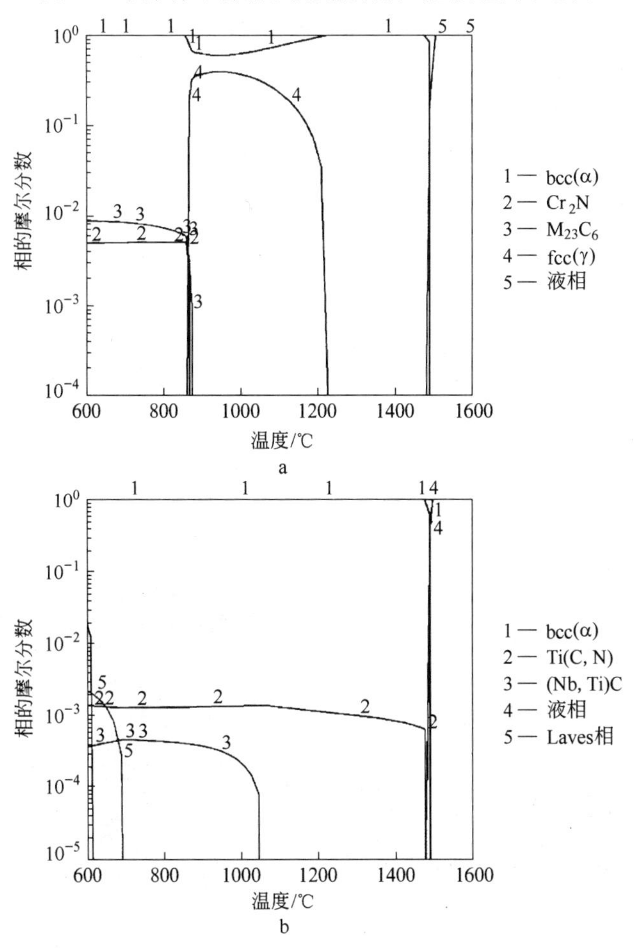

图 5-2 采用 THERMO-CALC 软件计算的常规 SUS430（a）和铌钛复合微合金化的超低碳铁素体不锈钢（b）的平衡相图

形成铬的碳氮化物，有利于改善不锈钢的耐晶间腐蚀性能，也有利于形成γ纤维再结晶织构，进而提高成品板的深冲性能。

另外值得注意的是，微合金化元素如 Nb、Ti 和 Mo 等还会形成 Laves 析出相，对钢材的高温性能和表面性能产生较大的影响[3~5]。Sim 等人对 Nb 微合金化铁素体不锈钢的析出行为进行了研究[6]。发现，在 700℃时效过程中，钢中除形成 Nb(C,N)外，还会形成 Fe_2Nb（Laves）和 Fe_3Nb_3C 等析出相，对钢材的力学性能和耐蚀性能均产生重要影响。

对单 Ti 微合金化和 Ti + Nb 复合微合金化的析出行为研究表明，它们的析出行为有很大差别[6~10]。两者均存在高温阶段形成于钢液或枝晶间熔池中的 TiN 析出。在单 Ti 微合金化钢中，TiC 在冷却过程中的形成温度为 830 ~ 780℃，这些细小的 TiC 会在铁素体晶界、已有的 TiN 析出相和基体内部析出。对于 Ti + Nb 复合微合金化的铁素体不锈钢，析出相的析出开始温度较单 Ti 微合金化的钢种高出很多，甚至达到了 1200℃，主要形成附着在 TiN 颗粒上的(Ti,Nb)C 析出相，如图 5-3 所示。这意味着钢中的 C 和 N 基本可以在热连轧过程中被基本固定，即复合微合金化钢种可以在无 C 和 N 间隙原子的条件下完成典型的板带热连轧生产过程，因此更易形成有利织构。MacDonald 等人认为，在热轧过程中合理控制析出相（如 Nb(C,N)等）的分布和尺寸可以有效打破带状组织，从而提高成品板抵抗表面起皱的能力[11]。而对于单 Ti 微合金化钢种，直到 830℃以下时才能充分固定 C 原子，即：热轧板在输出辊道上或卷取过程中才能形成 TiC 析出相来充分固定间隙原子 C 和 N。因此，单 Ti 微合金化钢种通常是在存在间隙原子 C 的情况下进行热轧变形的，不利于成品板的再结晶织构控制。图 5-4 示出的是单 Ti 微合金化和 Ti + Nb 复合微合金化铁素体不锈钢在热轧生产过程中典型沉淀析出行为的比较。

a

b

图 5-3　NbC 在 TiN 上附着析出的二次电子像（a）和背散射电子像（b）

通过对比常规 SUS430 和 Nb + Ti 复合微合金化 430 铁素体不锈钢，还可以更

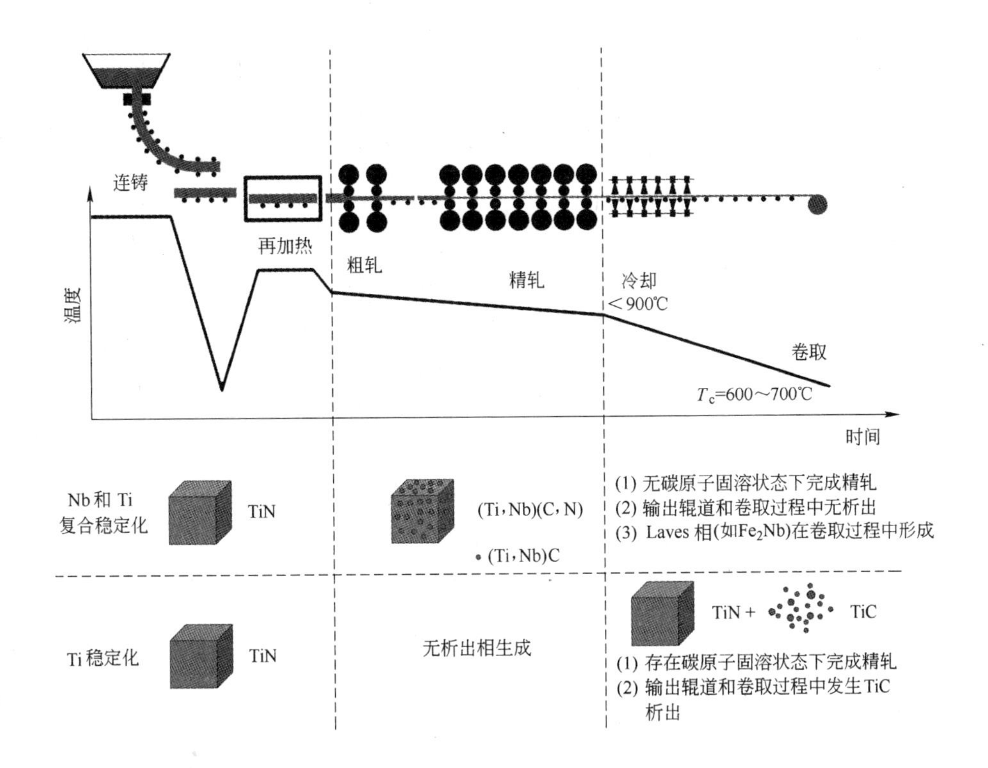

图 5-4 不同微合金化铁素体不锈钢在连铸-热轧过程中沉淀相析出顺序示意图

进一步明确微合金化对于铁素体不锈钢的作用。由图 5-2a 可知，对于不含任何稳定化元素的 SUS430 铁素体不锈钢，在 850～1200℃温度区间是“铁素体+奥氏体”的双相组织，热轧过程在双相区完成。与低碳钢热轧后能获得完全的再结晶组织不同，铁素体不锈钢依然是未再结晶组织，因此要想获得良好的加工性能，必须进行热轧后的退火处理。罩式炉低温退火后，热轧时形成的 α 纤维织构强度得到了很大程度的降低。与柱状晶凝固组织的成品板比较，等轴晶凝固组织的成品板中 α 纤维织构强度降低的更加明显，只是在$\{112\}\langle 1\bar{1}0\rangle$～$\{111\}\langle 1\bar{1}0\rangle$取向区间还有较高的强度。尽管如此，热轧退火试样中$\langle 111\rangle$//ND 织构并没有显著增加，说明热轧退火温度偏低，退火试样并没有获得完全的再结晶组织，需要提高其热轧退火的温度。但是，由于以下几方面的原因限制了 SUS430 退火温度的提高：（1）碳氮间隙原子在铁素体不锈钢中的固溶度极小，当温度高于 900℃进行热处理时，固溶碳、氮含量明显增加，铁素体基体中碳、氮的过饱和度加大，导致冷却过程中沿晶界析出的铬的碳氮化物增多，容易造成晶界贫铬并发生晶间腐蚀（IGC）；（2）根据图 5-2a，在 850℃以上进入（铁素体+奥氏体）双相区后，冷却过程中会生成马氏体，从而恶化钢材的性能。

由上述分析可见，铁素体不锈钢几乎所有的缺点都同间隙原子碳氮相关，因此需要降低碳、氮含量并做稳定化处理。对于含稳定化元素的铁素体不锈钢，其间隙原子会被稳定化元素基本固定，几乎不存在晶间腐蚀问题，也由于其具有的单相组织结构而不用考虑高温退火的相变问题，因此可以考虑采用高温短时间的连续退火方法使之完全实现再结晶软化。根据微合金元素在铁素体不锈钢中的作用原理，1961 年 Allegheny Ludlum 开发出了世界第一个单 Ti 微合金化铁素体不锈钢，用于汽车排气系统。该钢种含 12% Cr，现命名为 UNS S40900。在过去的 20 年左右时间内，相继开发出了 Ti + Nb 双稳定化铁素体不锈钢。与单 Ti 微合金化相比，Ti + Nb 复合微合金化不仅会产生 Nb 的析出相，而且固溶的 Nb 也会对铁素体不锈钢的耐腐蚀性能、成型性能和表面质量有改善的作用。

为进一步提高铁素体不锈钢的耐腐蚀性能，不但要尽可能降低钢中间隙元素含量，控制 C 和 N 含量总和（质量分数）低于 150×10^{-6}，并且需要提高 Cr 含量（质量分数）至 18% 以上。但是，这样的铁素体不锈钢虽具有超强的耐腐蚀性能，其在热处理生产过程中经常出现晶粒反常长大的现象，对力学性能和表面质量产生极其不利的影响。El-Kashif 等人研究了硼（B）微合金化对 Nb + Ti 复合微合金化和 B 单独微合金化的铁素体不锈钢冷轧后退火过程中晶粒长大行为的影响规律[12]。他们发现，单独 B 微合金化会起到抑制冷轧退火过程中铁素体不锈钢再结晶晶粒长大的作用。而 B 和 Nb 复合微合金化与单独 Nb 微合金化相比，则具有促进晶粒细化的作用。但是 Ti 和 B 复合微合金化与单独 Ti 微合金化相比，具有促进再结晶晶粒长大的倾向。进行 B 和 Nb 复合微合金化时，钢中形成 Nb 的碳化物（NbC）和 B 的氮化物（BN），NbC 析出相因添加 B 而细化，与单独 Nb 微合金化相比，NbC 析出和 BN 析出的总密度增加。图 5-5 示出的是 B + Nb 复

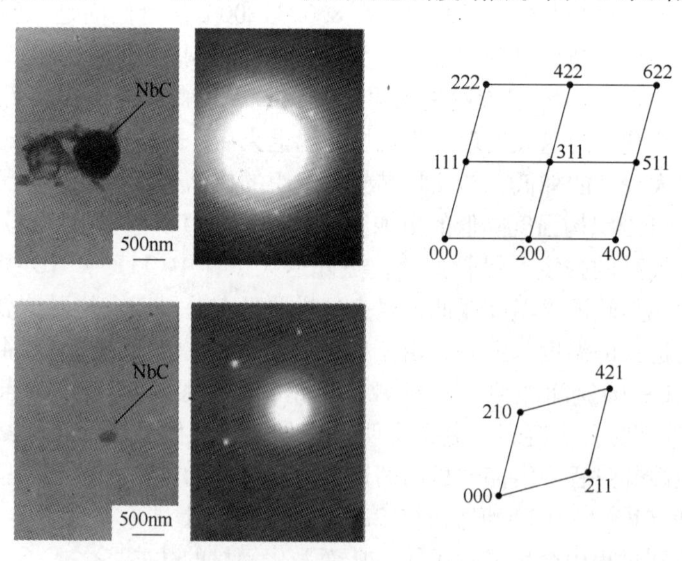

图 5-5　B + Nb 复合微合金化铁素体不锈钢中的典型析出相

合微合金化铁素体不锈钢中典型 NbC 析出相的透射电镜照片及其晶体结构的衍射点阵分析。然而同时添加 B 和 Ti 时，在高温析出相 TiN 上易附着形成粗大的 $M_{23}(C,B)_6$ 析出相，导致 Ti + B 复合微合金化钢中的沉淀析出相密度较单独 Ti 微合金化钢降低。图 5-6 示出的是 B + Ti 复合微合金化铁素体不锈钢中粗大析出相的透射电镜照片及其晶体结构分析。

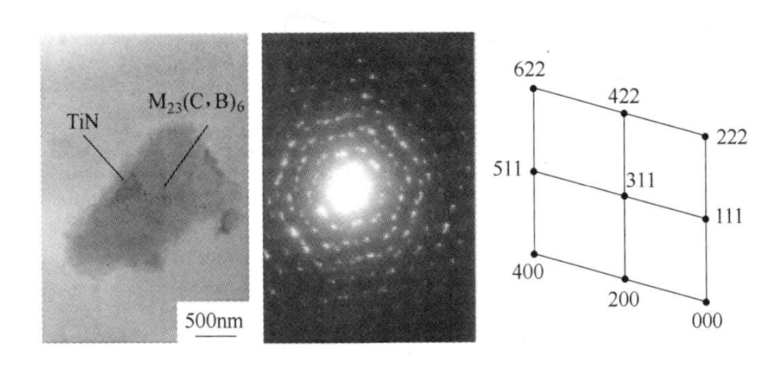

图 5-6 B + Ti 复合微合金化铁素体不锈钢中的沉淀析出相

5.2 铁素体不锈钢的溶解度乘积公式

建立精确的微合金元素在钢中的溶解度乘积模型，是深入理解钢的微合金化原理并合理应用的基础。虽然可以采用 THERMO-CALC 软件对微合金元素的沉淀析出行为做出预测，但有时也需要对不同钢种的微合金元素的碳氮化物析出的平衡温度做出简单的分析。此时溶解度乘积公式更有应用价值。它们描述了某一基体中溶质元素在一定温度范围内的平衡浓度，一般先由热力学数据计算得到模型架构，然后再通过实验数据进行修正而建立最终的计算模型。对于碳钢的奥氏体相和奥氏体不锈钢，目前已建立了比较成熟的微合金元素的溶解度乘积公式。然而，很多析出相在奥氏体中具有较高的固溶度积，但在铁素体相中的固溶度积却很小。以 NbC 和 TiC 为例，比较它们在奥氏体和铁素体中的溶解特性就可以证明。图 5-7 示出的是 NbC、TiC 和 TiN 在奥氏体和铁素体中的溶解度。表 5-1 示出的是 Tayloy 采用溶解度乘积公式计算得到的 800℃ 时 Nb 和 Ti 的碳化物在奥氏体和铁素体中的溶解度极限。可以看出，由奥氏体转变为铁素体时，NbC 的极限溶解度降低了约 95%，因此在奥氏体中的溶解度乘积公式易于建立起来而铁素体中的溶解度乘积公式较难建立。对于铁素体不锈钢而言当然也是如此，主要还是依靠采用相应的热力学方法进行推导。

在铁素体不锈钢中，因为 Cr 和 Mo 等均是强烈的碳、氮化物形成元素，势必影响微合金元素与 C 和 N 的亲和力，因此需要考虑它们对沉淀析出行为的影响。但到目前为止，溶质元素对微合金元素在铁素体相中的固溶度乘积的影响，尚未有较为准确的实测 Wagner 相互作用参数见诸报道。

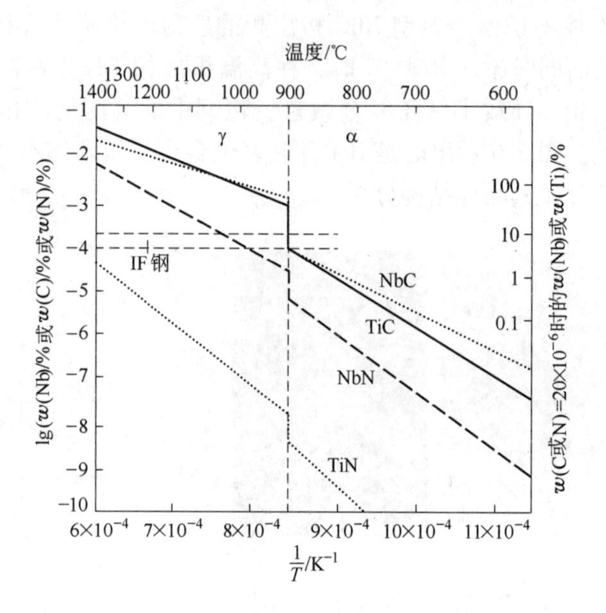

图 5-7 NbC、TiC 和 TiN 在奥氏体和铁素体中的溶解度

表 5-1 800℃时 MC 在奥氏体和铁素体中的溶解度极限比较

溶 解 度	[M][C]	溶 解 度	[M][C]
奥氏体中的 NbC	8.9×10^{-9}	铁素体中的 TiC	3.0×10^{-9}
铁素体中的 NbC	4.5×10^{-10}	奥氏体中的 VC	7.9×10^{-7}
奥氏体中的 TiC	1.7×10^{-8}	铁素体中的 VC	1.1×10^{-7}

Fujita 等人对典型 Nb + Ti 复合微合金化铁素体不锈钢进行了电解萃取，然后采用 XRD 对萃取出的沉淀析出相成分进行定量分析[13]。表 5-2 示出的是 Fujita 等人对电解萃取获得的沉淀析出相成分的 XRD 分析结果。他们发现，在铁素体不锈钢中形成的 M_6C 中含有少量的 Cr，会在一定程度上提高 M_6C 形成的驱动力，而在 M(C,N) 中 Cr 含量极低，可以忽略 Cr 等元素的影响。为避免建立溶解度乘积模型时过度复杂化，一般假设在铁素体不锈钢中形成的 M_6C 为 Fe_3Nb_3C，Fe_2M 为单纯的 Fe_2Nb；对于 M(C,N) 析出相如 (Ti,Nb)(C,N) 的溶解度乘积到目前为止也基本不考虑 Cr 的影响。

当 Fe-M-X 过饱和三元合金体系中形成 M_mX_n 析出相（X 代表合金中的第三类元素，m 和 n 是析出相中 M 与 X 元素的构成量）时，反应按式（5-1）进行：

$$m[\mathrm{M}] + n[\mathrm{X}] \longrightarrow \mathrm{M}_m\mathrm{X}_n \tag{5-1}$$

式中，[M] 和 [X] 为 M 和 X 元素在基体中的固溶量。纯固态 M_mX_n 的活度和基体中 Fe 的浓度可以假设为单位 1。假定其他元素的活度与其在基体中固溶浓度

表 5-2 电解萃取的典型铁素体不锈钢中的沉淀析出相的成分分析

钢 种	时效状态		检测出的析出物				析出物中各元素的质量分数/%				
	温度/℃	时间/h	Nb(C,N)	M_6C : Fe_3Nb_3C	Fe_2M : Fe_2Nb	Ti(C,N)	Nb	Fe	Cr	Ti	Mo
Nb-1; 13Cr-0.5Nb	900℃退火		VS	W	W	—	9.89×10^{-2}	3.57×10^{-2}	9.58×10^{-3}		
	800	100	S	S	S	—	2.32×10^{-1}	2.06×10^{-1}	2.13×10^{-2}		
	850	100	S	S	S	—	2.17×10^{-1}	2.11×10^{-1}	2.02×10^{-2}		
	900	100	S	VS	W	—	2.21×10^{-1}	8.73×10^{-2}	3.09×10^{-2}		
		500	S	VS	W	—	2.55×10^{-1}	6.94×10^{-2}	7.45×10^{-2}		
Nb-2; 19Cr-0.4Nb	900℃退火		VS	W	—	—	1.38×10^{-1}	1.58×10^{-2}	5.30×10^{-3}		
	700	20	VS	S	—	—	2.11×10^{-1}	8.88×10^{-2}	2.12×10^{-2}		
		100	VS	VS	—	—	2.15×10^{-1}	8.68×10^{-2}	2.33×10^{-2}		
		200	VS	VS	—	—	2.16×10^{-1}	9.87×10^{-2}	2.01×10^{-2}		
		500	VS	VS	—	—	2.11×10^{-1}	9.37×10^{-2}	2.12×10^{-2}		
	800	20	VS	VS	—	—	1.89×10^{-1}	6.31×10^{-2}	6.99×10^{-2}		
		100	VS	VS	—	—	2.08×10^{-1}	7.60×10^{-2}	2.23×10^{-2}		
		200	VS	VS	—	—	2.22×10^{-1}	8.68×10^{-2}	3.07×10^{-2}		
		500	VS	VS	—	—	2.15×10^{-1}	7.89×10^{-2}	3.92×10^{-2}		
	850	100	VS	VS	—	—	1.90×10^{-1}	8.78×10^{-2}	2.01×10^{-2}		
	900	20	VS	VS	—	—	1.89×10^{-1}	4.34×10^{-2}	4.45×10^{-2}		
		100	VS	VS	—	—	1.83×10^{-1}	3.95×10^{-2}	3.71×10^{-2}		
		200	VS	VS	—	—	1.89×10^{-1}	5.52×10^{-2}	3.18×10^{-2}		
		500	VS	VS	—	—	1.84×10^{-1}	4.93×10^{-2}	3.39×10^{-2}		
	950	100	VS	VS	—	—	1.49×10^{-1}	3.35×10^{-2}	1.06×10^{-2}		

续表 5-2

钢　种	时效状态		检测出的析出物				析出物中各元素的质量分数/%				
	温度/℃	时间/h	Nb(C,N)	M_6C : Fe_3Nb_3C	Fe_2M : Fe_2Nb	Ti(C,N)	Nb	Fe	Cr	Ti	Mo
Nb-3; 19Cr-0.8Nb	1000℃退火		S	VS	W	—	1.21×10^{-1}	2.11×10^{-1}	4.46×10^{-2}		
	950	1	VS	VS	VS	—	2.42×10^{-1}	3.22×10^{-1}	5.41×10^{-2}		
		50	VW	VS	VW	—	2.57×10^{-1}	2.44×10^{-1}	4.67×10^{-2}		
		100	VW	VS	—	—	2.63×10^{-1}	2.31×10^{-1}	4.35×10^{-2}		
	1000	20	W	VS	—	—	2.15×10^{-1}	1.69×10^{-1}	3.93×10^{-2}		
Nb-Ti-Mo; 14Cr-0.3Nb- 0.1Ti-0.5Mo	900℃退火		VS	—	VS	VS	4.56×10^{-2}	4.93×10^{-3}	3.18×10^{-3}	5.62×10^{-2}	4.02×10^{-3}
	700	20	VS	—	S	VS	1.54×10^{-1}	3.32×10^{-1}	4.34×10^{-2}	9.75×10^{-2}	3.73×10^{-2}
		100	VS	—	VS	VS	1.58×10^{-1}	3.49×10^{-1}	4.24×10^{-2}	1.03×10^{-1}	4.54×10^{-2}
		200	VS	—	VS	VS	1.57×10^{-1}	3.54×10^{-1}	4.24×10^{-2}	1.03×10^{-1}	4.82×10^{-2}
		500	VS	—	VS	VS	1.57×10^{-1}	3.67×10^{-1}	4.45×10^{-2}	1.07×10^{-1}	5.45×10^{-2}
	800	20	VS	—	S	VS	1.35×10^{-1}	2.51×10^{-1}	2.75×10^{-2}	8.72×10^{-2}	1.95×10^{-2}
		100	VS	—	VS	VS	1.32×10^{-1}	2.50×10^{-1}	2.65×10^{-2}	8.72×10^{-2}	2.07×10^{-2}
		200	VS	—	VS	VS	1.32×10^{-1}	2.50×10^{-1}	2.65×10^{-2}	8.61×10^{-2}	2.07×10^{-2}
		500	VS	—	VS	VS	1.13×10^{-1}	2.21×10^{-1}	2.12×10^{-2}	7.46×10^{-2}	1.89×10^{-2}
	850	100	VS	—	VS	VS	1.14×10^{-1}	1.87×10^{-1}	2.44×10^{-2}	6.43×10^{-2}	1.72×10^{-3}
	900	20	VS	—	VS	VS	8.71×10^{-2}	1.36×10^{-1}	1.59×10^{-2}	7.46×10^{-2}	7.46×10^{-3}
		100	VS	—	VS	VS	7.29×10^{-2}	1.17×10^{-1}	1.59×10^{-2}	5.51×10^{-2}	6.31×10^{-3}
		200	VS	—	VS	VS	7.59×10^{-2}	1.34×10^{-1}	1.59×10^{-2}	6.88×10^{-2}	7.46×10^{-3}
		500	VS	—	VS	VS	8.77×10^{-2}	1.50×10^{-1}	2.33×10^{-2}	6.20×10^{-2}	1.03×10^{-2}
Nb-Ti; 13Cr-0.3Nb-0.1Ti	900℃退火		S	—	W	S	4.17×10^{-2}	2.28×10^{-2}	1.06×10^{-2}	6.11×10^{-2}	
	850	100	VS	—	VS	VS	9.88×10^{-2}	1.58×10^{-2}	1.59×10^{-2}	9.79×10^{-2}	
	900	100	VS	M	M	VS	6.31×10^{-2}	1.98×10^{-2}	5.32×10^{-3}	8.52×10^{-2}	

注：VS、S、M、W 和 VW 分别代表各沉淀析出相的峰在 XRD 图谱中为极强、强、中等、弱和很弱。

相等，则 M_mX_n（简记为γ）在 Fe-M-X 基体（简记为α）中的溶解度乘积可以表述为式（5-2）：

$$(x_M^{\alpha\gamma})^m \cdot (x_X^{\alpha\gamma})^n = K_0^\gamma \cdot \exp\left(-\frac{\Delta G_0^\gamma}{RT}\right) \tag{5-2}$$

式中，$x_M^{\alpha\gamma}$ 和 $x_X^{\alpha\gamma}$ 为 M 和 X 在基体（α）中的固溶浓度，K_0^γ 为常数，ΔG_0^γ 为沉淀析出反应的标准自由能变化量，R 为气体常数，T 为绝对温度（单位为 K）。式（5-1）可以变为式（5-3）：

$$\begin{cases} \ln(x_M^{\alpha\gamma})^m(x_X^{\alpha\gamma})^n = \dfrac{A_i}{T} + B_i \\ A_i = \dfrac{\Delta G_0^\gamma}{R} \\ B_i = -\ln K_{0i} \end{cases} \tag{5-3}$$

如果可以得到式（5-3）中的 A_i 和 B_i，则可以计算出沉淀析出过程的驱动力，如式（5-4）所示。

$$\Delta G^\gamma = \Delta G_0^\gamma - RT\ln(x_M^{\alpha\gamma})^m(x_X^{\alpha\gamma})^n \tag{5-4}$$

以下描述铁素体不锈钢中产生典型 M_6C 析出相（Fe_3Nb_3C，简记为β）时的溶解度乘积模型。按式（5-3），可以得出 Fe_3Nb_3C 的溶解度乘积可以表述为式（5-5）：

$$\begin{cases} \ln(x_{Nb}^{\alpha\beta})^3 x_C^{\alpha\beta} = \dfrac{A_1}{T} + B_1 \\ A_1 = \dfrac{\Delta G_0^\beta}{R} \\ B_1 = -\ln K_0^\beta \\ \Delta G^\beta = \Delta G_0^\beta - RT\ln(x_{Nb}^{\alpha\beta})^3 x_C^{\alpha\beta} \end{cases} \tag{5-5}$$

式中，$x_{Nb}^{\alpha\beta}$ 和 $x_C^{\alpha\beta}$ 分别为平衡状态下铁素体基体中固溶的 Nb 和 C 的摩尔分数；对于 Nb 微合金化铁素体不锈钢，钢中会形成 Nb(C,N)析出相。在平衡条件下，假设所有 N 原子被 Nb 固定且全部形成 NbN，Nb(C,N)在平衡条件下也以 NbC 和 NbN 形式存在。这样，可以计算出铁素体相与 Fe_3Nb_3C 达到平衡状态时，固溶于铁素体中的 Nb 和 C 含量。对于 C 和 N 的质量平衡，有式（5-6）：

$$\begin{cases} x_C^\alpha = (1 - f^\beta) \cdot x_C^{\alpha\beta} + f^\beta \cdot x_C^{\beta\alpha} \\ x_N^\alpha = (1 - f^{NbN}) \cdot x_N^{\alpha NbN} + f^{NbN} \cdot x_N^{NbN\alpha} \end{cases} \tag{5-6}$$

式中，x_C^α 和 x_N^α 分别为钢中 C 和 N 的合金成分；$x_C^{\alpha\beta}$ 和 $x_N^{\alpha NbN}$ 分别为当铁素体与 Fe_3Nb_3C 达到平衡时，C 在铁素体中的平衡浓度和铁素体与 NbN 达到平衡时 N 在铁素体中的平衡浓度；$x_C^{\beta\alpha}$ 和 $x_N^{NbN\alpha}$ 分别为 C 在 Fe_3Nb_3C 和 N 在 NbN 中达到平衡

时各自的平衡浓度；f^{β}和f^{NbN}分别为 Fe_3Nb_3C 和 NbN 的平衡状态下的平衡分数。式（5-5）和式（5-6）中除 $x_{Nb}^{\alpha\beta}$外的所有浓度值和平衡分数均可以估算出来，这样即可计算出 $x_{Nb}^{\alpha\beta}$值。析出相和铁素体中的 Nb 含量可以通过实验测定，如表 5-3 所示。如果把这些实测浓度值假设为平衡条件下的平衡浓度，则可以采用式(5-3)～式(5-6)计算出相应的各平衡浓度，如表 5-4 所示。通过式（5-5）中平衡浓度与温度（1/*T*）的线性关系（见图 5-8），可以确定常数 A_1 和 B_1，从而最终确定 Fe_3Nb_3C 析出相的溶解度乘积模型。确定的常数 A_1 和 B_1 如表 5-5 所示。

表 5-3 实验测得的 Nb 含量（原子分数,%）

钢 种	时效温度/℃	Nb 的添加量/%	析出态的 Nb 含量/%	固溶态的 Nb 含量/%
Nb-1	900	2.86×10^{-1}	2.55×10^{-1}	3.16×10^{-2}
Nb-2	700	2.37×10^{-1}	2.15×10^{-1}	2.25×10^{-2}
	800		2.13×10^{-1}	2.37×10^{-2}
	850		1.90×10^{-1}	4.68×10^{-2}
	900		1.84×10^{-1}	5.34×10^{-2}
	950		1.48×10^{-1}	8.90×10^{-2}
Nb-3	950	4.63×10^{-1}	2.55×10^{-1}	2.08×10^{-1}
	1000		2.02×10^{-1}	2.61×10^{-1}
Nb-Ti-Mo	700	1.84×10^{-1}	1.62×10^{-1}	2.13×10^{-2}
	800		1.24×10^{-1}	5.93×10^{-2}
	850		1.14×10^{-1}	6.94×10^{-2}
	900		8.30×10^{-2}	1.01×10^{-1}

表 5-4 计算得到的不同温度下 Fe_3Nb_3C 析出相和铁素体相界面处 Nb 和 C 的平衡浓度

钢 种	时效温度/℃	Fe_3Nb_3C 的 $x_{Nb}^{\alpha\beta}$	Fe_3Nb_3C 的 $x_{C}^{\alpha\beta}$
Nb-1	900	3.18×10^{-4}	6.97×10^{-4}
Nb-2	700	2.26×10^{-4}	6.13×10^{-4}
	800	2.38×10^{-4}	6.11×10^{-4}
	850	4.70×10^{-4}	5.77×10^{-4}
	900	5.36×10^{-4}	5.68×10^{-4}
	950	8.92×10^{-4}	5.16×10^{-4}
Nb-3	950	2.09×10^{-3}	3.47×10^{-4}
	1000	2.62×10^{-3}	2.70×10^{-4}

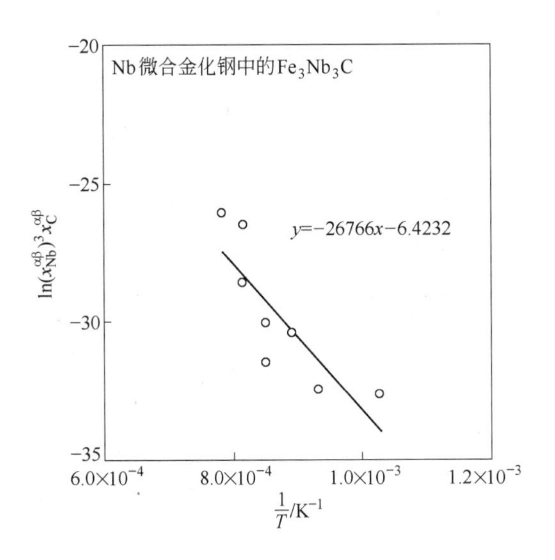

图 5-8 典型 Nb 微合金化铁素体不锈钢中 $\ln(x_{Nb}^{\alpha\beta})^3 x_{Nb}^{\alpha\beta}$ 与 $1/T$ 的关系

表 5-5 确定的 Fe_3Nb_3C 析出相溶解度乘积模型中的各项参数

Fe_3Nb_3C	A_1/K^{-1}	B_1	$\Delta G_0^{\beta}/J \cdot mol^{-1}$
数值以摩尔分数取自然对数	−26776	−6.423	−222508.56
数值以质量分数取常用对数	−11613	5.2178	—

采用与 Fe_3Nb_3C 溶解度乘积相同的建模思路，可以建立铁素体不锈钢中 Laves 相（Fe_2Nb，简记为 ω）的溶解度乘积模型。Fe_2Nb 的溶解度乘积可以表述为 Nb 溶解度的函数，如式（5-7）所示。

$$\begin{cases} \ln x_{Nb}^{\alpha\omega} = \dfrac{A_2}{T} + B_2 \\ A_2 = \dfrac{\Delta G_0^{\omega}}{R} \\ B_2 = -\ln K_0^{\omega} \\ \Delta G^{\omega} = \Delta G_0^{\omega} - RT\ln x_{Nb}^{\omega} \end{cases} \tag{5-7}$$

式中，如果可以确定 A_2 和 B_2，则可以估算 ΔG^{ω}。在 Nb-Ti-Mo 微合金化的铁素体不锈钢中会同时形成 Nb(C,N) 和 Ti(C,N) 等析出相。假设在平衡条件下 Ti 元素以 TiN 和 TiC 形式析出，钢中所有间隙原子 N 和 C 均形成 TiN、TiC 和 NbC。这样可以计算出铁素体/Fe_2Nb 达到热力学平衡时 Nb 在铁素体一侧的平衡浓度。首先，假设钢中 Ti 含量减去形成 TiN 消耗的 Ti 含量为形成 TiC 需要的 Ti 含量，这样可以估算出钢中残余的 C 含量。N 和 Ti 达到质量平衡状态时，有式（5-8）：

$$
\begin{cases}
x_{N}^{\alpha} = (1 - f^{TiN}) \cdot x_{N}^{\alpha TiN} + f^{TiN} \cdot x_{N}^{TiN\alpha} \\
x_{Ti}^{\alpha} - f^{TiN} \cdot x_{Ti}^{TiN\alpha} = [(1 - f^{TiN}) - f^{TiC}] \cdot x_{Ti}^{\alpha TiN} + f^{TiC} \cdot x_{Ti}^{TiC\alpha}
\end{cases}
\tag{5-8}
$$

式中，$x_{N}^{\alpha TiN}$ 和 $x_{N}^{TiN\alpha}$ 分别为 N 在铁素体和 TiN 中的平衡浓度；f^{TiN} 为 TiN 的平衡分数；x_{Ti}^{α}、$x_{Ti}^{TiN\alpha}$ 和 $x_{Ti}^{\alpha TiN}$ 分别为 Ti 在钢中的合金含量、铁素体与 TiN 达到热力学平衡时在 TiN 和铁素体一侧的平衡浓度；f^{TiC} 为 TiC 的平衡分数。其次，假设残余 C 含量在热力学平衡条件下与钢中 Nb 元素形成 NbC 析出相，消耗的 Nb 含量按式（5-9）估算。

$$
x_{C}^{\alpha} - f^{TiC} \cdot x_{C}^{TiC\alpha} = [(1 - f^{TiC}) - f^{NbC}] \cdot x_{C}^{\alpha NbC} + f^{NbC} \cdot x_{C}^{NbC\alpha} \tag{5-9}
$$

式中，$x_{C}^{TiC\alpha}$ 为 C 在 TiC 中的浓度，$x_{C}^{\alpha NbC}$ 和 $x_{C}^{NbC\alpha}$ 分别为铁素体和 NbC 达到热力学平衡时 C 在铁素体和 NbC 一侧的平衡浓度，f^{NbC} 为 NbC 的平衡分数。最后，将钢中含 Nb 量减去形成 NbC 消耗的 Nb 含量，即可计算出形成 Laves 相需要的 Nb 含量，如式（5-10）所示。

$$
x_{Nb}^{\alpha} - f^{NbC} \cdot x_{Nb}^{NbC\alpha} = [(1 - f^{NbC}) - f^{\omega}] \cdot x_{Nb}^{\alpha\omega} + f^{\omega} \cdot x_{Nb}^{\omega\alpha} \tag{5-10}
$$

式中，$x_{Nb}^{\omega\alpha}$ 和 $x_{Nb}^{NbC\alpha}$ 分别为 Nb 在 Fe_2Nb 和 NbC 中的浓度，$x_{Nb}^{\alpha\omega}$ 为 Nb 在铁素体与 Fe_2Nb 达到热力学平衡时的铁素体一侧的平衡浓度。除 $x_{Nb}^{\alpha\omega}$ 外其余浓度值均可实测或估算出来，这样可以确定出 $x_{Nb}^{\alpha\omega}$ 值。表 5-6 示出的是 Nb-Ti-Mo 微合金化铁素体不锈钢（化学成分/%：0.011C，0.010N，14.0Cr，0.31Nb，0.15Ti，0.50Mo）计算得到的平衡摩尔分数。图 5-9 示出的是 $\ln x_{Nb}^{\alpha\omega}$ 和 $1/T$ 的关系。

表 5-6　Nb-Ti-Mo 微合金化铁素体不锈钢中 Nb 在铁素体/Fe_2Nb 平衡界面处的平衡摩尔分数计算结果

钢　种	时效温度/℃	Fe_2Nb 在其与铁素体相界面处 Nb 的平衡摩尔分数
Nb-Ti-Mo	700	2.14×10^{-4}
	800	5.95×10^{-4}
	850	6.96×10^{-4}
	900	1.01×10^{-3}

通过上述工作，可以得到在 Nb 微合金化铁素体不锈钢中析出相的溶解度乘积模型为：

对于 Fe_2Nb 析出　$\lg[Nb] = -\frac{3780.3}{T} + 2.4646$

对于 $M_6C(Fe_3Nb_3C)$ 析出

$$
\lg([Nb]^3[C]) = -\frac{11613}{T} + 5.2178
$$

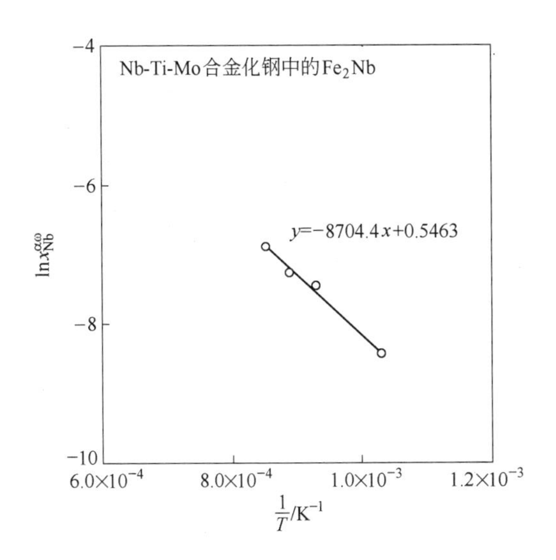

图 5-9 计算得到 Nb-Ti-Mo 微合金 Nb 铁素体不锈钢中的 $\ln x_{Nb}^{\alpha\omega}$和 $1/T$ 的关系

5.3 铁素体不锈钢中析出相的交互作用

微合金化铁素体不锈钢中经常会形成 Laves 相（如 Fe_2Nb）和 M_6C 型析出相（如 Fe_3Nb_3C），与钢中 NbC 等析出相的形成与分解产生强烈的相互作用，从而影响钢材的高温性能及屈服行为。针对这一问题，本书作者采用超纯铁素体不锈钢进行了系统研究[14]。表 5-7 示出的是实验钢的化学成分。坯料经 1220℃保温 2h 完成均匀化处理后，在 ϕ450mm×450mm 二辊可逆实验热轧机上热轧 7 道次至 4mm。热轧板在 950℃保温 13 min 得到热轧退火板并经酸洗后在 ϕ110/350mm×300mm 四辊可逆实验冷轧机上冷轧至 1mm。通过在不同温度下退火后，冷轧板的硬度来研究其再结晶退火行为并得到相应的再结晶温度。

表 5-7 Nb 稳定化的超纯 Cr17 铁素体不锈钢的化学成分（质量分数,%）

C	N	O	Cr	Si	Mn	Nb	Fe
0.0045	0.0060	0.0024	17.0	0.23	0.23	0.20	余量

图 5-10 示出了硬度和退火温度的变化关系，可测得实验钢的再结晶开始温度大约为 850℃。图 5-11 示出的是利用 JMatPro 软件计算的实验用钢在平衡状态时组织中各相含量随温度的变化关系。从图 5-11 中可看出，Nb(C,N)相的开始析出温度为 1200℃，Laves 相及 Z 相的均为 710℃左右。为研究各析出相之间的交互作用，实验钢冷轧板在 950℃保温 5min 充分再结晶退火后采用不同的冷却制

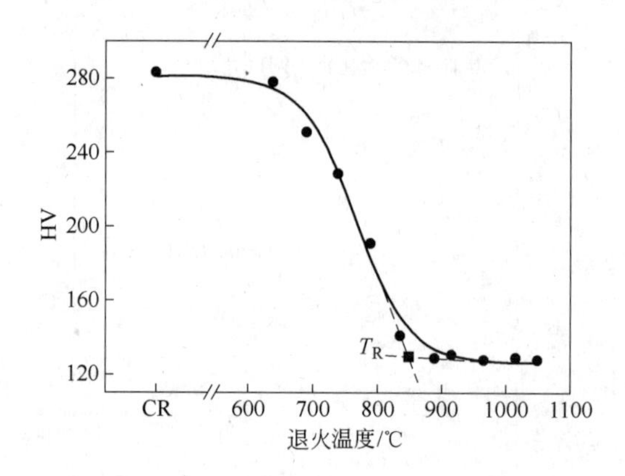

图 5-10　不同温度退火的冷轧退火板的硬度变化

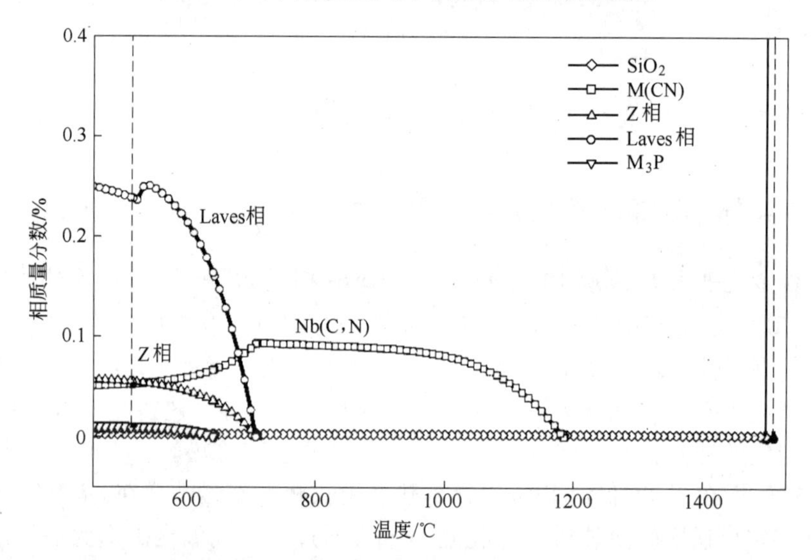

图 5-11　实验钢平衡状态下相组成与温度关系的热力学计算结果

度进行冷却，即空冷至室温以促进在钢中生成 Laves 相（SA-1），或空冷至室温后再重新加热至 750℃保温 5min 并快冷至室温，避免在钢中生成任何 Laves 相（SA-2）。热处理工艺制度如图 5-12 所示。

图 5-13a 和 b 分别示出的是经 950℃连续退火后经直接淬火处理的成品板中晶内及晶界上析出相的 TEM 照片。可以看出，在 950℃退火后形成较粗大的析出相，其尺寸在 30～200nm 的范围内，并且在晶界上很难观察到沉淀析出相。

图 5-14 示出的是 SA-1 成品板中典型析出相的 TEM 照片。图 5-14a 为 TEM 观察下大区域内的析出相分布；图 5-14b 为图 5-14a 中“长方形”析出相的高倍观

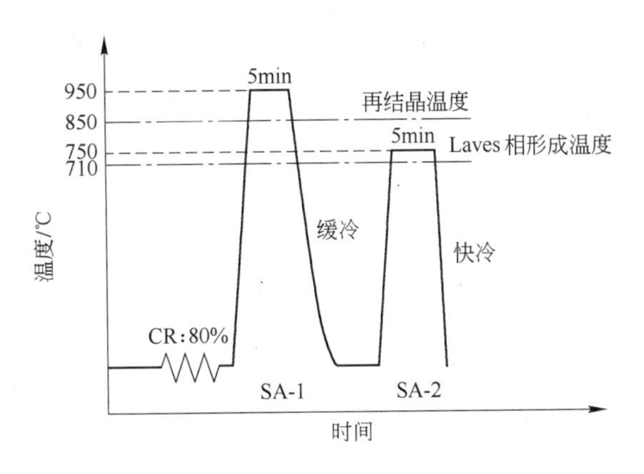

图 5-12 冷轧退火工艺示意图

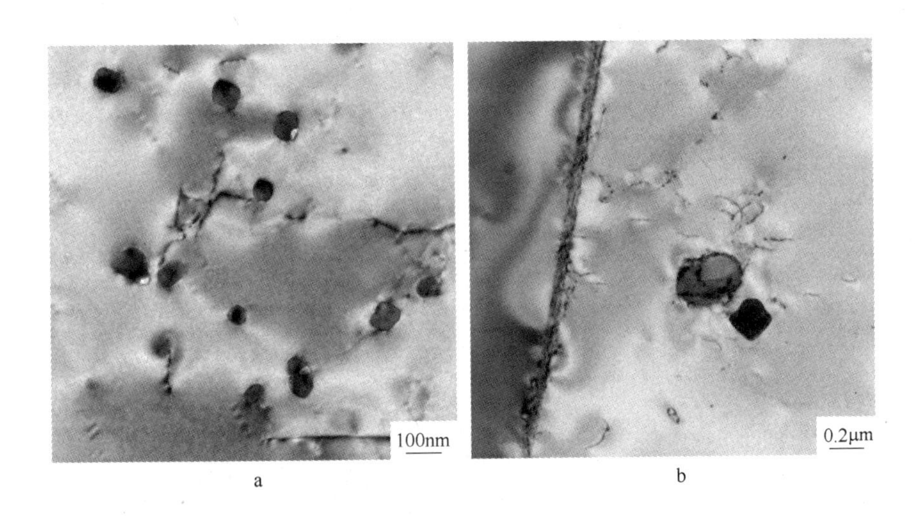

图 5-13 950℃连续退火后淬火处理成品板的析出相观察
a—晶内的析出相；b—晶界附近的析出相

察及相应的晶体结构衍射分析。对于 SA-1 成品板，基体中主要存在两种典型的析出相，一种是尺寸在 120nm 左右的“球形” Nb(C,N)析出相；另一种是宽度在 100nm 左右长度在 200～500nm 左右的“长方形”析出相。通过 EDX 分析，此析出相所含的化学元素及相应的原子分数为 Si 0.97%、Cr 33.19%、Fe 30.80%、Nb 36.00%。选区衍射 SAD 分析结果表明，此析出相的晶体结构为密排六方，相应（$10\bar{1}0$）晶面间距的测量值为 0.4375nm，非常接近 Fe_2Nb 的理论计算值 0.4176nm，因此可判断其为密排六方结构并富含 Nb、Cr 及 Fe 的 Laves 相，即$(Fe,Cr)_2Nb$。同时，在 Laves 相的周围很少观察到其他析出相。

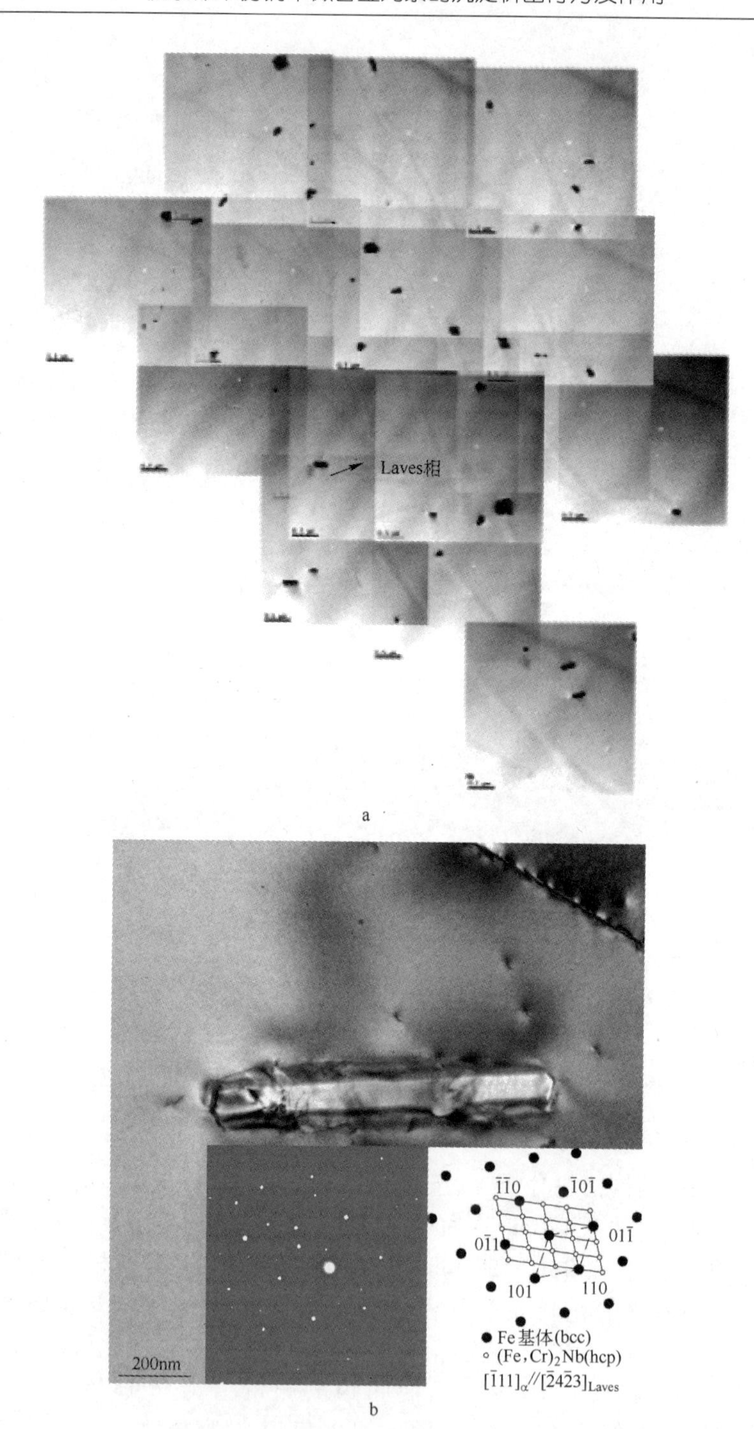

图 5-14　SA-1 成品板的析出相观察

a—大区域内析出相分布；b—Laves 相观察及相应的衍射分析

图5-15示出的是SA-2成品板的析出相的TEM观察。图5-15a为TEM观察下大区域内的析出相分布；图5-15b和c示出的是沿晶界形成的细小析出相和原有析出相上共生形成的析出相。从图5-15a中可看出，在SA-2成品板基体中不存在"长方形"析出相，尺寸为10～40nm的细小析出相主要在晶界上形成。晶内粗大的Nb(C,N)析出相上共生有尺寸在100nm左右的析出相。经能谱分析，此共生析出相成分及相应的原子分数为Cr 1.18%，Fe 2.50%，Nb 96.31%，可确定其为NbC或Nb(C,N)析出相。结合图5-14中的析出相观察结果可以看出，在SA-2成品板的晶界上形成的细小析出相主要是在750℃保温阶段形成的；而对于SA-1成品板，虽然在退火后的冷却过程中经历了相同的温度阶段，但并未形成细小析出相。

图5-16示出的是两种不同工艺条件下成品板中不同尺寸析出相相应体积分数的统计分布。从图中可看出，SA-1成品板的析出相尺寸主要集中在80～340nm之间，相应析出相的平均尺寸大约为103nm。而SA-2成品板的析出相的尺寸主要集中在60～160nm之间，相应析出相的平均尺寸大约为81nm。

图5-17示出的是两种不同工艺条件下成品板的内耗谱（$f=1\text{Hz}$）。从图中可看出，在SA-1和SA-2成品板的Q^{-1}-T曲线中均会在250℃附近存在一个较宽的内耗峰。根据文献可知，这一内耗峰为由于Fe-Cr系合金中存在的固溶间隙原子所引起的Snoěk峰[15]。在内耗谱扣除背底后，SA-1成品板的Snoěk峰的高度Q^{-1}_{max}为2.1×10^{-4}，而SA-2成品板的Q^{-1}_{max}为1.35×10^{-4}。与SA-1成品板相比，SA-2成品板的Q^{-1}_{max}降低大约55%。在铁素体钢中，织构、晶粒尺寸、成分及退火后的平整均会对Q^{-1}_{max}产生影响[16～18]。在本研究中，不同工艺的成品板具有相近的晶粒尺寸、γ纤维再结晶织构、化学成分且均未进行过平整处理。尽管关于Fe-Cr系合金的内耗峰仍需要做更多研究工作，但由上述内耗的测量结果仍可以充分肯定SA-2成品板中固溶的间隙原子的含量明显低于SA-1成品板。

图5-18示出的是采用三维原子探针（3DAP）测得的两种不同工艺条件下成品板中固溶的Nb和C原子的分布图。从图5-18中可看出，在基体中并不存在明显的原子偏聚及原子簇，各个原子均匀地分布在基体中。图5-18b和d′为成品板SA-1与SA-2的C原子分布图。可以看出，SA-1成品板中C原子的含量明显高于SA-2成品板的C原子含量。表5-8示出的是两种不同工艺条件下成品板基体中各元素的原子含量百分比。从表5-8中可看出，SA-1成品板中固溶的C原子浓度与SA-2成品板相比要高出60%以上，这与上述内耗谱的分析结果相一致，同时SA-1成品板中固溶的Nb含量也比SA-2成品板中固溶的Nb含量高出约15%。

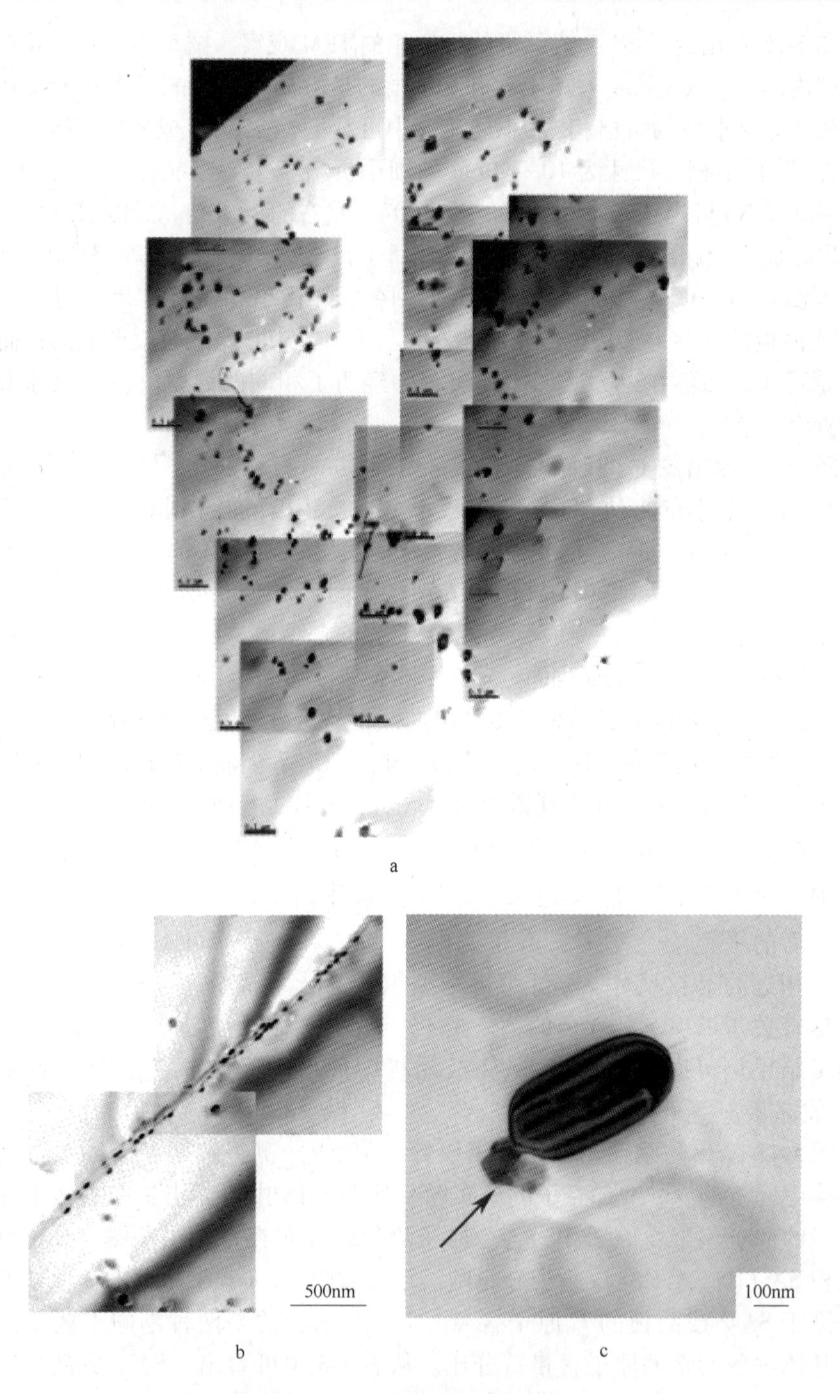

图 5-15　SA-2 成品板的析出相观察

a—大区域内析出相分布；b—晶界上的析出相观察；
c—原有大析出相上共生形成的析出相

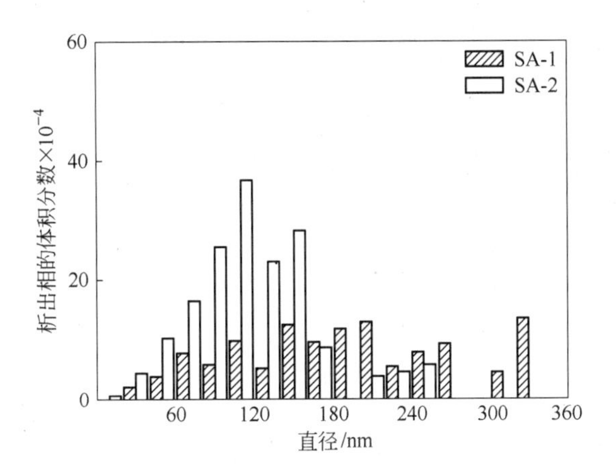

图 5-16 两种不同工艺条件下成品板不同尺寸沉淀析出相相应体积分数的统计分布

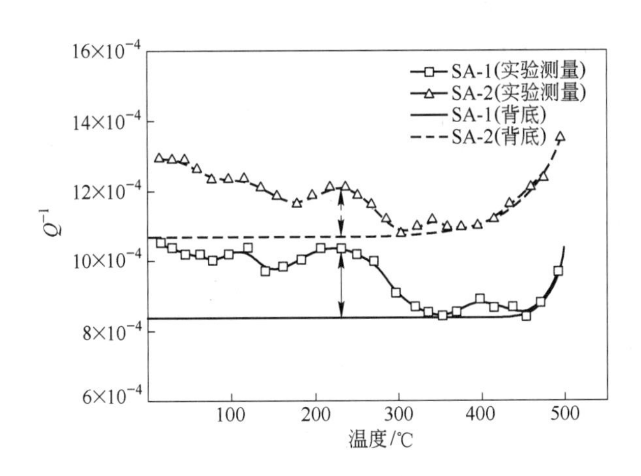

图 5-17 两种不同工艺条件下成品板的内耗谱（$f=1\text{Hz}$）

表 5-8 两种工艺条件下基体中的平均成分（质量分数,%）

元　素	SA-1	SA-2
Cr	18.75 ±0.00111	18.78 ±0.00958
C	0.00283 ±0.00050	0.00160 ±0.00049
Nb	0.0982 ±0.00100	0.08474 ±0.000515
Mn	0.23 ±0.00119	0.227 ±0.000864
Si	0.66 ±0.00121	0.654 ±0.00144

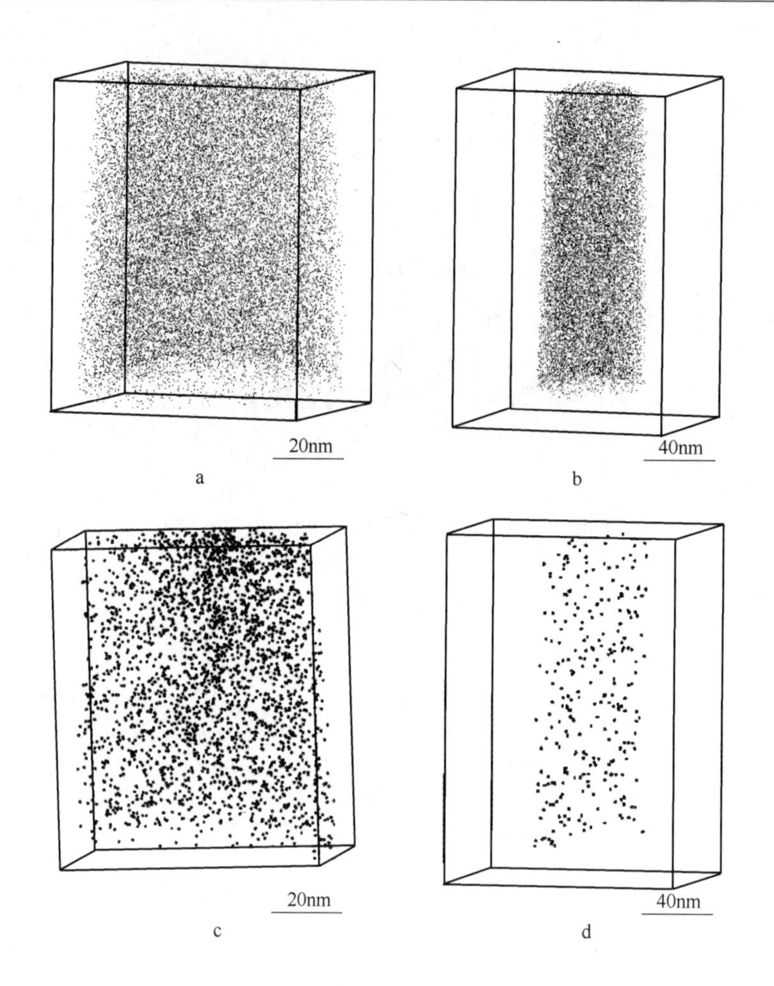

图 5-18　Nb 和 C 原子分布图

a，c—模拟常规连退条件下成品板中固溶的 Nb 和 C 原子的分布；
b，d—均匀化处理后成品板中固溶的 Nb 和 C 原子的分布

根据热力学计算结果（图 5-11），在 Laves 相或 Z 相的形成过程中，Nb(C,N)的含量开始降低，表明由于 Laves 相或 Z 相的形成导致了 Nb(C,N)的溶解。从 Laves 相的形成开始到含量达到稳定的过程中，Nb(C,N)的质量百分数大约由 0.1% 变为 0.05%，即大约有 50% 的 Nb(C,N)发生溶解。由于 Z 相（$Cr_2Nb_2N_2$）经常出现在富含 N 及 Cr 的奥氏体不锈钢中[19]，而实验所用钢的 N 含量极低，因而在实验中并未发现 Z 相的存在。因此，由上述分析可以确定，正是由于 Laves 相的形成导致了 Nb(C,N)的溶解。

图 5-19 示出的是铁素体不锈钢中 Laves 相析出对细小 NbC 析出相的影响示意图。在冷轧退火过程中，组织中析出相尺寸及分布将通过析出相的溶解及形核长

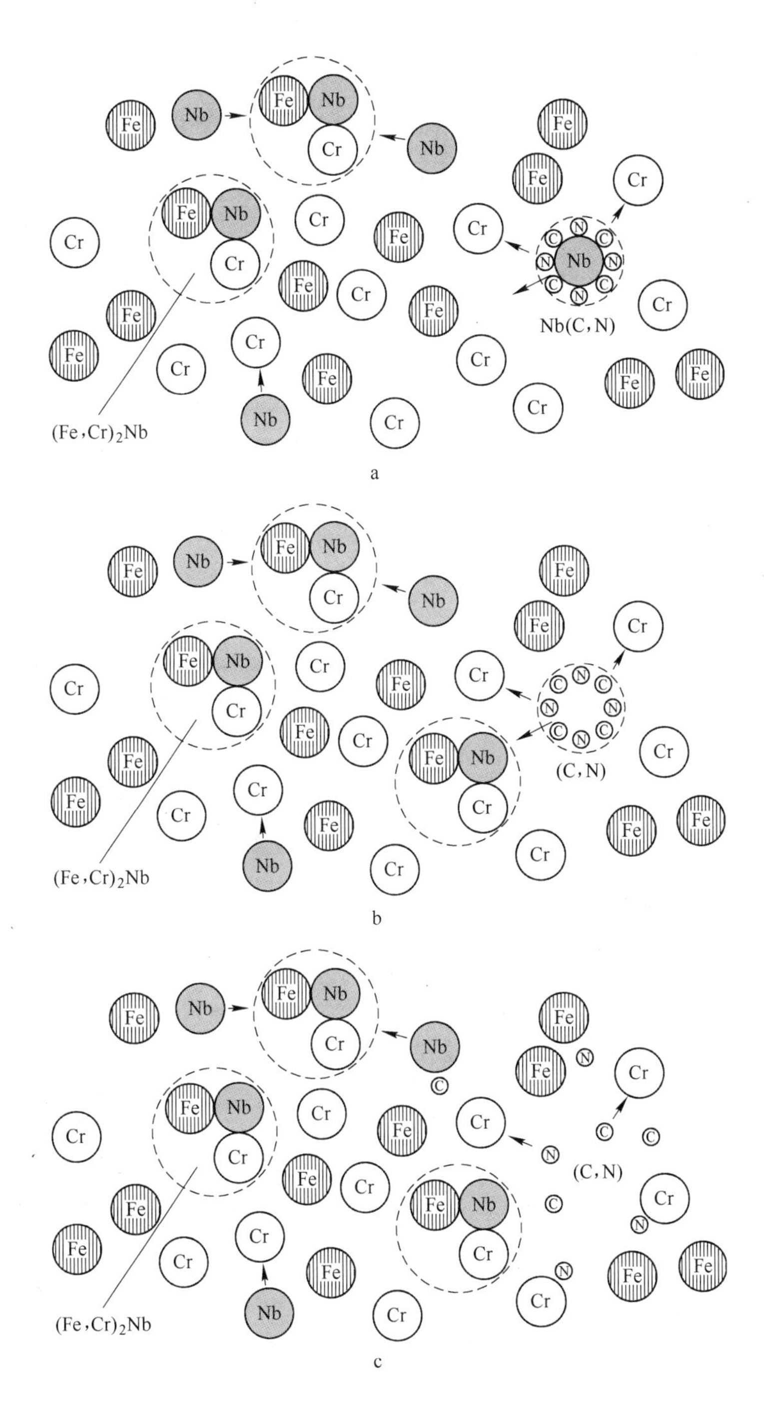

图 5-19 超纯铁素体不锈钢屈服行为机制示意图

a—$(Fe,Cr)_2Nb$ 形成；b—Nb(C,N)分解；c—间隙原子的释放

大来达到一种新的平衡状态。同时，在平衡过程中这些析出相也将不断地发生溶解和长大。在950℃再结晶退火后的缓冷过程中，所处的热力学条件有利于组织中得到$(Fe,Cr)_2Nb$及Nb(C,N)这两种析出相，$(Fe,Cr)_2Nb$及Nb(C,N)的形成和长大过程均为Nb原子的扩散所控制，因此必然发生对周围Nb原子的竞争。从图5-14中可以明显看出，与SA-2成品板相比，SA-1成品板的显微组织中的析出相以粗大的$(Fe,Cr)_2Nb$及相对较少的Nb(C,N)为主。通过理论计算可以发现，$(Fe,Cr)_2Nb$的长大速率常数大于$7.01\times10^{-27}m^3/s$，而Nb(C,N)的长大速率常数则小于$3.41\times10^{-28}m^3/s$，前者比后者高出2~3个数量级[6,20,21]。这一结果表明虽然$(Fe,Cr)_2Nb$形成于较低的温度，但其长大速率明显要快于Nb(C,N)。因此，一旦Laves相形核并长大，将消耗大量的Nb原子，从而造成Nb(C,N)近程及长程范围内Nb原子的缺乏，如图5-19a所示。最终，由于Nb的缺乏而使新形核的细小Nb(C,N)发生溶解，如图5-19b所示，从而释放出间隙原子并形成柯氏气团（图5-19c）。这些柯氏气团在拉伸变形过程中钉扎位错，容易产生屈服点延伸（即Lüders应变）。相反，对于750℃保温并快冷的过程，由于在高于Laves相的形成温度下进行快冷，抑制了Laves相的形成，从而消除了由于$(Fe,Cr)_2Nb$的形成而引起的Nb(C,N)溶解及相应的C和N间隙原子的释放。在950℃退火过程中，间隙原子可能沿着晶界产生偏聚[22]。在750℃保温阶段，这些晶界偏聚的间隙原子可能与Nb形成细小的Nb(C,N)。图5-15b恰好说明了这一机制的存在。由于细小Nb(C,N)的形成消耗了基体中的间隙原子，抑制柯氏气团的形成，导致在拉伸过程中发生连续屈服。内耗与三维原子探针检测结果均证实了这一机制，也与热力学计算结果相一致。

5.4　钢中析出相对再结晶行为的影响规律

前面的结果清楚显示，铁素体不锈钢中的沉淀析出相对再结晶进程和织构形态有着重要影响。铁素体不锈钢再结晶的一个主要特征是：冷轧材退火处理后会快速回复为清晰但极不均匀的亚结构，它们由相对清晰的亚晶粒组成。亚结构为带状组织，具有两种不同的亚晶粒形貌。已有的研究结果显示，晶粒取向大体在$\{001\}\langle1\bar{1}0\rangle\sim\{112\}\langle1\bar{1}0\rangle$的晶粒倾向于具有较大的亚晶粒尺寸和较小的相邻晶粒取向差；而$\{111\}\langle1\bar{1}0\rangle\sim\{111\}\langle1\bar{2}1\rangle$取向的晶粒则倾向于形成更加等轴化的亚晶以及较宽范围的亚晶尺寸和取向差。再结晶晶粒首先在{111}//ND取向族中具有$\{111\}\langle1\bar{1}0\rangle$取向晶粒边界附近形成，生成的亚晶极易发生反常长大；而在具有$\{001\}\langle1\bar{1}0\rangle\sim\{112\}\langle1\bar{1}0\rangle$取向的晶粒边界处形成的再结晶晶粒极少会发生这种亚晶的反常长大。$\{111\}\langle1\bar{1}0\rangle$取向晶粒内反常长大的再结晶亚晶粒会很快将周围的基体"吞吃"，但在遇到$\{001\}\langle1\bar{1}0\rangle\sim\{112\}\langle1\bar{1}0\rangle$取向的晶粒边界时会受到有效的抵制，而$\{001\}\langle1\bar{1}0\rangle\sim\{112\}\langle1\bar{1}0\rangle$取向晶粒内部发生了明显的回复。上述的再结晶和回复晶粒之间具有非常平整的界面，说明析出相与迁移界面之间可能存在强烈的交互作用。

图5-20示出的是典型铁素体不锈钢（409L）在750℃经不同时间退火处理后显微组织的TEM照片[23]。图5-20a示出的是经退火200s后带状回复晶粒晶界附近的TEM照片。可以看出，虽然在回复晶粒晶界附近已经形成了大量再结晶晶粒，但回复晶粒发生了明显的回复，晶粒内部形成极为均匀的亚晶粒。图5-20b

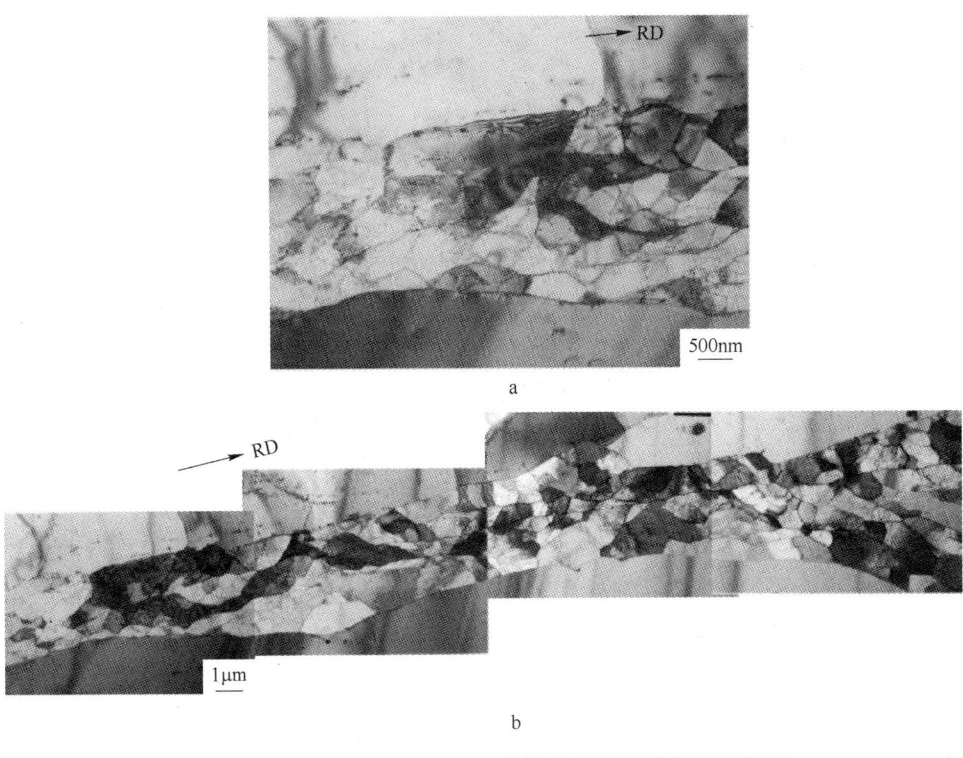

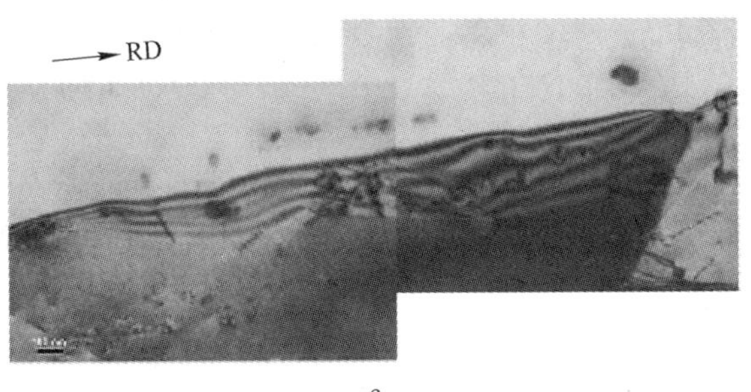

c

图5-20 典型铁素体不锈钢退火TEM照片
a—200s后；b—500s后；c—a的晶界放大图
（a、b可见析出相钉扎晶界）

示出的是经 500s 退火处理后带状回复晶粒晶界附近的 TEM 照片。与图 5-20a 相比，可以看出带状回复晶粒带厚度随退火时间的延长而减小。图 5-20c 示出的是再结晶晶粒与回复晶粒晶界附近析出相的 TEM 照片，显示出析出相钉扎移动晶界的清楚证据。在典型铁素体不锈钢 409L 中，Ti(C,N)主要在精轧和卷取过程中析出，因此主要在热轧显微组织中平直的大角度晶界处优先形成。如果假定在冷轧之前接近平衡体积分数的细小 Ti(C,N)已经在显微组织中形成，且它们主要分布于带状回复晶粒的边界处，则对于热轧组织，影响界面移动的 Zener 拖曳力的表达式可以简单写为：

$$P_Z \approx \frac{3}{4}\frac{f\sigma}{r}\frac{H_0}{r} \tag{5-11}$$

式中，f 为析出相的体积分数；σ 为基体晶界与析出相界面能；r 为析出相半径；H_0/r 代表未再结晶（回复）晶粒带沿钢板平行于 ND 方向的尺寸与析出相半径之比。式（5-11）考虑了析出相沿平直晶界分布对晶界迁移能力的影响。图 5-21 示出的是铁素体不锈钢中再结晶晶粒与回复晶粒之间结构关系的示意图。

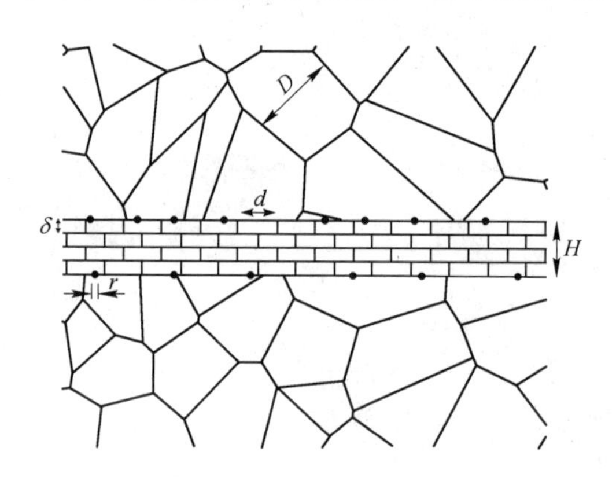

图 5-21 铁素体不锈钢中再结晶晶粒和回复晶粒结构的简化示意图

（其中中间的晶粒代表{001}⟨1$\bar{1}$0⟩取向带状回复晶粒，析出相形成于带状回复晶粒的上下晶界处；上下部分为{111}⟨1$\bar{1}$0⟩取向的再结晶晶粒）

如果在冷轧之前不进行退火处理，则冷轧变形将沿 RD 方向拉长析出相粒子之间的距离。假定轧制应变均匀作用于各析出相，则 Zener 拖曳力可简单表述为轧制应变的函数：

$$P_Z \approx \frac{3}{4}\frac{f\sigma}{r^2}H_0\exp(-\varepsilon) \tag{5-12}$$

因此，随冷轧压下率的提高，析出相对再结晶晶界的钉扎作用降低。轧件中的应变储能可以按式（5-13）估算：

$$P \approx \frac{\alpha\mu \boldsymbol{b}^2}{2}\rho \tag{5-13}$$

式中，μ 为剪切模量，$\boldsymbol{b}$ 为柏氏矢量，ρ 为位错密度，$\alpha \approx 0.3$。可见，形变储能随轧制压下率的增加而提高，可有效克服析出相的钉扎作用。评价晶粒沿 RD 和 ND 方向生长速度是理解不均匀显微组织形成原因的直接而有效的途径。假定所有析出相均在带状回复晶粒平行于 RD 的晶界处形成，且各方向晶粒生长速度与总驱动力（P_{tot}）成线性关系，即

$$v = MP_{tot} \tag{5-14}$$

式中，M 为晶界迁移能力系数。RD 和 ND 方向的晶粒生长速度之比为

$$\frac{v_{ND}}{v_{RD}} = \frac{P - P_Z}{P} \tag{5-15}$$

图 5-22 示出的是 ND 与 RD 方向的晶粒横纵比与轧制压下率之间的对应关系。其中采用式（5-15）等进行计算时，平均析出相尺寸为 75nm，带状回复晶粒的原始厚度为 8μm，析出相体积分数为 1×10^{-4}，析出相与基体晶界之间的界面能设定为 $0.5 J/m^2$。可以看出，析出相对再结晶进程可产生重要影响，随轧制压下率的提高，析出相粒子对移动界面的钉扎作用减弱。

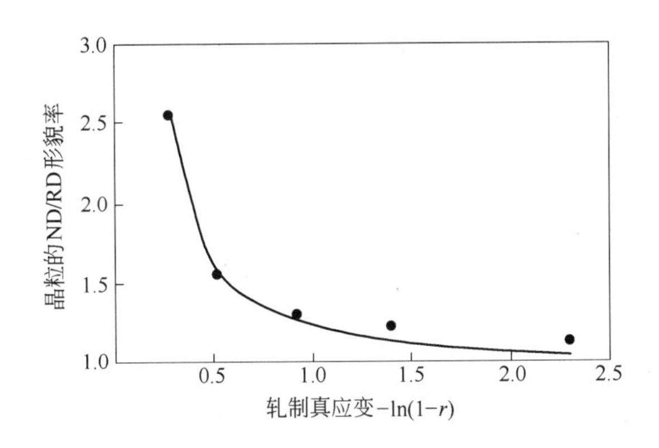

图 5-22 晶粒横纵比与轧制压下率对应关系的实验值与计算值的对比

铁素体不锈钢的其他再结晶特征也与钢中沉淀析出相对显微组织演变行为的作用效果有直接关系。由于{001}⟨1$\bar{1}$0⟩ ~ {112}⟨1$\bar{1}$0⟩取向回复晶粒的亚晶粒尺寸较大且回复速度极快，其晶界在退火初期会生长进入{111}⟨1$\bar{1}$0⟩取向晶粒之中。当普碳钢发生再结晶时，可以清楚地观察到{001}⟨1$\bar{1}$0⟩ ~ {112}⟨1$\bar{1}$0⟩取向回复晶粒的晶界发生弓出而进入{111}⟨1$\bar{1}$0⟩晶粒之中。总之，在再结晶退火的初期，近{001}⟨1$\bar{1}$0⟩取向晶粒的体积分数与周围其他取向的晶粒相比会有所增加。随着再结晶的进行，在{111}⟨1$\bar{1}$0⟩取向的晶粒中形核的再结晶晶粒开始生长并在相反方向上消耗{001}⟨1$\bar{1}$0⟩ ~ {112}⟨1$\bar{1}$0⟩取向的带状回复晶粒，而且成为控制再结晶进程的主要机制。铁素体不锈钢中的这一行为可以用两个相邻区域中亚晶

粒生长之间的相互竞争来进行简单描述。作用于再结晶前沿的驱动力可表述为：

$$P = \frac{\gamma}{d} - \frac{\Gamma}{D} \tag{5-16}$$

式中，Γ 为再结晶晶粒晶界界面能，γ 为回复亚晶粒晶界界面能。因此，当界面向再结晶的$\{111\}\langle 1\bar{1}0\rangle$晶粒中迁移时，驱动力（$P$）为负值；向相反方向（即进入$\{001\}\langle 1\bar{1}0\rangle \sim \{112\}\langle 1\bar{1}0\rangle$取向带状回复晶粒）迁移时为正值。根据实验观察，可以假定$\{001\}\langle 1\bar{1}0\rangle \sim \{112\}\langle 1\bar{1}0\rangle$取向带状回复晶粒中的亚晶粒尺寸在退火过程中基本保持不变，则有式（5-17）：

$$\frac{d_0}{D_0} \approx \frac{d}{D_0} = c \tag{5-17}$$

结合式(5-16)和式(5-17)，有

$$P = \frac{1}{D_0}\left(\frac{1}{c}\gamma - \frac{D_0}{D}\Gamma\right) \tag{5-18}$$

沉淀析出相产生的 Zener 拖曳力可降低晶界移动的驱动力，即当 $|P| < P_Z$ 时，无界面迁移驱动力存在。铁素体不锈钢再结晶退火过程中发生回复时，回复状态的晶粒组织的 c 值近似等于 2，因此开始阶段较大的$\{001\}\langle 1\bar{1}0\rangle \sim \{112\}\langle 1\bar{1}0\rangle$取向的回复晶粒存在向$\{111\}\langle 1\bar{1}0\rangle$取向晶粒生长的驱动力。但是，当$\{111\}\langle 1\bar{1}0\rangle$取向晶粒中的再结晶晶核发生长大以后，这种驱动力降低并最终小于 Zener 拖曳力。此时，在$\{111\}\langle 1\bar{1}0\rangle$取向的再结晶晶粒发生足够粗化并产生超过 Zener 拖曳力的迁移驱动力之前，再结晶晶粒与回复晶粒间界面不会发生移动。这样，$\{111\}\langle 1\bar{1}0\rangle$取向的再结晶晶粒在再结晶后期可以吞吃掉$\{001\}\langle 1\bar{1}0\rangle \sim \{112\}\langle 1\bar{1}0\rangle$取向的回复晶粒。图 5-23 示出的是回复晶粒与再结晶晶粒界面能的

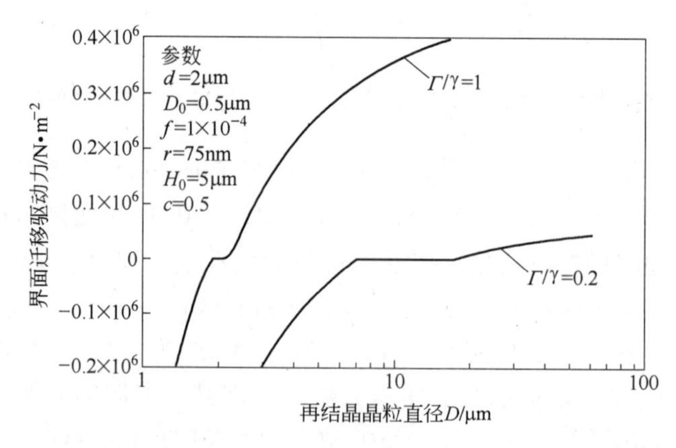

图 5-23 $\{001\}\langle 1\bar{1}0\rangle$回复晶粒与$\{111\}\langle 1\bar{1}0\rangle$再结晶晶粒的界面迁移驱动力随后者长大而发生的演变

比值（γ/Γ）对{001}〈$1\bar{1}0$〉与{111}〈$1\bar{1}0$〉取向的晶粒间界面迁移驱动力的影响效果的计算结果。假定{001}〈$1\bar{1}0$〉回复晶粒的原始尺寸大于{111}〈$1\bar{1}0$〉再结晶晶粒尺寸，但随着后者的长大，最终会逆转两者间界面的迁移驱动力。在中间阶段，当驱动力小于 Zener 钉扎力时达到停滞阶段。在再结晶后期，消耗{001}〈$1\bar{1}0$〉~{112}〈$1\bar{1}0$〉回复晶粒的速度取决于回复晶粒与再结晶晶粒界面能的比值（γ/Γ）。如果 γ/Γ 大于 1.0，再结晶组织发展到一定阶段以后会出现一定程度的停滞阶段，之后开始缓慢消耗回复组织。

为进一步研究钢中析出相对再结晶行为的影响机理，高飞等人采用常规热轧（CP）和析出进程控制热轧工艺（PCP）制备了超纯化 Cr17 铁素体不锈钢的热轧板材，然后进行相同工艺条件的冷轧和轧后退火处理[24]。图 5-24 示出的是采用两种不同工艺制备的热轧板中典型的析出相尺寸与分布的 TEM 照片。可以看出，与 CP 热轧板相比，PCP 热轧板中的析出相尺寸细小且分布弥散。经热轧退火、冷轧及冷轧退火后，这种不同的析出相分布特征遗传至冷轧退火板。图 5-25 示出的是两种不同工艺的热轧板经相同工艺条件的冷轧及退火处理后钢中析出相分布与尺寸的 TEM 照片。

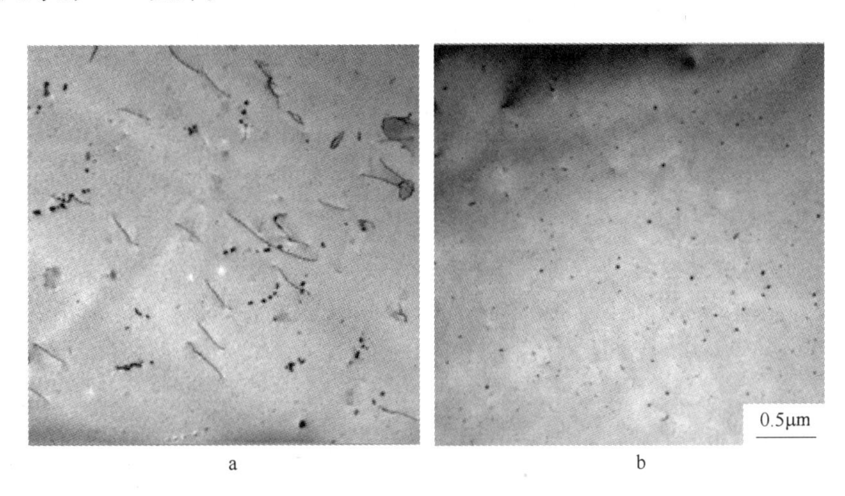

图 5-24　热轧板中析出相尺寸与分布的 TEM 照片
a—CP；b—PCP

结果发现，钢中分布与尺寸差异显著的析出相可对再结晶行为产生重要影响。首先，对再结晶之前的回复过程可产生显著影响。在较高的温度下保温时，铁素体不锈钢发生回复的主要机制是，通过位错的运动使原来在变形基体中分布杂乱的位错向低能量状态重新分布并排列成亚晶。当钢中存在弥散分布的细小析出相时，它们对位错具有较强的钉扎作用（如图 5-26 中箭头所指），因此可通过钉扎位错来影响回复行为，抑制小角度晶界的形成和亚晶的形成及长大，最终阻

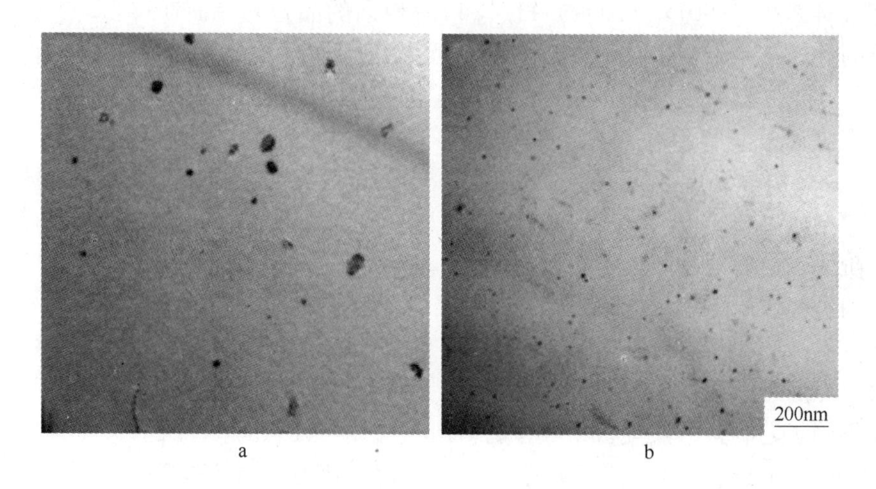

图 5-25　热轧板经冷轧及退火处理后钢中析出相分布与尺寸的 TEM 照片
a—CP；b—PCP

碍铁素体不锈钢中再结晶晶核的形成。而且，与 CP 冷轧板相比，PCP 冷轧板中因存在弥散分布的细小析出相而产生不均匀的微观显微组织，易于形成随机取向的再结晶晶核，从而最终弱化 γ 纤维再结晶织构。

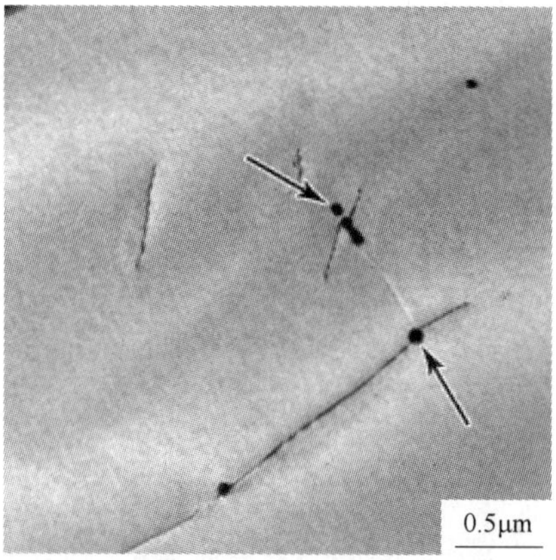

析出相对晶界也可以产生明显的钉扎作用，从而对再结晶晶粒的长大行为产生影响。再结晶晶粒的长大主要以再结晶晶粒在变形基体中长大和再结晶晶粒吞并相邻再结晶晶粒长大两种方式进行。

图 5-26　Cr17 铁素体不锈钢中在退火过程中析出相对位错钉扎作用的 TEM 观察

当再结晶晶粒在变形基体中长大时，长大驱动力（F_m）随着析出相的平均半径 r 的减小及体积分数 f 的增加而降低，并且弥散分布的细小析出相将产生显著的钉扎效应。因此，与 PCP 样品相比，CP 样品中再结晶晶粒长大的 F_m 较大，再结晶晶粒更容易长大。根据再结晶织构的形成机制，在再结晶初期，具有较高 Taylor 因子及相应较高形变储能的〈111〉//ND 取向的冷轧变形晶粒的晶界及晶内处将优先形成以〈111〉//ND 取向为主的再结晶晶核；在随后的再结晶过程中，这些晶核将通过消耗 γ 或 α 纤维取向的变形基体来长大或这些优先长大的具有较强 γ 纤维再结晶织构的大尺寸再结晶晶粒将吞并周围 γ 纤维再结晶织构较弱的小尺寸晶粒，这将进一步强化冷轧退火板的再结晶织构。析出相分布特征的不同而引起钉扎效应的不同将显著影响再结晶晶粒的长大。因此，在消耗 γ 或 α 取向变形基体而长大的过程中，CP 样品中优先形核的〈111〉//ND 取向再结晶晶粒长大的驱动力 F_m 较大，更容易在变形基体中长大。总之，退火时再结晶晶粒在变形基体中长大或吞并相邻晶粒的过程中，弥散分布的细小析出相将对晶界产生强烈的钉扎效应，抑制再结晶晶粒的长大。析出相钉扎再结晶晶界移动的典型情况如图 5-27 所示。

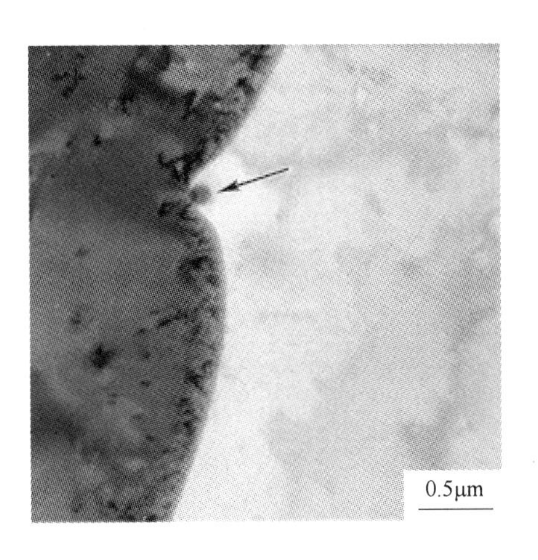

图 5-27 在再结晶晶粒吞并过程中析出相钉扎晶界的 TEM 观察

当再结晶晶粒吞并相邻再结晶晶粒而长大时，长大驱动力为 $F_g = 2\sigma V/R - 3\sigma Vf/(2r)$（式中，$\sigma$ 为再结晶晶粒的界面能；f 为析出相的体积分数；r 为析出相的平均半径；R 为再结晶晶粒的半径；V 为摩尔体积）。因此，驱动力 F_g 同样随着 r 的减小及 f 的增加而降低。在吞并相邻再结晶晶粒长大的过程中，弥散分布的细小析出相将产生更为显著的钉扎效应，从而抑制再结晶晶粒的长大。与 PCP 样品相比，CP 样品中因析出相尺寸较大而导致再结晶晶粒的长大驱动力较大，更容易吞并周围晶粒而长大。

总之，钢中较粗大且分布稀疏的析出相有利于产生较强的 γ 纤维再结晶织构。而弥散分布的细小析出相会导致产生较弱的 γ 纤维再结晶织构。因此，在控制铁素体不锈钢再结晶织构的过程中，钢中析出相对随机取向再结晶晶粒的形核和长大均具有重要的作用。

5.5 微合金元素的沉淀析出对耐腐蚀性能的影响机理

铁素体不锈钢如 409L 和 430 等品种具有良好的耐蚀性且价格相对便宜，因而它们是替代表面渗铝低碳钢用于制造汽车尾气管的理想材料。汽车尾气管冷凝端内部具有强烈的腐蚀性，冷凝的水蒸气含有 Cl^-、SO_4^{2-}、CO_3^{2-} 等，因此要求铁素体不锈钢必须拥有良好的耐晶间腐蚀性能。晶间形成铬的碳化物或氮化物后，其周围产生铬的贫化是导致铁素体不锈钢晶间腐蚀的主要原因。降低钢中 C 和 N 的含量并添加 Ti 和 Nb 等微合金化元素以避免晶界附近形成铬的碳化物或氮化物是提高耐晶间腐蚀性能的常见方法。Bond 认为，为了有效起到耐晶间腐蚀的效果，17% ~20% Cr 铁素体不锈钢中的 C 和 N 的总含量（质量分数）应小于 0.01%，而钢中微合金稳定化元素的添加量应达到 C 和 N 总含量的 9 ~20 倍。然而，在实际应用过程中，尽管已经满足这些条件，但铁素体不锈钢在汽车尾气环境下仍不时产生晶间腐蚀，因此必须进一步弄清微合金化铁素体不锈钢发生晶间腐蚀的机理，才能达到有效防范的目的。

以前的研究工作认为，当铁素体不锈钢中形成微合金元素的碳化物或氮化物析出相，如 TiC 和 NbC 时，在它们的周围会可能会出现铬元素的偏析，从而导致晶间腐蚀现象的发生，但是却一直没有铬元素在细小析出相周围产生偏析的直接实验证据。Kim 等人采用三维原子探针（Three Dimensional Atomic Probe，3DAP）技术，研究了经 1300℃固溶处理后再经 500℃时效处理的典型 409L 铁素体不锈钢中元素的偏析行为[25]。图 5-28 示出的是 409L 铁素体不锈钢中元素分布的

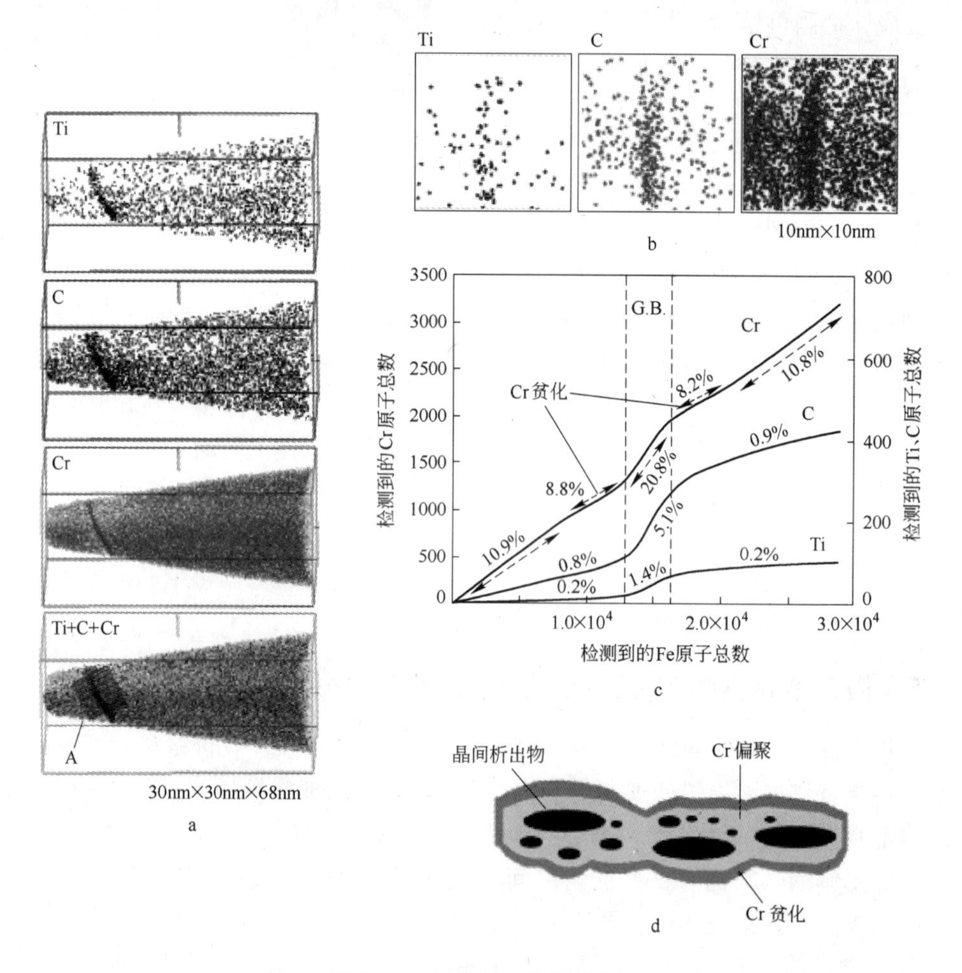

图 5-28　3DAP 元素扫描结果

a—三维探针检测的 Cr、C、Ti 原子分布图；b—图 a 中标注的“A”区域内 Cr、C、Ti 原子分布图；c—由晶界一侧至另一侧 Cr、C、Ti 原子累积检测数量相对 Fe 原子累积检测数量关系图；d—晶界附近 Cr 原子分布示意图

3DAP 扫描结果。可以看出，对经固溶处理的铁素体不锈钢进行时效处理时，溶质原子 Cr、C 和 Ti 均会在晶界处发生偏析。因为 Ti 原子与 C 原子的亲和力比 Cr 原子与 C 原子的亲和力更强，因此首先会沿晶界形成 TiC 析出相，而周围 Cr 原子则不会与 C 原子结合而形成 $Cr_{23}C_6$ 等产物。在晶界处 Cr 原子浓度（原子分数）达到 20.8%，而在晶界周围的 Cr 浓度（原子分数）降低至 8.2%，即在晶界周围出现了明显 Cr 的贫化。然而，Cr 原子并非总是倾向于在晶界处发生偏析，因为在未经固溶处理而只进行时效处理的试样很少发生晶间腐蚀。经 1300℃ 固溶处理后，TiC 会发生分解而导致钢中存在溶质碳原子。对固溶处理后的试样进行时效处理时，C 原子首先在晶界处发生偏析，因其与 Cr 和 Ti 原子具有较强的亲和力，诱发这两种原子在晶界处发生偏聚，这是最终导致晶界周围出现 Cr 原子的贫化并引起晶间腐蚀的主要原因。

参 考 文 献

[1] 游香米. 超纯铁素体不锈钢的开发与应用现状[J]. 中国冶金，2006，16(11)：16 ~ 19.

[2] 游香米. 超纯铁素体不锈钢品种和精炼技术的发展[J]. 特殊钢，2006，27(5)：40 ~ 42.

[3] Prat O，Garcia J，Rojas D，et al. Investigations on the growth kinetics of Laves phase precipitates in 12% Cr creep-resistant steels：experimental and DICTRA calculations[J]. Acta Materialia，2010，58(18)：6142 ~ 6153.

[4] Sello M P，Stumpf W E. Laves phase embrittlement of the ferritic stainless steel type AISI441 [J]. Materials Science and Engineering：A，2010，527(20)：5194 ~ 5202.

[5] Sello M P，Stumpf W E. Laves phase precipitation and its transformation kinetics in the ferritic stainless steel type AISI441[J]. Materials Science and Engineering：A，2011，528(3)：1840 ~ 1847.

[6] Sim G M，Jae Cheon A，Seung Chan H，et al. Effect of Nb precipitate coarsening on the high temperature strength in Nb containing ferritic stainless steels[J]. Materials Science and Engineering：A，2005，396(1-2)：159 ~ 165.

[7] Shan Y，Luo X，Hu X，et al. Mechanisms of solidification structure improvement of ultra pure 17 wt% Cr ferritic stainless steel by Ti，Nb addition[J]. Journal of Materials Science and Technology，2011，27(4)：352 ~ 358.

[8] Yan H T，Bi H Y，Li X，et al. Microstructure and texture of Nb + Ti stabilized ferritic stainless steel[J]. Materials Characterization，2008，59(12)：1741 ~ 1746.

[9] Robert G N. Effect of stabilizing elements on the precipitation behavior and phase stability of type 409 ferritic stainless steels[D]. Master thesis，America，University of Pittsburgh，1999.

[10] Yazawa Y，Kato Y，Kobayashi M. Development of Ti-bearing high performance ferritic stainless steels R430XT and RSX-1[J]. Kawasaki Steel Technical Report，1999，(40)：23 ~ 29.

[11] MacDonald W D，Carpenter G J C，Saimoto S. Using strain rate sensitivity measurements to determine phase relations in A430 stainless steel[J]. Materials Science and Engineering：A，1995，190(1-2)：33 ~ 42.

[12] El-Kashif E, Asakura K, Koseki T, et al. Effects of boron, niobium and titanium on grain growth in ultra high purity 18% Cr ferritic stainless steel[J]. ISIJ International, 2004, 44(9): 1568 ~ 1575.

[13] Fujita N, Kikuchi M, Ohmura K. Expressions for solubility products of Fe_3Nb_3C carbide and Fe_2Nb laves phase in niobium alloyed ferritic stainless steels[J]. ISIJ International, 2003, 43 (12): 1999 ~ 2006.

[14] Liu Z Y, Gao F, Jiang L Z, Wang G D. The correlation between yielding behavior and precipitation in ultra purified ferritic stainless steels[J]. Materials Science and Engineering A 2010, 527A(16-17): 3800 ~ 3806.

[15] Golovin I S, Blanter M S, Schaller R. Snoek relaxation in Fe-Cr alloys and interstitial-substitutional interaction[J]. Physica Status Solidi A, 1997, 160(1): 49 ~ 60.

[16] Saitoh H, Ushioda K. Influences of manganese on internal friction and carbon solubility determined by combination of infrared absorption in ferrite of low-carbon steels[J]. ISIJ International. 1989, 29(11): 960 ~ 965.

[17] Subramanian S V, Prikryl M, Gaulin B D, et al. Effect of precipitate size and dispersion on Lankford values of titanium stabilized interstitial-free steels[J]. ISIJ International, 1994, 34 (1): 61 ~ 69.

[18] Eloot K, Kestens L, Dilewijns J. Effect of texture on the height of the Snoek peak in electrical steels[J]. ISIJ International, 1997, 37(6): 615 ~ 622.

[19] Lo K H, Shek C H, Lai J K L. Recent developments in stainless steels[J]. Materials Science Engineering R, 2009, 65(4-6): 39 ~ 104.

[20] Cavazos J L. Characterization of precipitates formed in a ferritic stainless steel stabilized with Zr and Ti additions[J]. Materials Characterization, 2006, 56(2): 96 ~ 101.

[21] Miyazaki A, Takao K, Furukimi O, Effect of Nb on the proof strength of ferritic stainless steels at elevated temperatures[J]. ISIJ International, 2002, 42(8): 916 ~ 920.

[22] Massardier V, Merlin J. Analysis of the parameters influencing the quench-aging behavior of ultra low carbon steels [J]. Metallurgical and Materials Transactions A, 2009, 40 (5): 1100 ~ 1109.

[23] Sinclair C W, Mithieux J D, Schmitt J H, et al. Recrystallization of Stabilized Ferritic Stainless Steel Sheet[J]. Metallurgical and Materials Transaction A, 2005, 36A(11): 3205 ~ 3215.

[24] Gao F, Liu Z Y, Wang G D. Effect of the size and dispersion of precipitates formed in hot rolling on recrystallization texture in ferritic stainless steels[J]. Journal of Materials Science, 2013, 48(6): 2404 ~ 2415.

[25] Kim J K, Kim Y H, Lee J S, et al. Effect of chromium content on intergranular corrosion and precipitation of Ti-stabilized ferritic stainless steels [J]. Corrosion Science, 2010, 52 (5): 1847 ~ 1852.

6 铁素体不锈钢显微组织的演变规律

如前所述，铁素体不锈钢冷轧退火板不均匀的、明显向{334}⟨4$\bar{8}$3⟩偏转的γ纤维再结晶织构与冷轧板中发达的α纤维织构、微弱的γ纤维织构密切相关，这种冷轧织构源于热轧变形组织及其显著的{001}⟨1$\bar{1}$0⟩织构。因此，研究热轧过程的再结晶行为是弄清热轧织构演变规律并进行有效控制的前提。另一方面，铁素体不锈钢自液态至室温基本处于铁素体单相区，热轧过程中很少发生铁素体/奥氏体相变而使织构弱化。虽然再结晶对织构弱化作用的贡献远小于相变，但对于缺乏相变过程的铁素体不锈钢而言，充分利用好有限的再结晶过程显得尤为重要。Kimura 和 Yoshimura 等人研究了 SUS430 铁素体不锈钢热轧过程中的再结晶行为[1,2]。他们通过热模拟实验发现，由于 SUS430 碳、氮含量较高，所以在 1000 ~ 1200℃之间存在铁素体/奥氏体相变的两相区。铁素体/奥氏体相变的发生可严重抑制铁素体相的静态再结晶，而且这种抑制作用与在“铁素体 + 奥氏体”两相区变形的温度和变形前的保温时间有关。一方面，当变形发生在“铁素体 + 奥氏体”两相区的高温段时，铁素体→奥氏体相变没有完成，在变形后仍发生铁素体→奥氏体相变，抑制了铁素体相的静态再结晶。另一方面，当道次变形间隔时间较短时，铁素体→奥氏体相变来不及发生，在变形后才会发生铁素体→奥氏体相变，这也抑制了铁素体相的静态再结晶。为此，他们在粗轧阶段采取了延长道次间隔时间和提高粗轧后几道次变形量的措施来促进铁素体相的静态再结晶，这种工艺被称为 IRP 工艺（Inter-pass recrystallization process），其基本原理如图 6-1 所示。采用 IRP 生产工艺时，粗轧阶段压下量依次为 10.2%、16.8%、21.9%、31.5%、32.7%、39.4% 和 40.0%，粗轧阶段结束温度为 1014℃。他们的实验结果表明，通过促进粗轧阶段道次间静态再结晶，可细化晶粒并弱化⟨001⟩//ND 织构。利用这种工艺制备的热轧板无需退火处理，冷轧退火板仍可获得较好的成型性能，最大皱褶高度为 32μm，*r* 值可达到 1.43，与热轧后退火的冷轧退火板相当。Harase 等人也认为在粗轧阶段增大道次变形量和延长道次间隔时间能减轻 SUS430 的表面皱褶并提高 *r* 值[3,4]。可见，热轧过程中铁素体相的再结晶行为对铁素体不锈钢冷轧薄板的成型性能影响很大。

与冷轧低碳钢的再结晶过程类似，冷轧铁素体不锈钢的一个突出问题在于

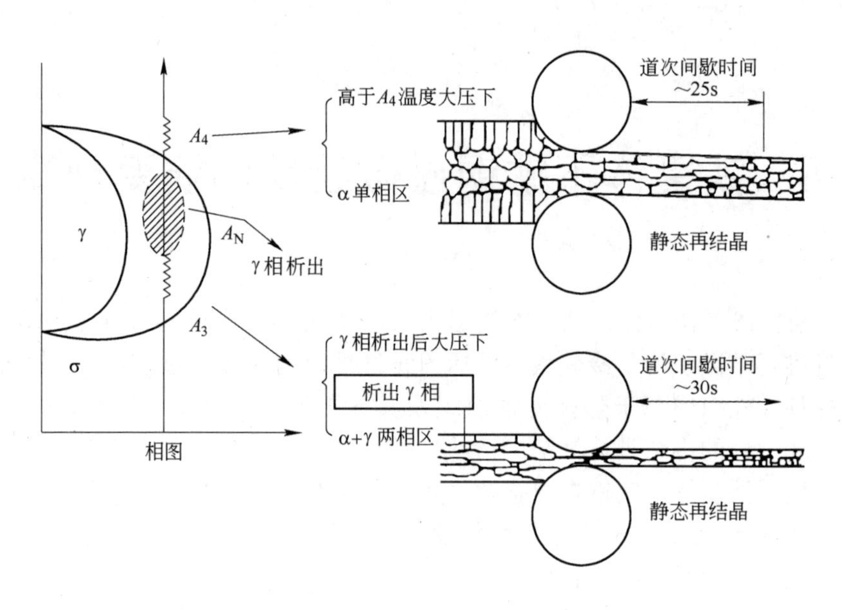

图 6-1　热轧道次间再结晶工艺（IRP）示意图

再结晶达到 5% ~10% 后，再结晶速度显著降低，即发生再结晶动力学的“疲软”现象。因为显微组织中出现部分再结晶组织会显著降低钢材的成型性能，因此探索低碳钢再结晶动力学“疲软”的机理一直是研究热点。一般认为，冷轧显微组织结构的不均匀性是造成这种再结晶动力学“疲软”现象的主要原因。特别是当钢中具有近 $\{001\}\langle 1\bar{1}0\rangle$ 取向的变形晶粒时，因其形变存储能较低且极易发生快速回复，当新的再结晶晶粒在其他取向的原有晶粒中形成并生长出来后，具有近 $\{001\}\langle 1\bar{1}0\rangle$ 取向的变形晶粒还存在于显微组织之中，导致再结晶动力学出现“疲软”现象。图 6-2 示出的是 409L 铁素体不锈钢经冷轧和退火处理后的典型显微组织的纵截面和横截面的金相照片[5]。可以看出，显微组织在各个尺度上均显示出强烈的不均匀性。靠近钢板表面的区域与中心部位相比，表面区域的晶粒为等轴晶化程度更高的再结晶晶粒，而中心部位存在大量拉长的带状组织。进一步的研究已经证实，中心部位的显微组织发生了回复而非再结晶。这样的显微组织不均匀性当然也会造成严重的织构梯度。

总之，与低碳钢在热轧过程中极易发生再结晶且在热轧后的冷却过程中发生相变不同，铁素体不锈钢即使在热轧过程中经历 99% 压下量的条件下也很难发生完全再结晶且冷却过程中基本无相变发生。因为钢材成型性能对不完全再结晶具有高度的敏感性，因此如何促进热轧和冷轧过程中的再结晶已成为铁素体不锈钢的一项重要研究课题。

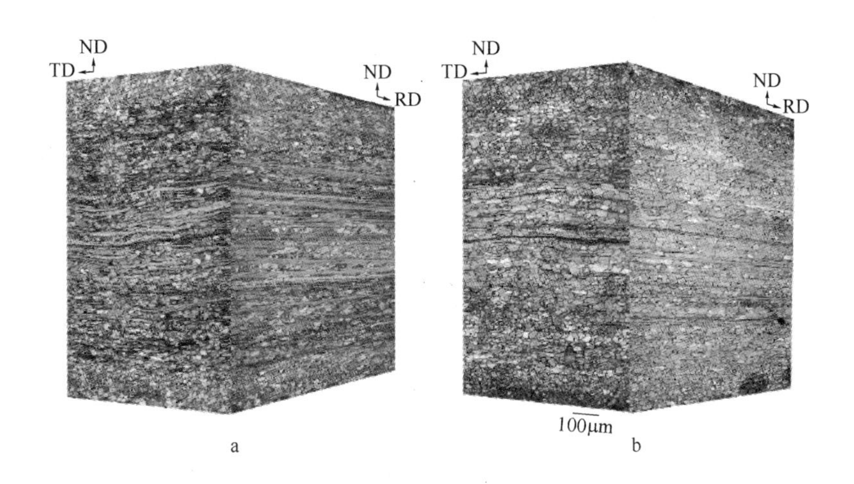

图 6-2 409L 铁素体不锈钢经冷轧和退火处理后典型显微组织的横、纵截面金相照片
（钢种成分为（质量分数,%）：C 0.012，Si 0.451，Mn 0.37，Cr 11.52，Ti 0.182）
a—钢板经 50% 压下量冷轧后，750℃退火 50s；b—钢板经 50% 压下量冷轧后，750℃退火 500s

6.1 铁素体不锈钢的回复与再结晶行为

6.1.1 动态回复与动态再结晶

为研究铁素体不锈钢的回复和再结晶行为，刘海涛等人选用超低碳、氮，铌钛复合微合金化的 Cr17 铁素体不锈钢作为典型的实验材料[6,7]，化学成分如表 6-1 所示。采用中频真空感应炉冶炼并浇铸成 50kg 钢锭，并二辊可逆热轧实验机上开坯至 90mm 厚，再经 6 道次热轧成 12mm 厚的板材。最后，加工成 ϕ8mm × 15mm 的圆柱形试样，分别进行单道次压缩和双道次压缩实验。

表 6-1 实验用钢的化学成分（质量分数,%）

C	N	Cr	Nb	Ti	Si	Mn	S	P	O	Fe
0.005	0.007	17.2	0.15	0.081	0.23	0.14	0.003	0.006	0.005	余量

单道次压缩实验在 Gleeble 3800 热模拟实验机上进行。将试样以 20℃/s 的速度加热到 1200℃，保温 5min 后，以 10℃/s 的速度冷却到不同变形温度。保温 30s 以消除试样内部的温度梯度，然后进行单道次压缩变形。变形温度范围为 800～1150℃，应变速率为 $1s^{-1}$和 $10s^{-1}$，最大真应变为 0.8，变形后直接喷水淬火。为防止试样在变形过程中氧化，以超纯氮气作为保护气体，同时在试样两端垫 0.1mm 厚的钽片，以减小变形过程中的摩擦。

图 6-3 示出的是实验用钢单道次压缩的流变应力曲线。由图可知，在变形速率分别为 $1s^{-1}$和 $10s^{-1}$两种条件下流变应力曲线均呈现动态回复型。随着变形温

度的降低，流变应力显著提高，而且变形温度越低，流变应力提高越明显。另外，应变速率对流变应力的影响也很大。在相同变形温度条件下，随着变形速率的提高，流变应力会显著提高。需要指出的是，在相同的变形速率条件下，变形温度对流变应力曲线的线形影响很大。变形速率为 $10s^{-1}$ 且变形温度较低时（如800℃、900℃和950℃），流变应力稳定段开始出现时所对应的应变值较大，表明其加工硬化倾向较大，动态回复过程较慢。当变形温度较高时（如1000℃、1100℃和1200℃），流变应力稳定段开始出现时所对应的应变值较小，这表明其加工硬化倾向较小，动态回复过程较快。在这种条件下，随着变形量的逐渐增加，流变应力甚至由于发生了快速的动态回复而略微减小。

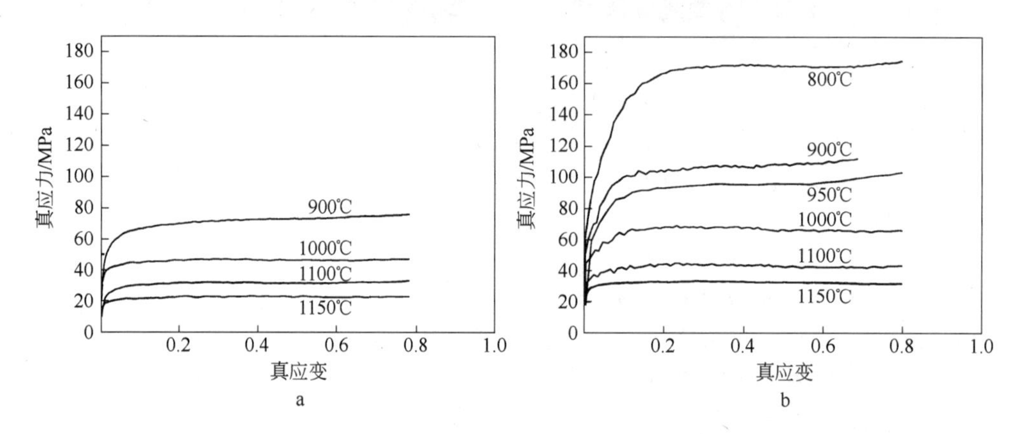

图 6-3　应变速率分别为 $1s^{-1}$ 和 $10s^{-1}$ 时的单道次压缩流变应力曲线

a—$1s^{-1}$；b—$10s^{-1}$

图 6-4 示出的是在 950℃和 1100℃条件下单道次压缩不同变形量后试样的显微组织的变化情况。由图可知，在这两个温度条件下，铁素体不锈钢的组织演变过程差异显著。在 950℃条件下，应变量为 0.2 时，原始晶粒的形状变化不大，略微被压长，原始晶界仍较平直；应变量为 0.4 时，晶粒被严重压扁，部分晶界

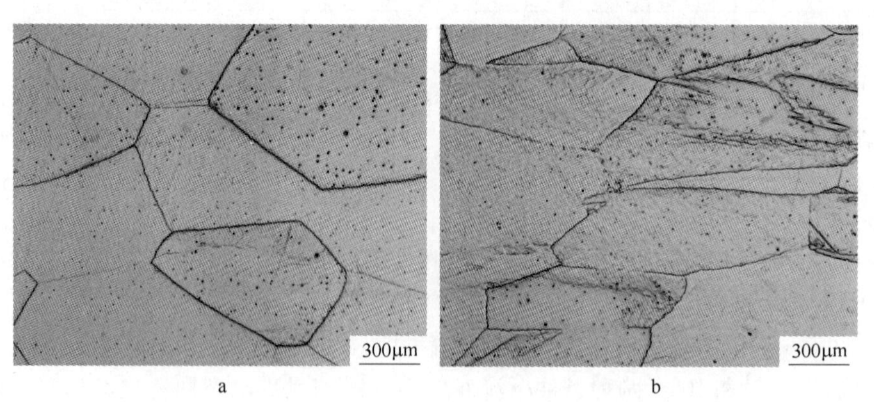

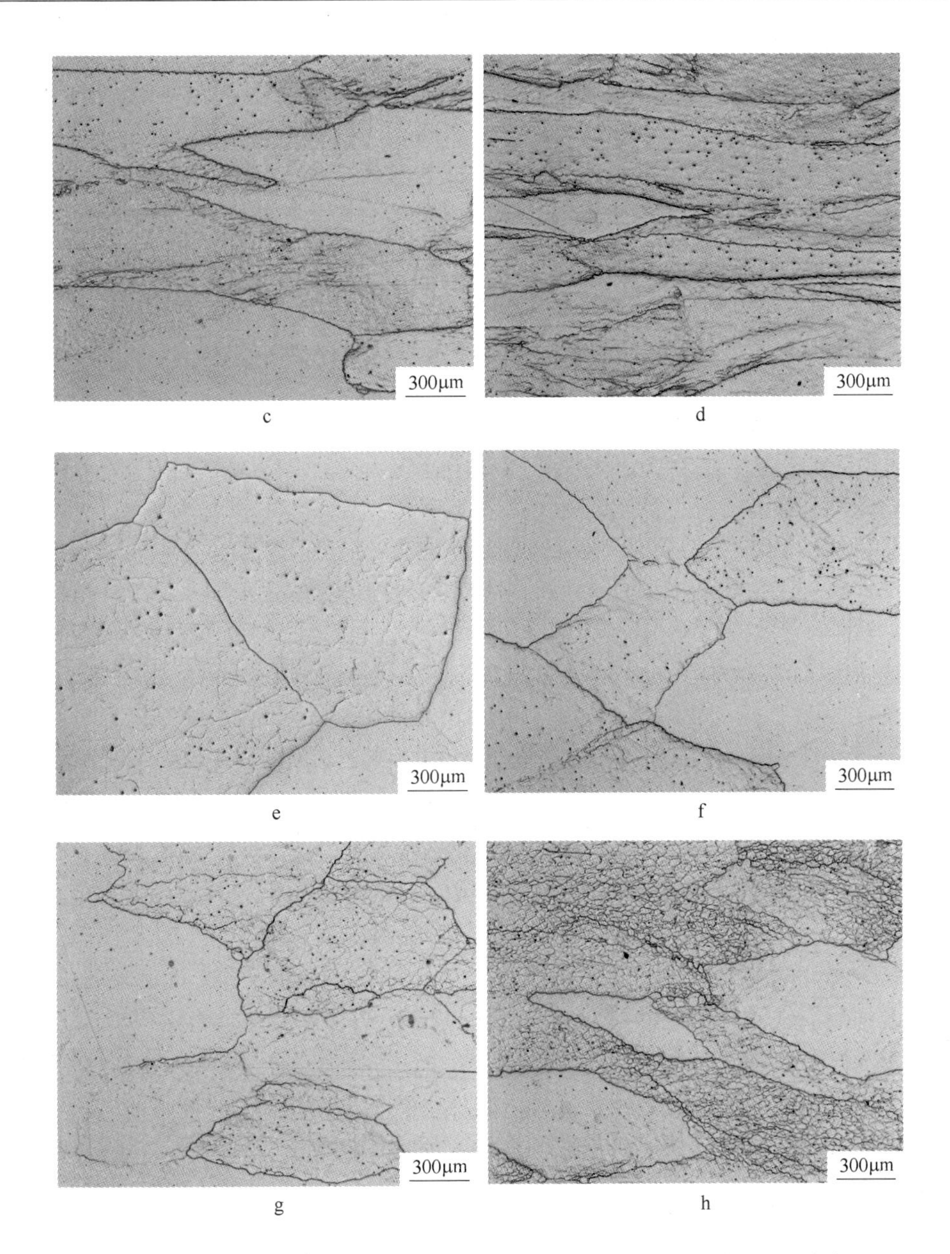

图 6-4 950℃和 1100℃条件下单道次压缩不同应变量后试样的组织演变

（应变速率为 $1s^{-1}$）

950℃：a—0.2；b—0.4；c—0.6；d—0.8

1100℃：e—0.2；f—0.4；g—0.6；h—0.8

发生弯曲或者消失；应变量为 0.6 时，原始晶界大量消失，出现了拉长的带状变形晶粒；应变量为 0.8 时，带状变形晶粒进一步被拉长，带状变形晶粒之间的晶界呈明显的锯齿形，即晶界发生了弓出。在1100℃条件下，应变量为0.2时，原始晶界发生了弯曲，在晶粒的内部靠近原始晶界附近出现了少量的亚晶界；应变量为0.4时，在晶粒的内部靠近原始晶界附近的亚晶界增多。并且，亚晶界在距离原始晶界较远的晶粒内部也开始出现；应变量为0.6时，亚晶界达到一定密度后不再增加，而是开始分解、重组，即多边化。因此，在晶粒内部靠近原始晶界附近，由于亚晶界的相互作用而出现了较多的近似等轴化的亚晶。并且亚晶在晶粒内部也开始出现。应变量为0.8时，亚晶数量剧增，遍布整个晶粒内部，亚晶尺寸明显减小。可见，在950℃变形条件下，热变形组织的演变是以由于加工硬化而导致形成大量带状变形晶粒为特征；在1100℃变形条件下，热变形组织的演变则是以由于迅速发生动态回复而导致形成大量亚晶为特征。

6.1.2　静态再结晶行为

双道次压缩实验在Thermecmastor_Z热模拟实验机上进行。将试样以20℃/s的速度加热到1200℃，保温5min后以10℃/s的速度冷却到不同温度，保温30s以消除试样内部的温度梯度，然后进行压缩变形。变形温度范围为900～1150℃，应变速率为$1s^{-1}$，两道次真应变均为0.3，变形道次间隔时间分别为5s，10s，25s，30s，45s，60s，80s，100s，150s，200s，300s和500s。采用0.2%补偿法[8]计算静态软化率，即“补偿”真应变为0.002，软化率采用式（6-1）计算。

$$X_s = \frac{\sigma_m - \sigma_r}{\sigma_m - \sigma_0} \tag{6-1}$$

式中，X_s为静态软化率，σ_m为第一次卸载时对应的应力值，σ_0为第一次变形时的屈服应力，σ_r为第二次变形时的屈服应力。两次变形的屈服应力均定义为产生0.002真应变永久变形时对应的应力值。将试样进行第一道次0.3变形，保温不同时间后喷水淬火，以进行静态再结晶组织演变的观察。

图6-5和图6-6分别示出的是950℃和1100℃条件下、变形速率为$1s^{-1}$时两道次压缩的流变应力曲线。图6-7示出的是不同变形温度条件下静态再结晶软化率和保温时间的关系曲线。可以看出，随着变形温度的升高及道次间隔时间的增加，道次间的静态软化率增加。静态再结晶过程是一个热激活的过程，随着变形温度的提高，形核率与长大速率均增加。因此，静态再结晶过程明显加快，软化率显著增加。在950℃条件下，随着道次间隔时间的延长，静态软化率显著增加。当道次间隔时间为10s时，软化率为12%，当道次间隔时间为100s时，软化率增至50%。在1100℃条件下，两道次的流变应力明显比950℃压缩变形时要低。而相同时间的静态软化率要比950℃时显著提高，当道次间隔时间为10s时，软化率已经达到22%，当道次间隔时间为100s时，软化率增至71%。可见，温度对静态软化率的贡献很大。

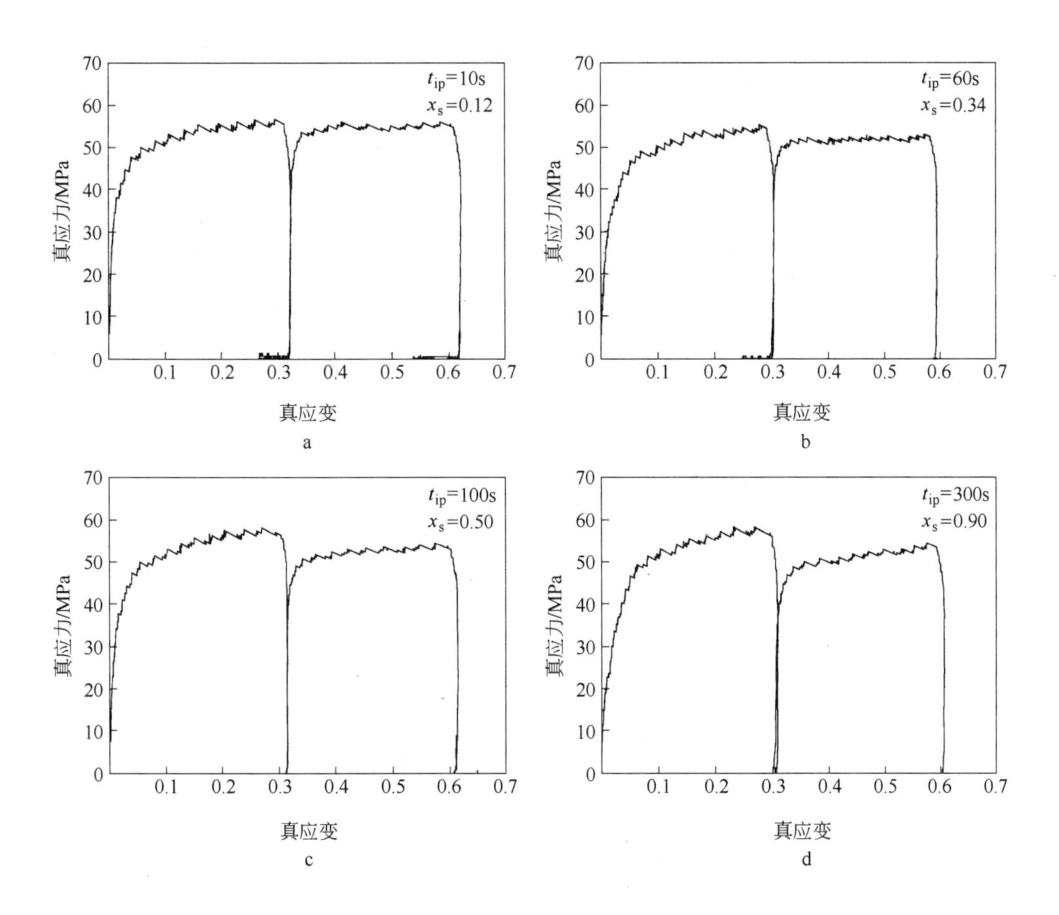

图 6-5 950℃条件下不同道次间隔时间（t_{ip}）的双道次压缩实验的流变应力曲线（应变速率为 $1s^{-1}$）

a—道次间隔时间为 10s；b—道次间隔时间为 60s；
c—道次间隔时间为 100s；d—道次间隔时间为 300s

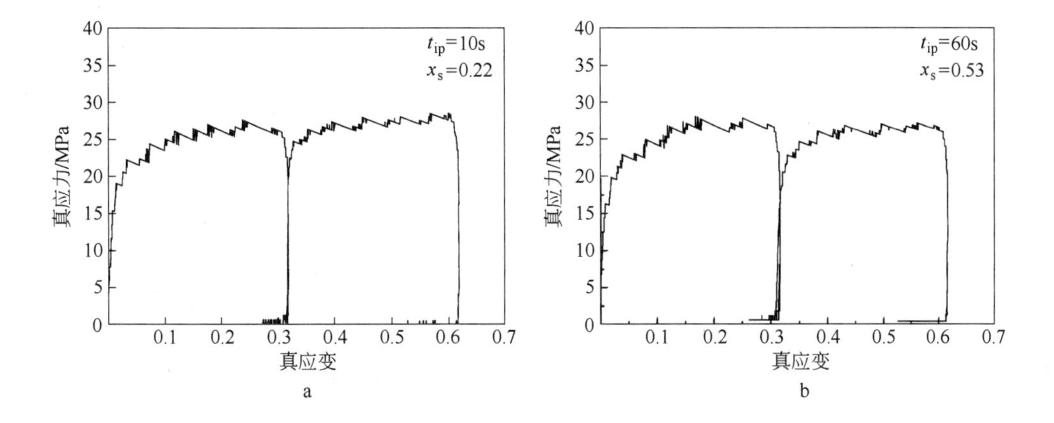

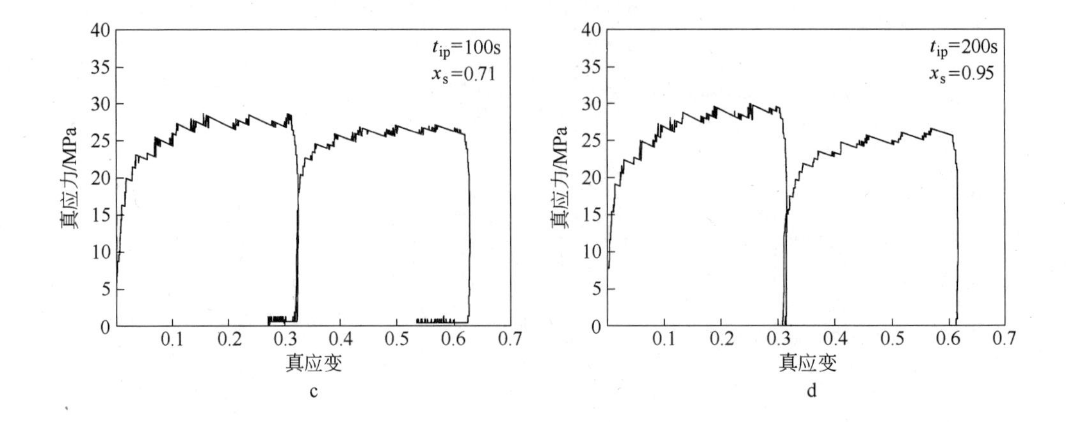

图 6-6　1100℃条件下不同道次间隔时间（t_{ip}）的双道次压缩实验的流变应力曲线

（应变速率为 $1s^{-1}$）

a—道次间隔时间为 10s；b—道次间隔时间为 60s；

c—道次间隔时间为 100s；d—道次间隔时间为 200s

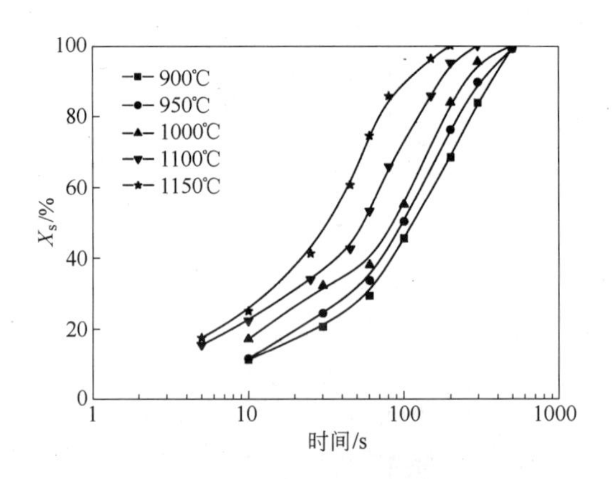

图 6-7　道次间静态再结晶软化率和保温时间的关系

图 6-8a 示出的是热轧板宏观硬度随退火时间的变化曲线。由图知，随着退火时间的延长，热轧板的硬度逐渐减小。但是，热轧板硬度与退火时间并不呈线性关系，而是明显地分为三段。当退火时间小于 40s 时，硬度变化不大；当退火时间在 50～110s 时，硬度明显降低；当退火时间大于 150s 时，硬度降低幅度很小。图 6-8b 示出的是通过面积法和硬度法得到的再结晶分数与退火时间的关系曲线。可以看出，两种方法获得的曲线基本接近，均明显地分为三个阶段，即缓慢的再结晶形核阶段、再结晶晶粒的迅速长大阶段和缓慢的再结晶完成阶段。

实验用铁素体不锈钢热轧板退火过程的静态再结晶动力学可用 JMAK（即

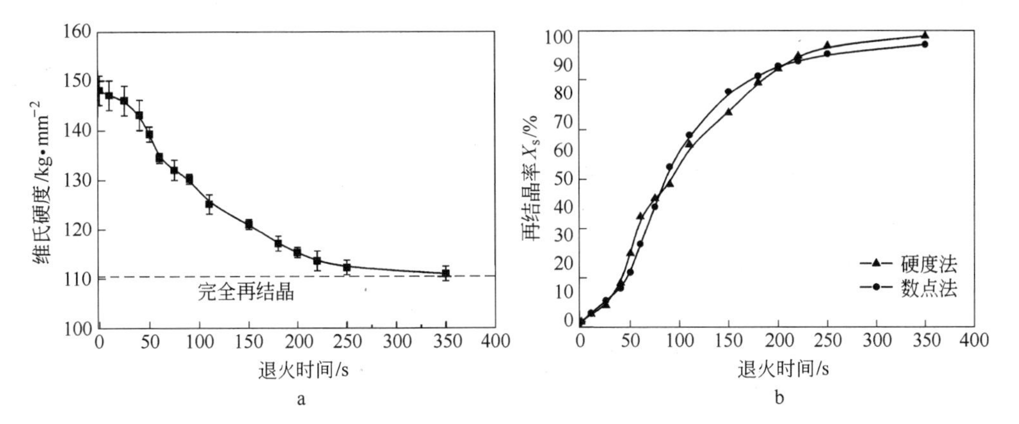

图 6-8 热轧板退火过程中的硬度及再结晶率与时间的关系

（热轧板退火温度为 880℃）

a—硬度-时间曲线；b—再结晶率-时间曲线

Johnson-Mehl-Avrami-Kormogorov 动力学关系）方程表示，即：

$$X_s = 1 - \exp\left[-0.693\left(\frac{t}{t_{0.5}}\right)^n\right] \tag{6-2}$$

式中，X_s 为静态再结晶软化率，$t_{0.5}$ 为再结晶率达到 50% 时的时间。对式（6-2）两边取双自然对数处理后得式（6-3）：

$$\ln[-\ln(1-X_s)] = \ln 0.693 + n\ln(t/t_{0.5}) \tag{6-3}$$

由式（6-3）可知，$\ln[-\ln(1-X_s)]$ 和 $\ln(t/t_{0.5})$ 呈线性关系，其斜率就是时间指数 n。图 6-9 示出的是 $\ln[-\ln(1-X_s)]$ 与 $\ln(t/t_{0.5})$ 之间的关系曲线，可得到三个阶段的时间指数 n_1、n_2 和 n_3 分别为 1.007、2.388 和 1.037。可见，典型铁素体不锈钢热轧板在 880℃ 条件下退火过程的静态再结晶动力学需用分段函数描

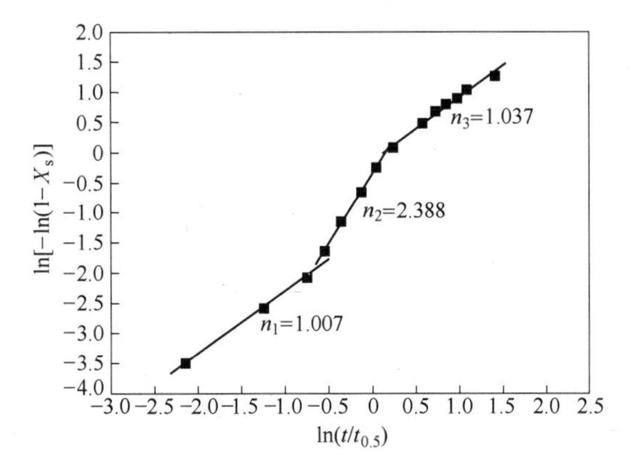

图 6-9 $\ln[-\ln(1-X_s)]$ 与 $\ln(t/t_{0.5})$ 之间的关系

述，如式（6-4），它们分别对应着图 6-8b 中缓慢的再结晶形核阶段、再结晶晶粒的迅速长大阶段和缓慢的再结晶完成阶段。

$$\begin{cases} X_s = 1 - \exp\left[-0.693\left(\dfrac{t}{t_{0.5}}\right)^n \right] \\ 0s < t \leqslant 40s, n = 1.007; 40s < t \leqslant 90s, n = 2.388; 90s < t \leqslant 350s, n = 1.037 \end{cases} \tag{6-4}$$

图 6-10 示出的是冷轧 409L 在 750℃ 进行退火的条件下的恒温再结晶动力学[5]。通过整理 lnln[1/(1 − f)] 与 ln$t$ 的关系，其中 f 为再结晶率，t 为退火时间。可以看出，再结晶过程出现两段 JMAK 动力学关系，分别表示在再结晶初期的快速再结晶过程和再结晶后期的缓慢再结晶过程。

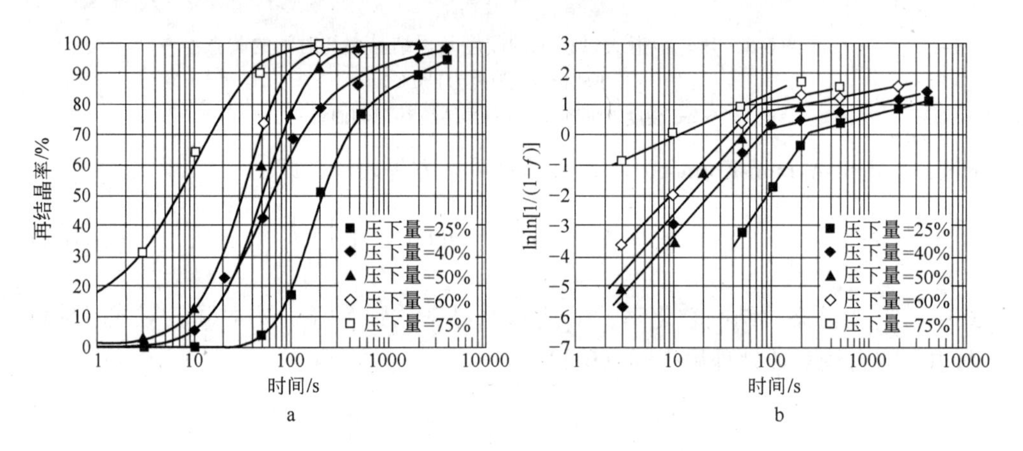

图 6-10　不同冷轧压下量的 409L 试样 750℃ 条件下的再结晶动力学（a）和 lnln[1/(1 − f)] 与 ln$t$ 的关系（b）

图 6-11 示出的是经不同压下量冷轧变形的 409L 铁素体不锈钢试样在 750℃ 条件下经不同时间退火后的再结晶组织的金相照片，其中 X 为再结晶率，t 为退火时间。可以看出，冷轧试样发生严重不均匀再结晶。在再结晶中期，形成明显的再结晶和未再结晶带状组织的“三明治”结构。随着再结晶的进行，某些未再结晶带状组织对晶内和晶界处新晶粒的形核起到阻碍作用，并且有效抑制了相邻再结晶晶粒的运动。为进一步观察冷轧铁素体不锈钢中再结晶组织的演化进程，Sinclare 等人采用 Gleeble 热力模拟实验机对 50% 压下量的冷轧试样进行了退火处理。试样温度由夹头处的室温连续变化至试样中心部位的 920℃。试样的金相照片清楚显示了显微组织中再结晶的演变过程。新的晶粒首先在晶界附近的少量带状组织内形成，这些新晶粒长大并充满带状组织后停止继续长大。在再结晶初期，α 纤维取向的带状晶粒的边界出现明显的晶界凸起并进入到表面粗糙的 γ 纤维取向的带状组织之中，如图 6-12 所示。

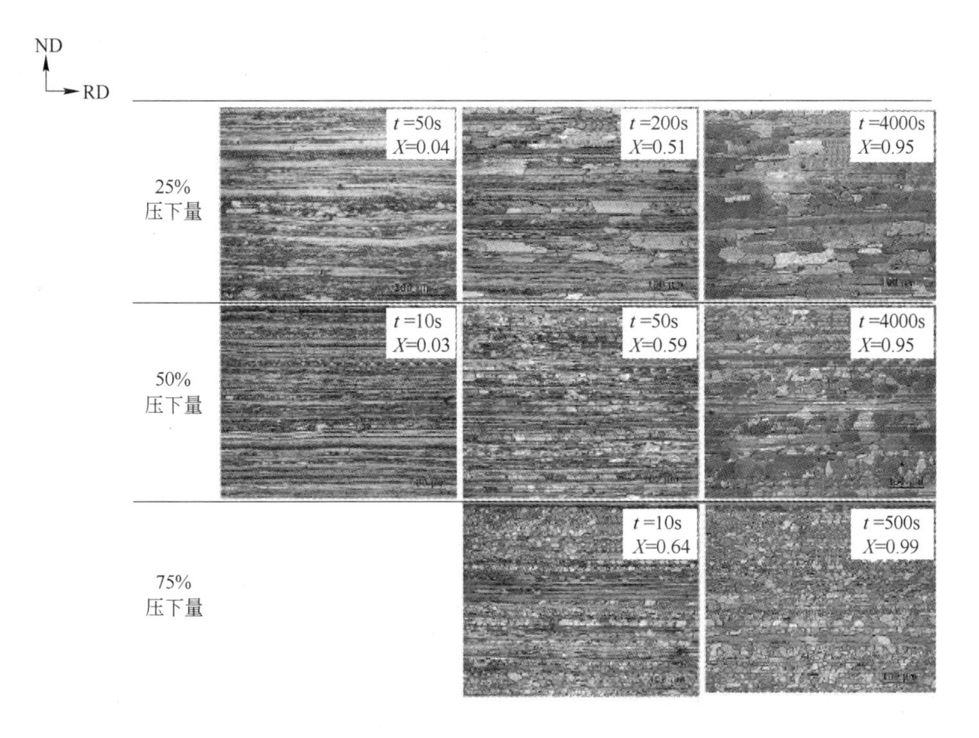

图 6-11 不同冷轧压下量的 409L 试样经 750℃不同时间退火后显微组织的金相照片

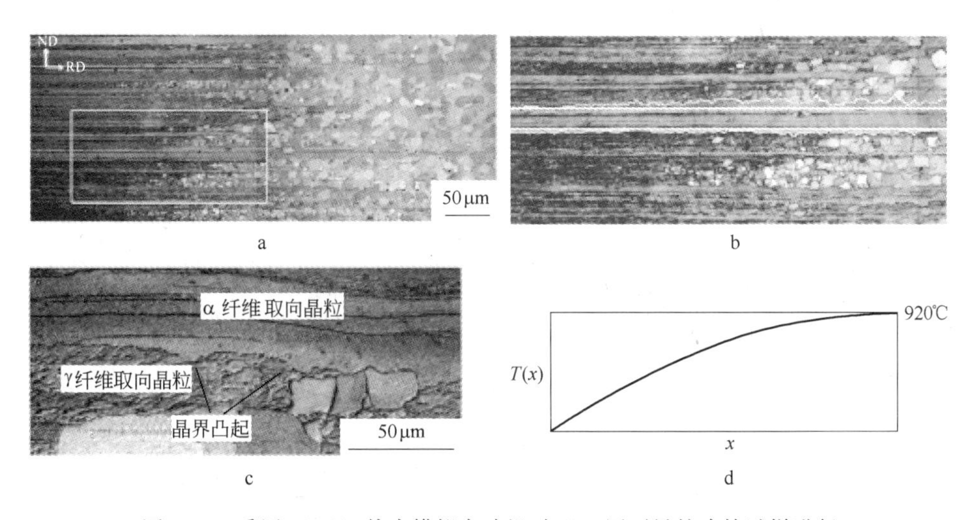

图 6-12 采用 Gleeble 热力模拟实验机对 50% 压下量的冷轧试样进行退火处理后的显微组织的金相照片

a—显微组织的低倍观察；b—显微组织的较高放大倍数观察；
c—显微组织高倍观察；d—再结晶率随时间的变化关系

图 6-13a 和 b 分别示出的是冷轧超纯 Cr17 铁素体不锈钢 900℃条件下的静

态再结晶率（X_s）与退火时间（t）的关系及 $\ln\ln[1/(1-X_s)]$ 与 $\ln t$ 的关系[6]。利用最小二乘法分别对图 6-13b 中的两段数据进行线性回归可得到两个时间指数 n_1 和 n_2 分别为 1.922 和 0.578，静态再结晶动力学的 JMAK 方程可用分段函数式（6-5）描述，分别对应着图 6-13b 中迅速的再结晶形核与长大阶段及缓慢的再结晶完成阶段。

$$\begin{cases} X_s = 1 - \exp\left[-0.693\left(\dfrac{t}{t_{0.5}}\right)^n\right] \\ 0\text{s} < t \leqslant 30\text{s}, n = 1.922;\quad 30\text{s} < t \leqslant 120\text{s}, n = 0.578 \end{cases} \tag{6-5}$$

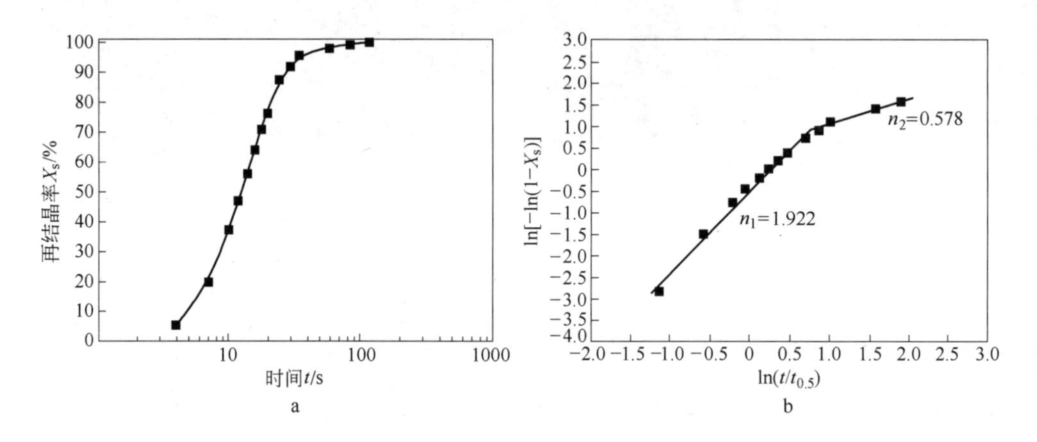

图 6-13　冷轧超纯 Cr17 铁素体不锈钢结果

a—再结晶率与退火时间的关系（再结晶退火方式：盐浴退火）；

b— $\ln\ln[1/(1-X_s)]$ 与 $\ln(t/t_{0.5})$ 之间的关系

上述结果清楚表明，当再结晶达到一定程度后，再结晶速度显著降低，因此冷轧板的再结晶动力学基本符合分段式 JMAK 方程。据 Sinclare 的研究结果，冷轧压下率对第一段 JMAK 方程的指数 n 值具有较大影响，小于 75% 时 n 值约为 1.5，大于 75% 时，n 值会进一步降低。原因可能有以下几个方面：（1）冷轧压下率提高以后，钢中可发生快速再结晶的 〈111〉//ND 取向的晶粒数量减少，在〈110〉//RD 取向的晶粒中发生再结晶的数量增加，导致再结晶形核和长大速度均降低；（2）$\{001\}\langle 1\bar{1}0\rangle \sim \{112\}\langle 1\bar{1}0\rangle$ 取向的带状变形晶粒会阻碍再结晶晶粒的“入侵”，也会导致再结晶速度降低。因此，为获得充分的再结晶组织，通常需要采用长时间的再结晶退火处理，对于较低冷轧压下率的情况更是如此。当冷轧压下率较低时，再结晶晶粒的拓扑结构极不均匀，大量形成沿 RD 方向拉长的晶粒。在再结晶进程的后期，溶质拖曳与晶粒之间的相互撞遇（即取向钉扎）等因素均会导致再结晶晶粒前沿的移动性显著降低，造成再结晶后期再结晶速度的显著降低。

6.2 铁素体不锈钢晶粒取向的演变规律与再结晶机制

6.2.1 热轧板再结晶机制和晶粒取向的变化规律

刘海涛等人以6.1节提到的超低碳氮铌钛复合微合金化Cr17铁素体不锈钢为实验材料研究铁素体不锈钢热轧板的再结晶机制。图6-14示出的是热轧板退火过程中试样经不同时间退火处理后横截面显微组织的金相照片[6]。由图6-14a可知，当退火10s后，热轧组织变化不大，仍由大量拉长的变形晶粒组成。但是，在部分变形晶粒的晶界附近，特别是在变形晶粒末端相接触的晶界附近，伴随着晶界的弓出开始出现数量较少的、细小的再结晶晶核。由图6-14b可知，退火25s后，在变形晶粒的晶界附近形成的再结晶晶核进一步长大，在这些晶粒的附近继续有细小的再结晶晶核生成。由金相照片还可以看出，再结晶晶粒的颜色明显不同，表明在试样腐刻时受腐蚀的程度不同（腐刻液为5g $FeCl_3$ + 20mL HCl + 20mL H_2O），这说明再结晶晶粒的晶体取向不同。部分再结晶晶粒与相邻的未再结晶的变形晶粒的颜色相同，表明两者的晶体取向相近。由图6-14c可知，退火60s后，再结晶晶粒尺寸明显增大，再结晶晶粒的晶界明显向相邻带状变形晶粒发生弓出，表明再结晶晶粒的长大依靠吞并相邻变形晶粒而实现。此时，在部分带状变形晶粒的内部也开始出现少量的再结晶晶核。由图6-14d可知，当退火110s时，再结晶晶粒继续长大，部分带状变形晶粒已完全被再结晶晶粒取代，且许多相邻的再结晶晶粒受腐蚀的程度相同，表明这些再结晶晶粒与原始带状变形晶粒之间在晶体取向上具有某种继承关系。另外，也有许多再结晶晶粒受腐蚀的程度与周围的再结晶晶粒明显不同，表明这些再结晶晶粒的形成机制并不完全相同。在未再结晶的变形晶粒中多数颜色较浅，表明它们的晶体取向相近。由图6-14e可知，退火180s后，再结晶晶粒的尺寸变化不大。随着新的再

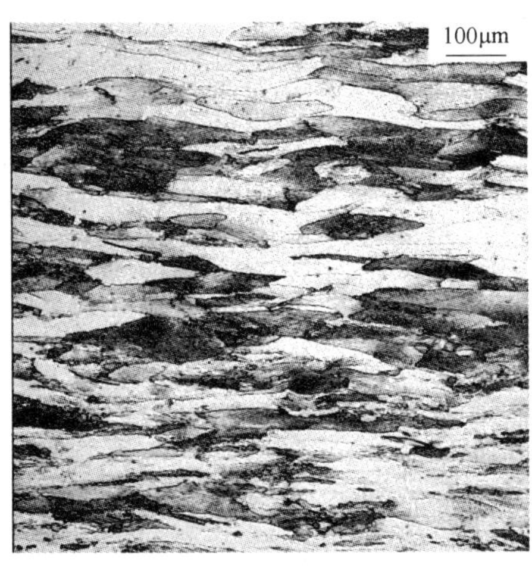

a

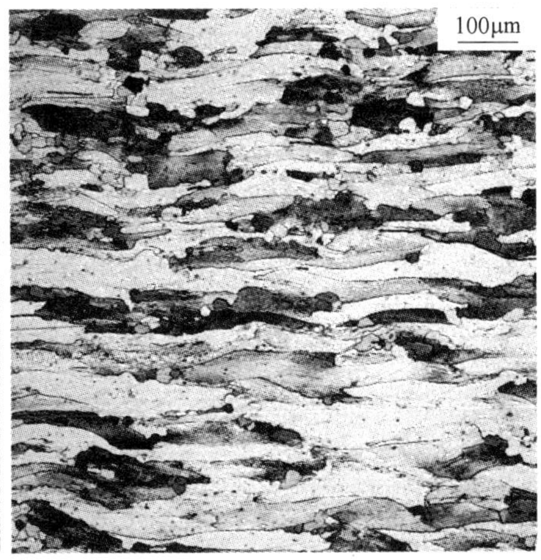

b

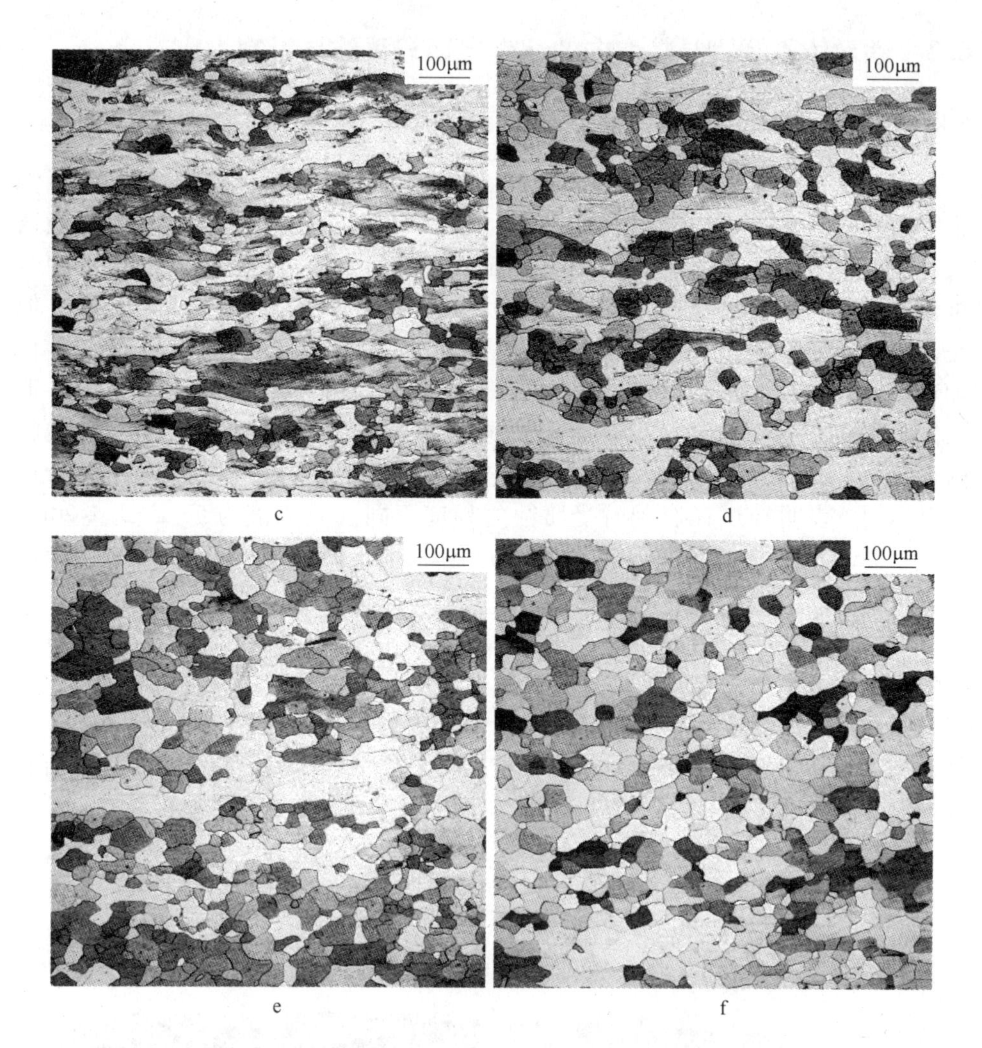

图 6-14　880℃退火不同时间后热轧板横截面的组织演变

a—退火 10s；b—退火 25s；c—退火 60s；d—退火 110s；e—退火 180s；f—退火 350s

结晶晶核的生成和长大，变形晶粒大量减少。残留的未再结晶的变形晶粒的颜色均较浅，表明再结晶末期的带状变形晶粒具有特殊的晶体取向，具有这种取向的变形晶粒的再结晶速度非常缓慢。由图 6-14f 可知，退火 350s 后，变形晶粒基本消失，再结晶晶粒等轴化程度较高且尺寸均匀。但是，仍有少量的再结晶晶粒呈椭圆形，表明热轧板的再结晶过程仍伴随着静态回复的发生。

图 6-15 示出的是退火不同时间后热轧板织构的 ODF 恒 φ_2 截面图。由图知，热轧织构主要由〈001〉//ND 的 θ 纤维织构和〈110〉//RD 的 α 纤维织构组成，强点{001}$\langle 1\bar{1}0\rangle$的取向密度为 $f(g)=12.0$，其他主要组分为{001}$\langle 4\bar{9}0\rangle$、{115}$\langle 1\bar{1}0\rangle$、{114}$\langle 1\bar{1}0\rangle$和{113}$\langle 1\bar{1}0\rangle$。〈111〉//ND 的 γ 纤维织构相对较弱，

主要组分为{111}⟨1$\bar{1}$0⟩、{111}⟨1$\bar{3}$2⟩。在880℃条件下退火150s后，织构强度显著降低，强点{001}⟨1$\bar{1}$0⟩的取向密度为$f(g)=8.0$，织构类型变化不大，仍主要由θ纤维织构和α纤维织构组成，其他主要组分为{001}⟨0$\bar{1}$0⟩、{001}⟨4$\bar{9}$0⟩、{115}⟨1$\bar{1}$0⟩、{112}⟨1$\bar{1}$0⟩。γ纤维织构仍然较弱，主要组分为{111}⟨1$\bar{1}$0⟩。880℃退火350s后，再结晶已经基本完成，织构的强度进一步降低，强

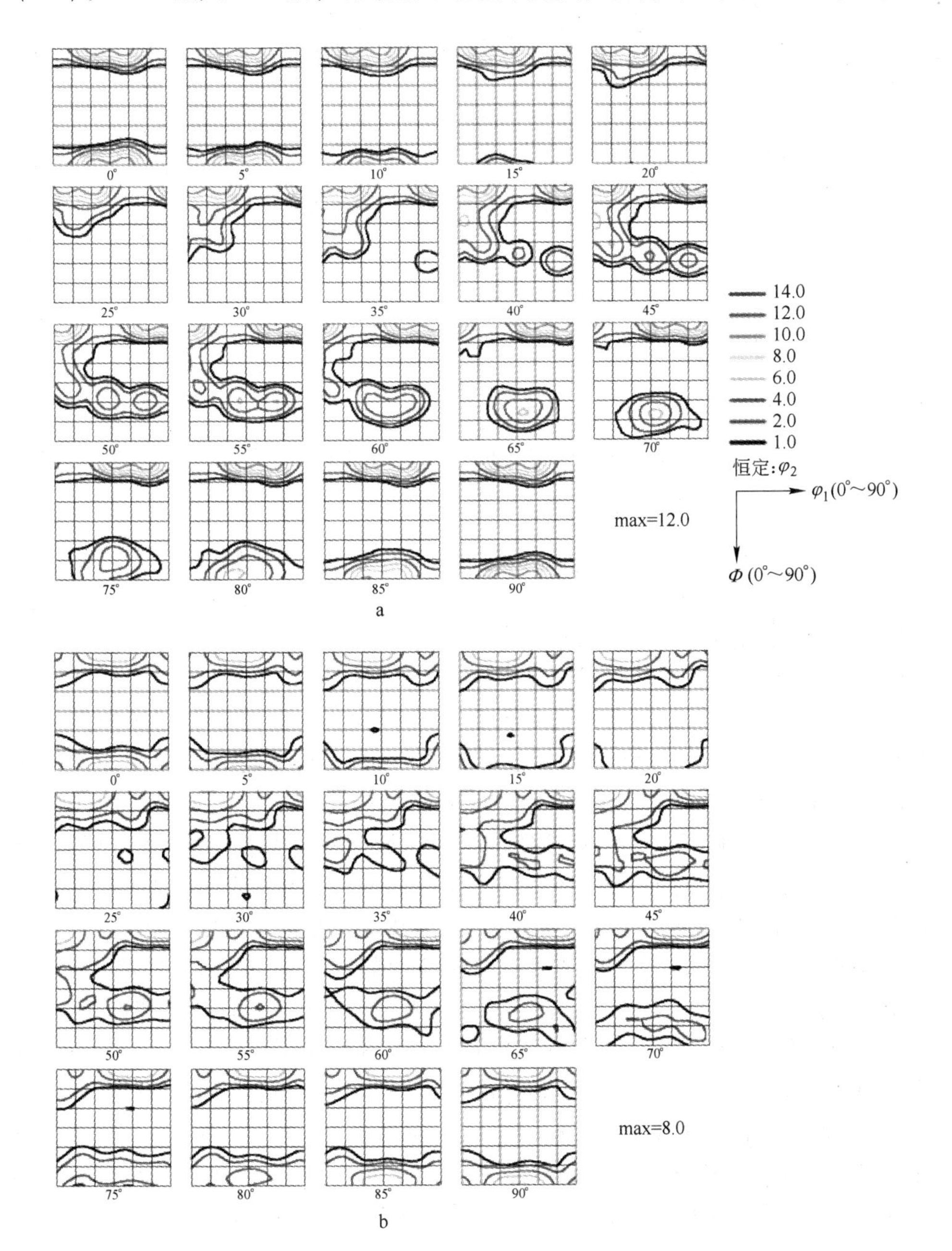

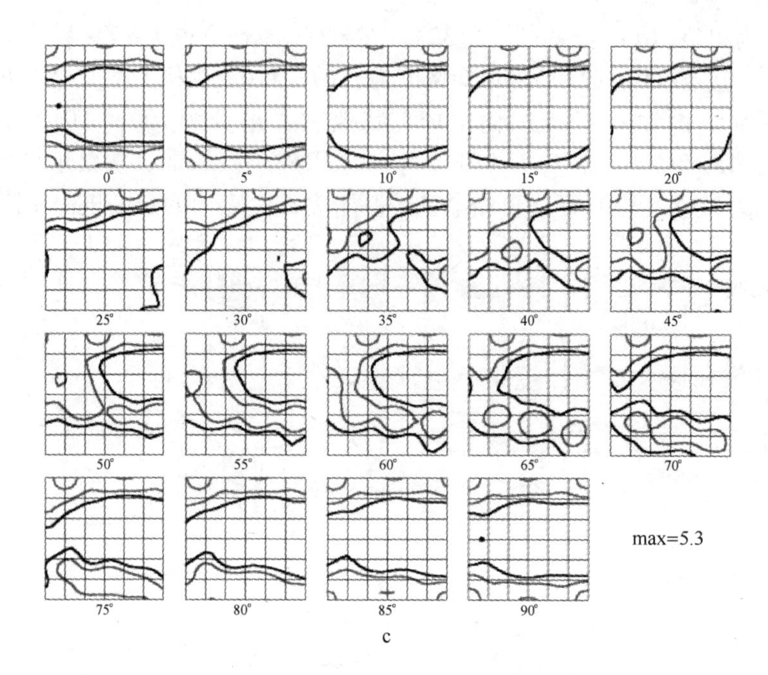

图 6-15　热轧板退火不同时间后织构的 ODF 恒 φ_2 截面图（彩图见书后彩页）

a—0s；b—150s；c—350s

点{001}〈$1\bar{1}0$〉的取向密度仅为 $f(g)=5.3$，仍主要由 θ 纤维织构和 α 纤维织构组成，其他主要组分为{001}〈$0\bar{1}0$〉、{115}〈$1\bar{1}0$〉、{113}〈$1\bar{1}0$〉，γ 纤维织构强度仍较低，主要组分为{111}〈$\bar{1}\bar{1}2$〉。可见，随着热轧板再结晶过程的进行，θ 纤维织构和 α 纤维织构显著弱化，而 γ 纤维织构变化不大。

图 6-16 示出的是不同时间退火处理后热轧板纵截面的 EBSD 晶体取向分布图[6]。由图 6-16a 可知，热轧板主要由大量的〈001〉//ND 取向的带状变形晶粒和少量的〈111〉~〈112〉//ND 取向的带状变形晶粒组成。各带状变形晶粒内部不同位置的取向并不完全相同，存在许多取向渐变的区域，表明热轧过程中由于变形不均而使晶粒存在不同程度的碎化。图 6-17 示出的是 γ 和 α 纤维织构的变形晶粒内部分别沿轧制方向和厚度方向的点对点（Point to Point）取向差变化曲线证实了这一点。由图知，在 γ 和 α 纤维织构变形晶粒内部，沿轧制方向和厚度方向都存在取向的变化，取向差小于 15°。但是，在 γ 纤维织构变形晶粒内部的平均取向差略高，表明 γ 纤维织构变形晶粒的碎化程度比 α 纤维织构变形晶粒略高。由图 6-16b 可知，880℃退火 25s 后，许多变形晶粒的边界呈锯齿形，晶界发生弓出后形成再结晶晶核。而且，有的变形晶粒已完全被再结晶晶粒取代。特别的是，在这些再结晶晶粒中，〈111〉//ND 取向的晶粒较多，另外还夹杂着少量的其他取向的晶粒。还可以发现，在变形晶粒的内部也出现了许多再结晶晶核，这些晶核的取向并非和它

们所在的带状变形晶粒完全相同。由图 6-16c 可知，在 880℃条件下退火 150s 后，多数带状变形晶粒已完全被再结晶晶粒取代。虽然再结晶晶粒的取向并不完全相同，但仍可发现多数晶粒的取向与原始变形晶粒之间存在一定程度的继承关系。另外，〈001〉~〈114〉//ND 取向的变形晶粒仍未发生再结晶，与之相邻的再结晶晶粒的晶界明显向这些变形晶粒凸起，表明这些变形晶粒主要是因相邻的再结晶晶粒的吞并而消失。由图 6-16d 可知，880℃退火 350s 后，变形晶粒完全被再结晶晶粒取代，再结晶晶粒的取向呈多元化，并且相同取向的晶粒呈均匀化分布。

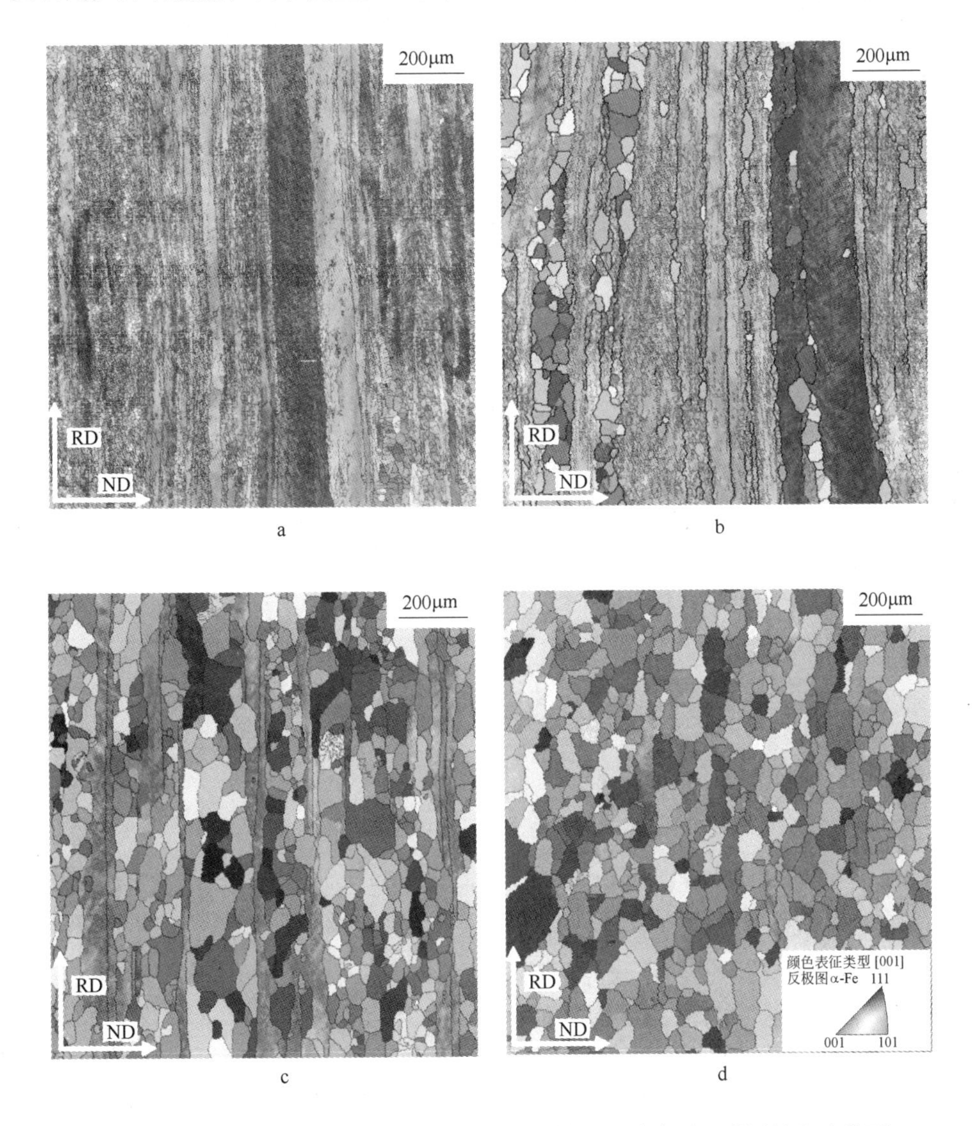

图 6-16 不同退火时间热轧板试样纵截面的晶体取向分布图（彩图见书后彩页）

a—0s；b—25s；c—150s；d—350s

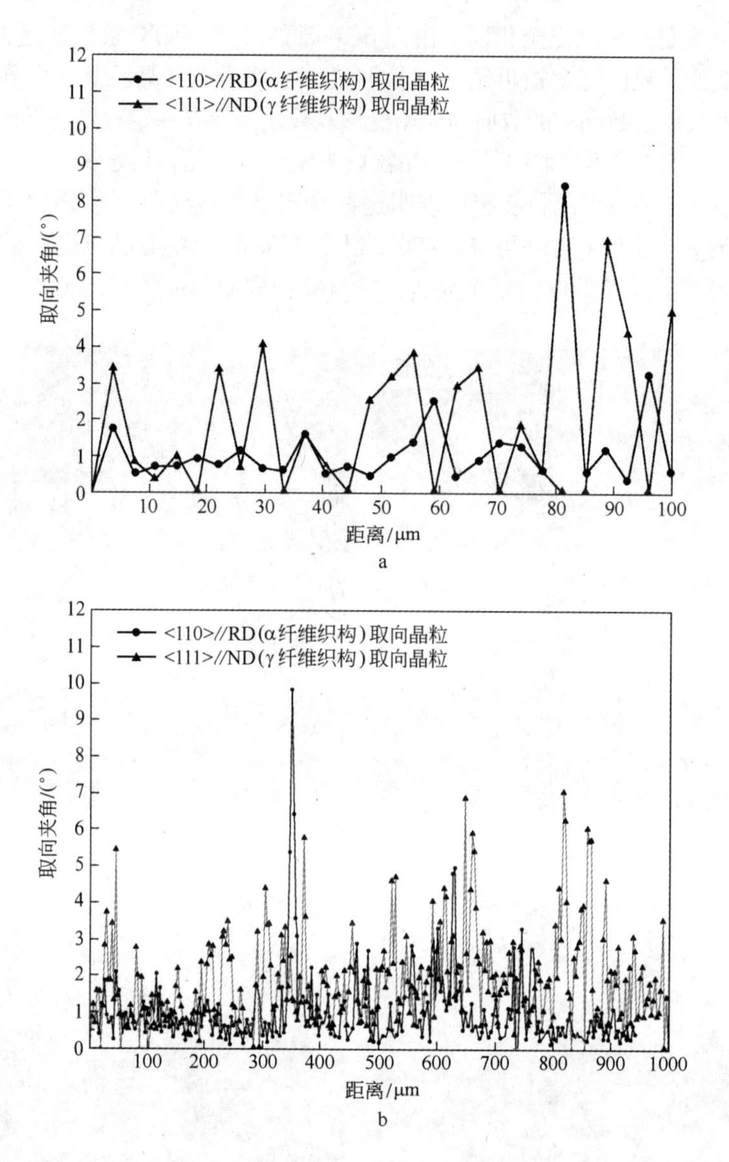

图 6-17　热轧板 γ 和 α 纤维织构取向的变形晶粒内部沿轧向和厚度方向的取向差变化

a—RD；b—ND

图 6-18 示出的是不同退火时间后热轧板厚度方向织构梯度的变化情况。可以看出，热轧板厚度方向的织构显著不均，存在很大的织构梯度，*J2c/J2o* 的最高值为 15.7。热轧板在 880℃条件下退火 150s 后，织构梯度降低，*J2c/J2o* 的最高值为 12.7。当在 880℃条件下退火 350s 后，再结晶基本完成，织构梯度显著降低，*J2c/J2o* 的最高值仅为 5.2。可见，热轧板经退火后，由于大量的特定取向的变形晶粒的消失及再结晶晶粒的形成而使厚度方向的织构均匀性显著提高，厚

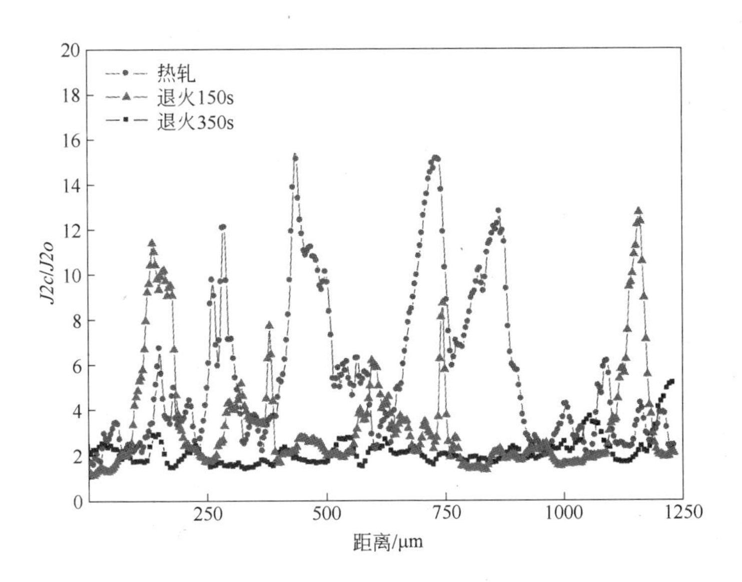

图 6-18 热轧板退火过程中试样厚度方向的织构梯度变化

度方向的织构梯度显著降低。

图 6-19 示出的是热轧板在 880℃条件下退火 25s 后再结晶晶核的晶体取向分布，表 6-2 示出的是图 6-19 中所标定晶粒的形核特征。从形核位置的角度看，再结晶晶核主要在带状变形晶粒的初始晶界附近形成，这些晶界包括 γ/γ 纤维织构变形晶粒、α/γ 纤维织构变形晶粒、α/α 纤维织构带状变形晶粒之间的晶界。再结晶晶核也可在晶内形成，但数量很少，这主要是由于带状变形晶粒内部的取向差较小而变形晶粒的晶界之间的取向差较大的缘故。晶界附近较大的取向差和高

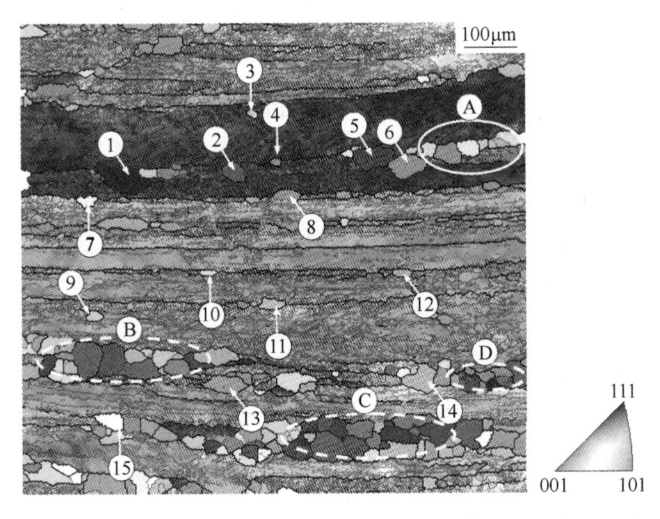

图 6-19 热轧板在 880℃条件下退火 25s 后试样纵截面的晶体取向分布图（彩图见书后彩页）

表 6-2　图 6-19 中所标定晶粒的形核特征

编号	晶粒取向	晶　格	形核位置		形核方式	
			晶　界	晶　内	原位形核	随机形核
1	$\{111\}\langle 5\bar{1}\bar{4}\rangle$		(γ/γ)	×	√	×
2	$\{19\ 23\ 17\}\langle\bar{3}12\rangle$	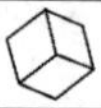	(γ/γ)	×	√	×
3	$\{3\overline{11}\,\overline{13}\}\langle\bar{7}\bar{4}\bar{5}\rangle$	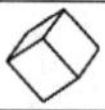	×	√	×	√
4	$\{41\ 1\ 1\}\langle 11\overline{42}\rangle$		(γ/γ)	×	×	√
5	$\{\overline{29}\ 33\ 30\}\langle\overline{18}\bar{4}\overline{13}\rangle$	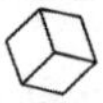	(γ/γ)	×	√	×
6	$\{15\bar{9}\,\overline{11}\}\langle 29\ 8\ 33\rangle$		(γ/γ)	×	√	×
7	$\{45\ 1\overline{21}\}\langle\bar{6}\bar{3}\overline{13}\rangle$	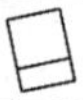	(α/γ)	×	×	√
8	$\{\overline{33}\ \bar{3}\ 2\}\langle\bar{1}13\ 3\rangle$		(α/γ)	×	√	×
9	$\{5\ 3\ 13\}\langle 0\ 13\ \bar{3}\rangle$		×	√	×	√
10	$\{\bar{3}\ \overline{46}\ \overline{14}\}\langle 36\ 1\ \overline{11}\rangle$		(α/α)	×	×	√
11	$\{9\ \bar{7}\ \overline{34}\}\langle\overline{13}\ \bar{7}\ \bar{2}\rangle$		(α/α)	×	×	√
12	$\{10\ 1\ 0\}\langle 0\ 0\ \bar{1}\rangle$		(α/α)	×	√	×
13	$\{5\ \bar{2}\ \bar{2}\}\langle\bar{2}\ \overline{29}\ 24\rangle$		(α/α)	×	√	×
14	$\{13\ \bar{1}\ \overline{15}\}\langle 27\ 6\ 23\rangle$	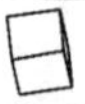	(α/α)	×	×	√
15	$\{7\ \overline{12}\ 3\}\langle\overline{18}\ 13\ 10\rangle$		(α/α)	×	×	√

密度的位错为晶界的弓出提供了有利条件。从形核方式看，再结晶晶核的取向可与相邻基体相同，即通过原位再结晶（In-situ recrystallization）方式形核（如 1 号、2 号、5 号、6 号晶粒），也可与基体不同，即通过随机形核（Random nucleation）方式形核（如 A 区域）。这两种形核方式共同决定了再结晶晶粒的初始取向。从晶核的取向看，既有〈001〉//ND 取向的晶核，也有〈111〉//ND 取向的晶核。前者主要通过原位再结晶方式形核，极少通过随机形核方式形核，而后者则在初始 γ 纤维织构取向变形晶粒的晶界附近完全通过原位再结晶方式形核。需要注意的是，γ 纤维织构取向的变形晶粒再结晶后并不完全形成〈111〉//ND 取向的晶粒。如图 6-19 中的 B、C 和 D 区域，虽然〈111〉//ND 取向的晶粒具有很大的数量优势，但是仍伴随着许多其他取向晶粒的形成。另外，在其他变形晶粒的初始晶界附近还有大量的〈113〉//ND、〈123〉//ND、〈233〉//ND 等取向的晶核通过随机形核方式形成。

图 6-20 示出的是在 880℃ 条件下经不同时间退火的热轧板中特定晶体取向分布情况。热轧板主要由 α 和 γ 纤维织构取向的带状变形晶粒组成，如图6-20a所示，主要包括大量的$\{001\}\langle 1\bar{1}0\rangle$、$\{001\}\langle 0\bar{1}0\rangle$、$\{115\}\langle 1\bar{1}0\rangle$、$\{112\}\langle 1\bar{1}0\rangle$、$\{111\}\langle 1\bar{2}1\rangle$带状变形晶粒。这些粗大的特定取向的带状变形晶粒沿轧向分布，导致热轧板具有显著的织构梯度，如图 6-20a 所示。随着再结晶晶核的形成与长大，这些带状变形晶粒被分割和碎化，如图 6-20b 所示。还可以发现，与 α 纤维织构取向的带状变形晶粒相比，$\{111\}\langle 1\bar{2}1\rangle$、$\{111\}\langle 1\bar{1}0\rangle$取向的带状变形晶粒形核较早，且生长速率较快。这是由于 γ 纤维织构取向的带状变形晶粒内部的取向差比 α 纤维织构取向的带状变形晶粒更大的缘故，如图 6-17 所示。在再结晶末期，多数带状变形晶粒已被再结晶晶粒取代，变形晶粒带状特征明显减弱，导致织构梯度降低，如图 6-20c 所示。另一方面，已完全再结晶的每条带状变形晶粒均由取向相对分散的晶粒组成，可提高织构的均匀性。此时，残留的未再结晶带状变形晶粒的取向主要为$\{001\}\langle 1\bar{1}0\rangle$和$\{115\}\langle 1\bar{1}0\rangle$，这些带状变形晶粒由于形变储能较低而易于发生回复，导致再结晶速率较低，因此它们主要通过相邻的

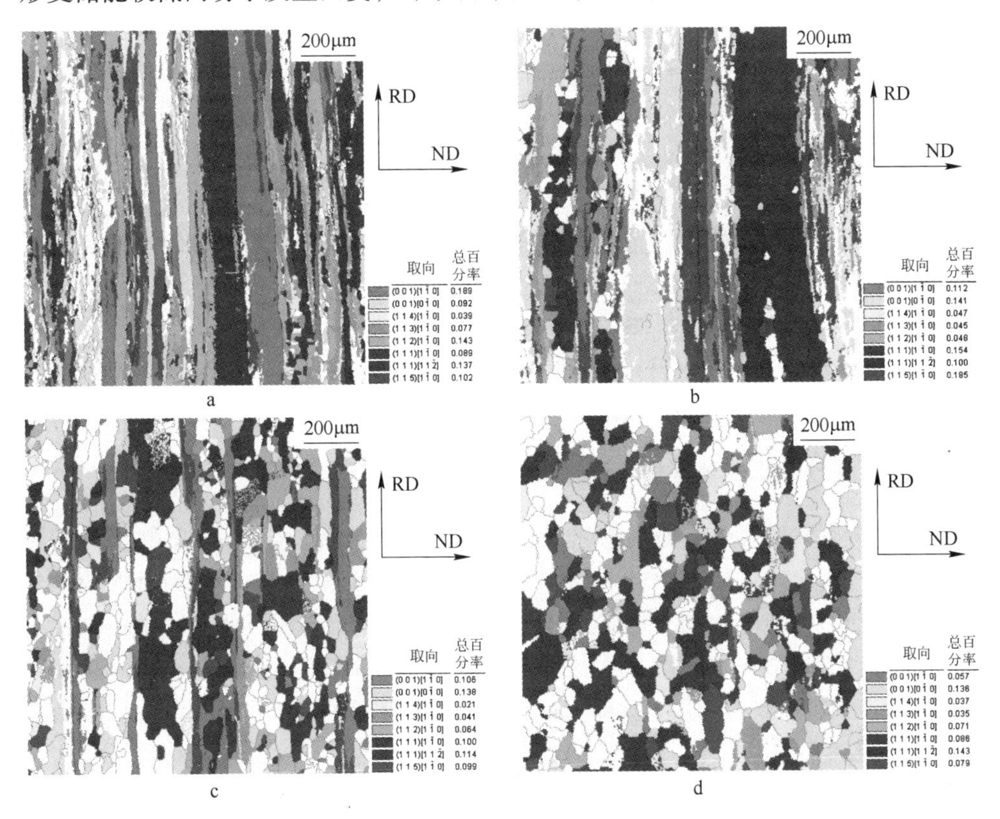

图 6-20 经不同时间退火处理的热轧板中特定晶体取向分布图（彩图见书后彩页）

a—0s；b—25s；c—150s；d—350s

再结晶晶粒的生长而被吞并。这两种取向的带状变形晶粒的存在是导致热轧板退火过程的静态再结晶结束阶段非常缓慢的主要原因。再结晶完成后，带状变形晶粒完全消失，再结晶晶粒的取向高度多元化，相同取向的晶粒呈均匀化分布，导致织构梯度进一步降低，如图 6-20d 所示。此时，退火板中〈001〉//ND、〈115〉~〈113〉//ND 晶粒的面积分数均大幅降低，而 γ 纤维织构取向晶粒的面积分数与热轧板中 γ 纤维织构取向带状变形晶粒的面积分数相当。

因此，热轧后的退火处理对热轧板织构的影响主要表现在以下几个方面：

（1）显著弱化热轧 α 纤维织构，特别是弱化有害的{001}〈$1\bar{1}0$〉~{115}〈$1\bar{1}0$〉织构组分。一方面，退火过程中产生了大量的随机取向的再结晶晶核，它们的形成和长大必然会降低初始热轧织构的整体强度。另一方面，〈001〉~〈115〉//ND 取向带状晶粒的变形储能较低，再结晶速率较慢，它们主要通过周围其他取向晶粒的长大而被分割和吞并，这是导致〈001〉~〈115〉//ND 组分被显著弱化的根本原因。但是，由于其特别高的热轧初始强度，再结晶后，这些组分依然是最强组分。

（2）显著降低织构梯度，大幅提高各取向晶粒分布的均匀性。一方面，大量的随机取向晶核的产生有助于破碎粗大的特定取向的带状变形晶粒使取向多元化。另一方面，不同取向的再结晶晶粒的相互挤压和吞并也有助于提高不同取向晶粒分布的均匀性。

（3）提高有益的 γ 纤维织构的相对强度。一方面，再结晶过程中 γ 纤维织构取向的带状变形晶粒通过晶界附近的原位再结晶形成大量的 γ 纤维织构取向的晶粒，并迅速长大，从而使热轧板的 γ 纤维织构得以保留。但是，随机形核的发生和热轧板较弱的初始 γ 纤维织构共同决定了再结晶后这种织构不会具有显著优势。另一方面，{001}〈$1\bar{1}0$〉~{115}〈$1\bar{1}0$〉有害组分的强度显著降低，导致有益的 γ 纤维织构的相对强度得到提高。

6.2.2　冷轧铁素体不锈钢的再结晶机制

刘海涛等人以 6.1 节提到的超低碳氮、铌钛复合微合金化 Cr17 铁素体不锈钢为实验材料，研究了铁素体不锈钢冷轧板的再结晶机制。图 6-21 示出的是经 84% 冷轧变形量的冷轧板不同温度退火后的组织变化的金相照片[6]。由图知，当退火温度为 850℃时，组织完全为等轴化的再结晶晶粒，晶粒较细小，但晶粒大小较均匀，平均晶粒尺寸为 22μm。当退火温度为 900℃时，再结晶晶粒略微增大，晶粒大小较均匀，平均晶粒尺寸为 25μm；当退火温度为 950℃时，再结晶晶粒大小不均，出现了一些较大的晶粒，平均晶粒尺寸为 35μm。当退火温度为 1000℃时，再结晶晶粒大小严重不均，出现了许多大晶粒，平均晶粒尺寸为 43μm；当退火温度为 1050℃时，再结晶晶粒显著增大，有的晶粒达到 200μm，此

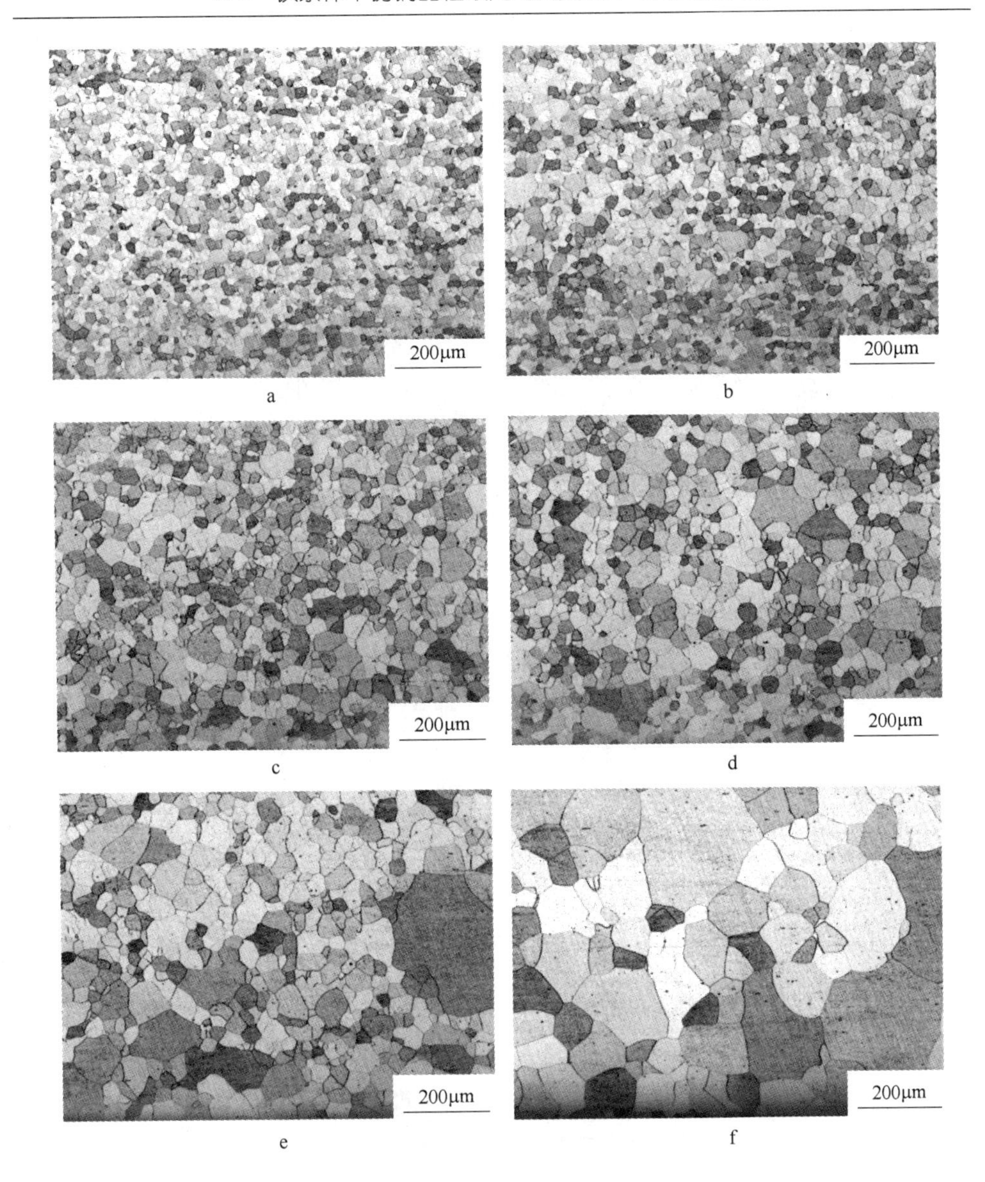

图 6-21　冷轧板在不同退火温度条件下的显微组织
（退火时间为 300s）
a—850℃；b—900℃；c—950℃；d—1000℃；e—1050℃；f—1100℃

时的平均晶粒尺寸为 75μm；当退火温度为 1100℃时，再结晶晶粒变得异常粗大，平均再结晶晶粒尺寸达到 135μm。可见，随着冷轧板退火温度的升高，一方面，再结晶晶粒的平均尺寸迅速增大，另一方面，再结晶晶粒的不均匀性程度加重。

图 6-22 示出的是压下量 84% 的冷轧板经 900℃盐浴退火 7s 后再结晶初期的 EBSD 晶体取向分布图。可以看出，再结晶晶核主要在某些带状变形晶粒的晶界

附近（如A区域）、某些带状变形晶粒的晶界和晶内剪切带上（如B区域）以及某些带状变形晶粒的晶内剪切带上（如C、D、E区域）形成。可见，对于铁素体不锈钢，变形晶粒的晶界和晶内剪切带处均是再结晶形核的有利位置。这与之前Sinclair等人认为只在变形晶粒的晶界附近主要形成再结晶晶核的观点不同[5,9]。还可以发现，许多带状变形晶粒内部出现了大量的小角晶界及亚晶，表明这些区域已经发生了静态回复。对于低碳钢、IF钢等深冲用钢，剪切带一般只

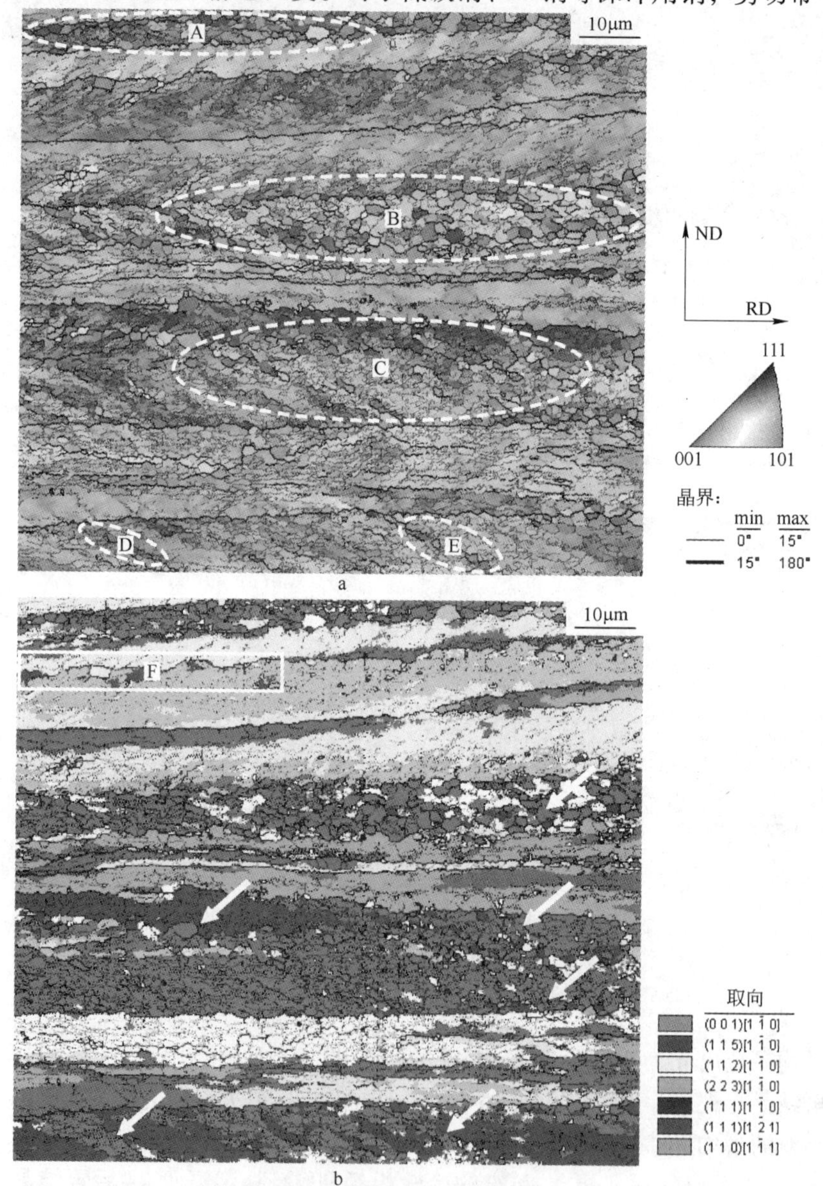

图6-22　退火7s后冷轧板显微组织的全部晶体取向分布图及特定晶体取向分布图（彩图见书后彩页）

出现在$\langle 111\rangle$//ND取向的带状变形晶粒内，特别是$\{111\}\langle 1\bar{2}1\rangle$带状变形晶粒内[10]，而对于铁素体不锈钢，剪切带却更为普遍。虽然图6-22a示出的是组织已经发生了回复与部分再结晶的退火冷轧板显微组织取向成像图，但$\{111\}\langle 1\bar{2}1\rangle$、$\{111\}\langle 1\bar{1}0\rangle$、$\{223\}\langle 1\bar{1}0\rangle$和$\{112\}\langle 1\bar{1}0\rangle$变形晶粒内的剪切带形貌仍很明显，而$\{001\}\langle 1\bar{1}0\rangle$和$\{115\}\langle 1\bar{1}0\rangle$变形晶粒内却没有发现剪切带的迹象。另外，需要注意的是图中的F区域，在发生回复的$\{223\}\langle 1\bar{1}0\rangle$取向的变形晶粒内出现了少量的$\{111\}\langle 1\bar{1}0\rangle$亚晶，进一步巩固了退火初期$\{111\}\langle 1\bar{1}0\rangle$ ~ $\{223\}\langle 1\bar{1}0\rangle$取向的部分晶粒将逐渐向$\{111\}\langle 1\bar{1}0\rangle$取向调整的结论。另外，如图6-22b中箭头所示，$\{111\}\langle 1\bar{2}1\rangle$和$\{111\}\langle 1\bar{1}0\rangle$取向基体的分布具有很强的互补性，表明这两种取向的基体之间存在某种特殊取向关系。

图6-23示出的是图6-22中所观察区域的晶界特征分布及重位点阵（Coincidence Site Lattice，CSL）晶界数量分数的分析结果。由图知，组织中的小角晶界、CSL晶界及随机大角度晶界的数量分数分别为37.3%、18.6%和44.1%。大量的小角晶界的出现归因于亚晶的形成[11]及织构的发展[12~14]，而大角晶界则是由冷轧时位错积累[15,16]所产生的较大的取向差遗留下来所致。CSL晶界中以Σ13b数量最多，Σ3和Σ11的数量次之，还有一定数量的Σ9和Σ5等，而Σ19a的数量特别少，仅占0.58%。图6-24示出的是图6-22中所观测区域中Σ9、Σ11和Σ13b晶界分布的分析结果。与图6-22b对比后可以发现，Σ13b晶界主要分布在$\{111\}\langle 1\bar{2}1\rangle$和$\{111\}\langle 1\bar{1}0\rangle$基体内部。Σ13b晶界两边的晶粒具有27.8°/$\langle 111\rangle$取向关系[17]，这种特殊晶界的移动速率比小角度晶界更快。$\{111\}\langle 1\bar{2}1\rangle$与$\{111\}\langle 1\bar{1}0\rangle$之间具有30°/$\langle 111\rangle$取向关系，非常接近理想的Σ13b晶界的取向关系。因此，$\{111\}\langle 1\bar{1}0\rangle$基体可以通过Σ13b晶界的移动形成$\{111\}\langle 1\bar{2}1\rangle$亚晶并长成再结晶晶核，而$\{111\}\langle 1\bar{2}1\rangle$基体也可以通过Σ13b晶界的快速移动形成$\{111\}\langle 1\bar{1}0\rangle$亚晶并长成再结晶晶核，如图6-21所示。$\{111\}\langle 1\bar{2}1\rangle$和$\{111\}\langle 1\bar{1}0\rangle$基体分布上的互补性可归因于大量Σ13b晶界的存

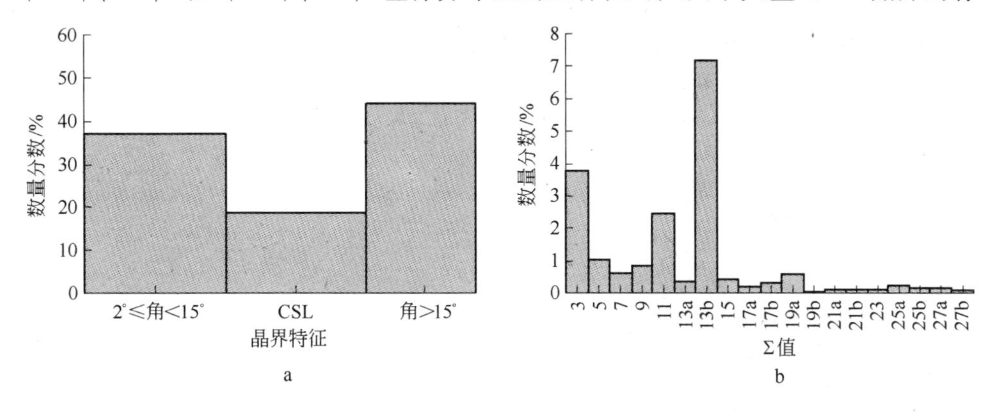

图6-23　冷轧板退火7s后的晶界特征分布及重位点阵晶界的数量分数

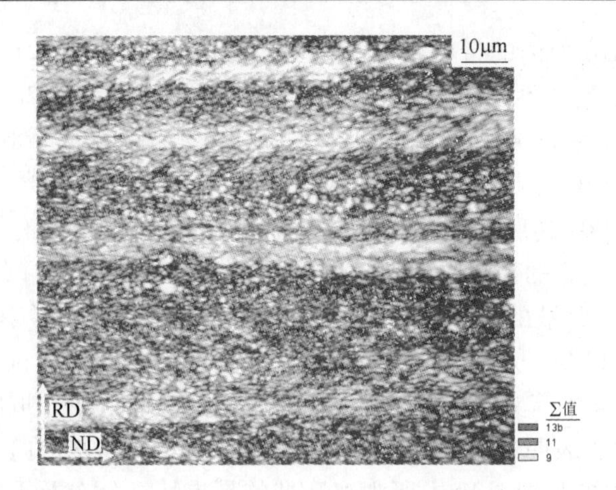

图 6-24　冷轧板退火 7s 后 Σ13b、Σ11 及 Σ9 重位点阵晶界分布（彩图见书后彩页）

在。在退火过程中，部分 {223}⟨1$\bar{1}$0⟩ ~ {111}⟨1$\bar{1}$0⟩ 基体向 {111}⟨1$\bar{1}$0⟩ 取向的调整过程与 {111}⟨1$\bar{1}$0⟩ 基体借助 Σ13b 晶界较强的移动能力形成 {111}⟨1$\bar{2}$1⟩ 再结晶晶核的过程并不是同步进行的，前者发生的速度较快一些，所以在退火初期 {111}⟨1$\bar{1}$0⟩ 组分的取向密度略微增强。由于初始冷轧织构中的 {111}⟨1$\bar{1}$0⟩ 组分的取向密度远远高于 {111}⟨1$\bar{2}$1⟩ 组分，所以 {111}⟨1$\bar{2}$1⟩ 再结晶晶核的数量远超过 {111}⟨1$\bar{1}$0⟩ 再结晶晶核。

图 6-25a 和 b 分别示出的是冷轧板退火 10s 后显微组织的取向分布图及晶界

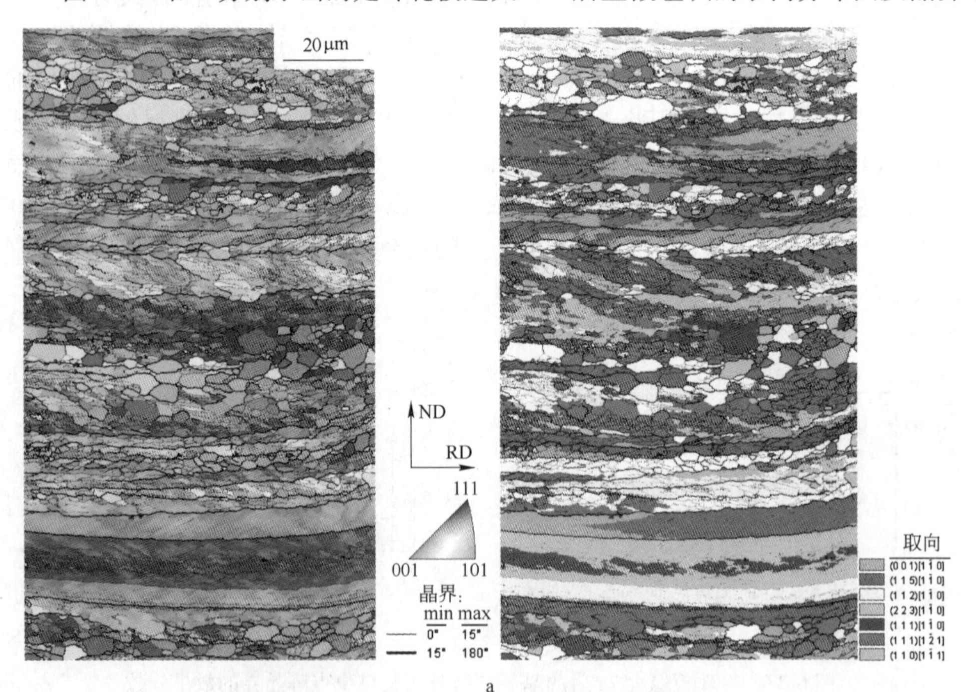

a

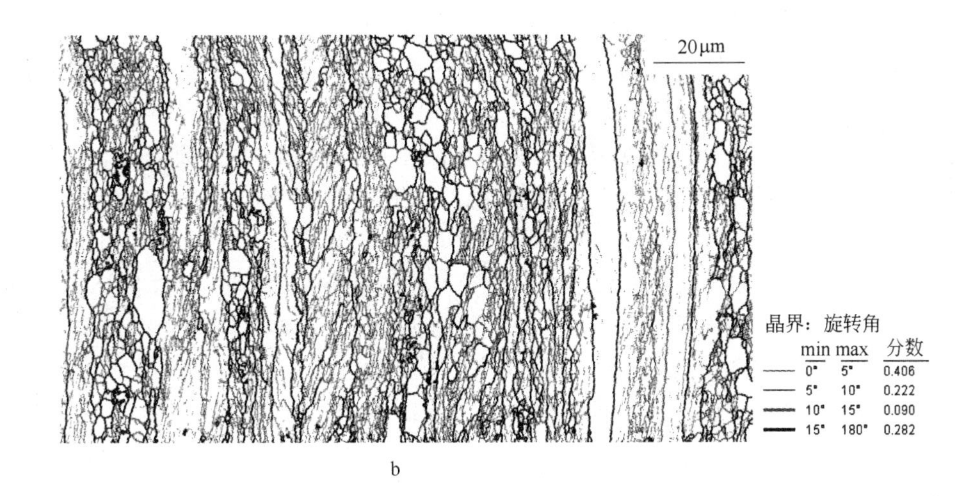

b

图 6-25 冷轧板退火 10s 后显微组织的取向分布图及晶界的特征分布图（彩图见书后彩页）
a—全部晶体分布取向成像图及特定晶体取向分布图；b—晶界分布图

的特征分布图。由图可知，除了大量的$\{111\}\langle 1\bar{2}1\rangle$再结晶晶核外，还有少量的$\{111\}\langle 1\bar{1}0\rangle$晶核以及极少的$\{001\}\langle 1\bar{1}0\rangle$、$\{112\}\langle 1\bar{1}0\rangle$、$\{223\}\langle 1\bar{1}0\rangle$取向的晶核。这些晶核主要通过原位形核的方式产生。由于随机大角晶界的能量状态高于 CSL 晶界，因此其移动速率可能也比 CSL 晶界更快，所以再结晶晶核形成以后，其生长主要依靠大角晶界的迁移进行，而不是靠 CSL 晶界的迁移进行，如图 6-23 所示。

Raabe 和 Lücke 等人认为铁素体不锈钢的 γ 纤维取向再结晶织构是通过选择生长机制形成的[18,19]。再结晶织构的主要组分$\{111\}\langle 1\bar{2}1\rangle$（通常是偏离$\{111\}\langle 1\bar{2}1\rangle$一定角度的$\{334\}\langle 4\bar{8}3\rangle$或$\{557\}\langle 4\bar{8}3\rangle$）与冷轧织构的主要组分$\{112\}\langle 1\bar{1}0\rangle$具有 35°/⟨110⟩取向关系（$\{334\}\langle 4\bar{8}3\rangle$、$\{557\}\langle 4\bar{8}3\rangle$与$\{112\}\langle 1\bar{1}0\rangle$分别具有 25.9°/⟨110⟩、21.8°/⟨110⟩取向关系）。这些取向关系非常接近重位点阵晶界 Σ19a 的 27°/⟨110⟩取向关系，而 Σ19a 晶界的界面能较低。据此，他们认为基体中细小的铌和钛的碳、氮化物对晶界具有选择性粒子拖曳（Grain Boundary Energy Selective Particle Drag）作用，即只对高能的普通晶界（随机大角度晶界）产生阻碍，而不能对能态较低的特殊 Σ19a 晶界产生阻碍。因此，再结晶初期产生的$\{111\}\langle 1\bar{2}1\rangle$（或偏离$\{111\}\langle 1\bar{2}1\rangle$一定角度的$\{334\}\langle 4\bar{8}3\rangle$或$\{557\}\langle 4\bar{8}3\rangle$）晶核可以借助 Σ19a 晶界的选择性生长方式长入$\{112\}\langle 1\bar{1}0\rangle$基体，从而形成偏离$\{111\}\langle 1\bar{2}1\rangle$组分一定角度的 γ 纤维再结晶织构。当时由于可对微织构进行检测的电子背散射衍射（Electron Back-Scattered Diffraction，EBSD）技术还没有出现，Raabe 和 Lücke 等人没有对 Σ19a 晶界进行实际观测，没能从再结晶的形核及长大过程中对此理论进行有效的实验论证。后

来的学者也并未对此进行深入研究，而只是一直沿用 Raabe 的这种选择性生长理论，因此选择性生长的再结晶织构形成机制只是一种推测。通过本书作者及课题组成员对 Σ19a 晶界进行检测后发现，再结晶初期 Σ19a 晶界的数量分数仅为 0.58%。由于数量极少，对再结晶织构的贡献不会如 Raabe 所述那样大。另外，$\{111\}\langle 1\bar{2}1\rangle$ 再结晶晶核在再结晶初期就已经具有绝对的数量优势，再结晶晶核的长大通过普通大角晶界的移动实现。大量的 $\{111\}\langle 1\bar{2}1\rangle$ 再结晶晶粒和少量的 $\{111\}\langle 1\bar{1}0\rangle$ 晶粒只有长大至充满整条带状变形晶粒时才会向相邻的 $\{112\}\langle 1\bar{1}0\rangle$、$\{001\}\langle 1\bar{1}0\rangle$ 和 $\{115\}\langle 1\bar{1}0\rangle$ 基体生长，$\{111\}\langle 1\bar{2}1\rangle$ 再结晶晶粒向 $\{112\}\langle 1\bar{1}0\rangle$ 基体的生长属于正常生长而并非选择性生长。

当⟨111⟩//ND 取向的再结晶晶粒长大至充满整条带状变形晶粒时，它们开始向相邻的 $\{001\}\langle 1\bar{1}0\rangle$、$\{115\}\langle 1\bar{1}0\rangle$、$\{112\}\langle 1\bar{1}0\rangle$ 带状变形晶粒内凸起生长。$\{001\}\langle 1\bar{1}0\rangle$、$\{115\}\langle 1\bar{1}0\rangle$、$\{112\}\langle 1\bar{1}0\rangle$ 带状变形晶粒正是通过这种吞并过程而消失的。由于 $\{111\}\langle 1\bar{2}1\rangle$ 再结晶晶核具有显著的数量优势，所以随着退火时间的延长，$\{111\}\langle 1\bar{2}1\rangle$ 再结晶晶粒的体积分数不断增加，并且 $\{111\}\langle 1\bar{2}1\rangle$ 再结晶晶粒的体积分数要远比 $\{111\}\langle 1\bar{1}0\rangle$ 再结晶晶粒的体积分数增加的快。再结晶后期，$\{001\}\langle 1\bar{1}0\rangle$ 取向的带状变形晶粒需要较长的时间才能完全消失。这种带状变形晶粒的存在导致了非常缓慢的再结晶完成阶段。再结晶完成后，形成了 $\{111\}\langle 1\bar{2}1\rangle$ 组分显著占优的 γ 纤维再结晶织构。由于冷轧织构的主要组分偏离 $\{111\}\langle 1\bar{1}0\rangle$ 组分大约 5°～15°，所以再结晶织构并不能完全形成与 $\{111\}\langle 1\bar{1}0\rangle$ 呈 30°关系的标准 $\{111\}\langle 1\bar{2}1\rangle$ 组分，而是形成偏离 $\{111\}\langle 1\bar{2}1\rangle$ 组分一定角度的 γ 纤维取向的再结晶织构。

铁素体不锈钢经冷轧变形后，变形储能的大小与基体的晶体取向密切相关。两者遵循下面的顺序关系：$E_{\{001\}\langle 1\bar{1}0\rangle} < E_{\{112\}\langle 1\bar{1}0\rangle} < E_{\{111\}\langle 1\bar{1}0\rangle}$[20]，即变形储能随着织构向稳定取向的演变而逐渐增大。由于 $\{223\}\langle 1\bar{1}0\rangle$ 组分是铁素体不锈钢冷轧过程中最终的稳定取向，所以，可以认为这种取向的变形基体内部产生的应变较大，存在高密度的位错区域。这种高能量状态的变形基体在退火初期易于回复，而且回复速率要比其他低能状态的变形基体快得多。发生回复的结果是：变形基体中分布杂乱的位错通过运动向着低能量状态重新分布和排列并形成亚晶，基体的晶体取向发生微调。由于冷轧织构中 $\{223\}\langle 1\bar{1}0\rangle$ 附近的组分已经开始向 $\{111\}\langle 1\bar{1}0\rangle$ 组分扩展，这些组分的变形基体处于将要向 $\{111\}\langle 1\bar{1}0\rangle$ 取向转变的不稳定的高能状态，因此在退火初期 $\{223\}\langle 1\bar{1}0\rangle$～$\{111\}\langle 1\bar{1}0\rangle$ 取向的部分基体将进一步向 $\{111\}\langle 1\bar{1}0\rangle$ 取向附近调整，导致织构强点沿 α 纤维取向线下移并逐渐靠近 $\{111\}\langle 1\bar{1}0\rangle$ 点，使 $\{111\}\langle 1\bar{1}0\rangle$ 组分的取向密度略微增强。

综上所述，铁素体不锈钢 γ 纤维再结晶织构的形成机制更可能是由 Σ13b 所引起的取向形核机制，而不是选择生长机制。

参 考 文 献

[1] Kimura K, Takeshita T, Yamamoto A, et al. Hot recrystallization behavior of SUS430 stainless steel [J]. Nippon Steel Technical Report, 1996, (71): 11 ~ 16.

[2] Yoshimura H, Ishii M. Recrystallization behavior of 17% Cr ferritic stainless steel during hot rolling [J]. Tetsu-to-Hagane, 1983, 69(11): 1440 ~ 1447.

[3] Harase J, Takeshita T, Kawamo Y. Effect of rough rolling condition on the formability and ridging of 17% Cr stainless steel sheet [J]. Tetsu-To-Hagane, 1991, 77(8): 1296 ~ 1303.

[4] Harase J, Kawamo Y, Ueno I. Effect of hot-rolling condition on the formability of SUS430 stainless steel sheet [J]. Transactions of the Iron and Steel Institute of Japan, 1983, 23 (7): 262.

[5] Sinclair C W, Mithieux J D, Schmitt J H, et al. Recrystallization of stabilized ferritic stainless steel sheet [J]. Metallurgical and Materials Transaction A, 2005, 36A(11): 3205 ~ 3215.

[6] 刘海涛. Cr17 铁素体不锈钢的组织、织构及成形性能研究 [D]. 沈阳: 东北大学, 2009.

[7] 刘海涛, 刘振宇, 王国栋, 等. 超纯 Cr17 铁素体不锈钢热变形过程的动态回复行为[J]. 东北大学学报, 2012, 33(12):1734 ~ 1736.

[8] Li G, Maccagno T M, Bai D Q, et al. Effect of imitial grain size on the static recrystallization. kinetics of Nb microalloyed steels [J]. ISIJ International, 1996, 36(12): 1479 ~ 1485.

[9] Sinclair C W, Robaut F, Maniguet L, et al. Recrystallization and texture in a ferritic stainless steel: an EBSD study [J]. Advanced Engineering Materials, 2003, 5(8): 570 ~ 574.

[10] Barnett M R. Role of In-grain shear bands in the nucleation of ⟨111⟩//ND recrystallization texture in warm rolled steel [J]. ISIJ international, 1998, 38(1): 78 ~ 85.

[11] Ivanisenko Y, Valiev R Z, Fetch H J. Grain boundary statistics in nano-structured iron produced by high pressure torsion [J]. Materials Science and Engineering A, 2005, 390(1 ~ 2): 159 ~ 165.

[12] Randle V. The Role of the coincidence site lattice in grain boundary engineering [M]. London: The Institute of Materials, 1996.

[13] Watanabe T. The importance of grain boundary character distribution(GBCD) to recrystallization grain growth and texture [J]. Scripta Metallurgica et Materialia, 1992, 27(11): 1497 ~ 1502.

[14] Watanabe T, Arai K I, Terashima H, et al. Grain boundary character distribution in rapidly solidified and annealed silicon ribbons [J]. Solid State Phenomena, 1994, 37 ~ 38: 317 ~ 322.

[15] Hughes D A, Hansen N. High angle boundaries formed by grain subdivision mechanisms [J]. Acta Materialia, 1997, 45(9): 3871 ~ 3886.

[16] Hughes D A, Hansen N. High angle boundaries and orientation distributions at large strains [J]. Scripta Metallurgica et Materialia, 1995, 33(2): 315 ~ 321.

[17] Rajib S, Ray P K. Microstructural and textural changes in a severely cold rolled boron-addedinterstitial-free steel [J]. Scripta Materialia, 2007, 57(9): 841 ~ 844.

[18] Raabe D, Lücke K. Textures of ferritic stainless steels [J]. Materials Science and Technology, 1993, 9(4): 302 ~ 312.

[19] Raabe D, Lücke K. Selective particle drag during primary recrystallization of Fe-Cr alloys [J]. Scripta Metallurgica et Materialia, 1992, 26(1): 19 ~ 24.

[20] Ray R K, Jonas J J, Hook R E. Cold rolling and annealing textures in low carbon and extra low carbon steels [J]. International Materials Reviews, 1994, 39(4): 129 ~ 172.

7 铁素体不锈钢织构演变规律与成型性能控制

成型性能是指板材对各种冲压成型的适应能力，即薄板在指定加工过程中产生塑性变形而不失效的能力，用塑性应变比（r 值）来衡量，其直接物理意义是板材抵抗厚度变化的能力[1]。r 值的计算方法如式（7-1）所示。

$$r = \frac{\ln\left(\frac{W_0}{W_f}\right)}{\ln\left(\frac{L_f \times W_f}{L_0 \times W_0}\right)} \tag{7-1}$$

式中，W_0、W_f、L_0 和 L_f 分别为试样拉伸变形前后的宽度和长度。本文采用 GB/T 5027—2007 通过拉伸试验得到的平均塑性应变比（$\bar{r}$）和凸耳参数（Δr）对铁素体不锈钢薄板的成型性能进行评价。分别沿与薄板轧向呈 0°，45°，90°的方向上制取标准试样，拉伸后测得相应的塑性应变比 r 值，$\bar{r}$ 值和 Δr 值可分别由式（7-2）和式（7-3）计算得出。薄板的 $\bar{r}$ 值越大，在深冲过程中愈不易变薄，有利于提高拉伸变形程度和保证产品质量。凸耳参数表示材料的平面各向异性，薄板的 Δr 值越大，凸耳愈严重，拉深后的切边高度愈大，材料消耗越大。

$$\bar{r} = \frac{r_0 + r_{90} + 2r_{45}}{4} \tag{7-2}$$

$$\Delta r = \frac{r_0 + r_{90}}{2} - r_{45} \tag{7-3}$$

Held 最先指出，钢板的〈111〉//ND 织构有利于提高冲压性能而〈110〉//ND 织构不利于冲压性能[2]。Daniel[3] 和 Hamada[4] 等采用部分约束 Taylor 方法模拟了不同取向晶粒的 $\bar{r}$ 值和 Δr 值。结果表明，〈111〉//ND 织构组分的 $\bar{r}$ 值较高而 Δr 值较低，{112}〈1$\bar{1}$0〉织构的 $\bar{r}$ 值要略小而 Δr 值较大，{001}〈1$\bar{1}$0〉织构的 $\bar{r}$ 值最小。

传统的中铬铁素体不锈钢已具有良好的冷成型性，但是，与 18-8 型 Cr-Ni 奥氏体不锈钢相比还有一定差距。如图 7-1 所示，主要表现在 n 值较低，但与低碳钢相近，已无太大提高余地，但平均 r 值与低碳钢相比，尚有很大挖掘潜力，有待进一步提高。我国铁素体不锈钢成品板的平均 r 值普遍较低，主要钢种 430 铁素体不锈钢的值平均 r 值仅为 1.1 左右，远低于国际平均水平，因此需要在提高铁素体不锈钢平均 r 值方面开展深入的研究工作。

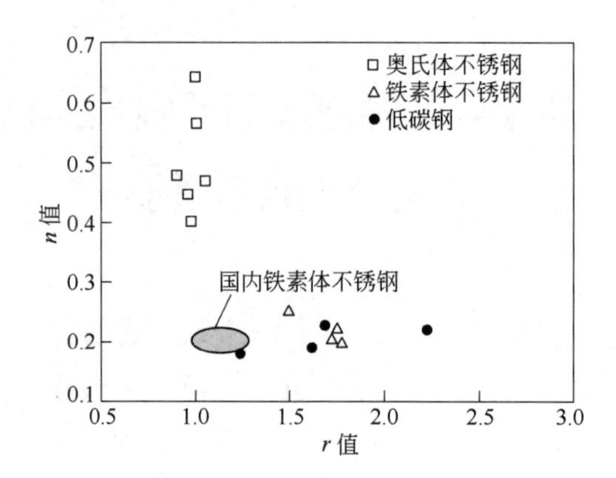

图 7-1　铁素体不锈钢、奥氏体不锈钢、低碳钢的 n 值及 r 值

7.1　钢中化学成分对成型性能的影响

C 和 N 在加工变形时因形成柯氏气团而钉扎位错并阻止滑移而降低深冲系数、恶化深加工性能。因此，采用超低碳、氮甚至无间隙原子化（IF），成为生产高性能铁素体不锈钢的主要技术路线。图 7-2 示出的是钢中间隙原子 C 和 N 含量对平均 r 值的影响[5]。可以看出，相比较而言降低 N 含量对提高 r 值的作用不如降低 C 含量明显。图 7-3 示出的是钢中碳含量对铁素体不锈钢平均 r 值的影响规律。可以看出，钢中碳含量（质量分数）低于 0.01% 时，采用常规热轧工艺的条件下成品板的平均 r 值可达到 1.6 以上，此时进一步降低钢中碳含量对提高成品板平均 r 值几乎不再产生较大作用。钢中碳含量（质量分数）高于 0.01% 时，在采

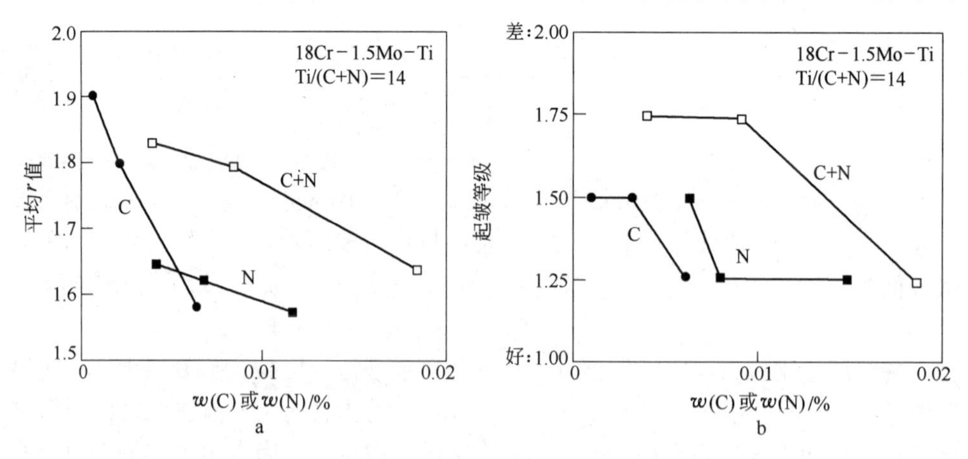

图 7-2　钢中 C、N 含量对平均 r 值的影响

用常规热轧的条件下成品板的平均 r 值为 1.2 左右，出现了较大幅度降低。采用如温轧变形和等通道挤压等细晶化加工方法，在钢中碳含量（质量分数）低于 0.01% 条件下，可使铁素体不锈钢成品板的平均 r 值分别提高至 1.8 和 2.3。

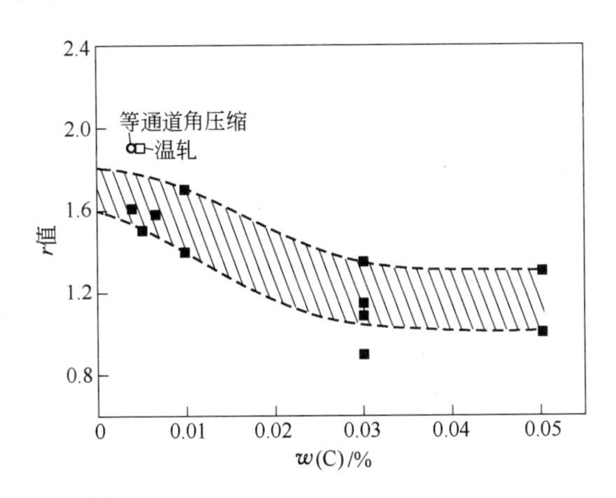

图 7-3 铁素体不锈钢中碳含量及加工工艺对平均 r 值的影响

Yazawa 等人进一步将钢板成型性能与织构的关系由低碳钢拓展到了铁素体不锈钢[6]，如图 7-4 所示。铁素体不锈钢与 IF 钢一样，其 $\bar{r}$ 值也与〈111〉//ND 织构的强度成正比；不同的是，在〈111〉//ND 织构强度相当的条件下，铁素体不锈钢具有比 IF 钢更高的 $\bar{r}$ 值，且随着铬含量的增加其 $\bar{r}$ 值增加；而成品板中 {001}〈$1\bar{1}0$〉织构组分强度即使小于 10%，同样会对 $\bar{r}$ 值和 Δr 值产生明显不利的影响[7]。由此可见，提高铁素体不锈钢冷轧退火板的 γ-纤维再结晶织构的强度，降低向 {334}〈$4\bar{8}3$〉组分偏转的程度，降低厚度方向的织构梯度，是提高 $\bar{r}$ 值、改善铁素体不锈钢成型性能的关键。

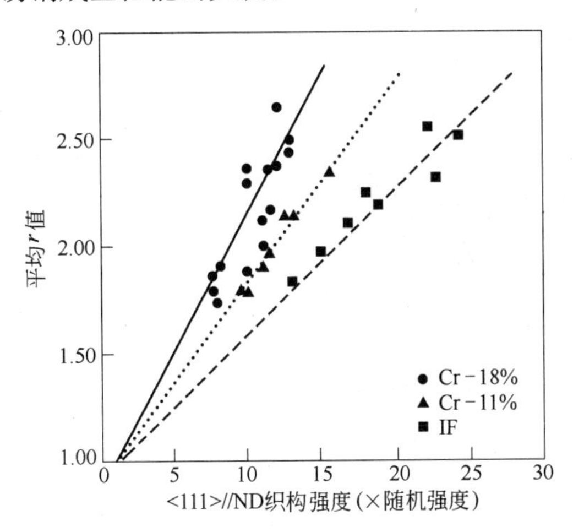

图 7-4 冷轧退火板的 $\bar{r}$ 值与〈111〉//ND 织构强度的关系

另外，他们还进一步对18Cr铁素体不锈钢和IF钢的$\bar{r}$值均为2.6时的再结晶织构进行了对比研究。结果表明，与IF钢相比，Cr18铁素体不锈钢有益的〈111〉//ND织构相对较弱，而有害的〈001〉//ND织构相对较强，如图7-5所示。显然，钢中固溶的铬原子是提高铁素体不锈钢$\bar{r}$值的主要原因。这是由于铬原子在塑性变形过程中能够抑制某些滑移系的开动，增强了变形各向异性的缘故。25%拉伸变形的试样中的滑移线形貌可清楚证明这一点。如图7-6所示，18Cr铁素体不锈钢由许多平直的滑移线组成，IF钢则由大量的交叉的滑移线组成。铬原子对滑移系的抑制作用是通过两种机制完成的：（1）和低碳钢一样，铁素体不锈钢的塑性变形也是通过在特定的晶面和晶向上发生滑移来完成的。体心立方金属的任何一个晶面都不具有显著的原子密度优势，因此，{110}、{112}、{123}晶面都可以成为滑移面，〈111〉晶向为滑移方向。固溶的铬原子可能降低钢的堆垛层错能，从而使得在{112}晶面上很难引起$\frac{a}{2}\langle 111\rangle$位错向$\frac{a}{6}\langle 111\rangle$半位错的扩展，即{112}〈111〉滑移系受到铬原子的抑制。Inoue在把{110}〈111〉和{112}〈111〉滑移系设为激活的情况下，利用相同的织构数据计算了钢板的$\bar{r}$值，结果也表明，在各种约束条件下只有{110}〈111〉滑移系都能开动，并且当滑移只限制在{110}〈111〉滑移系时，$\bar{r}$值最高[8]。（2）体心立方晶格中各晶面的弹性模量的顺序为{001}＜{110}＜

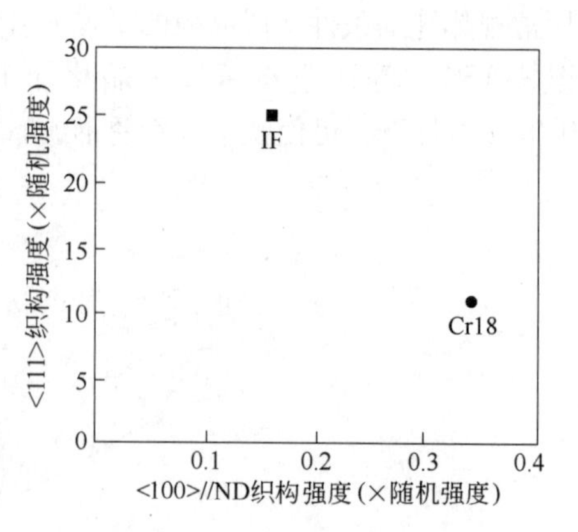

图7-5　平均r值为2.6的成品退火板的{111}织构强度与{100}织构强度的关系

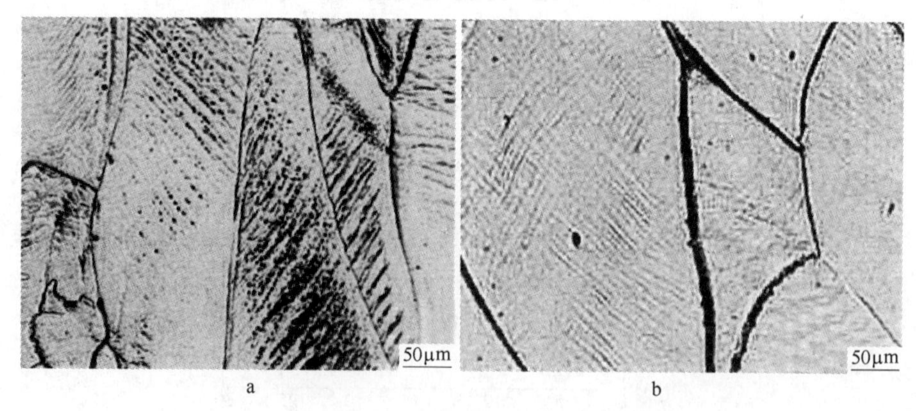

图7-6　冷轧退火板经25%拉伸后的滑移线形貌
a—18Cr铁素体不锈钢；b—IF钢

{111}。铬原子易于在弹性模量最小的{001}晶面上取代特定位置的铁原子，从而限制滑移系的数量。Raabe 和 Kang 等人在对铁素体不锈钢冷轧退火板的再结晶织构进行研究时发现，与 IF 钢规则的、贯通的 γ 纤维再结晶织构不同，铁素体不锈钢易于形成不均匀的、明显向{334}⟨4 $\bar{8}$3⟩组分偏转的 γ 纤维再结晶织构，这种织构不利于 $\bar{r}$ 值的提高[7,9~14]。另一方面，由于铁素体不锈钢在热轧过程中没有或很少发生铁素体/奥氏体相变，因此热轧板通常会形成显著的热轧织构（如{001}⟨1$\bar{1}$0⟩织构），并且在厚度方向产生很大的织构梯度。经冷轧和退火后，厚度方向仍存在较大的织构梯度，不利于 $\bar{r}$ 值的提高。

7.2 热轧板退火对成品板成型性能的影响规律

刘海涛等人以 6.1 节提到的超低碳氮、铌钛复合微合金化 Cr17 铁素体不锈钢为实验材料，研究了热轧板退火对成品板成型性能的影响规律[15~17]。图 7-7 示出的是热轧板退火温度对冷轧退火板 r 值的影响。由图 7-7 可知，在不同的热轧板退火温度条件下，冷轧退火板的不同 r 值间相对关系均呈典型的“V”形，并且，随着热轧板退火温度的升高，冷轧退火板的平均 r 值逐渐降低，特别是当温度高于 1050℃时，平均 r 值显著降低。在不同的热轧板退火温度条件下，冷轧退火板 0°方向的 r 值变化不大，45°和 90°方向的 r 值则随着退火温度的升高而显著降低，正是 45°和 90°方向 r 值的降低导致了平均 r 值的降低。由图还可以看出，平均 r 值的变化规律与 $r_{45°}$ 的变化规律非常相似。图 7-8 示出的是热轧板退火温度对冷轧退火板 Δr 值的影响规律。由图 7-8 知，冷轧退火板的 Δr 值一般随着热轧板退火温度的升高而增大。平面各向异性参数 Δr 值越大，薄板在冲压过程中的“制耳”越严重，材料的利用率越低。当热轧板退火温度高于 1050℃时，Δr 值迅速增大，这是由 $r_{45°}$ 的迅速减小导致的。可见，随着热轧板退火温度的升高，冷轧退火板的平均 r 值逐渐降低，Δr 值明显增大，即热轧板退火温度的升高不利于冷轧退火板成型性能的提高。

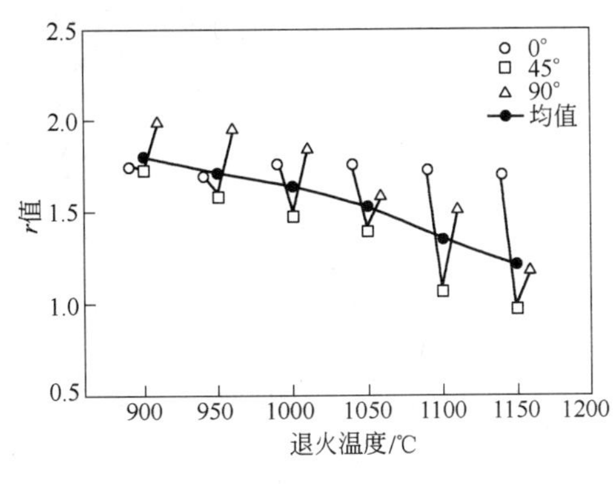

图 7-7 热轧板退火温度对冷轧退火板 r 值的影响

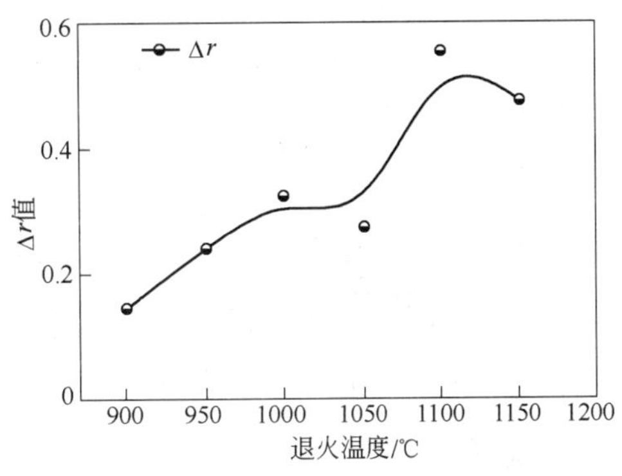

图 7-8 热轧板退火温度对冷轧退火板 Δr 值的影响

7.2.1　热轧板退火组织与织构的演变规律

图 7-9 和 7-10 分别示出的是热轧板不同温度退火处理后显微组织的金相照片

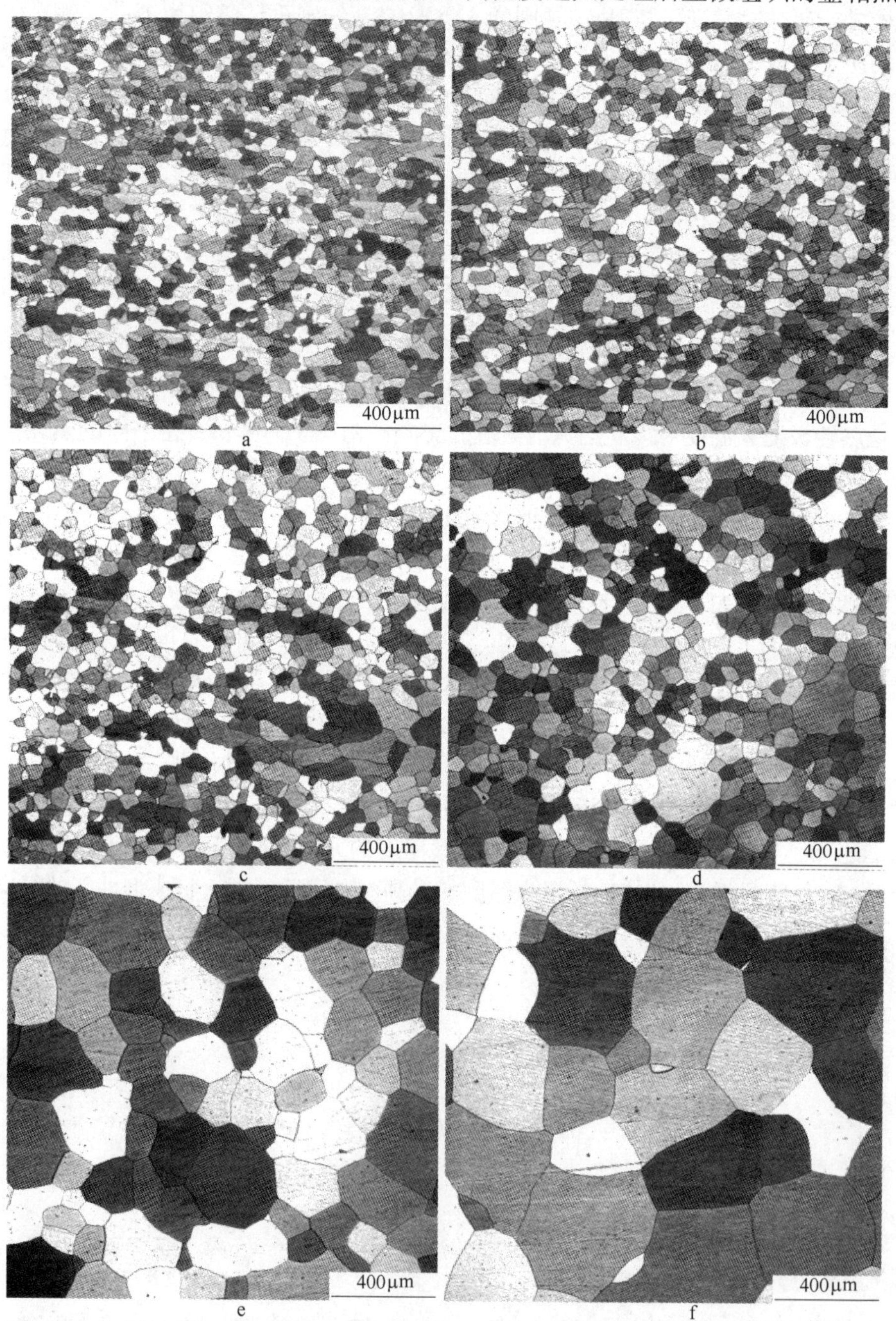

图 7-9　热轧板不同温度退火的金相显微组织

a—900℃；b—950℃；c—1000℃；d—1050℃；e—1100℃；f—1150℃

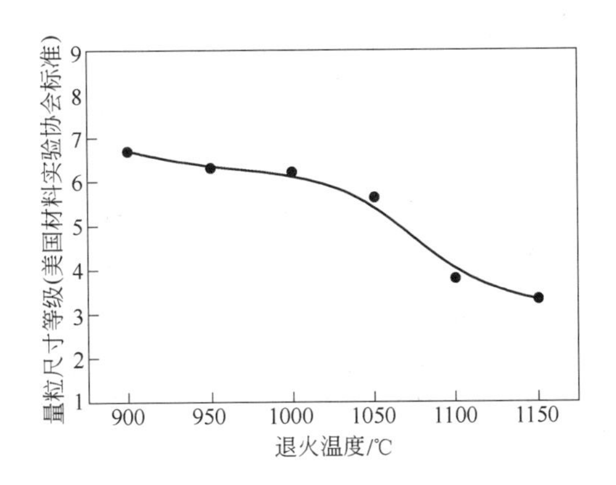

图 7-10 热轧板 ASTM 晶粒度随退火温度的变化规律

和晶粒尺寸随热轧板退火温度的变化关系。可以看出，当热轧板的退火温度为900℃时，已经形成了完全的再结晶组织。但是，仍有许多晶粒呈椭圆形，等轴化程度较低，平均晶粒尺寸约为43μm。当退火温度为950℃时，再结晶晶粒的等轴化程度提高，平均晶粒尺寸约为46μm。当退火温度达到1000℃时，再结晶晶粒尺寸进一步增大，平均晶粒尺寸约为52μm，仍可发现极少量的椭圆形晶粒。当退火温度达到1050℃时，部分再结晶晶粒异常长大，完全为等轴晶，平均晶粒尺寸约为64μm。当退火温度达到1100℃时，再结晶晶粒骤然增大，平均晶粒尺寸达到140μm。当退火温度达到1150℃时，平均晶粒尺寸增至208μm。可见，随着热轧板退火温度的升高，热轧退火板的晶粒尺寸明显增大。特别是当温度高于1050℃时，随着晶界的迁移，小晶粒逐渐被吞并到相邻的大晶粒中，晶界本身趋于平直化，三个晶粒的晶界的交角趋于120°，使晶粒处于平衡状态。

图 7-11 示出的是热轧板不同温度退火后试样纵截面晶体取向的 EBSD 分析。由此图可知，随着热轧板退火温度的升高，晶粒尺寸明显增大。当退火温度为900℃时，〈001〉~〈113〉//ND 取向的晶粒较多，〈110〉//ND 和〈111〉//ND 取向的晶粒较少。当退火温度为1000℃时，〈110〉//ND 和〈111〉//ND 取向的晶粒逐渐长大。当退火温度为1100℃时，〈110〉//ND 和〈111〉//ND 取向的晶粒通过吞并相邻的其他取向的晶粒而迅速长大，而〈001〉//ND 取向的晶粒大量减少。〈111〉//ND 和〈110〉//ND 取向晶粒具有较高的晶界能，这两种取向的相邻晶粒可通过二次再结晶而发生异常长大。所以，随着热轧退火板晶粒尺寸的增大，一方面，表层的剪切织构组分逐渐增强，另一方面，中心层的{001}〈$1\bar{1}0$〉组分的强度逐渐降低，织构强点沿α纤维织构取向线下移，γ纤维织构逐渐增强。经过84%压下量的冷轧后，热轧退火板中心层的这种织构特征仍然会在一定程度上遗传到冷轧板并影响冷轧织构的特征。

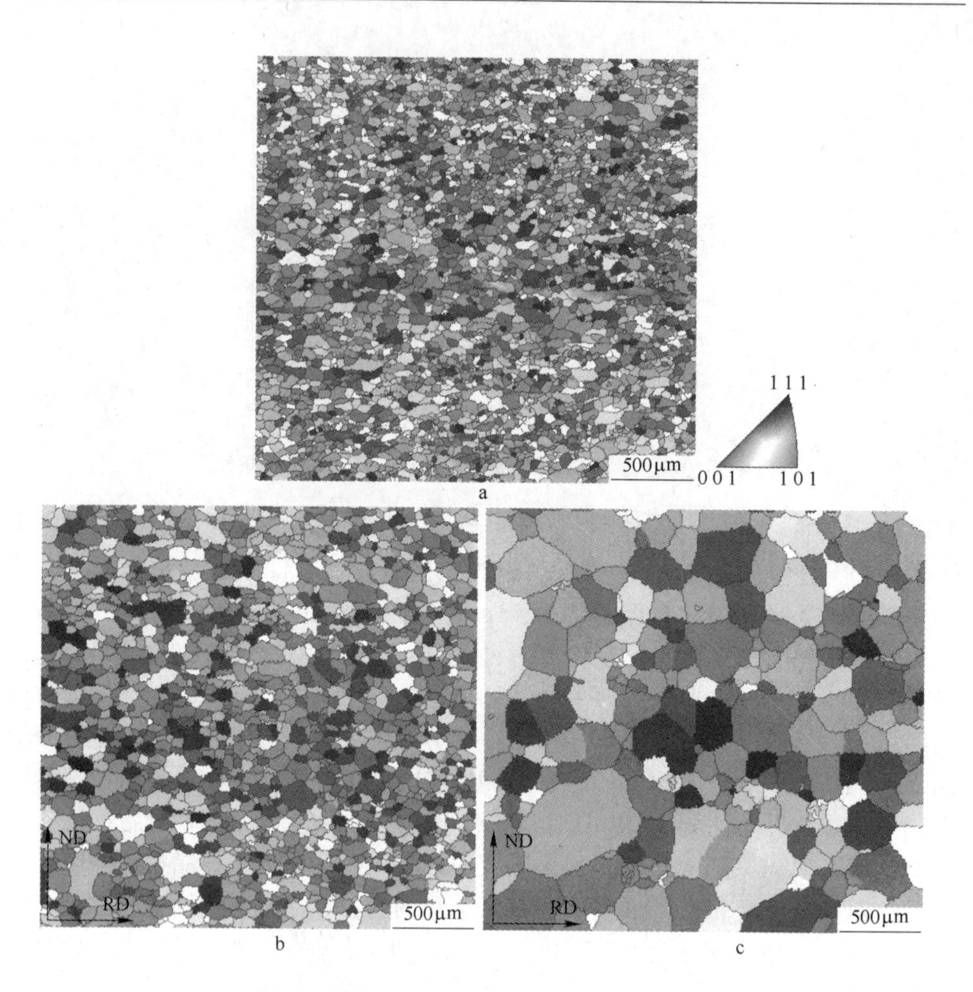

图 7-11　热轧板不同温度退火的晶体取向图（彩图见书后彩页）
a—900℃；b—1000℃；c—1100℃

图 7-12 示出的是不同温度退火的热轧板经 80% 冷轧变形后 α 纤维织构和 γ 纤维织构的取向线强度。由此图可知，随着热轧板退火温度的升高，冷轧织构的强点沿 α 纤维取向线从 {118}〈1$\bar{1}$0〉移至 {223}〈1$\bar{1}$0〉，并且 {001}〈1$\bar{1}$0〉组分的取向密度显著降低，而 γ 纤维织构也明显增强。但是，冷轧板经相同工艺的退火处理后，退火织构却没能将 γ 纤维织构的这种优势继承下来，冷轧退火板的 γ 纤维再结晶织构反而随着热轧板退火温度的升高而减弱，如图 7-13 所示。这表明在不同的热轧板退火温度和晶粒尺寸条件下，冷轧板的织构状态并不是决定 γ 纤维再结晶织构的主要因素。

热轧板热轧态和退火态可导致冷轧板的初始织构状态发生变化。热轧板退火对冷轧及再结晶织构的影响主要表现在以下三个方面：（1）由于热轧板退火处

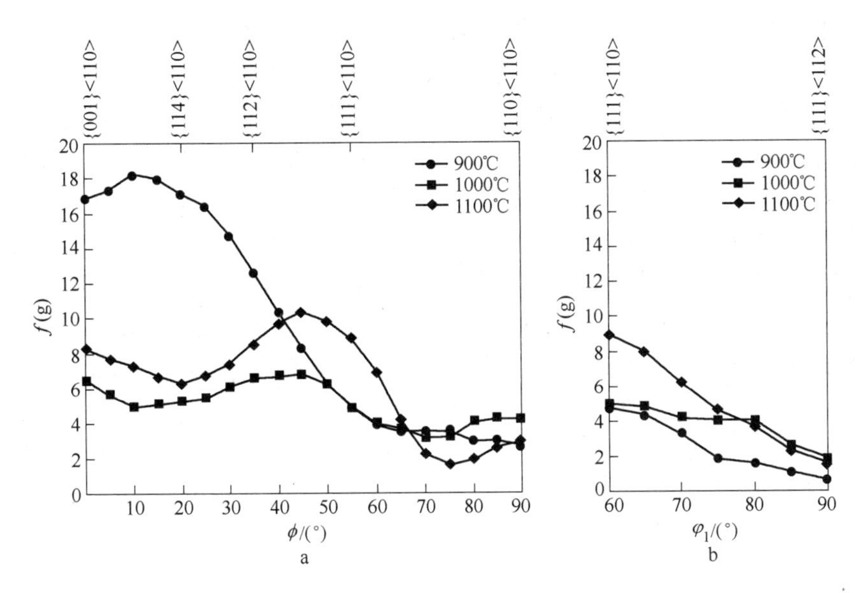

图 7-12 热轧板不同温度退火后的冷轧板中心层织构的 α 和 γ 纤维取向线的取向密度值

a—α 纤维；b—γ 纤维

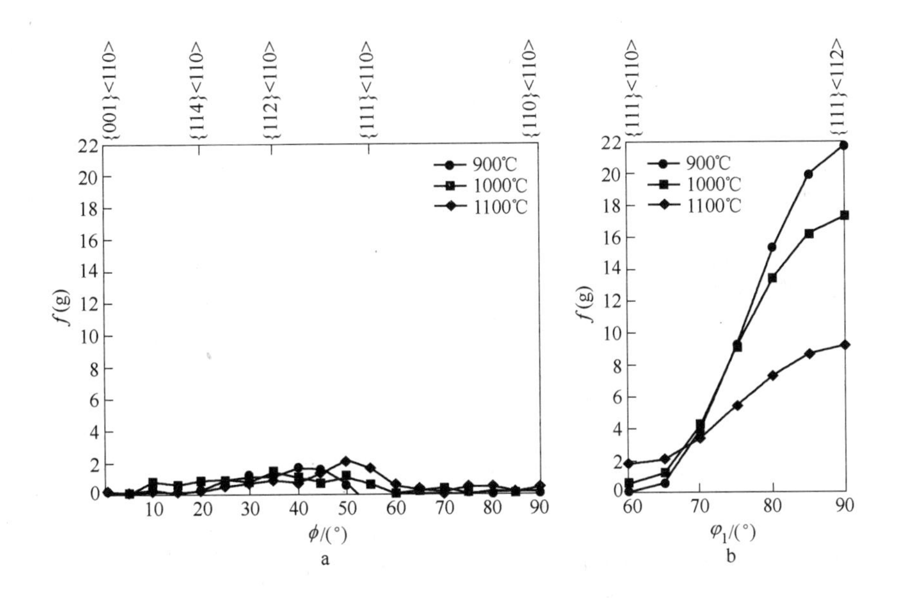

图 7-13 热轧板不同温度退火后的冷轧退火板中心层织构的

α 和 γ 纤维取向线的取向密度值

a—α 纤维；b—γ 纤维

理可显著降低钢板的织构梯度，因此与热轧后未退火的成品板相比，热轧后退火的成品板在各厚度层的织构较均匀，强度差异较小。另一方面，热轧后退火可提高热轧板各取向晶粒分布的均匀性，从而消除成品板中存在的较明显的带状晶粒簇。(2) 由于热轧后退火可显著弱化热轧织构特别是 α 纤维织构的强度，与热轧后不经退火的冷轧板相比，热轧后退火的冷轧板的 α 纤维织构明显减弱，如图 7-14 所示。(3) {001}⟨1$\bar{1}$0⟩ 组分在冷轧过程中很稳定，不易向其他稳定取向转变。热轧后退火显著弱化了有害的 {001}⟨1$\bar{1}$0⟩ ~ {115}⟨1$\bar{1}$0⟩ 组分，因而加速了各取向晶粒向稳定取向的转动。所以，与热轧后不退火的冷轧板相比，热轧后退火的冷轧板各厚度层的织构强点沿 α 纤维织构取向线下移的程度加大，{001}⟨1$\bar{1}$0⟩ ~ {115}⟨1$\bar{1}$0⟩ 组分的强度显著降低，如图 7-14 所示。经退火后，热轧后退火的冷轧退火板形成了较好的 γ 纤维再结晶织构，各厚度层织构强点偏离 {111}⟨1$\bar{2}$1⟩ 的平均角度为 6.1°，而热轧后不退火的成品板的平均偏离角度为 13.6°。可见，降低冷轧板 {001}⟨1$\bar{1}$0⟩ ~ {115}⟨1$\bar{1}$0⟩ 织构强度，加速织构强点沿 α 纤维织构取向线下移的程度，将会明显降低 γ 纤维再结晶织构偏离 {111}⟨1$\bar{2}$1⟩ 组分的程度。

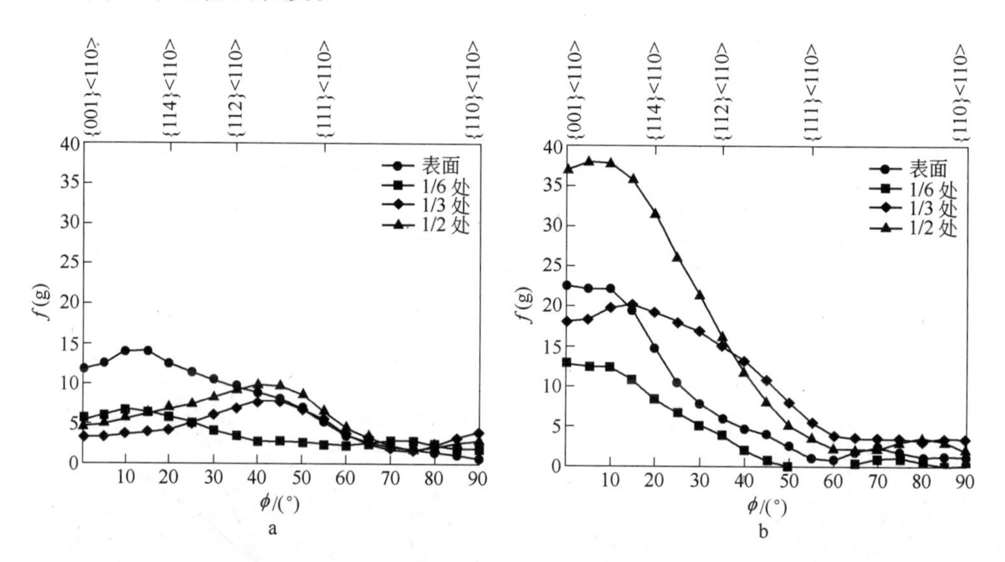

图 7-14　热轧后退火和不退火的冷轧板织构 α 纤维取向线的取向密度值
a—退火；b—不退火

综上所述，热轧后退火有助于冷轧退火板降低各厚度层 γ 纤维再结晶织构的梯度，降低各厚度层 γ 纤维再结晶织构偏离 {111}⟨1$\bar{2}$1⟩ 组分的程度，提高各取向晶粒分布的均匀性。

7.2.2　热轧退火对冷轧板显微组织演变的影响规律

图 7-15 和 7-16 示出的是热轧板经不同温度退火后的冷轧板显微组织的金相照片以及冷轧板板厚方向显微硬度的变化情况。由图 7-15a 可知，在热轧板经不

同温度退火处理后，冷轧板的变形组织均由内部较光滑和内部较粗糙的两种带状变形晶粒组成。内部较粗糙的带状变形晶粒具有大量的晶内剪切带。当热轧板的退火温度为900℃时，由于初始晶粒较小，冷轧板的带状变形晶粒较细窄，晶界数量众多且较弯曲，较粗糙的带状变形晶粒和较光滑的带状变形晶粒交替排列。

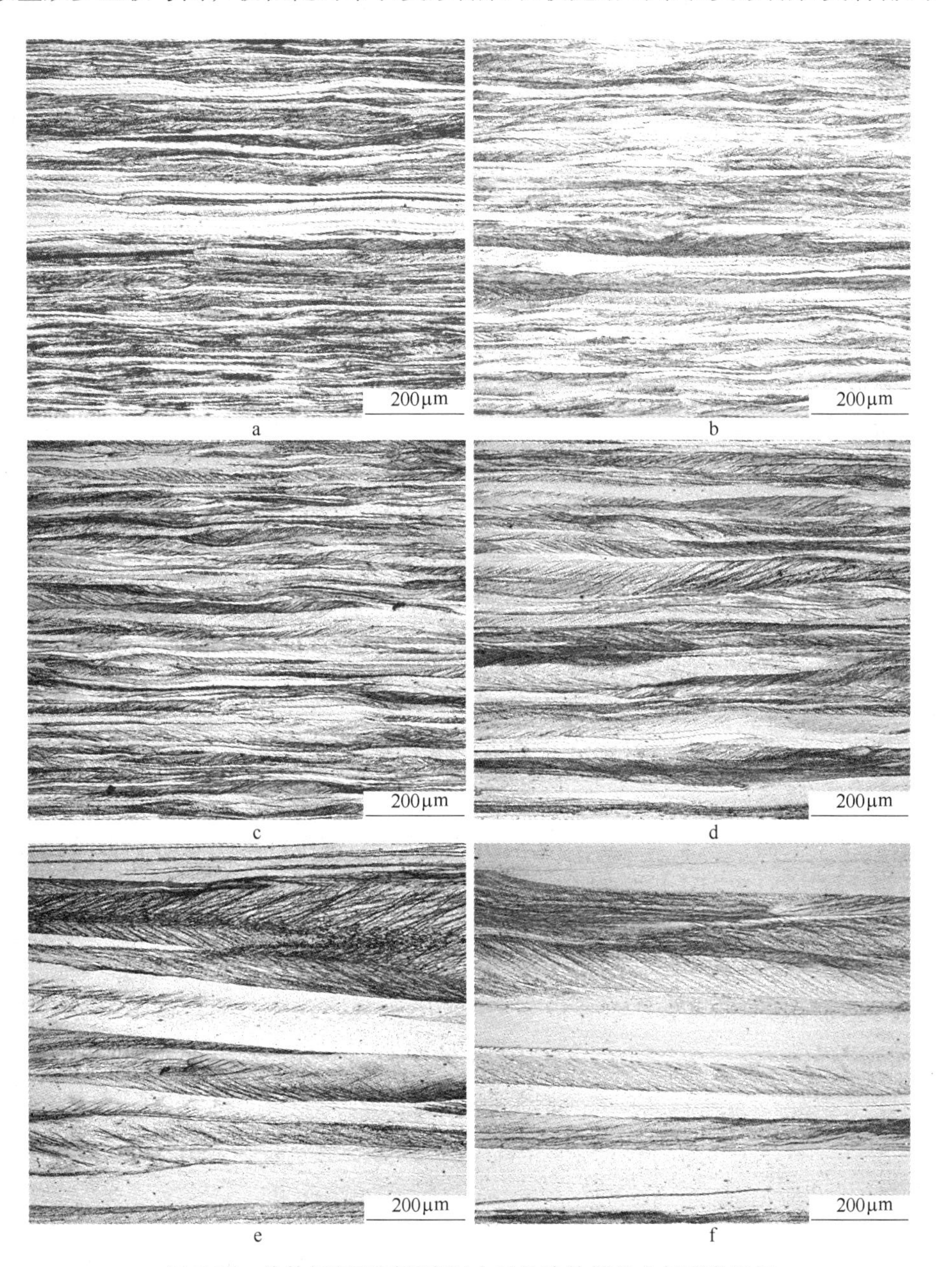

图7-15　热轧板经不同温度退火后的冷轧板的金相显微组织

a—900℃；b—950℃；c—1000℃；d—1050℃；e—1100℃；f—1150℃

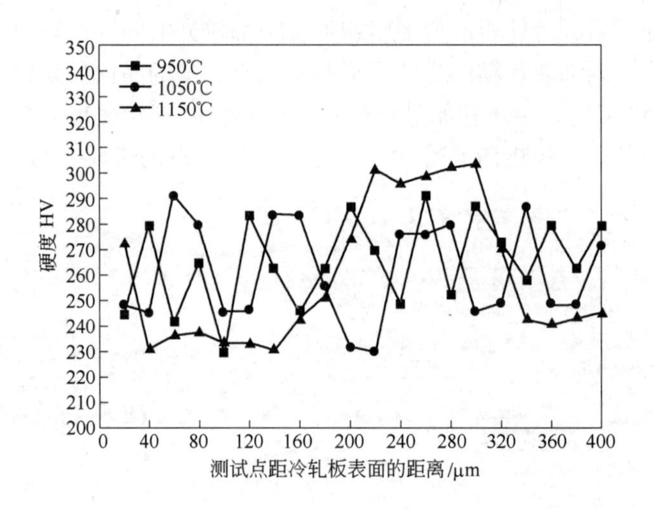

图 7-16　热轧板不同温度退火后的冷轧板表面至中心层的硬度

由于带状变形晶粒较窄，晶内剪切带较杂乱、模糊。当热轧板退火温度为 950℃时，随着初始晶粒尺寸的增大，冷轧板的带状变形晶粒宽度逐渐增大。当热轧板退火温度为 1000℃时，冷轧板带状变形晶粒的宽度进一步增大，晶界数量减少，晶内剪切带逐渐清晰。当热轧板退火温度为 1050℃时，冷轧板的带状变形晶粒变得更加粗大，晶界大量消失。在部分带状变形晶粒内部，晶内剪切带覆盖整条带状变形晶粒，但部分带状变形晶粒内部较光滑，未出现任何剪切带。当热轧板退火温度为 1100℃和 1150℃时，由于热轧板的初始晶粒骤然增大，冷轧板较光滑和较粗糙的带状变形晶粒均变得异常粗大，并且晶界较平直，变形的不均匀化程度非常严重，在部分带状变形晶粒内部，大量规则排列的晶内剪切带清晰可见且呈典型的“鱼骨状”，与轧制方向形成的角度为 30°～40°。由图 7-16 可知，冷轧板表层至中心的硬度值出现近 70HV 的较大波动。这种波动与带状变形晶粒种类及宽度相对应。内部较粗糙的带状变形晶粒的硬度值较高，内部较光滑的带状变形晶粒的硬度值较低。在不同的热轧板退火温度条件下，冷轧板的带状变形晶粒宽度不同，导致冷轧板表面至中心层硬度的变化规律也不相同。当热轧板退火温度为 950℃时，冷轧板的带状变形晶粒较窄，且光滑带状变形晶粒与粗糙带状变形晶粒交替排列。随着测量点落在不同的带状变形晶粒内，硬度值出现较大的波动。当热轧板退火温度为 1050℃时，由于两种带状变形晶粒的宽度均增大，所以硬度测量点落在同一带状变形晶粒内部，硬度变化曲线上出现了硬度波动较小的“台阶”。当热轧板退火温度为 1150℃时，两种带状变形晶粒的宽度骤然增大使硬度变化曲线上“台阶”的宽度也随之显著增大。热轧板在 950℃、1050℃和 1150℃退火后的冷轧板的平均硬度分别为 HV 265. 3、HV 261. 5 和 HV 259. 0。

图 7-17 示出的是热轧板不同温度退火后的冷轧退火板显微组织的金相照片。

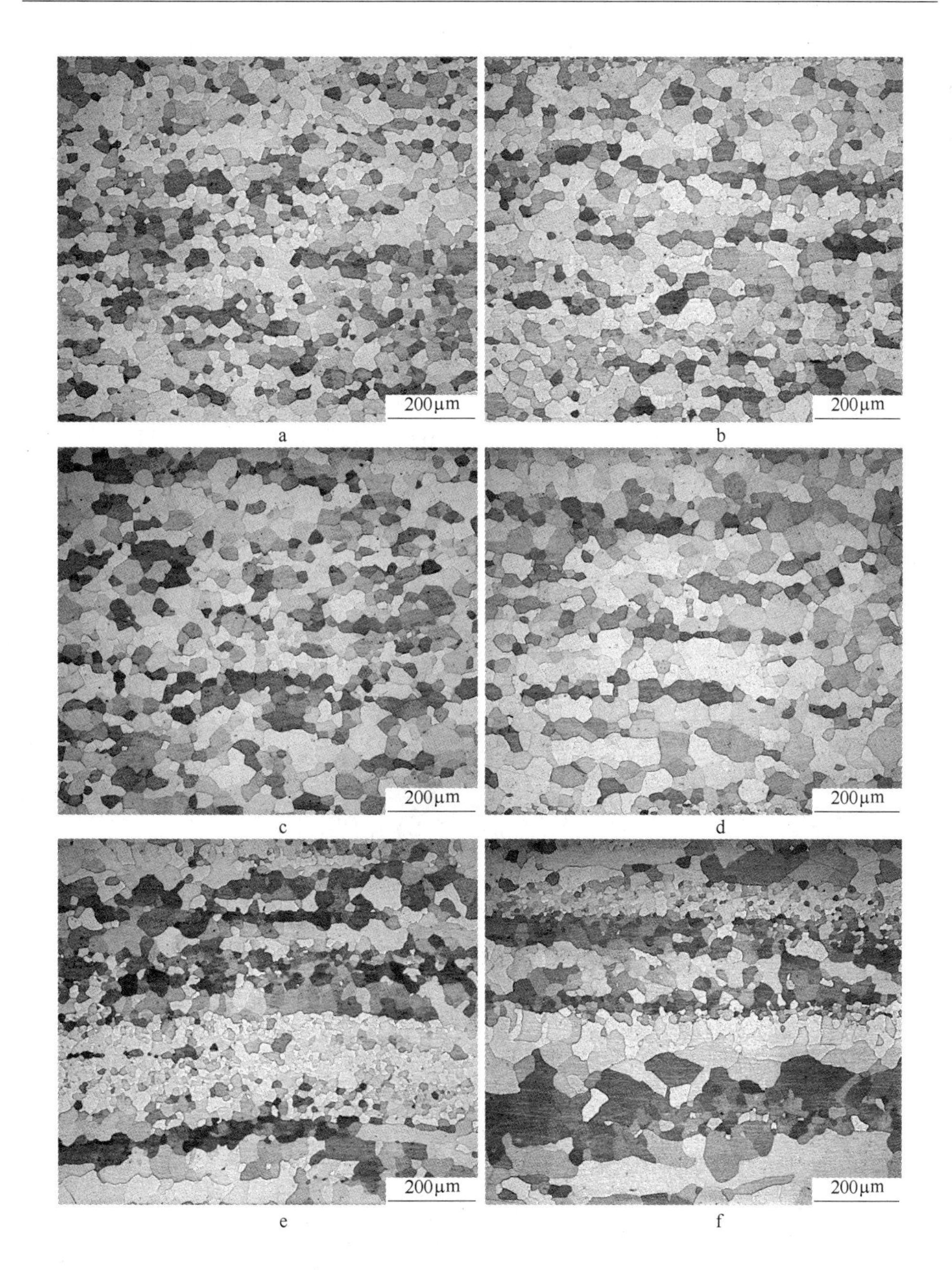

图 7-17 热轧板不同温度退火的金相显微组织

a—900℃；b—950℃；c—1000℃；d—1050℃；e—1100℃；f—1150℃

由此图可知，当热轧板退火温度在 900 ~ 1050℃时，冷轧退火板的晶粒尺寸随着热轧板退火温度的提高逐渐增大，平均晶粒尺寸分别约为 28μm、29μm、32μm

和 38μm。这与退火之前的冷轧组织密切相关。一方面，随着热轧板退火温度的升高，冷轧板的带状变形晶粒宽度逐渐增大，晶界面积大量减少，导致再结晶退火过程中的形核位置大量减少，再结晶晶粒尺寸较大。另一方面，再结晶过程中，再结晶晶粒只有在长到充满整条带状变形晶粒后才会向相邻的带状变形晶粒或再结晶晶粒生长，因此，带状变形晶粒的宽度在一定程度上也影响到再结晶晶粒的尺寸。所以，随着热轧板退火温度的升高，冷轧板的再结晶晶粒尺寸逐渐增大。当热轧板的退火温度高于1050℃时，由于初始晶粒尺寸骤然增大，导致变形不均化程度加剧，一方面使得冷轧板的宽度骤然增大，另一方面使得带状变形晶粒内部的结构差异显著，造成再结晶晶粒尺寸很不均匀而出现“混晶”组织。

图 7-18 示出的是两种冷轧退火板的五种主要取向晶粒的分布图。由图 7-18 可知，热轧后退火的冷轧退火板中 $\{001\}\langle 1\bar{1}0\rangle$、$\{116\}\langle 5\ \overline{11}\ 1\rangle$、$\{112\}\langle 1\bar{1}0\rangle$、

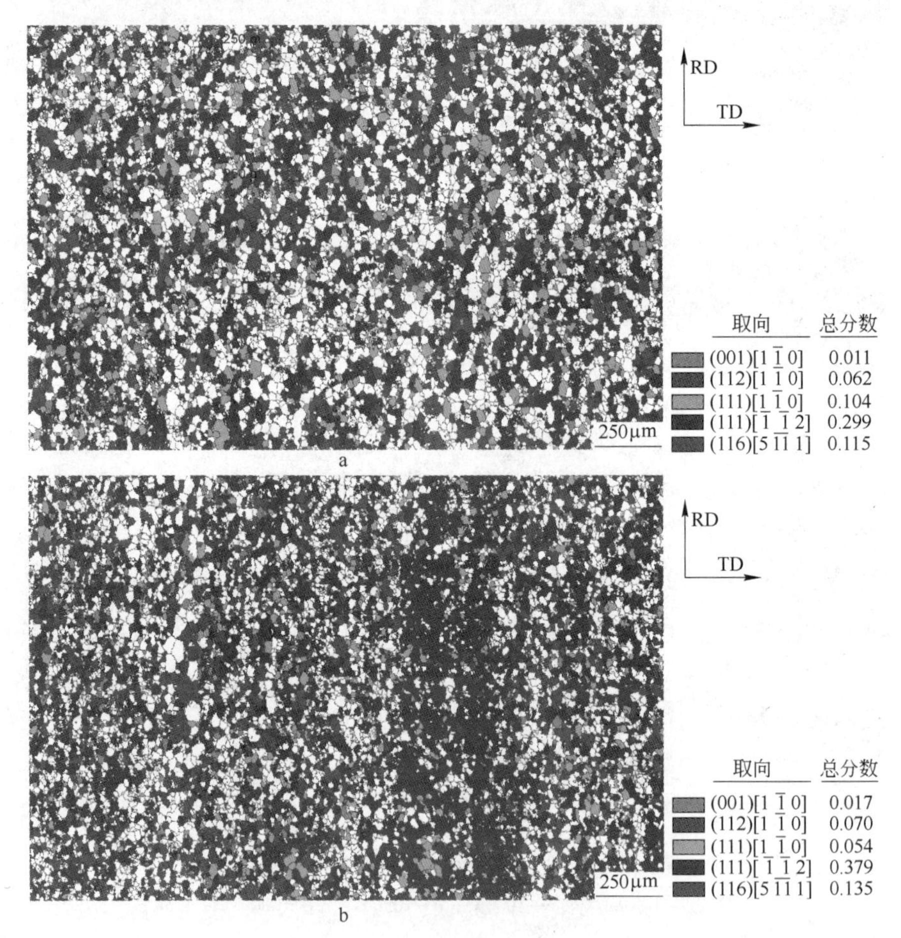

图 7-18　热轧板退火或不退火后的冷轧退火板板面的特定取向晶粒的晶体取向图（彩图见书后彩页）

a—退火；b—不退火

$\{111\}\langle 1\bar{1}0\rangle$ 及 $\{111\}\langle \bar{1}\bar{1}2\rangle$ 晶粒簇的体积分数分别为 1.1%、11.5%、6.2%、10.4% 及 29.9%；而热轧后不退火的冷轧退火板中 $\{001\}\langle 1\bar{1}0\rangle$、$\{116\}\langle 5\,\bar{1}\bar{1}\,1\rangle$、$\{112\}\langle 1\bar{1}0\rangle$、$\{111\}\langle 1\bar{1}0\rangle$ 及 $\{111\}\langle \bar{1}\bar{1}2\rangle$ 晶粒簇的体积分数分别为 1.7%、13.5%、7.0%、5.4% 和 37.9%。$\{001\}\langle 1\bar{1}0\rangle$、$\{116\}\langle 5\,\bar{1}\bar{1}\,1\rangle$、$\{112\}\langle 1\bar{1}0\rangle$、$\{111\}\langle 1\bar{1}0\rangle$ 及 $\{111\}\langle \bar{1}\bar{1}2\rangle$ 取向晶粒的平均塑性应变比分别为 0.4、0.4、2.1、2.6 和 2.6。在变形过程中，塑性应变比较低的晶粒簇在板厚方向的收缩程度比周围基体严重，所以在板的表面沿轧向容易引起细条纹状塌陷而造成皱褶。显然，热轧后不退火的成品板因具有较多的低塑性应变比的 $\{001\}\langle 1\bar{1}0\rangle$、$\{116\}\langle 5\,\bar{1}\bar{1}\,1\rangle$ 和 $\{112\}\langle 1\bar{1}0\rangle$ 晶粒簇而使皱褶加重。另一方面，热轧后不退火的成品板中的晶粒簇更加粗大、连续且集中，加重了变形的不均匀性。特别是粗大的带状 $\{111\}\langle \bar{1}\bar{1}2\rangle$ 取向晶粒簇，因具有较大的塑性应变比而在变形过程中不易减薄，而相邻的带状 $\{112\}\langle 1\bar{1}0\rangle$ 和 $\{116\}\langle 5\,\bar{1}\bar{1}\,1\rangle$ 取向晶粒簇相对较软而易于减薄，这造成变形的不均匀性；而热轧后退火的冷轧退火板中各取向晶粒的分布较均匀，晶粒簇更加细窄、短促且分散，在变形过程中因与周围基体的协调性较好而使表面皱褶减轻。

可见，热轧后退火有利于减少冷轧退火板中低塑性应变比的 $\{001\}\langle 1\bar{1}0\rangle$、$\{116\}\langle 5\,\bar{1}\bar{1}\,1\rangle$ 和 $\{112\}\langle 1\bar{1}0\rangle$ 取向晶粒簇的数量，有利于破碎和细化带状晶粒簇并提高各取向晶粒分布的均匀性。因此，热轧后退火处理可以减轻的成品板的表面起皱。

7.2.3　热轧退火对织构演变行为的影响规律

图 7-19 示出的是经不同温度退火处理后热轧板宏观织构的恒 $\varphi_2=45°$ ODF 截面图。由图 7-19 可知，在热轧退火板的表层，织构强度较低，主要以剪切织构为主。当退火温度为 900℃ 时，强点为高斯织构 $\{110\}\langle 001\rangle$，取向密度为 $f(g)=3.6$。当退火温度为 1000℃ 时，强点仍为高斯织构 $\{110\}\langle 001\rangle$，取向密度为 $f(g)=4.7$。当退火温度为 1100℃ 时，强点为 $\{110\}\langle 1\bar{1}4\rangle$，取向密度为 $f(g)=6.8$。而在热轧退火板的中心层，主要以 α 纤维织构为主。当退火温度为 900℃ 时，织构强点为 $\{001\}\langle 1\bar{1}0\rangle$，取向密度为 $f(g)=5.0$。当退火温度为 1000℃ 时，强点沿 α 取向线下移，在 $\{223\}\langle 1\bar{1}0\rangle$ 附近，取向密度为 $f(g)=5.7$。当退火温度为 1100℃ 时，主要以较强的 α 纤维织构和较弱的 γ 纤维织构为主，强点在 $\{223\}\langle 1\bar{1}0\rangle$ 附近，取向密度为 $f(g)=10.0$。可见，随着热轧板退火温度的升高，一方面，表层的剪切织构组分逐渐增强，但是，织构强度仍然很低；另一方面，中心层的织构强点逐渐沿 α 纤维织构取向线下移，$\{001\}\langle 1\bar{1}0\rangle$ 组分的取向密度逐渐降低，γ 纤维织构逐渐增强。

图 7-20 示出的是热轧板不同温度退火后的冷轧板织构的恒 $\varphi_2=45°$ ODF 截面

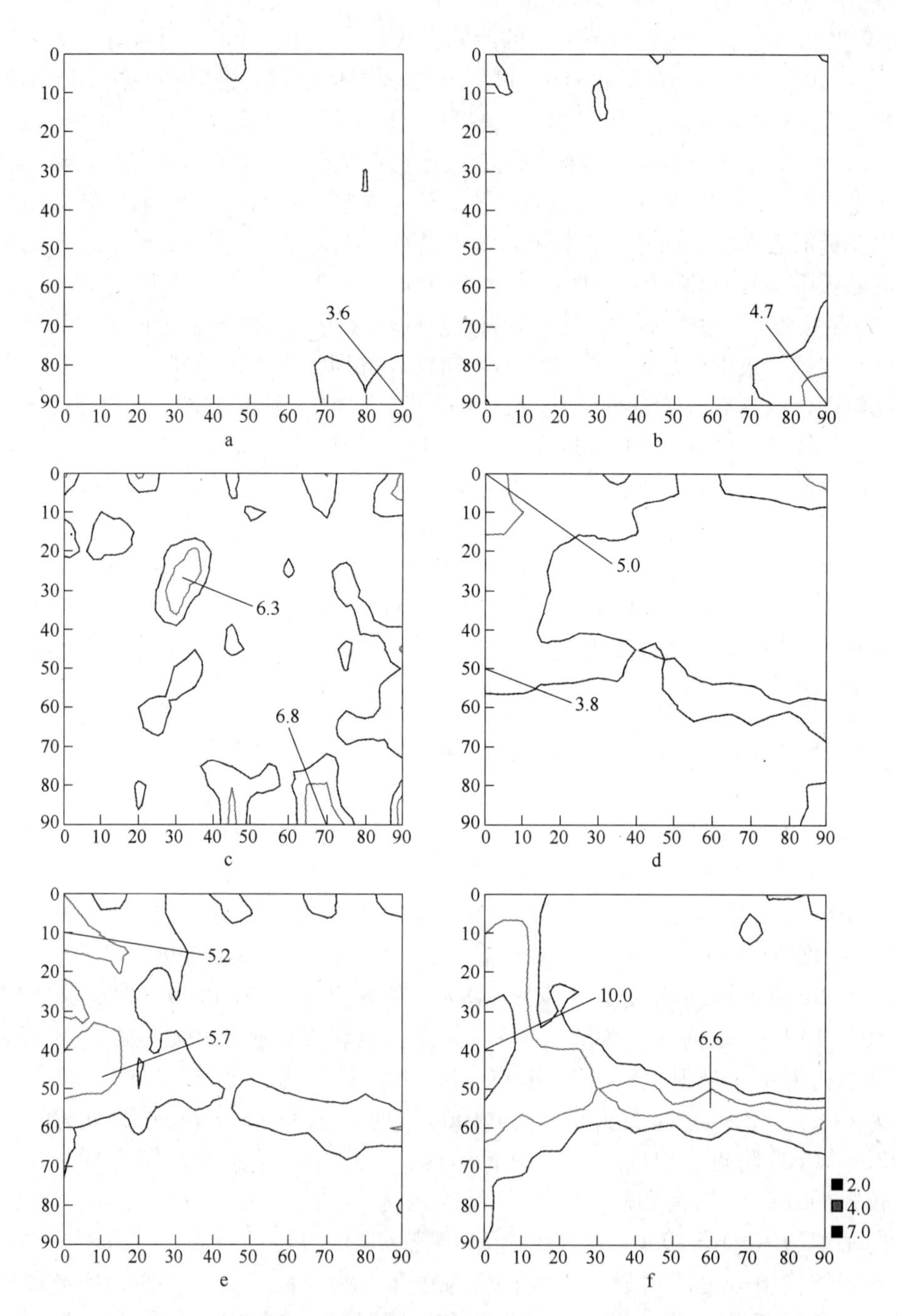

图 7-19 热轧板不同温度的退火织构的恒 $\varphi_2=45°$ ODF 截面图（彩图见书后彩页）

表　层：a—900℃；b—1000℃；c—1100℃

中心层：d—900℃；e—1000℃；f—1100℃

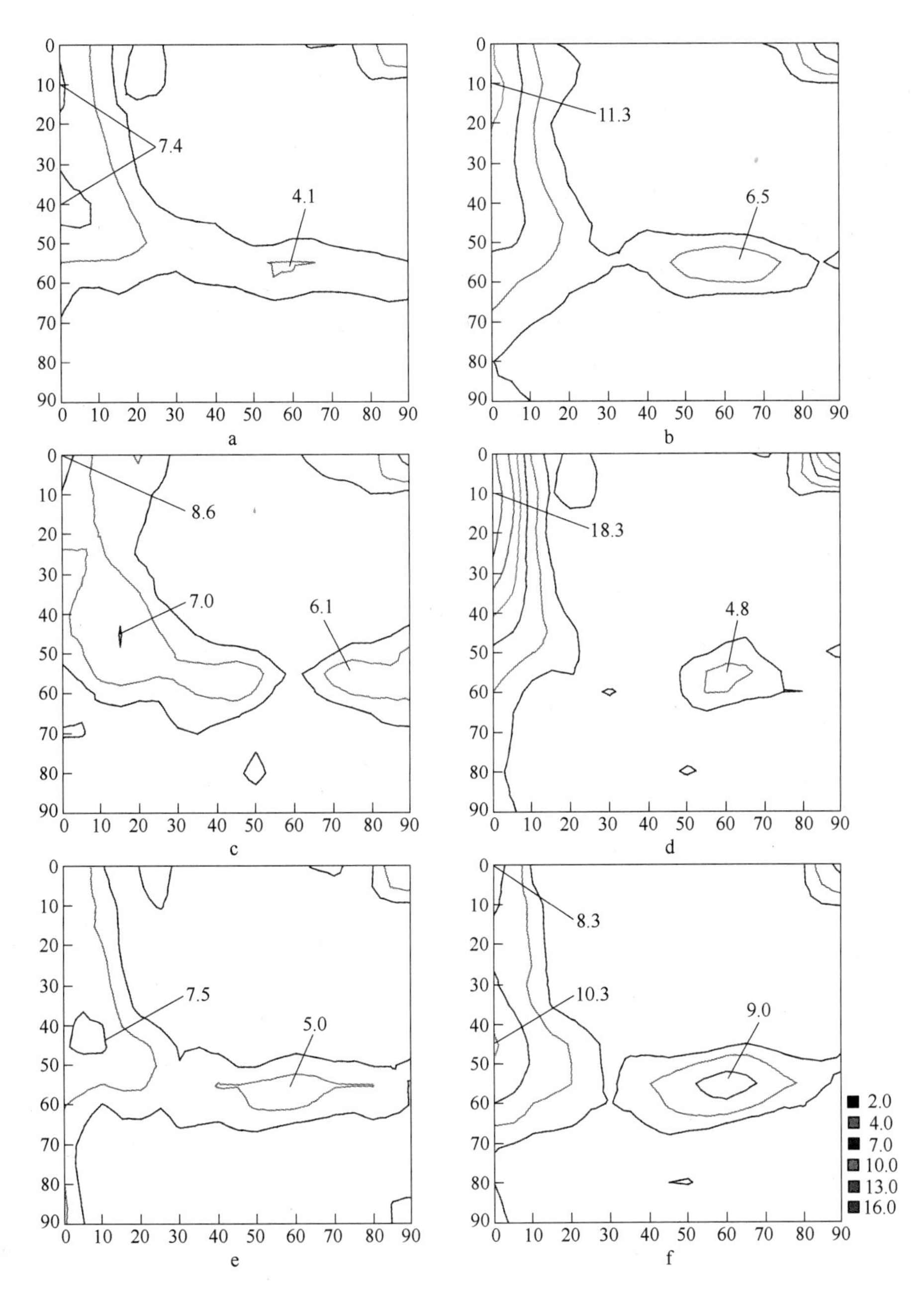

图 7-20 热轧板不同温度退火后的冷轧板织构的恒 $\varphi_2=45°$ ODF 截面图（彩图见书后彩页）

表 层：a—900℃；b—1000℃；c—1100℃

中心层：d—900℃；e—1000℃；f—1100℃

图。可以看出，在不同的热轧板退火温度条件下，冷轧板表层和中心层的织构均以较强的 α 纤维织构和较弱的 γ 纤维织构为主。当热轧板退火温度为 900℃时，冷轧板表层织构以 α 纤维织构为主，强点在 {118}⟨1$\bar{1}$0⟩ 和 {558}⟨1$\bar{1}$0⟩ 附近，取向密度为 $f(g)=7.4$。而 γ 纤维织构极弱，主要组分 {111}⟨0$\bar{1}$1⟩ 的取向密度为 $f(g)=4.1$。冷轧板中心层以显著的 α 纤维织构为主，强点 {118}⟨1$\bar{1}$0⟩ 的取向密度为 $f(g)=18.3$，{111}⟨0$\bar{1}$1⟩ 的取向密度为 $f(g)=4.8$。当热轧板退火温度为 1000℃时，冷轧板表层织构强点仍为 {118}⟨1$\bar{1}$0⟩，取向密度为 $f(g)=11.3$，{111}⟨0$\bar{1}$1⟩ 的取向密度为 $f(g)=6.5$。冷轧板中心层织构强点在 {223}⟨1$\bar{1}$0⟩ 附近，取向密度为 $f(g)=7.5$，{111}⟨0$\bar{1}$1⟩ 的取向密度为 $f(g)=5.0$。当热轧板退火温度为 1100℃时，冷轧板表层织构强点虽然在 {001}⟨1$\bar{1}$0⟩，取向密度为 $f(g)=8.6$，但是，α 纤维织构向 γ 纤维织构的转变较明显，γ 纤维织构得到加强。冷轧板中心层织构强点位于 {223}⟨1$\bar{1}$0⟩ 附近，取向密度为 $f(g)=10.3$。γ 纤维织构的主要组分 {111}⟨0$\bar{1}$1⟩ 的取向密度为 $f(g)=9.0$。可见，随着热轧板退火温度的升高，冷轧板表层的 γ 纤维织构略为增强，而冷轧板中心层的织构强点沿 α 取向线下移的步伐加快，并且，γ 纤维织构明显增强。

图 7-21 示出的是热轧板经不同温度退火处理后的冷轧退火板织构的恒 $\varphi_2=$

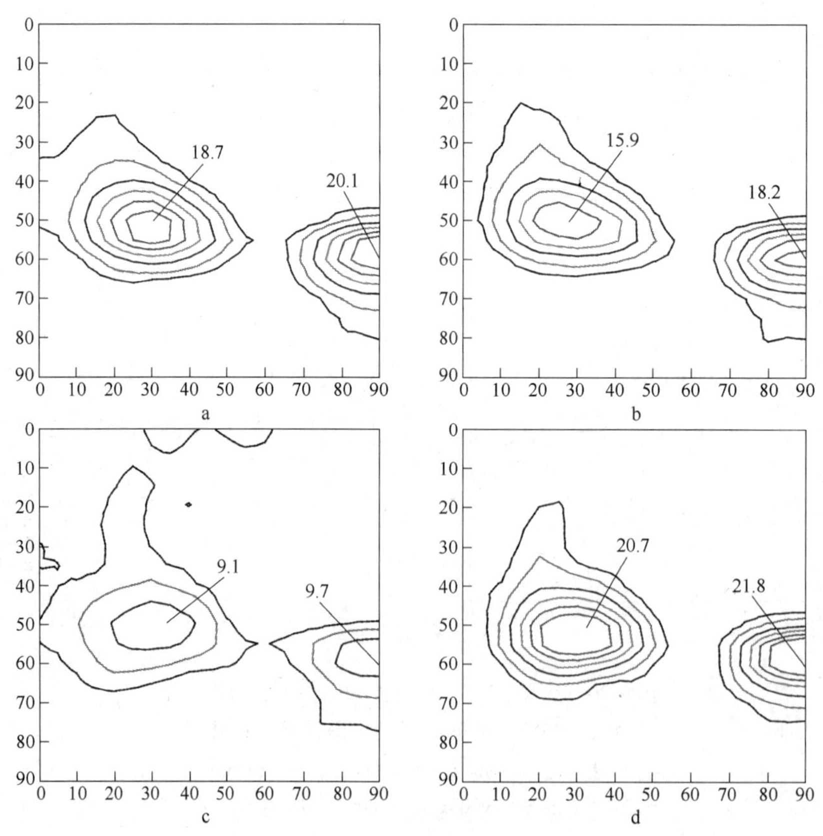

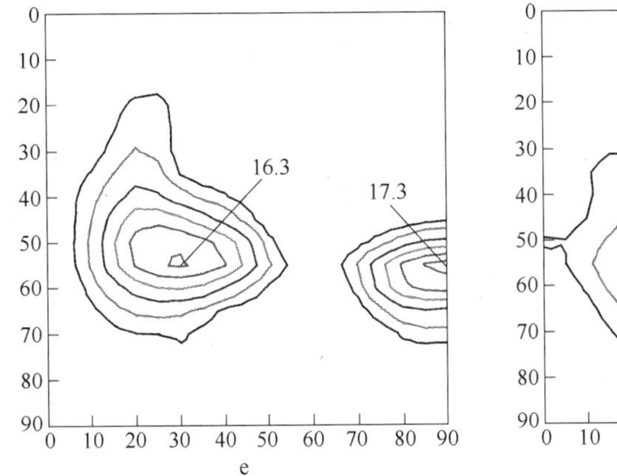

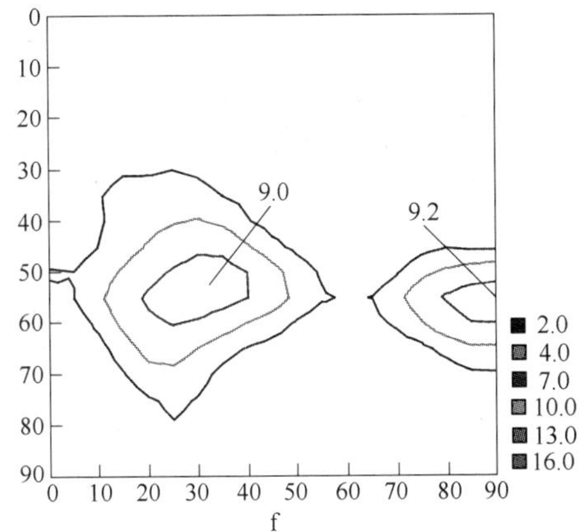

图 7-21　热轧板不同温度退火后的冷轧退火板织构的
恒 $\varphi_2=45°$ODF 截面图（彩图见书后彩页）
表　层：a—900℃；b—1000℃；c—1100℃
中心层：d—900℃；e—1000℃；f—1100℃

45°ODF 截面图。由图 7-21 可知，在不同的热轧板退火温度条件下，冷轧退火板表层和中心层的再结晶织构均以不均匀的、明显向 $\{111\}\langle 1\bar{2}1\rangle$ 和 $\{554\}\langle\bar{2}\bar{2}5\rangle$ 两点附近偏聚的 γ 纤维织构为主。并且，随着热轧板退火温度的升高，表层和中心层的 γ 纤维再结晶织构的强度明显降低。当热轧板退火温度为 900℃时，冷轧退火板的表层和中心层的织构强点均为 $\{554\}\langle\bar{2}\bar{2}5\rangle$。表层和中心层织构的次强点偏离 $\{111\}\langle 1\bar{2}1\rangle$ 的角度平均为 2.5°。当热轧板退火温度为 1000℃时，冷轧退火板的表层和中心层的织构强点也均为 $\{554\}\langle\bar{2}\bar{2}5\rangle$。表层和中心层织构的次强点偏离 $\{111\}\langle 1\bar{2}1\rangle$ 的角度为 3.6°。当热轧板退火温度为 1100℃时，冷轧退火板的表层和中心层的织构强点也均为 $\{554\}\langle\bar{2}\bar{2}5\rangle$，表层和中心层织构的次强点偏离 $\{111\}\langle 1\bar{2}1\rangle$ 的角度为 2.5°。应该注意的是，当热轧板退火温度为 1100℃时，γ 纤维再结晶织构的强度显著降低，并且在表层仍保留着 $\{001\}\langle 0\bar{1}0\rangle$ 织构，表明再结晶没有完成。可见，随着热轧板退火温度的升高，冷轧退火板的 γ 纤维再结晶织构强度显著降低。另外，γ 纤维再结晶织构不均匀性特征以及偏离 $\{111\}\langle 1\bar{2}1\rangle$ 组分的特征均不会因热轧板退火温度的升高而改变。

7.3　冷轧退火工艺对成品板成型性能的影响规律

刘海涛等人以 6.1 节提到的超低碳氮、铌钛复合微合金化 Cr17 铁素体不锈钢为实验材料，研究了冷轧板退火对成品板成型性能的影响规律[18,19]。图 7-22 示出的是 84% 压下量的冷轧退火板的 $\bar{r}$ 值随冷轧板退火温度的变化情况。由此图

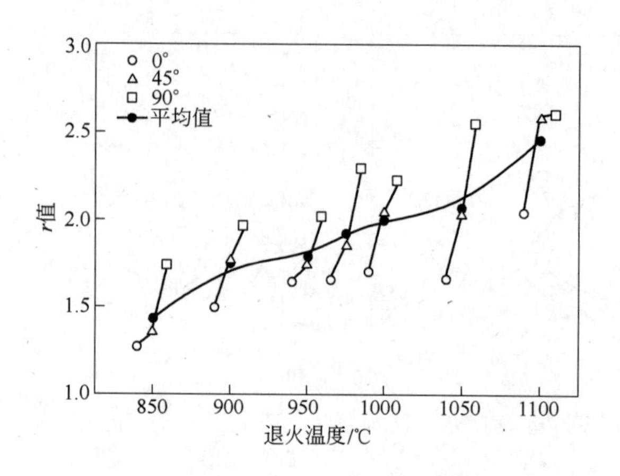

图 7-22　冷轧板退火温度对 r 值的影响

可知，在不同的冷轧板退火温度条件下，冷轧退火板各方向的塑性应变比呈 $r_{0°} < r_{45°} < r_{90°}$ 分布。并且，随着冷轧板退火温度的升高，$\bar{r}$ 值逐渐增大。当退火温度为 850℃时，$\bar{r}$ 值仅为 1. 43。而当退火温度为 1100℃时，$\bar{r}$ 值高达 2. 46。可以发现，$\bar{r}$ 值随冷轧板退火温度的变化轨迹与 $r_{45°}$ 随退火温度的变化轨迹几乎重合。

图 7-23 示出的是冷轧退火板的 Δr 值随退火温度的变化情况。由此图可知，Δr 值随退火温度的变化并无明显的规律性。但是，$|\Delta r|$ 始终处于≤0. 25的水平，表明实验钢具有较小的平面各向异性，冲压过程中的制耳倾向很小。

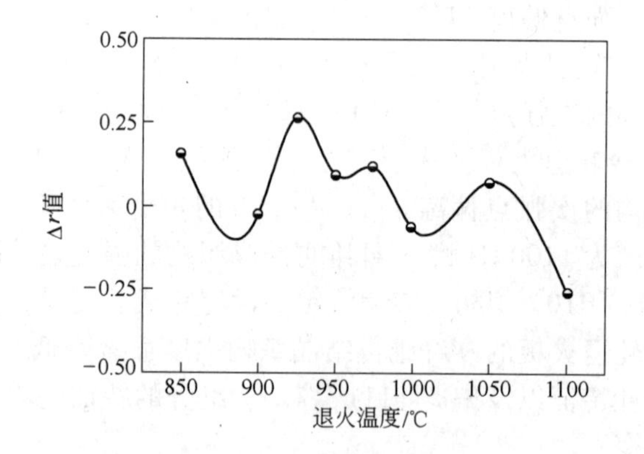

图 7-23　冷轧板退火温度对 Δr 值的影响

图 7-24 示出的是不同温度退火处理的冷轧退火板试样在室温条件下经 15%拉伸后的表面形貌。由此图可知，当冷轧板退火温度低于 1000℃时，薄板表面较光亮。当退火温度为 1000℃时，薄板表面开始出现轻微的“橘皮”缺陷。当退火

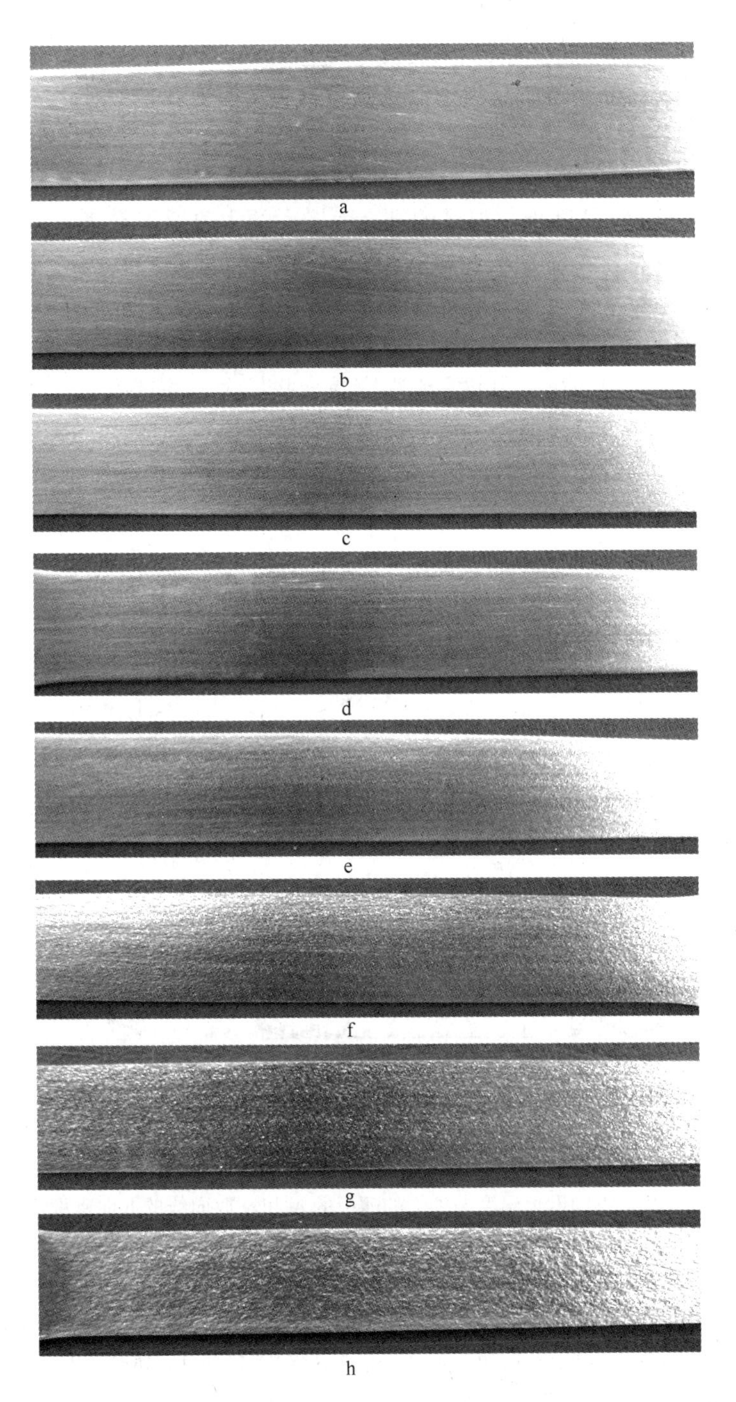

图 7-24 不同退火温度的薄板试样经 15% 室温拉伸后的宏观表面形貌
a—850℃；b—900℃；c—925℃；d—950℃；e—975℃；f—1000℃；g—1050℃；h—1100℃

温度高于1000℃时，“橘皮”缺陷加重。

获得满意的γ纤维再结晶织构是提高冷轧退火板$\bar{r}$值的最有效手段。图7-25示出的是冷轧退火板的再结晶织构取向线随退火温度变化的规律。可以看出，随着冷轧板退火温度的升高，γ纤维再结晶织构逐渐增强，而残留的α纤维织构(特别是低塑性应变比的{001}⟨1$\bar{1}$0⟩～{112}⟨1$\bar{1}$0⟩组分)的取向密度逐渐降低。冷轧退火板的$\bar{r}$值随退火温度的升高而增大的主要原因在于γ纤维再结晶织构的增强和残留的α纤维织构的减弱，它们通过⟨111⟩//ND再结晶晶粒逐渐增大并吞并其他晶粒来实现的。再结晶组织中，⟨111⟩//ND取向的再结晶晶粒最多。晶界迁移速率随着退火温度的升高而增大，⟨111⟩//ND取向的晶粒相遇的几率大于其他取向的晶粒，因此它们很容易合并长大，并且依靠这种尺寸优势继续吞并其他取向的晶粒。另外，适当提高冷轧板的退火温度，板厚方向的织构梯度将会减小，这也是导致$\bar{r}$值升高的一个原因。

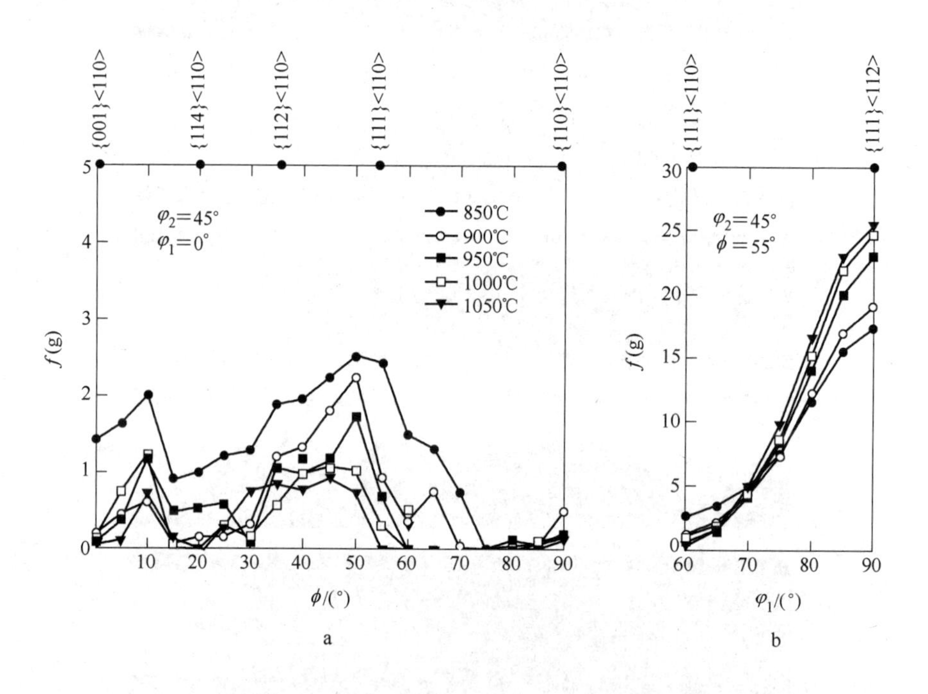

图7-25　不同退火温度条件下的薄板的α和γ取向线的取向密度值

a—α取向线；b—γ取向线

但是，随着退火温度的升高，再结晶晶粒大小的不均匀性提高，出现了许多较大的⟨111⟩//ND取向的晶粒。特别是当退火温度高于1000℃时，平均晶粒尺寸增大至42.7μm(ASTM 6.8级)。这种粗大且不均匀的再结晶组织降低了各晶粒在拉伸过程中的变形协调性，从而在薄板的表面造成“橘皮”缺陷。为了防止“橘皮”缺陷的产生，冷轧板的退火温度应低于1000℃，平均再结晶晶粒尺寸控制在40μm以下。

参 考 文 献

[1] Talyan V, Wagoner R H, Lee J K. Formability of stainless steel [J]. Metallurgical and Materials Transactions A, 1998, 29A(8): 2161 ~ 2172.

[2] Hutchinson W B. Development and control of annealing textures in low-carbon steels [J]. International Metals Reviews, 1984, 29(1): 25 ~ 42.

[3] Daniel D, Jonas J J. Measurement and prediction of plastic anisotropy in deep-drawing steels [J]. Metallurgical Transactions A, 1990, 21A(2): 331 ~ 343.

[4] Hamada J I, Agata K, Inoue H. Estimation of planar anisotropy of the r-value in ferritic stainless steel sheets [J]. Materials Transactions, 2009, 50(4): 752 ~ 758.

[5] Yazawa Y, Kato Y, Kobayashi M. Development of Ti-bearing high performance ferritic stainless steels R430XT and RSX-1 [J]. Kawasaki Steel Technical Report, 1999, (40): 23 ~ 29.

[6] Yazawa Y, Muraki M, Kato Y, et al. Effect of chromium content on relationship between r-value and {111} recrystallization texture in ferritic steel [J]. ISIJ International, 2003, 43(10): 1647 ~ 1651.

[7] Sinclair C W, Robaut F, Maniguet L, et al. Recrystallization and texture in a ferritic stainless steel: an EBSD study [J]. Advanced Engineering Materials, 2003, 5(8): 570 ~ 574.

[8] Inoue H. Recrystallization textures and their application to structure control [M]. ISIJ Tokyo, 1999, 174.

[9] Kang H G, Huh M Y, Park S H, et al. Effect of lubrication during hot rolling on the evolution of through-thickness textures in 18% Cr Ferritic stainless steel sheet [J]. Steel Research International, 2008, 79(6): 489 ~ 496.

[10] Raabe D, Hölscher M, Dubke M, et al. Texture development of strip cast ferritic stainless steel [J]. Steel Research International, 1993, 64(7): 359 ~ 363.

[11] Sinclair C W, Mithieux J D, Schmitt J H, et al. Recrystallization of stabilized ferritic stainless steel sheet [J]. Metallurgical and Materials Transactions A, 2005, 36(11): 3205 ~ 3215.

[12] Tetsuo S, Yoshihiro S, Munetsugu M, et al. Inhomogeneous texture formation in high speed hot rolling of ferritic stainless steel [J]. ISIJ International, 1991, 31(1): 86 ~ 94.

[13] Paton R. Influence of aluminium and thermomechanical treatment on formability and mechanical properties of type 430 stainless steel [J]. Materials Science and Technology, 1994, 10(7): 604 ~ 613.

[14] Raabe D. On the influence of the chromium content on the evolution of rolling textures in ferritic stainless steels [J]. Journal of Materials Science, 1996, 31(14): 3839 ~ 3845.

[15] 刘海涛，刘振宇，王国栋，等．高纯Cr17铁素体不锈钢热轧板退火温度对冷轧退火板成形性能的影响[J]. 钢铁，2010，45(8)：75 ~ 79.

[16] 刘海涛，刘振宇，王国栋，等．热带退火对00Cr17Ti薄板成形性能的影响[J]. 钢铁，

2009，44(4)：71～74.

[17] 刘海涛，刘振宇，王国栋．热轧后退火对超纯铁素体不锈钢组织、织构及成形性能的影响[J]. 材料科学与工艺．2011，19(3)：19～25.

[18] 刘海涛．Cr17 铁素体不锈钢的组织、织构及成形性能研究［D］. 沈阳：东北大学，2009.

[19] 刘海涛，刘振宇，王国栋，等．退火温度对超纯 Cr17 铁素体不锈钢冷轧板成形性能的影响[J]. 东北大学学报，2010，31(9)：1266～1269.

8　铁素体不锈钢表面起皱机理与控制技术

在拉伸和冲压过程中，当变形量较大时在铁素体不锈钢钢板表面会产生沿原始轧制变形方向分布的高低起伏的条带状缺陷，称为表面起皱，它是此类钢种在经受冷轧、拉伸和深冲等加工变形时产生的严重破坏表面质量的主要问题之一。表面起皱使得钢板的表面质量和表面反光的均匀度下降，导致大量零部件因表面质量问题而报废、降级或必须进行表面抛光和精磨，造成成材率降低、加工成本提高且限制了铁素体不锈钢在表面装饰等领域的应用。薄板的表面起皱程度可用平均表面粗糙度（R_a）、最大轮廓峰高（R_p）或轮廓的最大高度（R_z）来表示。铁素体不锈钢表面起皱高度一般在 20 ~ 50μm。微皱褶有时也会叠加而形成宏观皱褶（或称波浪皱褶），凸起高度达到肉眼可见的毫米数量级。图 8-1 示出的是奥氏体不锈钢和铁素体不锈钢在深冲成形后的表面形貌。可以看到，成形后两种不锈钢的表面质量相差很大，奥氏体不锈钢成形后表面质量良好，而铁素体不锈钢在成形后表面发生严重的表面起皱。例如，21% Cr 铁素体不锈钢由于初始凝固组织中柱状晶组织发达，表面起皱要比其他普通铁素体不锈钢更为严重。图 8-2示出的是典型 443NT(21% Cr) 在沿轧向折弯后的表面起皱形貌。由此可见，折弯后，21% Cr 铁素体不锈钢在拐角的外表面形呈明显的麻纹状缺陷。这种现象在制作电梯面板时非常普遍，大大降低了产品的美观性，用户迫切需要生产厂家能够提供一种抗表面起皱性能良好的 21% Cr 铁素体不锈钢。

图 8-1　不锈钢成品板深冲后表面形貌对比

a—奥氏体不锈钢；b—铁素体不锈钢

铁素体不锈钢表面起皱的表现形式非常复杂，国际国内众多研究者对此进行了深入细致的研究，普遍认为铁素体不锈钢的表面起皱与微观取向分布相关。关

图 8-2　典型 443NT 折弯后的表面起皱形貌

于铁素体不锈钢表面起皱机理主要有三种基本模型，分别由 Chao、Takechi 和 Wright 提出[1~3]。总的来讲，具有相同取向晶粒聚集在一起而形成的晶粒簇使得微观取向分布不均匀，是导致铁素体不锈钢成形过程中产生表面起皱的主要原因。早期由于实验手段的限制，只能采用间接手段和理论计算方法来研究铁素体不锈钢的表面起皱。随着实验手段的进步，微观取向观察和分析成为可能。Brochu等人[4]首先采用 EBSD 技术确定了铁素体不锈钢中心层中晶粒簇的存在，并应用 EBSD 数据对起皱高度进行了计算，计算结果与实际结果吻合良好。Wu、Shin、Engler 等人随后采用晶体塑性有限元等方法对晶粒簇在成形过程中的应变进行了计算[5~10]，进一步明确了晶粒簇对表面起皱的影响。此外，在轧制过程中钢板中心为平面变形而在钢板表面主要为剪切变形，变形机制的差异使得冷轧退火后铁素体不锈钢在带钢厚度方向上存在明显的织构梯度。Huh 等人的研究发现[11]，晶粒簇在钢板中心层明显而在表面处较弱，织构梯度的存在有利于降低成形过程中的表面起皱。Kang 等人在研究热轧润滑对 18% Cr 铁素体不锈钢织构梯度的影响时也发现，织构梯度较大的钢板表面起皱较弱这一现象[12]。

8.1　铁素体不锈钢表面起皱机理

国外许多学者对铁素体不锈钢冷轧退火板的表面起皱机理进行了研究[4,6~7,13~15]。首先，Chao 等人提出，ND//〈111〉和 ND//〈100〉织构组元间的不同的塑性应变比是造成起皱的原因[1]。但是，采用 Chao 等人的模型所获得的变形表面轮廓与实际情况相差甚远。BCC 金属的 ND//〈111〉组元具有比 ND//〈100〉织构组元更高的 r 值，Chao 模型计算结果与此基本符合。在 Chao 模型中，假设法向应变（ε_{TD}和 ε_{ND}）是导致试样表面发生对称变形的主要因素。然而，实际研究结果显示，不仅法向应变而且剪切应变（γ_{TN}）均会对表面起皱产生重要影响。在变形过程中{111}〈$1\bar{1}0$〉织构组元会发生凸起。当($\bar{1}1\bar{1}$)[011]晶体沿

RD 方向拉长时，$(\bar{2}11)[111]$和$(211)[\bar{1}11]$滑移系开动，并以 RD 为轴非对称，此时产生剪切应变并导致试样表面出现波浪起伏。其次，Takechi 重点讨论了 RD//⟨110⟩取向晶粒不同剪应变对表面起皱的作用[2]。{111}⟨$1\bar{1}0$⟩ 组元沿 RD 拉长时，非对称滑移产生剪切变形，且剪切方向沿 RD 或 ND 方向而发生改变。Takechi 模型尽管比较简单，但它考虑了晶体塑性，因此与实际情况符合很好。最后，Wright 考虑了变形过程中因 {111}⟨$11\bar{2}$⟩ 基体和 {001}⟨$1\bar{1}0$⟩ 取向晶粒簇带之间的不同塑性应变比而引起的变形协调问题[3]。Wright 模型认为，由于{001}⟨$1\bar{1}0$⟩取向晶粒的 r 值低于 {111}⟨$11\bar{2}$⟩ 取向晶粒，为满足变形协同性关系，{001}⟨$1\bar{1}0$⟩ 取向带沿 ND 发生隆起。

上述三种模型中不同取向晶体变形导致表面起皱的简要示意图如图 8-3 所示。尽管上述模型有某些指导性作用，但它们过于简单。实际情况是，钢板中存在很多的晶粒且取向晶粒簇不会超越试样的厚度。EBSD 检测结果表明，取向晶

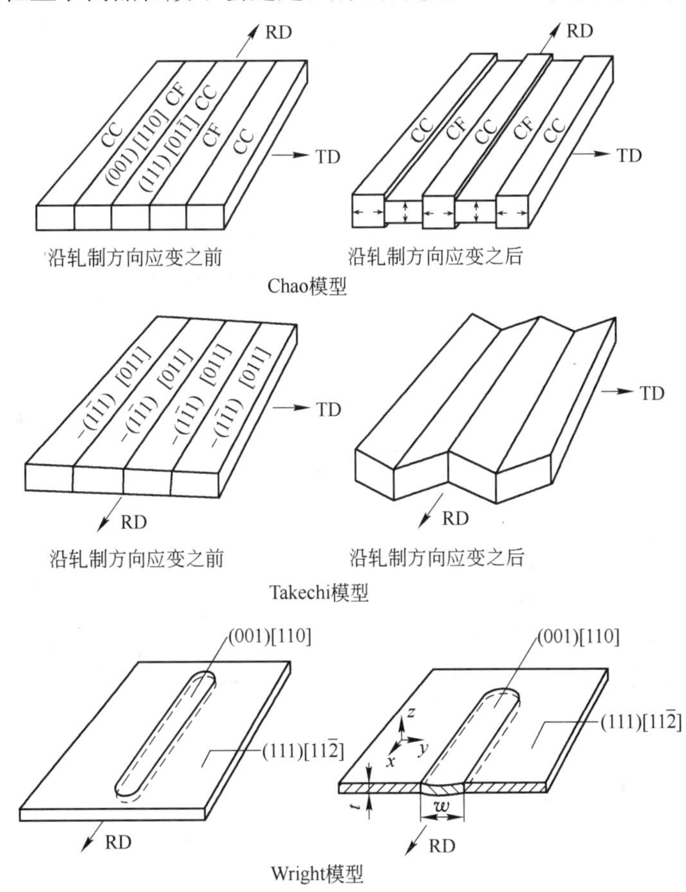

图 8-3 不同变形方式条件下，不同取向晶体变形导致铁素体不锈钢表面起皱的示意图

粒簇多存在于试样的中心厚度层部位。Shin 等人对 409L 铁素体不锈钢全柱状晶组织的铸坯进行轧制和退火实验，并利用 EBSD 技术对冷轧退火板中的微织构进行了检测[5]。结果表明，在中心厚度层存在大量的平行于轧制方向的带状晶粒簇，{001}⟨1$\bar{1}$0⟩ 晶粒簇的宽度甚至达到了 600μm。晶粒簇与表面皱褶发生的位置恰好相吻合。Hamada 和 Matsumoto 等人对 430 铁素体不锈钢微织构与皱折的研究也表明晶粒簇是导致皱褶产生的主要原因[16]。Park 和 Kim 等人发现，在 409L 和 430 冷轧退火板的中心厚度层都存在大量的塑性应变比较低、取向以 {001}⟨1$\bar{1}$0⟩和 {112}⟨1$\bar{1}$0⟩ 为主的晶粒簇(Grain Colony)[17]，如图 8-4 所示。他们认为正是这两种晶粒簇尺寸和分布上的差异导致了两种冷轧退火板表面皱褶形貌的不同。409L 铁素体不锈钢的晶粒簇较粗大，皱折较严重。而 430 铁素体不锈钢在热轧过程中发生了部分铁素体/奥氏体相变，奥氏体的出现弱化了组织的带状特征，使晶粒簇更加细小、分散，因而皱褶轻微。他们认为{001}⟨1$\bar{1}$0⟩、{112}⟨1$\bar{1}$0⟩ 晶粒簇源于具有显著 ⟨001⟩//ND 织构特征的初始柱状晶凝固组织。热轧过程中晶粒逐渐向稳定取向转动，再结晶受到抑制，最终导致了晶粒簇的产生。这些结果表明晶粒簇的存在导致了塑性变形的各向异性，从而造成表面皱褶。

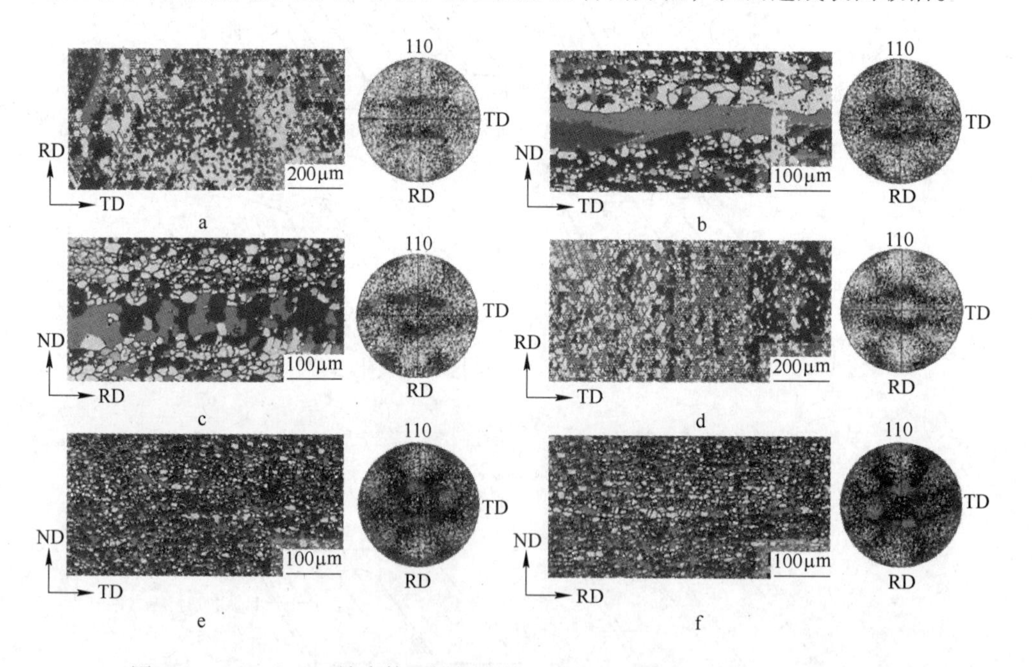

图 8-4　409L 和 430 铁素体不锈钢冷轧退火板的晶体取向图和（110）极图

409L：a—板面；b—横截面；c—纵截面

430：d—板面；e—横截面；f—纵截面

为进一步深入分析铁素体不锈钢表面起皱机理，他们采用能够模拟滑移造成金属塑性流动的微观力学模型，即晶体塑性有限元方法（crystal plasticity finite element method-CPFEM)，参照 Chao 等人的皱折模型，以试样的织构作为母体织构(matrix texture) 并引入晶粒簇，模拟了试样经 20% 拉伸变形后的表面皱褶形貌[5]。他们的模拟计算结果表明，钢板中心存在 $\{001\}\langle 1\bar{1}0\rangle$ 晶粒簇时，经塑性变形后晶粒簇的收缩程度比周围基体更大，由此而引发表面起皱，如图 8-5 所示。可见，并非 $\{001\}\langle 1\bar{1}0\rangle$ 晶粒簇的凸起（Wright 模型）而是取向晶粒簇与基体的约束变形保证了两者的协调关系。因此，表面起皱是由于存在晶粒簇与基体之间的塑性应变各向异性而产生的，此种表面皱褶的形状在钢板上下表面呈非对称的波浪状。

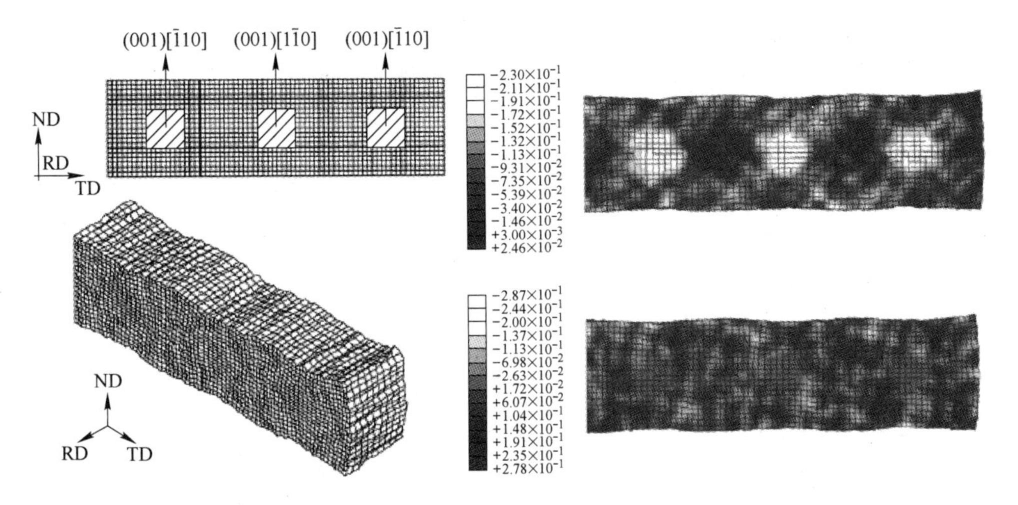

图 8-5　钢板中存在 $\{001\}\langle 1\bar{1}0\rangle$ 取向晶粒簇条件下，CPFEM 模拟计算得到的钢板 20% 拉伸变形后的形状及应变分布情况

钢中存在 $\{111\}\langle 1\bar{1}0\rangle$ 晶粒簇时，经模拟计算分析后发现，钢板拉伸 20% 后表面呈现波浪起伏的表面起皱，结果与 Takechi 模型类似，如图 8-6 所示。CPFEM 更多考虑了取向晶粒簇与基体晶粒之间的变形交互制约作用，因此表面起皱程度低于 Takechi 模型的预测结果。具有不同轧制取向的相邻取向晶粒簇在变形之后会产生不同的剪切方向，由此引起明显的波浪起伏状表面起皱。

$\{112\}\langle 1\bar{1}0\rangle$ 取向是 α 纤维取向中的重要组成部分。当铁素体不锈钢中存在 $\{112\}\langle 1\bar{1}0\rangle$ 取向晶粒簇时，经变形后试样的表面形状与钢中存在 $\{111\}\langle 1\bar{1}0\rangle$ 取向晶粒簇的情况类似，均会因拉伸变形过程中取向晶粒簇产生剪切应变 γ_{TN} 而引起波浪起伏状表面皱褶，如图 8-7 所示。二者的差别在于，在变形过程中 $\{111\}\langle 1\bar{1}0\rangle$ 取向晶粒簇沿 TD 方向的收缩程度小于 $\{112\}\langle 1\bar{1}0\rangle$。表 8-1 示出的是不同取向晶粒簇经 20% 拉伸变形后的应变的模拟计算结果。可以看出，(111)$[\bar{1}10]$ 晶体的横向应变（ε_{TD}）小于(112)$[\bar{1}10]$ 晶体的横向应变，而前者的剪切应变（γ_{TN}）略小于后者。因此，即使试样宽度不同，由这两种取向晶粒簇引起的表面皱褶高度也基本相同。

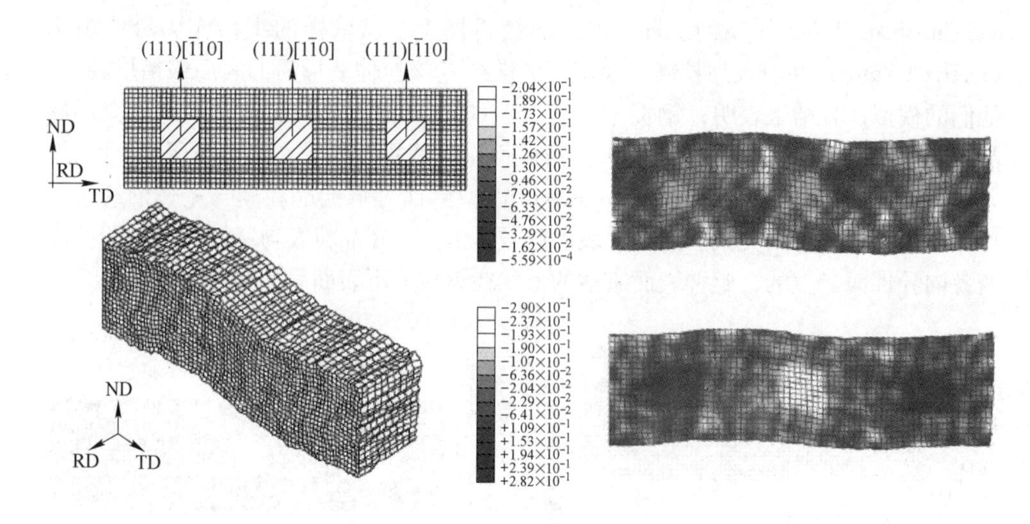

图 8-6　钢板中存在 {111}〈1$\bar{1}$0〉取向晶粒簇条件下，CPFEM 模拟计算得到的钢板 20% 拉伸变形后的形状及应变分布情况

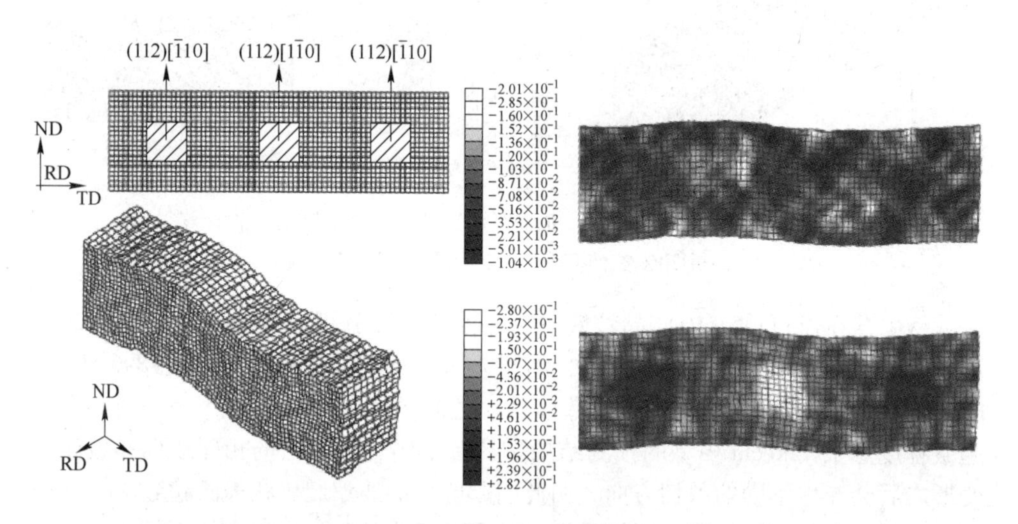

图 8-7　钢板中存在 {112}〈1$\bar{1}$0〉取向晶粒簇条件下，CPFEM 模拟计算得到的钢板 20% 拉伸变形后的形状及应变分布情况

表 8-1　(111)[$\bar{1}$10]和(112)[$\bar{1}$10]晶体经 20%拉伸变形后的应变值

晶　体	ε_{TD}	ε_{ND}	γ_{TN}
(111)[$\bar{1}$10]	-0.1342	-0.0472	0.1580
(112)[$\bar{1}$10]	-0.07578	-0.1057	0.1779

De Costa Viana 等人针对 AISI430A(16% Cr)、AISI430E(16% Cr + 0.36% Nb)以及 AISI434 冷轧退火板的表面起皱现象进行了实验和理论研究[10]。他们发现，

当显微组织中存在拉长的{111}⟨*uvw*⟩取向晶粒簇且周围存在{001}⟨*uvw*⟩取向晶粒簇时，在延展变形过程中各晶粒簇之间为协调宏观塑性应变而导致钢板表面产生细丝状微皱褶。波浪状皱褶产生的原因在于钢板厚度方向织构和显微组织的不均匀性。在钢板拉伸变形过程中，表面和内部因显微组织差异而产生较大的横向压应力。基体中存在大量具有较低 r_{RD}值的 α 纤维织构晶粒如{001}⟨$1\bar{1}0$⟩取向晶粒时，它们在横向压应力的作用下发生弯曲而产生表面波浪皱褶。图 8-8 示出的是 AISI434 经 25% 延展变形后横截面显微组织的金相照片。可以看出，由于在钢板中心层存在大量的{001}⟨$1\bar{1}0$⟩取向晶粒，在延展变形过程中这些晶粒很难在厚度方向上发生塑性减薄且应变被限制在 RD-ND 平面，最终这些晶粒发生弯曲而导致显微组织呈现波浪状并在钢板表面形成波浪状皱褶。

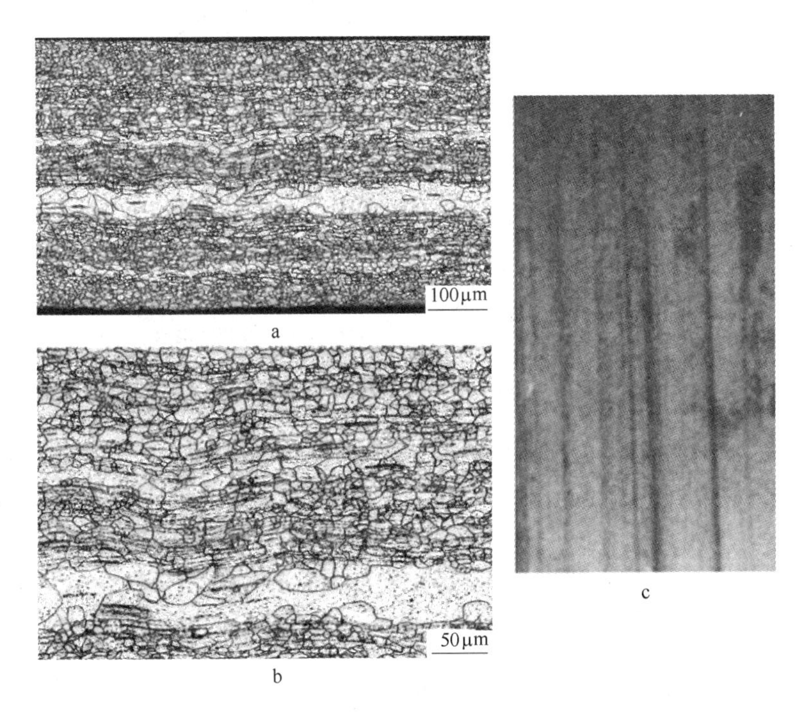

图 8-8　AISI434 铁素体不锈钢经 25% 延展变形后横截面显微组织的金相照片

a—全断面尺寸照片；b—钢板中心部位金相组织照片；c—表面起皱宏观照片

上述理论和实验分析表明，铁素体不锈钢表面起皱主要是由于成品板中存在的交变的织构混合带引起的不均匀塑性流动。当取向晶粒簇与基体之间的塑性应变不均匀性产生差别时，即引起成品板上下表面对称的表面起皱。

8.2　化学成分对表面起皱的影响

降低 C、N 含量可促进表面起皱，与 C 相比，N 含量在一定范围内对表面皱褶的影响不大。因此，为获得较高的表面质量，需要把间隙元素含量控制在合理范围内。与 Ti 稳定化效果相反，在 Nb 稳定化钢中，随稳定比增大，表面皱褶高度增加，主要因为 TiN 在铸坯中形成后，有利于细化铸态组织；且 TiN 析出相相对粗大，在热轧过程中对再结晶无明显延迟作用。钢中间隙原子含量及稳定化元素含量对表面起皱的影响效果如图 8-9 所示[18]。

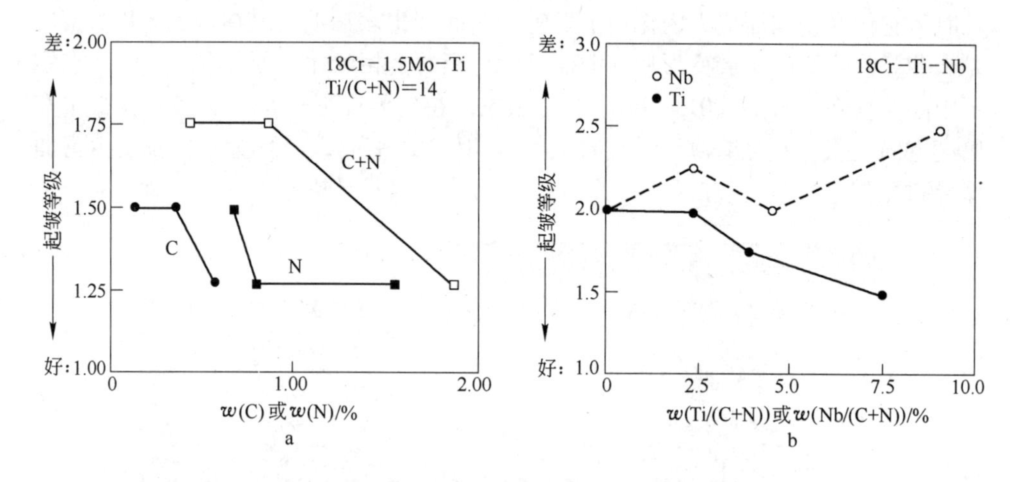

图 8-9　钢中间隙原子含量及稳定化元素含量对表面起皱的影响效果

a—间隙原子含量的影响；b—Ti 和 Nb 稳定化比的影响

8.3　热轧工艺对表面起皱的影响

除凝固组织对铁素体不锈钢成品板表面起皱具有较大影响外（详见本书第 4 章），热轧工艺对影响成品板表面起皱也有重要影响。热轧工艺的控制目的之一是提高热轧过程中的再结晶，促进晶粒的弥散取向分布，以减弱冷轧退火板中的晶粒簇，并提高〈111〉//ND 再结晶织构组分，从而进一步提高铁素体不锈钢的成型性能和抗表面起皱性能。

8.3.1　粗轧工艺对表面起皱的影响效果

原势二郎等人发现[19~22]，当铁素体不锈钢粗轧的最末道次发生在铁素体单相区，或者粗轧的最末道次之前和之后均处于“奥氏体 + 铁素体”双相区的温度范围内且道次间隔时间超过 30s 的情况下，会较大程度地促进粗轧过程中的静态再结晶，从而大大降低成品板的表面起皱。然而，如果在粗轧过程中发生了相变，会因相变过程而降低再结晶驱动力，从而抑制热轧铁素体不锈钢的静态再结晶。在这种条件下，即使将道次间隔时间延长至 30s 以上，成品板的起皱性能也会受到严重破坏。粗轧终轧道次压下量及道次间隔时间对成品板起皱程度及 r 值的影响如图 8-10 所示。基于上述研究结果，提出了采用精确控制粗轧过程的终轧温度、延长粗轧道次间隔时间，以及提高粗轧后几道次变形量的轧制工艺，以促进铁素体的静态再结晶使晶粒取向更加弥散化，从而降低成品板的表面起皱。

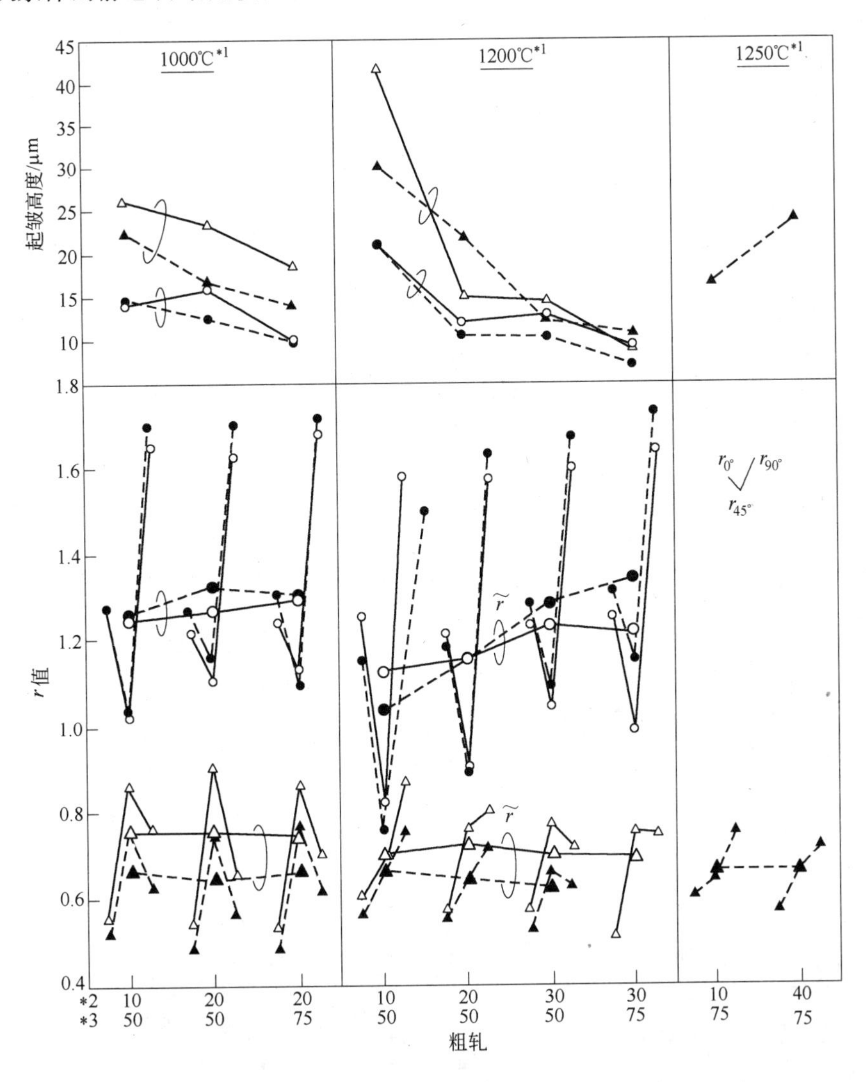

图 8-10 粗轧终轧道次压下量（＊3）以及道次间隔时间（＊2）对成品板起皱高度及 r 值的影响

（△，▲，○，●分别代表热轧后直接冷轧和热轧后退火后再冷轧，空心和实心图形分别代表热轧材在高和低精轧终轧温度条件下完成）

8.3.2 精轧工艺对表面起皱的影响效果

促进热轧板粗轧过程中的静态再结晶对降低表面起皱和提高成型性能有一定的作用已被广泛认可，并在铁素体不锈钢热轧工艺的制定中加以应用。同样，精轧的终轧温度是影响铁素体不锈钢性能的又一个重要因素。事实上，铁素体不锈钢在较低温度时的热变形行为与无间隙原子钢（IF 钢）温轧过程较为接近。Barnett 等人系统研究了 IF 钢温轧过程中的组织和织构演变[23~27]。他们指出，在温轧过程中由于产生动态应变时效（DSA）而促进了 IF 钢的局部塑性变形，从而形成了晶内剪切带组织（In-grain shear band），可促进退火过程中 {111} 再结晶晶粒的形核，从而改善成品板的织构并提高 IF 钢的成型性能。

高飞等人采用含 Nb 微合金化超纯 17Cr 铁素体不锈钢（C + N 105×10^{-6}，Cr 17%，Nb 0.2%）为研究对象，对比分析了常规热轧（精轧终轧温度为 850℃）和低温热轧（精轧开轧温度为 810℃，精轧终轧温度为 650℃）对铁素体不锈钢成品板成型性能及表面起皱性能的影响效果[28~31]。图 8-11 示出的是采用

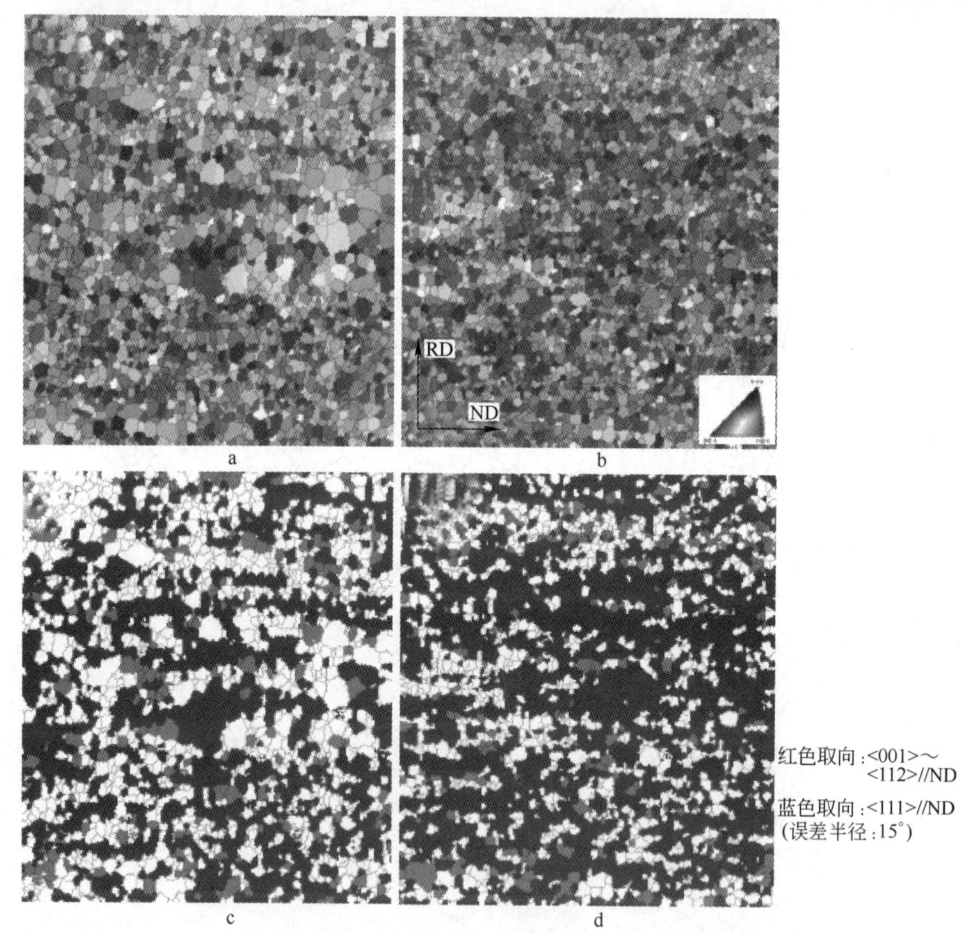

图 8-11　不同热轧工艺 430 铁素体不锈钢冷轧退火板的晶体取向图及特定取向的晶体取向图（彩图见书后彩页）

a，c—常规热轧；b，d—低温精轧

不同热轧工艺获得的实验用铁素体不锈钢冷轧退火板沿板厚方向的晶体取向图及特定晶界取向图。可以看出，与传统热轧工艺相比，经过低温轧制后的冷轧退火板的晶粒明显细化且晶粒尺寸更加均匀。从图 8-11a 中可看出，传统热轧工艺冷轧退火板中存在较多的〈001〉~〈112〉//ND 取向的晶粒。经过计算发现，特定晶粒取向 {001}〈1$\bar{1}$0〉、{114}〈1$\bar{1}$0〉 及 {112}〈1$\bar{1}$0〉 的体积分数分别为 1.5%、3.6%及 5.8%，而〈111〉//ND 取向晶粒相对应的体积分数为 44.4%。在低温精轧的冷轧退火板中存在相对较少的〈001〉~〈112〉//ND 取向的晶粒，其中 {001}〈1$\bar{1}$0〉、{114}〈1$\bar{1}$0〉 及 {112}〈1$\bar{1}$0〉 的体积分数分别为 0.5%、1.9% 及 5.4%，而〈111〉//ND 取向晶粒则明显增多，相对应的体积分数达到了 59.3%。图 8-12 示出的是不同热轧工艺的冷轧退火板经 15% 拉伸变形后带钢表面的粗糙度曲线。可以看出，经常规热轧后，成品板表面粗糙度 $R_t = 9.2\mu m$；采用低温精轧后，成品板表面粗糙度降低至 8.1μm，降低了 11.4%，证明采用低温精轧对提高成品板的抗起皱性能具有较大效果。

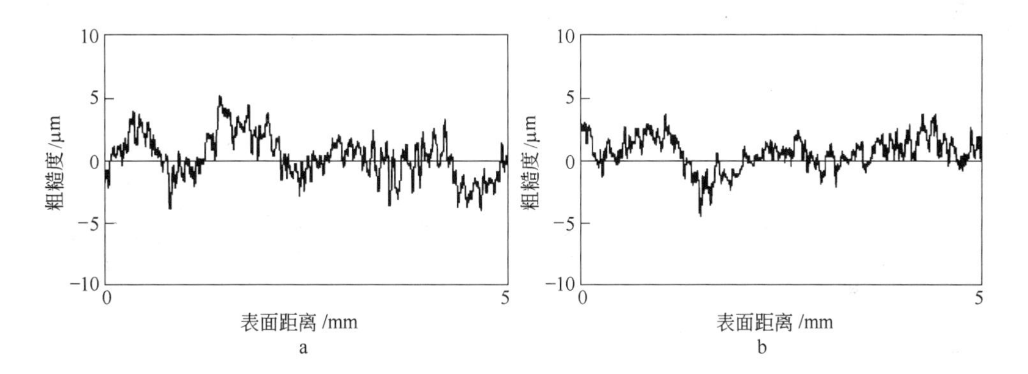

图 8-12 不同热轧工艺制备的实验用铁素体不锈钢冷轧退火板拉伸变形 15% 后的表面粗糙度曲线

a—常规热轧；b—低温精轧

针对 Nb 微合金化 Cr12 超纯铁素体不锈钢（$C + N\ 83 \times 10^{-6}$，Cr 11.6%，Nb 0.2%），谢胜涛等人对比了不同精轧终轧温度对成品板成型性能和表面起皱性能的影响效果[32,33]。图 8-13 和图 8-14 分别示出的是采用不同热轧规程（精轧终轧温度分别为 900℃、810℃ 及 760℃）进行热轧后成品板经 15% 拉伸变形后的表面起皱情况，以及上述三种工艺条件下成品板表面粗糙度的实测结果。可以看出，表面皱折的最大高度随精轧终轧温度降低而逐渐减小，与热轧终轧温度为 900℃ 和 810℃ 时相比，终轧温度为 760℃ 时的冷轧退火板的最大皱折高度分别降低了 54.2% 和 14.7%。图 8-15 示出的是采用不同终轧温度后成品板显微组织的金相照片。可以看到，随着热轧终轧温度的降低，冷轧退火板的再结晶晶粒的尺寸明显减小，特别是中心层以及中心层附近，当终轧温度为 760℃ 时，晶粒大小比较均匀，基本上为等轴晶。

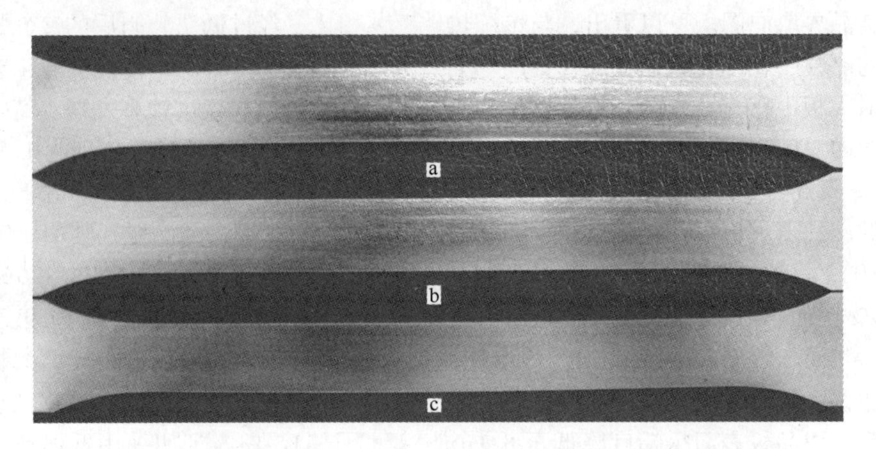

图 8-13　不同终轧温度的薄板试样经 15% 室温拉伸后的宏观表面形貌

a—900℃；b—810℃；c—760℃

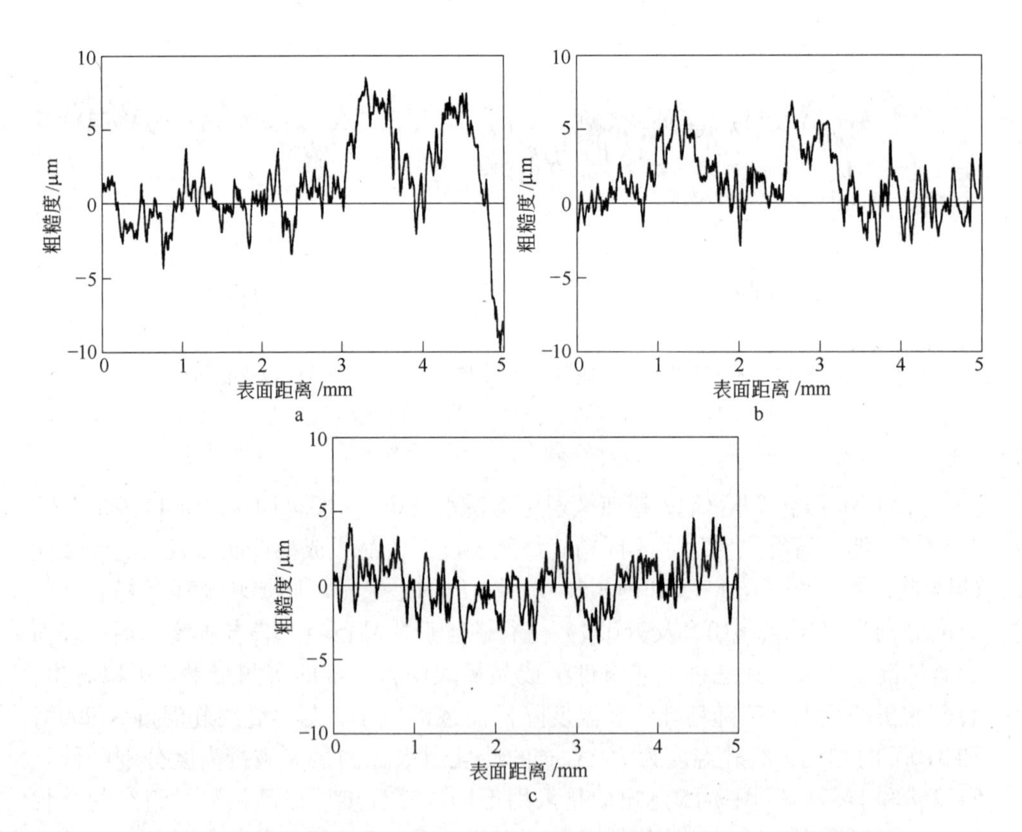

图 8-14　不同终轧温度的薄板试样经 15% 室温拉伸后试样表面的粗糙度

a—900℃；b—810℃；c—760℃

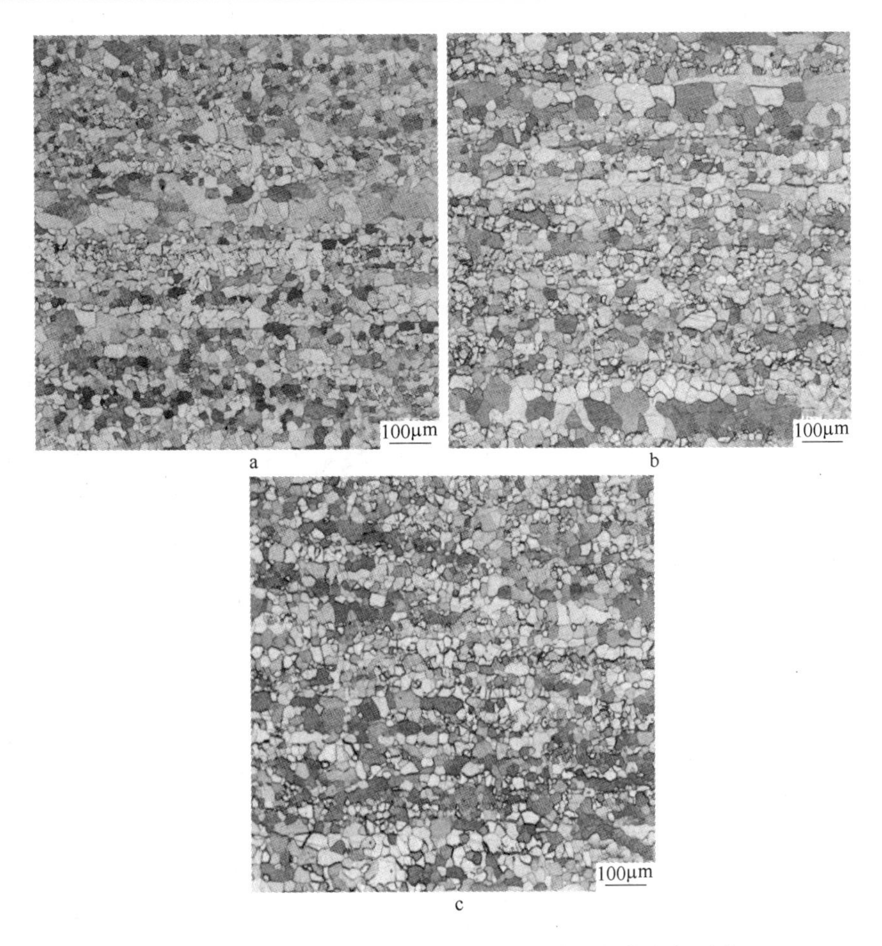

图 8-15　采用不同终轧温度后成品板显微组织的金相照片

a—终轧温度 900℃；b—终轧温度为 810℃；c—终轧温度为 760℃

8.3.3　热轧板退火的影响效果

同碳钢不同，铁素体不锈钢很难在热轧时实现完全再结晶，因此需要经过热轧后的中间退火以消除显微组织中的带状组织并实现钢的再结晶软化。铁素体不锈钢热轧板的退火工艺中，通常采用的是罩式退火或连续退火。罩式退火采用缓慢的加热方式和较长的保温时间，虽然非常耗时，但是可使热轧板充分退火，退火性能良好。同罩式退火相比，连续退火的优越性在于：（1）连续退火带钢长度及宽度方向的力学性能都比较均匀；（2）带钢的平整度高、板形良好；（3）带钢表面质量较好；（4）生产周期缩短；（5）退火温度范围较宽，冷却速度自由度大，有利于新产品的开发[34,35]。因此，分析热轧板退火方式对铁素体不锈钢成型性的影响是非常必要的。

为了详细研究热轧退火工艺对最终成型性能的影响，杜伟等人选用铌钛复合微合金化的超低碳铁素体不锈钢热轧板料为实验材料，其化学成分（质量分数）为：C 0.01%，N 0.008%，Si 0.42%，Mn 0.31%，Cr 16.8%，Ti 0.13%，Nb 0.19%，Fe 余量；设计了三种工艺制度：热轧不退火直接冷轧、模拟罩式退火（随炉升温到850℃保温5h，然后再随炉冷却到室温）和模拟连续退火（先将箱式炉加热到960℃，将热轧板放入保温5min，然后空冷到室温）[36,37]。图8-16示

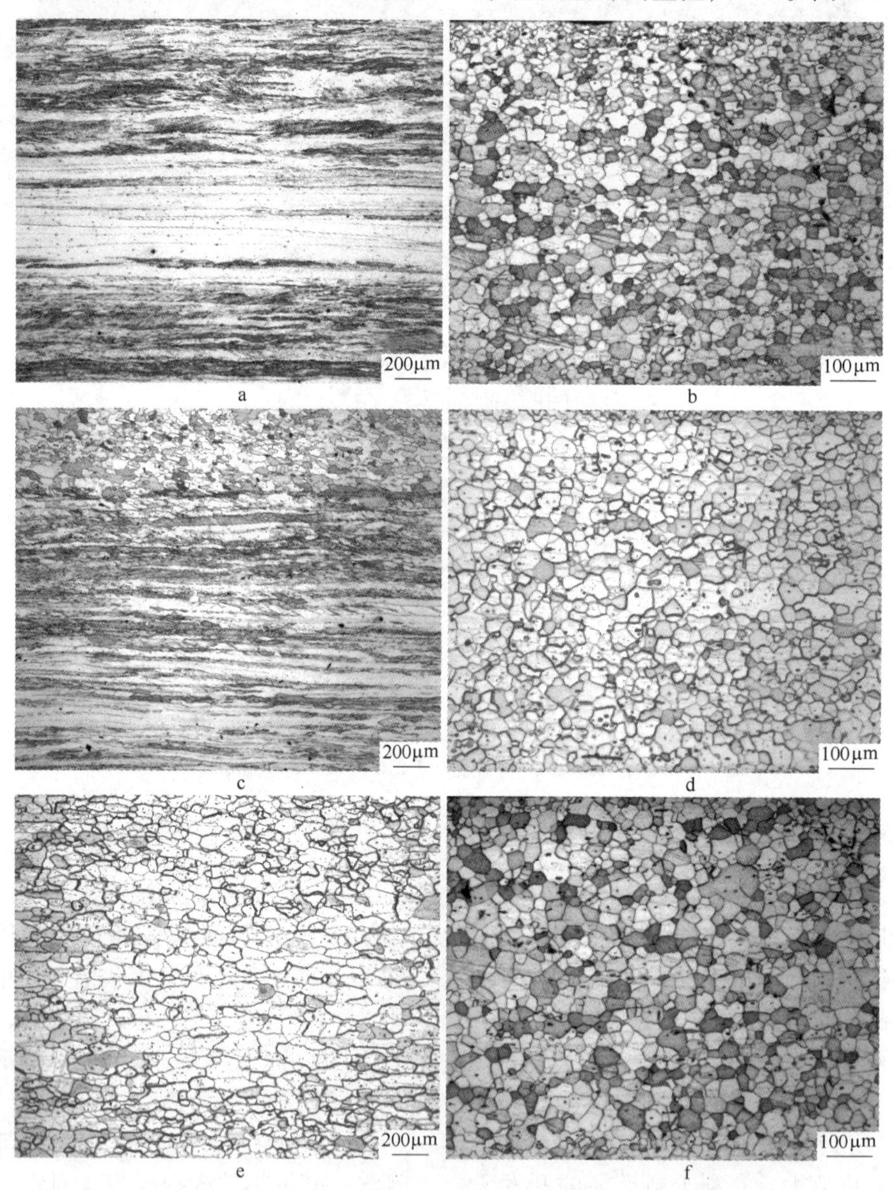

图8-16　三种热处理方式得到的热轧板及成品板显微组织的金相照片
a—无热轧退火的热轧板的组织；b—成品板组织；c—模拟罩式退火后的热轧退火组织；
d—成品板组织；e—模拟连续退火后的热轧退火组织；f—成品板组织

出的是三种热处理方式得到的热轧板及成品板显微组织的金相照片。

表 8-2 示出的是不同退火条件下实验钢成品板的成型性能及表面起皱情况。不同热轧退火后成品板在三个方向上的深冲性能差异很大。在热轧不退火的成品板中，45°方向的 r 值最高，大于 0°和 90°方向的 r 值；在模拟罩式退火和连续退火中，45°方向的 r 值居中。在平均 r 值方面，连续退火的成品板最大，热轧不退火板居中，罩式退火板最小。图 8-17 示出的是不同退火工艺的成品板沿轧制方向预拉伸 15% 后的宏观照片。在不进行退火的成品板中，通过肉眼就可以看到，沿着轧制方向存在显著的起皱现象，用手触摸有明显的凹凸感，这些皱褶的宽度一般在 1～3mm 范围内，粗糙度仪测量的起皱高度高达 39μm，严重的皱褶极大地增加了后续的抛光难度。热轧后采用罩式退火的成品板中，肉眼的观察不是很明显，皱褶高度在 21μm 左右，说明采用罩式退火后，尽管退火板依然是回复组织，并未消除热轧的组织，但是成品板的表面起皱高度显著降低。热轧采用连续退火的成品板，如图 8-17c 所示，皱褶高度明显降低，在 17μm 左右，说明冷轧

表 8-2　不同热轧退火工艺的成品板的成型性能

退火工艺	r_0	r_{45}	r_{90}	r_m	Δr_1	Δr_2	Δr_3	起皱高度/μm
热轧不退火	1.15	1.94	1.62	1.66	-0.55	0.40	0.55	39.1
模拟罩式炉退火	1.34	1.62	1.75	1.58	-0.08	0.21	0.21	21.4
模拟连续退火	1.68	1.74	1.91	1.77	0.06	0.12	0.12	17.7

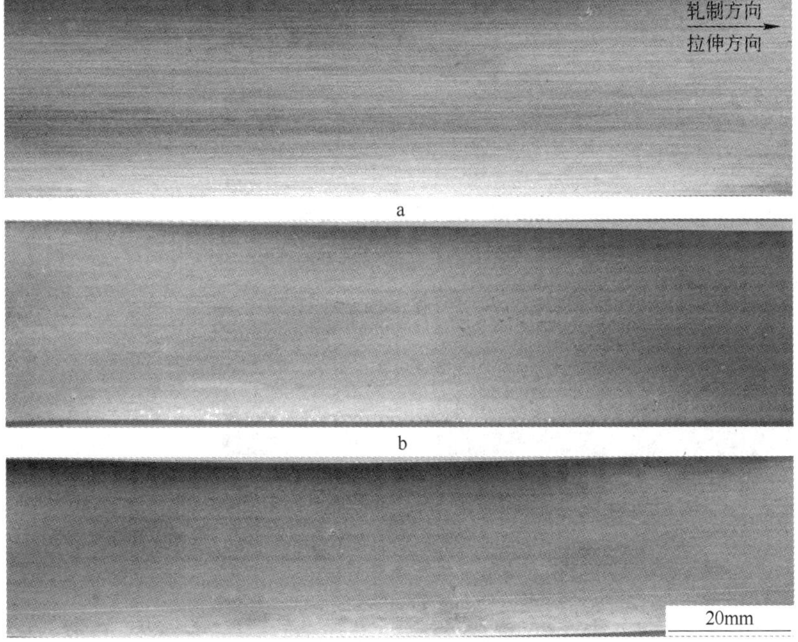

图 8-17　不同退火工艺的成品板预拉伸 15% 后的宏观形貌
a—热轧不退火板；b—罩式退火板；c—连续退火板

前的完全退火组织非常有利于成品板起皱的改善，热轧退火结构直接主导了最终成品板的皱褶现象。通过对比凝固组织对成品板表面皱褶的影响，热轧后的退火处理对最终成品板的影响甚至会更大一些。

图 8-18 示出的是不同条件退火处理后成品板中显微组织的取向分布图。随

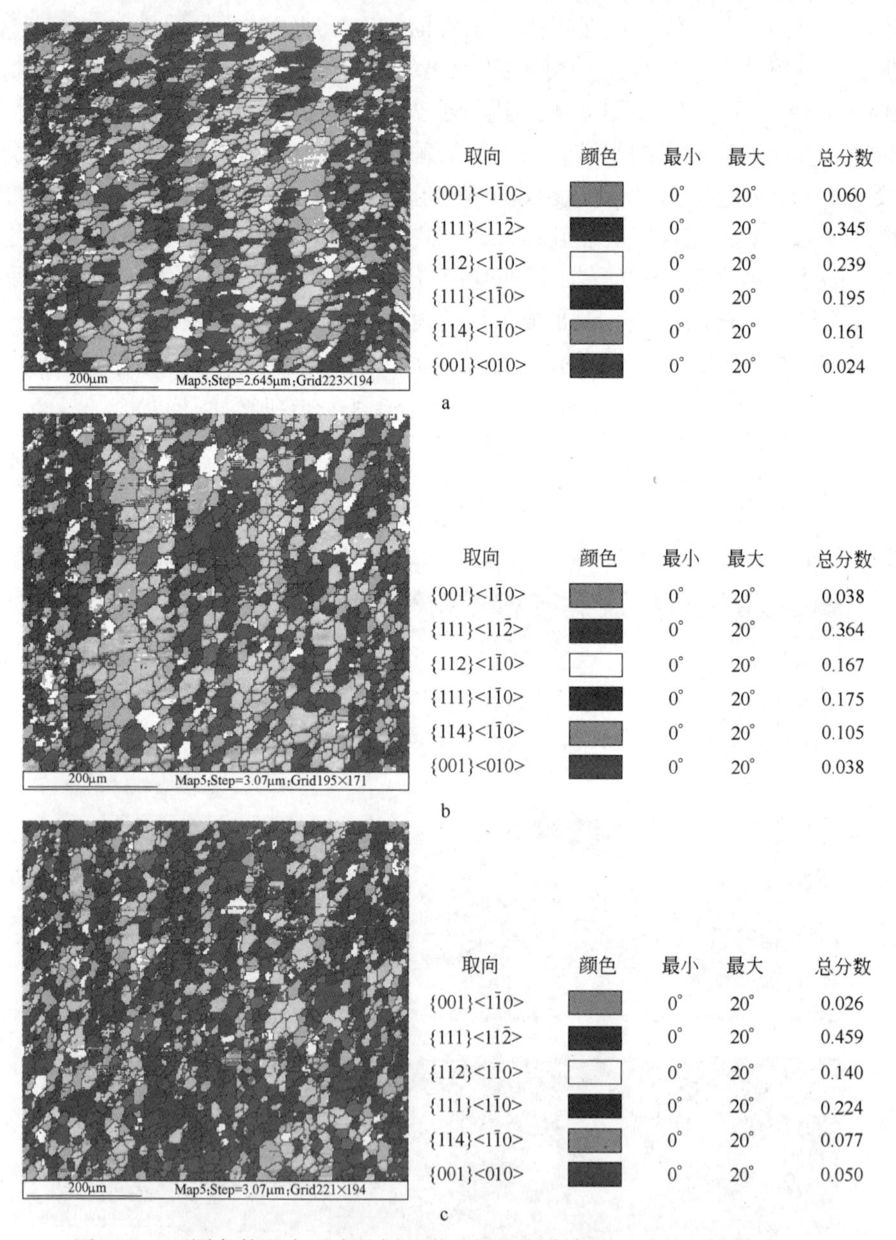

图 8-18　不同条件退火后成品板显微组织取向分布图（彩图见书后彩页）
a—热轧不退火成品板中特定取向晶粒的分布图；b—热轧罩式退火的成品板中特定取向晶粒的分布图；c—热轧连续退火的成品板中特定取向晶粒的分布图

着热轧板退火的完成，成品板中的 α 纤维取向含量逐渐下降，γ 纤维取向的含量则明显增加，这个结果也反映了成品板中的各种宏观织构类型的演化趋势。虽然热轧未退火成品板的平均晶粒尺寸较小，但存在少量较大尺寸的晶粒，这些较大尺寸的晶粒大都具有 $\{114\}\langle 1\bar{1}0\rangle$ 的取向，且沿着轧制方向呈带状分布；与之明显不同的是，热轧连续退火的成品板中，不同取向的晶粒分布比较均匀，晶粒大小的差别也不大。因此，如果热轧不进行退火而直接冷轧，成品板的 Δr 值较高，深冲过程中会导致较大的制耳并容易恶化钢板的抗皱性能。

由上可知，热轧退火工艺对 SUS430 不锈钢和超低碳铁素体不锈钢皱褶高度的影响规律正好相反。在常规的 SUS430 钢中，由于高温区铁素体/奥氏体相变的存在而导致在热轧后的板料中存在各向同性的马氏体相[16]。如果热轧后不退火直接冷轧，马氏体相会在冷轧过程中破坏热轧带状组织，使得织构随机化，改善抗皱性能；如果热轧后进行退火处理，这种马氏体相就会分解为铁素体和 $M_{23}C_6$，起不到应有的作用。因此，在 SUS430 钢中，热轧后不进行退火处理有利于皱褶的改善。对于超低碳铁素体不锈钢而言，由于整个温度区间内不存在相变，只能通过热处理工艺消除这种热轧板状结构。因此，热轧后的退火有助于降低铁素体不锈钢板的皱褶高度。

刘海涛等以一种铌、钛双稳定化超纯 Cr17 铁素体不锈钢（质量分数）（C 0.005%，N 0.007%，Cr 17.2%，Nb 0.15%，Ti 0.081%，Si 0.23%，Mn 0.14%，S 0.003%，P 0.006%，Fe 余量）的热轧板和热轧退火板为初始材料，分别经相同的冷轧及冷轧后退火处理，从显微组织演变、微织构演变的角度研究了热轧后退火对成品板表面皱褶的影响机理[38~40]。研究结果表明，与热轧后不退火相比，热轧后退火可使冷轧退火板的最大皱褶高度和平均皱褶高度分别降低 37.0% 和 35.6%。图 8-19 示出的是热轧后退火和热轧后不退火的两种冷轧退火板分别经 15% 拉伸后的表面形貌及沿板宽方向的粗糙度曲线。由图 8-19 知，热轧后退火使冷轧退火板的表面皱褶明显减轻，R_a 和 R_t 分别为 1.90μm 和 11.37μm，抗皱性能良好；而热轧后不退火的冷轧退火板的 R_a 和 R_t 则分别为 2.95μm 和 18.05μm，抗皱性能较差。热轧后退火有利于热轧板弱化形变织构、降低板宽方向的织构梯度、提高各取向晶粒分布的均匀性，进而最终有利于冷轧退火板减少低塑性应变比的 $\{001\}\langle 1\bar{1}0\rangle$、$\{116\}\langle 5\,\overline{11}\,1\rangle$、$\{112\}\langle 1\bar{1}0\rangle$ 晶粒簇，破碎粗大的 $\{111\}\langle 1\bar{2}1\rangle$ 晶粒簇并提高各取向晶粒分布的均匀性。因此，热轧后退火可显著减轻成品板的表面皱褶缺陷。图 8-20 示出的是热轧未退火及热轧退火后成品板中沿板宽方向的织构梯度。由结果可知，热轧后退火的冷轧退火板沿板宽方向的织构梯度较小，$J2c/J2o$ 最大值仅为 6.6。而热轧后不退火的冷轧退火板沿板宽方向的织构梯度较大，$J2c/J2o$ 最大值为 12.5。这表明热轧后退火能显著降低冷轧退火板沿板宽方向的织构梯度。两种冷轧退火板表面皱褶的

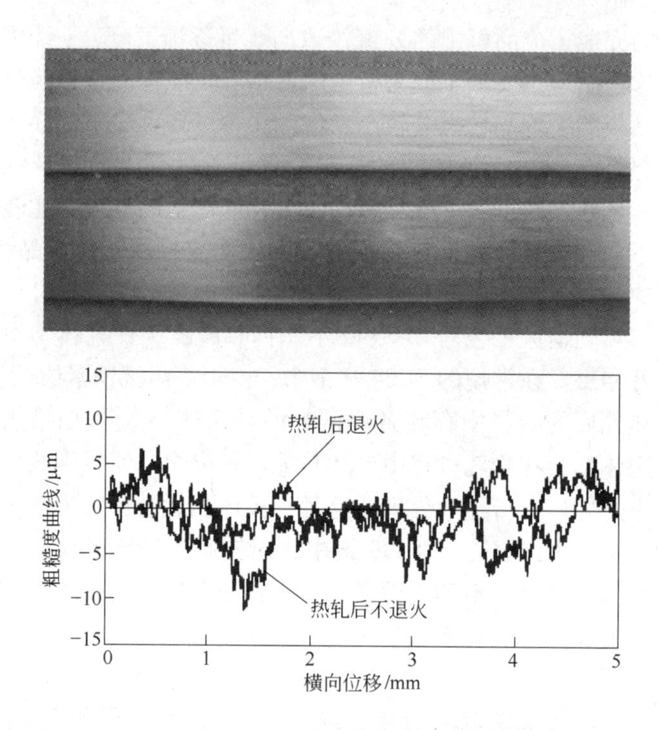

图 8-19　热轧板（上）及退火板（下）的冷轧退火板分别经 15% 拉伸后的表面形貌及表面粗糙度曲线

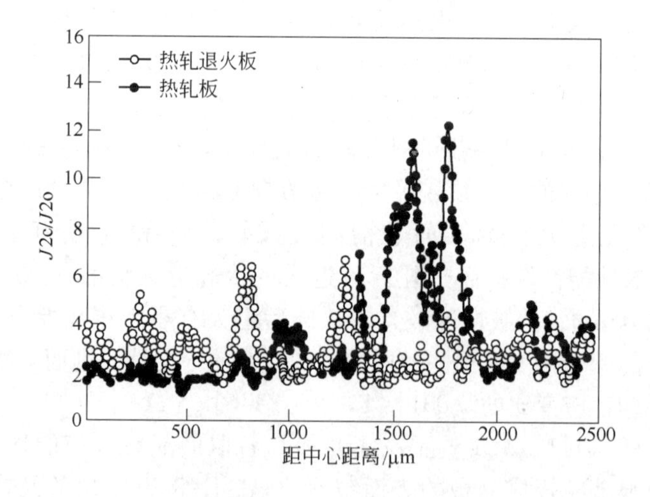

图 8-20　热轧板及退火板的冷轧退火板板宽方向的织构梯度

差异归因于两者微织构种类、数量和分布的不同。显然，在本实验中，热轧后不退火的冷轧退火板因具有较多的低塑性应变比的 {001}⟨$1\bar{1}0$⟩、{116}⟨$5\,\overline{11}\,1$⟩、{112}⟨$1\bar{1}0$⟩ 晶粒簇而使皱褶加重。另外，热轧后不退火的冷轧退火板的晶粒簇较粗大、连续、集中，加剧了变形的不均匀性。特别是粗大的 {111}⟨1$\bar{1}$2⟩ 带状晶粒簇因具有较高的塑性应变比故在变形过程中不易减薄，而其相邻的 {116}⟨5$\overline{11}$ 1⟩、{112}⟨1$\bar{1}$0⟩ 带状晶粒簇则易于减薄，使表面皱褶进一步加重。与之相比，热轧后退火的冷轧退火板中各取向晶粒的分布较均匀，晶粒簇较细窄、短促、分散，在变形过程中因与周围基体的协调性较好而使表面皱褶显著减轻。

8.4 组织中第二相对表面起皱的影响

毫无疑问，铁素体不锈钢表面皱褶起源于热轧料中带状组织和取向晶粒簇在成型过程中的各向异性的塑性变形行为。Singh 和 Kumar 的研究表明，当热轧 AISI430（17% Cr）铁素体不锈钢在双相区进行退火处理后，与单相区退火处理相比，热轧板厚度方向的织构梯度及带状组织均会得到较大程度的弱化[41]。铁素体不锈钢的显微组织中形成的第二相如奥氏体和马氏体可促进再结晶并打破取向晶粒簇，对提高铁素体不锈钢的抗表面皱褶性能有重要作用。图 8-21 和图 8-22 分别示出的是 AISI430 铁素体不锈钢热轧板在单相区和双相区退火处理后的显微组织的金相照片。如图 8-21 所示，经单相区退火处理后，显微组织主要由铁素体和碳化物组成。热轧过程中形成的马氏体条带组织分解为铁素体和碳化物（$M_{23}C_6$），而且热轧板中心部位的碳化物析出数量明显多于钢板表面处。由于大量碳化物粒子的钉扎作用，再结晶退火后的显微组织明显呈厚度方向上的带状组织特征。然而，如图 8-22 所示，经高温双相区（$\alpha+\gamma$）的短时间退火处理后，

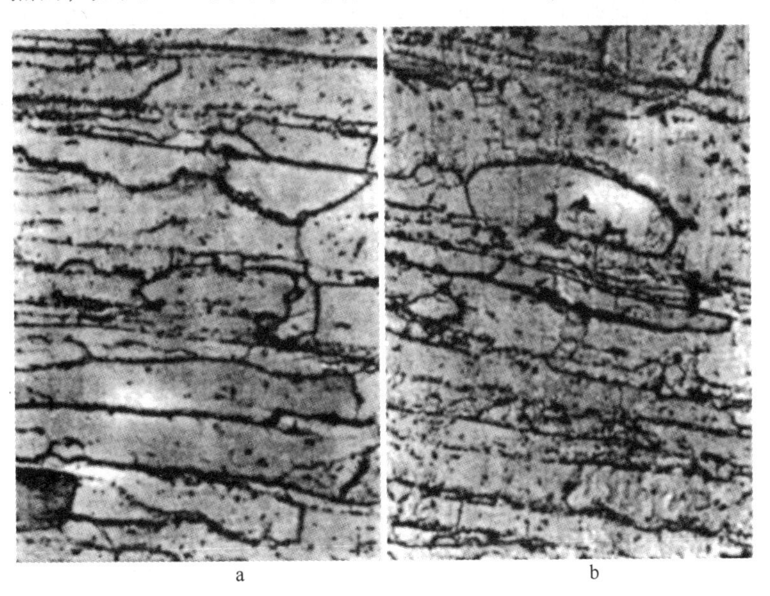

图 8-21 AISI430 铁素体不锈钢热轧板经单相区退火处理后显微组织的金相照片

a—热轧板表面；b—热轧板中心

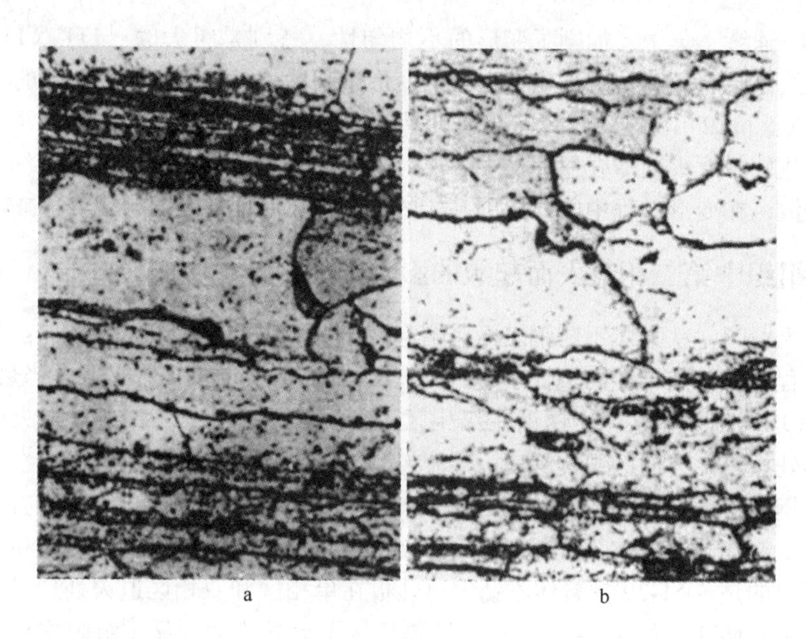

图 8-22　AISI430 铁素体不锈钢热轧板经双相区（$\alpha+\gamma$）退火处理后显微组织的金相照片
a—热轧板表面；b—热轧板中心

显微组织主要由铁素体、原始铁素体条带生长出的奥氏体派生铁素体以及分解的马氏体带状组织等组成。与单相区退火后的显微组织相比，厚度方向的带状组织程度显著降低。从热轧织构演变规律可以看出，热轧带钢主要以〈110〉//RD，〈001〉//ND 和〈100〉//RD 等纤维织构为主，取向强点出现在｛001｝〈1$\bar{1}$0〉，｛112｝〈1$\bar{1}$0〉和｛001｝〈100〉，而〈110〉//ND 纤维织构则完全缺失且｛111｝〈1$\bar{1}$2〉和｛011｝〈100〉织构强度极弱。图 8-23 示出的是经不同退火处理后带钢中心层织构的 ODF 图。单相区退火之后热轧板织构的特征与热轧状态基本

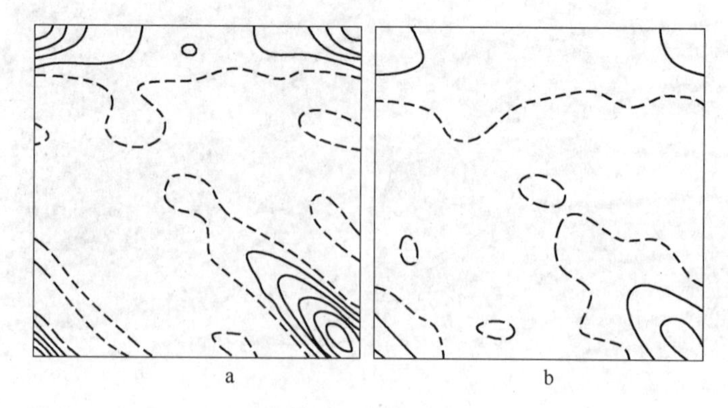

图 8-23　退火后 AISI430 铁素体不锈钢带钢中心织构的 ODF 图
a—单相区；b—双相区（$\phi=45°$）

一致，只是某些织构如 {001}⟨1$\bar{1}$0⟩ 及 {111}⟨1$\bar{2}$1⟩ 强度加强而其他取向织构如 ⟨001⟩//ND 和 ⟨100⟩//RD 减弱。而且，在单相区退火热轧板中出现了 ⟨110⟩//ND 纤维织构而非 {112}⟨1$\bar{1}$0⟩ 得到加强。与此相比，双相区退火处理后，上述四种纤维织构的强度均大大减弱，特别是 ⟨100⟩//RD 和 ⟨110⟩//ND 两种纤维织构几乎完全消失。然而，⟨110⟩//RD 和 ⟨001⟩//ND 及{001}⟨1$\bar{1}$0⟩织构在退火处理之后仍旧作为中心层的主要织构而存在。带状晶粒簇的大幅度弱化来源于双相区退火过程中发生的"铁素体→奥氏体→铁素体 + 马氏体"唯一相变过程，会在弱化成品板带状晶粒簇方面起到重要作用，因此会降低成品板表面皱褶。

Tsuchiyama 等人对比研究了 Fe-12Cr-1Ni 与 JIS-SUH409 两种合金经冷轧退火后成品板的表面起皱性能[42]。表 8-3 示出的是实验用钢的化学成分。结果发现，钢中存在板条马氏体对抑制表面起皱具有明显作用。通过相图计算得知，铁素体不锈钢中添加 1% Ni 后，奥氏体相的存在温度区间约为 1150 ~ 1480K，如图8-24所示。Fe-12Cr-1Ni 合金经奥氏体化固溶处理后淬火至室温，可以获得板条马氏体组织。图 8-25 示出的是 Fe-12Cr-1Ni 钢经不同压下量冷轧变形及再结晶退火后显微组织的金相照片。图 8-26 示出的是 Fe-12Cr-1Ni 与 JIS-SUH409 经 80% 压下量冷轧变形后，再结晶退火处理后的显微组织的 EBSD 分析。取向成像及反极图分析结果说明，未变形 Fe-12Cr-1Ni 钢具有完全同性化的铁素体组织，且具有随机的晶体取向。经冷轧变形后，再结晶退火过程中因冷轧变形而形成较弱的

表 8-3 实验钢种的化学成分（质量分数，%）

钢　种	C	N	Cr	Ni	Mn	Si	P	S	Al	Ti	Fe
Fe-12Cr-1Ni	0.005	0.014	11.99	0.99	0.21	0.02	0.013	0.011	—	—	BaL
SUH409	0.008	0.008	11.22	0.25	0.20	0.63	0.028	0.001	0.02	0.21	BaL

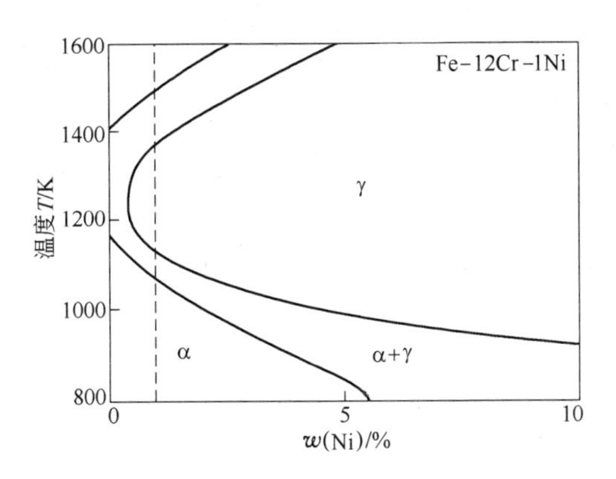

图 8-24 Fe-12Cr-1Ni 的三元合金平衡相图

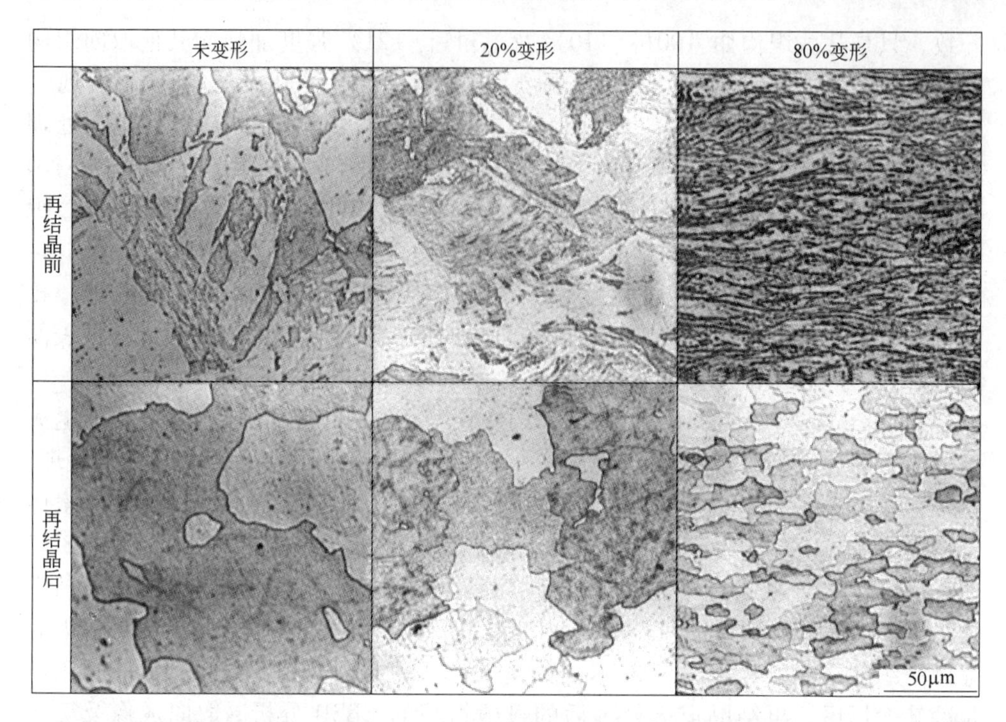

图 8-25 Fe-12Cr-1Ni 钢经不同变形量冷轧变形后及再结晶退火之后的显微组织金相照片

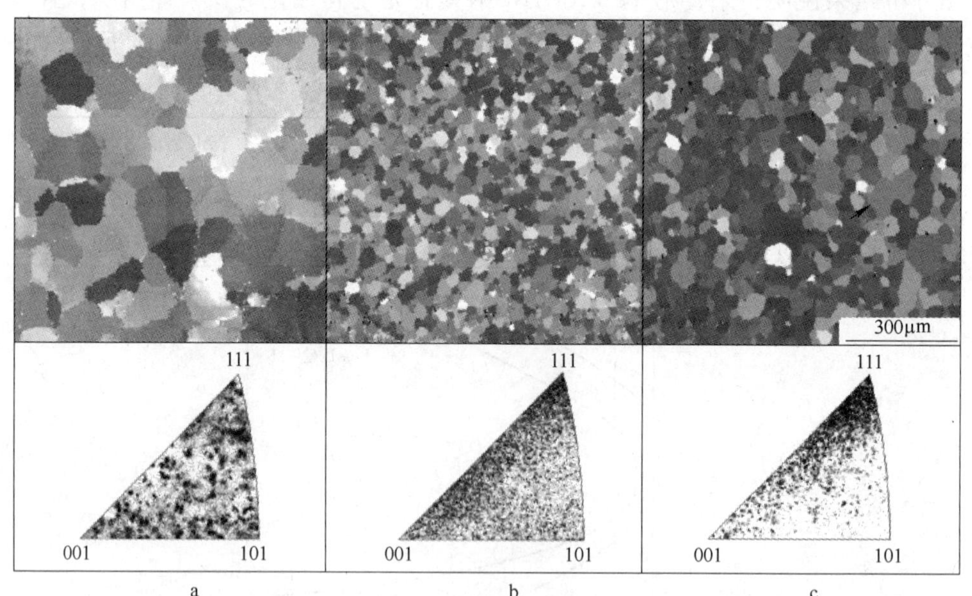

图 8-26 Fe-12Cr-1Ni 与 JIS-SUH409 经 80% 压下量冷轧变形后及再结晶退火处理后的 EBSD 分析（彩图见书后彩页）

a—Fe-12Cr-1Ni 热轧板在 1023K 退火 20min 后的再结晶组织取向成像图；
b—Fe-12Cr-1Ni 热轧板经 80% 压下量冷轧变形后，在 1023K 退火 60s 的再结晶组织取向成像图；
c—JIS-SUH409 经 80% 压下量冷轧变形后，在 1223K 退火 60s 的再结晶组织取向成像图

〈111〉//ND 织构，但这些〈111〉//ND 取向的晶粒并未形成取向晶粒簇，而是散布于基体组织之中。而对于 JIS-SUH409，再结晶退火过程中形成强烈的〈111〉//ND 织构，而且〈001〉//ND 取向的晶粒形成了取向晶粒簇。图 8-27 示出的是不同

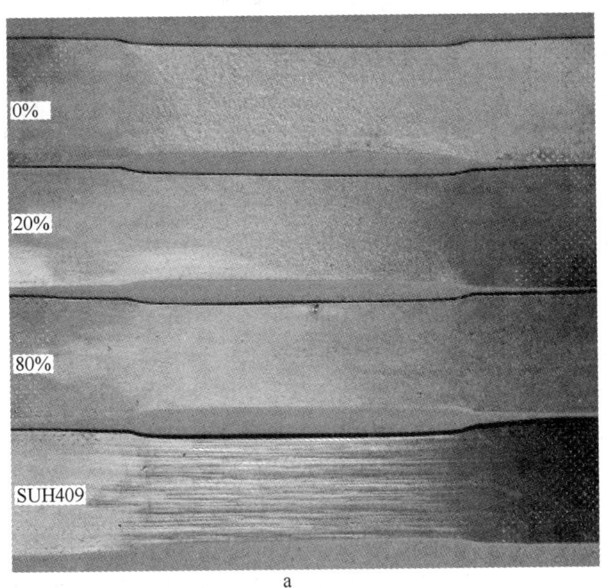

a

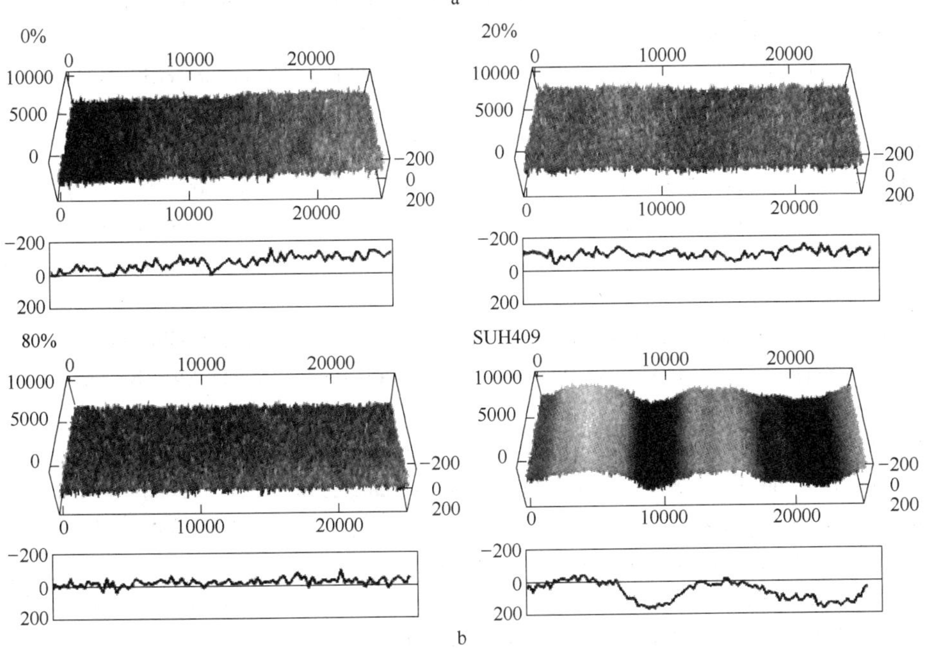

b

图 8-27 不同冷轧变形量的 Fe-12Cr-1Ni 合金成品板拉伸 20% 后表面状态与 JIS-SUH409 成品板拉伸后表面状态的对比

a—拉伸后试样表面形貌对比；b—拉伸后试样表面粗糙度实测值

冷轧变形量的 Fe-12Cr-1Ni 合金成品板拉伸 20% 后表面状态与 JIS-SUH409 成品板拉伸后表面状态的对比。

参 考 文 献

[1] Chao H C. The mechanism of ridging of ferritic stainless steels [J]. Transactions of American Society for Metals, 1967, 60(1): 37 ~ 50.

[2] Takechi H, Kato H, Sunami T, et al. The mechanism of ridging phenomenon in 17% chromium stainless steels [J]. Transactions of the Japan Institute of Metals, 1967, 8(4): 233 ~ 239.

[3] Wright R N. Anisotropic plastic flow in ferritic stainless steel and the roping phenomenon [J]. Metallurgical Transactions, 1972, 3(1): 83 ~ 91.

[4] Brochu M, Yokota T, Satoh S. Analysis of grain colonies in type 430 ferritic stainless steels electron back scattering diffraction [J]. ISIJ International, 1997, 37(9): 872 ~ 877.

[5] Shin H J, An J K, Park S H, et al. The effect of texture on ridging of ferritic stainless steel [J]. Acta Materialia, 2003, 51(16): 4693 ~ 4706.

[6] Wu P D, Jin H, Shi Y, et al. Analysis of ridging in ferritic stainless steel sheet [J]. Materials Science and Engineering A, 2006, 423(1 ~ 2): 300 ~ 305.

[7] Wu P D, Lloyd D J, Huang Y. Correlation of ridging and texture in ferritic stainless steel sheet [J]. Materials Science and Engineering A, 2006, 427(1 ~ 2): 241 ~ 245.

[8] Wu P D, Macewen S R, Lloyd D J, et al. Effect of cube texture on sheet metal formability [J]. Materials Science and Engineering A, 2004, 364(1 ~ 2): 182 ~ 187.

[9] Engler O, Huh M Y, Tome C. Crystal-plasticity analysis of ridging in ferritic stainless steel sheets [J]. Metallurgical and Materials Transactions A, 2005, 36A(11): 3127 ~ 3139.

[10] Viana C S, Pinto A L, Candido F S, et al. Analysis of ridging in three ferritic stainless steel sheets [J]. Materials Science and Technology, 2006, 22(3): 293 ~ 300.

[11] Huh M Y, Lee J H, Park S H, et al. Effect of through-thickness macro and micro-texture gradients on ridging of 17% ferritic stainless steel sheet [J]. Steel Research International, 2005, 76(11): 797 ~ 806.

[12] Kang H G, Huh M Y, Park S H, et al. Effect of lubrication during hot rolling on the evolution of through-thickness textures in 18% Cr ferritic stainless steel sheet [J]. Steel Research International, 2008, 79(6): 489 ~ 496.

[13] Bethke K, Hölcher M, Lücke K. Local orientation investigation on the ridging phenomenon in iron 17% chromium steel [J]. Materials Science Forum, 1994, 157 ~ 162(2): 1137 ~ 1144.

[14] Kim H M, Szpunar J A. Ridging phenomena in textured ferritic stainless steels [J]. Materials Science Forum, 1994, 157 ~ 6(pt 1): 753 ~ 760.

[15] Sztwiertnia K, Pospiech J. Orientation topography and ridging phenomenon in ferritic stainless steel sheets [J]. Archives of Metallurgy, 1999, 44(2): 157 ~ 165.

[16] Hamada J, Matsumoto Y, Fudanoki F, et al. Effect of initial solidification structure on ridging phenomenon and texture in type 430 ferritic stainless steel sheets [J]. ISIJ International, 2003, 43(12): 1989 ~ 1998.

[17] Park S H, Kim K Y, Lee Y D, et al. Evolution of microstructure and texture associated with ridging in ferritic stainless steel[J]. ISIJ International, 2002, 42(1): 100 ~ 105.

[18] Yazawa Y, Kato Y, Kobayashi M. Development of Ti-bearing high performance ferritic stainless steels R430XT and RSX-1 [J]. Kawasaki Steel Technical Report, 1999, (40): 23 ~ 29.

[19] Harase J, Kawamo Y, Ueno I. Effect of hot-rolling condition on the formability of SUS430 stainless steel sheet [J]. Transactions of the Iron and Steel Institute of Japan, 1983, 23(7): 262.

[20] Harase J, Takeshita T, Kawamo Y. Effect of rough rolling condition on the formability and ridging of 17% Cr stainless steel sheet [J]. Tetsu-To-Hagane, 1991, 77(8): 1296 ~ 1303.

[21] Yoshimura H, Ishii M. Recrystallization behavior of 17% Cr ferritic stainless steel during hot rolling [J]. Tetsu-to-Hagane, 1983, 69(11): 1440 ~ 1447.

[22] Kimura K, Takeshita T, Yamamoto A, et al. Hot recrystallization behavior of SUS 430 stainless steel [J]. Nippon Steel Technical Report, 1996, (71): 11 ~ 16.

[23] Barnett M R, Jonas J J. Distinctive aspects of the physical metallurgy of warm rolling [J]. ISIJ International, 1999, 39(9): 856 ~ 873.

[24] Barnett M R. Role of in-grain shear bands in the nucleation of ⟨111⟩//ND recrystallization textures in warm rolled steel [J]. ISIJ International, 1998, 38(1): 78 ~ 85.

[25] Barnett M R, Jonas J J. Influence of ferrite rolling temperature on microstructure and texture in deformed low C and IF steels [J]. ISIJ International, 1997, 37(7): 697 ~ 705.

[26] Barnett M R, Jonas J J. Influence of ferrite rolling temperature on grain size and texture in annealed low C and IF steels [J]. ISIJ International, 1997, 37(7): 706 ~ 714.

[27] Toroghinejad M R, Humphreys A O, Dongsheng L, et al. Effect of rolling temperature on the deformation and recrystallization textures of warm-rolled steels [J]. Metallurgical and Materials Transactions A, 2003, 34A(5): 1163 ~ 1174.

[28] 高飞. 中铬铁素体不锈钢组织、织构与性能演变机理研究[D]. 沈阳: 东北大学, 2013.

[29] Gao F, Liu Z Y, Wang G D, et al. Texture evolution and formability under different hot rolling conditions in ultra purified 17% Cr ferritic stainless steels[J]. Materials Characterization, 2013, 75: 93 ~ 100.

[30] 高飞, 刘振宇, 王国栋, 等. 精轧温度对含 Nb 铁素体不锈钢薄板成形性的影响[J]. 东北大学学报, 2010, 31(9): 1270 ~ 1273.

[31] 高飞, 刘振宇, 王国栋. 超低碳、氮 Cr17 铁素体不锈钢低温轧制工艺中织构演变[J]. 材料研究学报, 2011, 25(5): 469 ~ 475.

[32] 谢胜涛, 刘振宇, 王喆, 等. 热轧工艺对 409L 铁素体不锈钢深冲性的影响[J]. 东北大学学报, 2011, 32(2): 236 ~ 240.

[33] 谢胜涛, 刘振宇, 王国栋, 等. 热轧工艺对 Cr12 钢表面起皱的影响机制[J]. 材料研究学报, 2011, 25(4): 347 ~ 354.

[34] 查先进. 冷轧宽带钢连续退火炉与罩式退火炉的比较研究[J]. 冶金信息导刊, 1999 (1): 17 ~ 19.

[35] 张文茹. 铁素体不锈钢 00Cr12Ti 冷成型性及影响因素研究[D]. 北京: 北京科技大学, 2001.

[36] 杜伟. 冶金工艺对超低碳铁素体不锈钢微观组织和成形性的影响[D]. 沈阳：东北大学，2010.

[37] Du W, Jiang L Z, Liu Z Y, et al. Effect of hot band annealing processes on texture and R-value of ferritic stainless steel[J]. Journal of Iron and Steel Research (International), 2010, 17(7): 58 ~ 62.

[38] 刘海涛. Cr17 铁素体不锈钢的组织、织构及成形性能研究 [D]. 沈阳：东北大学，2009.

[39] 刘海涛，刘振宇，王国栋，等. 00Cr17Ti 热带退火对冷轧薄板表面皱折的影响[J]. 钢铁，2009，44(4)：55 ~ 58.

[40] 刘海涛，刘振宇，王国栋. 热轧后退火对超纯铁素体不锈钢表面皱折的影响机理[J]. 材料科学与工艺. 2011，19(4)：122 ~ 127.

[41] Singh C D, Kumar S. Texture evolution in hot band and annealed hot bands of low alloyed ferritic stainless steel [J]. Materials Science and Technology, 2003, 19(8): 1037 ~ 1044.

[42] Tsuchiyama T, Hirota R, Fukunaga K, et al. Ridging-free ferritic stainless steel produced through recrystallization of lath martensite [J]. ISIJ International, 2005, 45(6): 923 ~ 929.

9 铁素体不锈钢热轧粘辊机理与控制技术

热轧钢材在生产过程中出现的粘辊现象主要指轧件表面剥落的碎屑粘黏在工作辊表面，在后续轧制过程中破坏轧辊和轧件表面而引起的表面缺陷。不锈钢特别是铁素体不锈钢在热轧过程中更容易发生热轧粘辊，在热轧带钢表面形成严重缺陷并在轧辊表面留下嵌入痕迹及划痕等缺陷，严重破坏了铁素体不锈钢的表面质量、降低了工作辊使用寿命且严重影响热轧生产效率，是目前急需解决的问题之一。图 9-1 示出的是典型工作辊粘辊后的轧辊表面照片。

图 9-1　铁素体不锈钢热轧过程中发生粘辊后工作辊表面照片

研究表明，热轧过程中铁素体不锈钢表面氧化铁皮破裂后，裸露基体与轧辊表面直接接触是造成粘辊的主要原因，且粘辊频率随着接触应力及后滑率的增加而增加。一般而言，粘辊被认为主要发生在轧制接触弧中的后滑区域。除了轧制工艺条件，采用不同材质的热轧辊对抑制粘辊会有截然不同的表现，说明粘辊现象的发生与热轧工作辊的耐磨性能和力学性能也有强烈的关系。另外，与奥氏体不锈钢相比，铁素体不锈钢热轧过程中更加容易粘辊，且不同铁素体不锈钢的热轧粘辊性能也是完全不同的，说明热轧粘辊与铁素体不锈钢高温力学性能存在直接关系。总之，铁素体不锈钢热轧粘辊与钢种成分、轧辊材质、轧制过程中的压下量、轧制速度以及轧制乳化液等均存在直接关系。尽管在这一领域已经开展了较多的研究工作，但由于对热轧粘辊的机理及消除方法还不是非常清楚，如何使热轧粘辊最小化甚至完全防止其产生，仍需要开展深入的研究工作。

9.1　双辊对磨实验模拟热轧粘辊现象

国外学者采用双辊对磨实验和中试实验方法对铁素体不锈钢热轧粘辊行为作了较为系统的研究，得到了很多有益结果[1~9]。图9-2示出的是双辊对磨实验示意图，其中大辊材质为实验用铁素体不锈钢，小辊材质为热轧辊材料。在模拟实验过程中，采用高频感应加热对大辊（即铁素体不锈钢）进行快速加热以模拟热轧件的变形温度，对磨过程中保持后滑率为34%并在对磨1~5周期后将大辊更换为新材料。

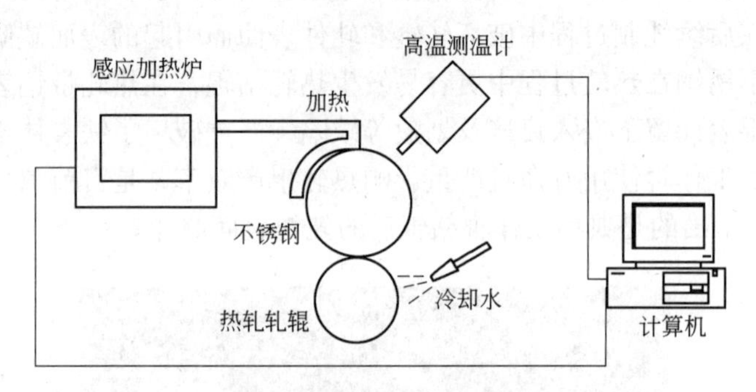

图9-2　双辊对磨实验示意图

基于这一方法，系统研究了轧制温度及轧辊与轧件高温力学性能对粘辊的影响规律。表9-1和表9-2分别示出的是对比研究的实验钢种及热轧工作辊的化学成分。图9-3示出的是高铬钢和高速钢工作辊对热轧430铁素体不锈钢粘辊的影响情况。可以看出，采用高铬钢工作辊时，热轧430表面粘辊的严重性要远高于高速钢工作辊。经过10周期对磨实验后，高速钢粘辊的粘黏增重基本达到饱和，而高铬钢轧辊直到20周期后才基本达到饱和。达到粘黏饱和后，高速钢轧辊的粘黏增重为高铬钢粘辊粘黏增重的约60%。对两种轧辊粘辊后进行详细的扫描电镜观察发现，高铬钢轧辊表面粘黏物比高速钢轧辊表面粘黏物更加细小且数量更多，说明高铬钢轧辊的单位粘黏形核点数量更多。在粘黏初期，高速钢轧辊表面粘黏物因形核点较少而相对高铬钢粘黏物更加粗大，导致粘黏增重比高铬钢增重略高；经过一定周期轧制变形之后，高铬钢轧辊表面粘黏物开始增大，使其粘黏增重超过高速钢轧辊，产生更加严重的热轧粘辊。

表9-1　对比研究的实验钢种的化学成分（质量分数,%）

试　样	Cr	Ni	Mo	C	Nb
430J1L	19.1	0.12	—	0.010	0.30
436L	18.7	0.01	0.96	0.021	0.26
430	16.3	0.08	0.01	0.060	—
409L	11.4	0.07	—	0.045	—
304	18.2	8.30	—	0.050	—

表 9-2　模拟热轧工作辊材质的化学成分（质量分数,%）

项　目	C	Si	Mn	Ni	Cr	Mo	V
高速钢轧辊（HSS）	2.0	1.0	1.0	1.0	5.0	2.5	4.0
高铬钢轧辊（Hi-Cr）	2.9	0.7	1.0	1.0	18.0	1.4	0.2

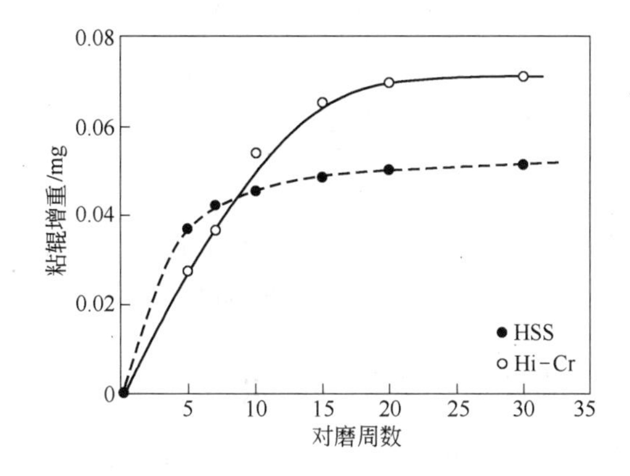

图 9-3　高铬钢与高速钢工作辊对热轧 430 铁素体不锈钢粘辊增重的影响

图 9-4 示出的是高铬钢和高速钢工作辊对不同铁素体不锈钢热轧粘辊的影响效果。可以看出，采用两种不同材质的轧辊轧制中高铬铁素体不锈钢（430J1L、430 和 436L）和奥氏体不锈钢（304），在轧制初期（1～20 对磨周期）粘黏增重迅速增加，而后趋于稳定甚至略有降低，说明粘黏物形核和长大主要发生在轧制初期。对于低铬铁素体不锈钢（409L），粘黏增重逐渐增加且远低于其他钢种，说明其热轧粘辊倾向较低。图 9-5 示出的是热轧过程中轧件变形抗力（硬度）及表面氧化程度对热轧粘辊的影响规律。

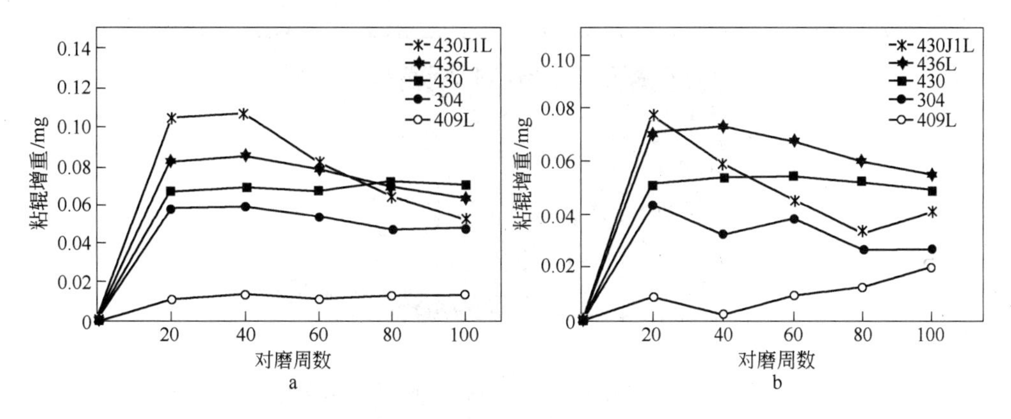

图 9-4　900℃条件下不同对磨周期后高铬钢和高速钢轧辊表面粘辊增重的变化情况

a—高铬钢工作辊；b—高速钢工作辊

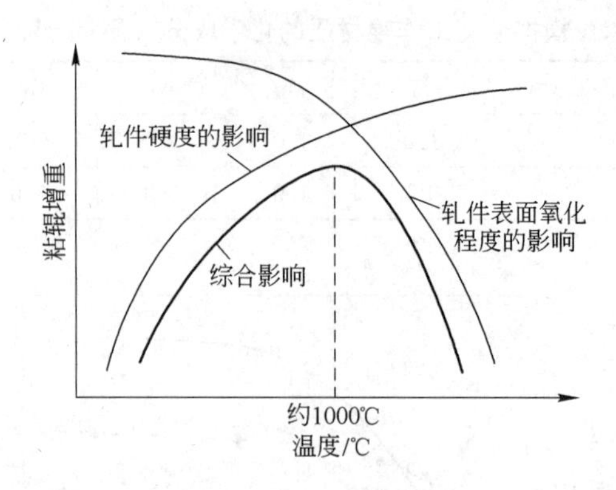

图 9-5　热轧铁素体不锈钢变形抗力（硬度）及表面氧化程度对热轧粘辊的影响规律示意图

9.2　实验室热轧实验模拟热轧粘辊现象

浦项工大与浦项钢铁（POSCO）合作，针对铁素体不锈钢代表性钢种 STS430J1L 进行了实验室热轧实验研究。图 9-6 示出的是经压下量为 40%、70%，以及 50% + 50% 两道次热轧后热轧钢板的表面粘辊情况。经压下量为 40% 的热轧变形后，钢板表面基本没有肉眼可观察到的粘辊区域，如图 9-6a 所

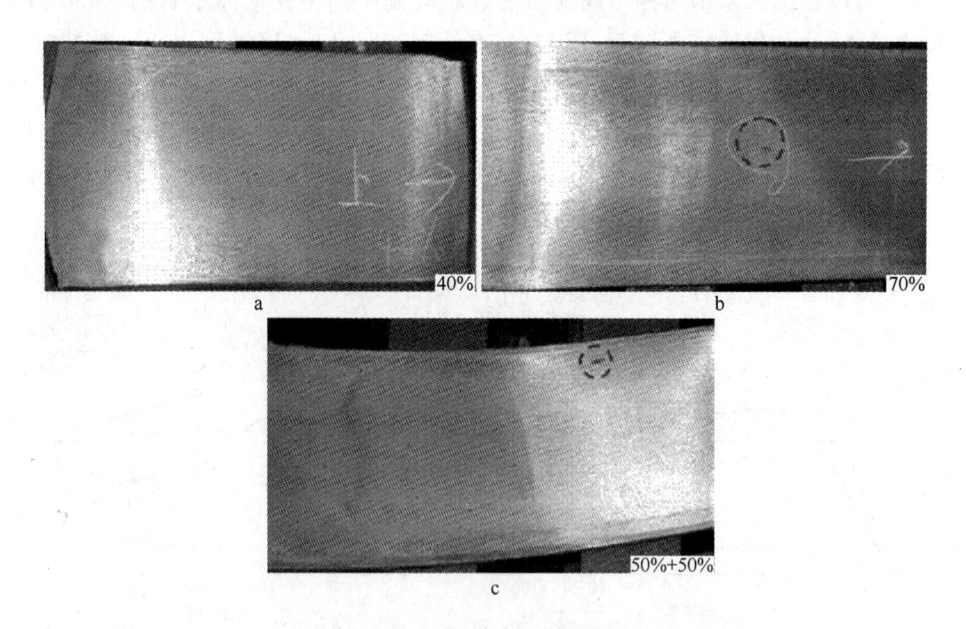

图 9-6　STS430J1L 热轧后钢板表面的热轧粘辊情况
（图中圆圈指示出热轧粘辊区域）
a—热轧压下量 40%；b—热轧压下量 70%；c—热轧压下量 50% +50%

示；而当压下量为70%及50% +50%两道次热轧变形时，热轧钢板表面产生长度在200~300μm、深度在50μm的清晰可见的热轧粘辊区域，如图9-6b和c所示。图9-7示出的是对粘辊区域横截面进行剖析的扫描电镜照片。可以看出，经40%热轧后钢板表面的凹陷深度不超过10μm，如图9-7a所示；经70%单道次和50% +50%两道次热轧后，钢板表面的凹陷深度均超过了50μm。经化学成分能谱（EDS）检测分析后发现，在钢板表面平整区域，均存在较完整的氧化铁皮，对存在氧化铁皮和无氧化铁皮的钢板表面进行硬度测试发现，二者的硬度值分别为350VHN和180VHN。上述结果说明因氧化铁皮而提高了热轧铁素体不锈钢的高温硬度，从而避免了在较大热轧压下量的条件下出现钢板基体的剥离。

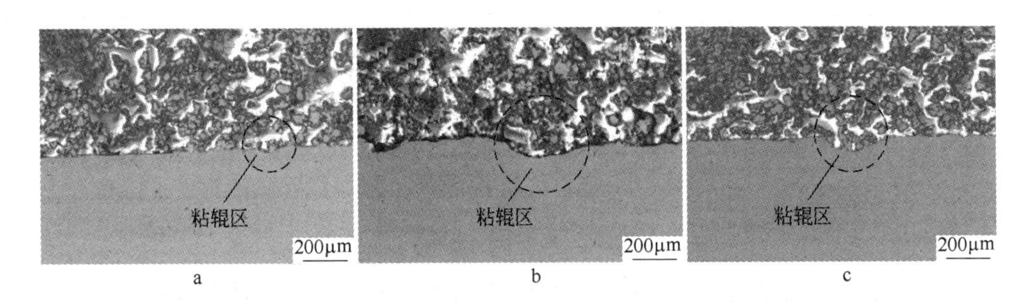

图9-7 STS430J1L热轧后粘辊区域横截面的SEM照片
a—压下量为40%；b—压下量为70%；c—压下量为50% +50%

为进一步研究轧制温度、道次压下量、轧制速度以及热轧润滑对粘辊的影响规律，D. J. Ha等人开展了多道次轧制实验[10]。表9-3和表9-4分别示出的是道次压下量分配及主要轧制工艺参数。通过这种逐步提高道次压下量的轧制实验发现，铁素体不锈钢抵抗热轧粘辊的能力与表面氧化铁皮状态有直接关系。图9-8示出的是热轧钢板横截面的扫描电镜照片，轧制速度为70m/min，热轧润滑对钢板表面氧化铁皮完整性的影响效果，其中下角编号表示的是表9-4中热轧工艺条件。可以清楚看到，热轧钢板表面氧化铁皮数量和完整性均随轧制过程中润滑能力的改善而提高，且与轧制温度几乎没有直接关系。提高轧制速度的效果与轧制润滑效果类似，均能起到保护钢板表面氧化铁皮的效果，从而提高钢板表面抵抗热轧粘辊的能力。

表9-3 道次压下量分配

轧制道次数	轧件厚度/mm		压下率/%	轧制速度/m·min⁻¹
	初 始	结 束		
1	26.2	22.0	16.7	
2	22.0	15.0	31.8	70
3	15.0	10.0	33.3	100
4	10.0	3.0	70.0	

表 9-4　主要轧制工艺参数

轧件编号	冷却水中润滑剂的体积分数/%	轧制速度/m · min^{-1}	轧制温度/℃
1	0	70	1050
2	0	70	1100
3	0	100	1100
4	0. 5	70	1050
5	0. 5	70	1100
6	0. 5	100	1050
7	0. 5	100	1100
8	1. 0	70	1050
9	1. 0	70	1100
10	1. 0	100	1050
11	1. 0	100	1100

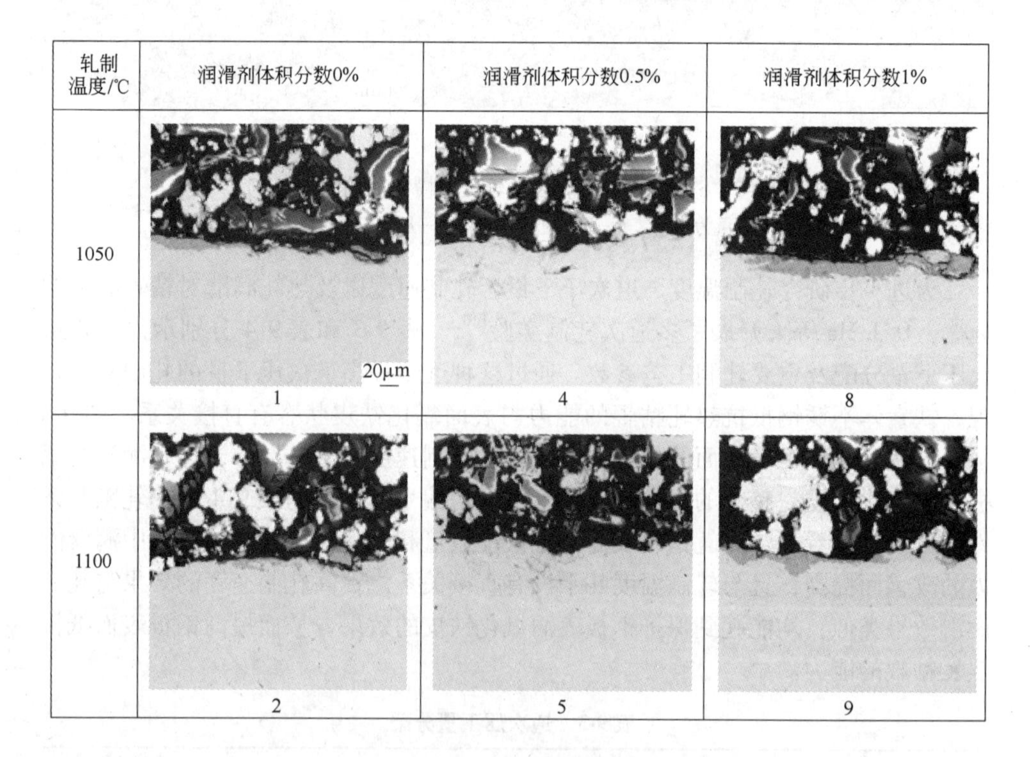

图 9-8　热轧钢板横截面的扫描电镜照片

9. 3　采用热/力模拟实验机模拟铁素体不锈钢热轧粘辊

双辊对磨实验没有压缩过程，与实际轧制过程存在一定距离，不能对道次压下量及变形速率对粘辊的影响规律进行研究。采用实验轧机进行中试试验需要多块板坯，成本高、周期长、操作不灵活且很难对轧辊表面进行连续的详细观察。因此，开发出一种能够模拟轧辊与轧件在高温压缩过程中的表面变化情况的方法，是当前急需解决的问题。针对这些问题，本书作者开发了一种模拟铁素体不锈钢热轧粘辊的实验方法[11]，具体方法如下：

（1）将铁素体不锈钢加工成圆柱试样，在试样的两个平行端面中心处机械加工出深2mm，宽12mm的平行凹槽，利用240号砂纸将凹槽的底面打磨光滑，如图9-9a所示。

（2）将打磨后的试样置于丙酮溶剂中，用超声波清洗20min，然后将试样进行氧化处理。氧化处理是将试样加热至目标温度保温不同时间生成一定厚度的氧化层，如图9-9b所示，并且去除试样端面上的氧化铁皮以便于导电，如图9-9c所示。

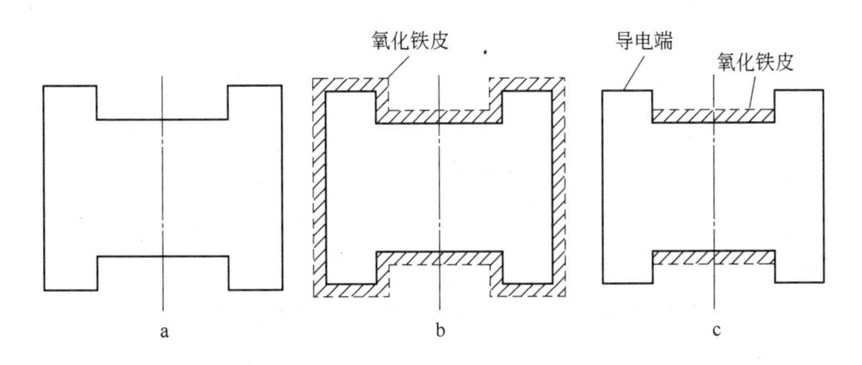

图9-9 试样预处理示意图

a—试样加工；b—试样氧化处理；c—端面去除氧化层

（3）将夹具装配于热模拟实验机操作箱的左右轴上，将采用轧辊材质加工的锤头放入热模拟实验机的夹具中，再将试样放入两个锤头之间；然后用夹具将两个锤头和试样夹紧，在夹紧的情况下，锤头与试样的端面的非凹槽部分接触，如图9-10所示。

（4）设定加热速度，加热到设定温度后保温以使试样温度均匀，进行热压缩实验，压下量应以凹槽面为基准进行计算，压缩后对试样及锤头表面喷水冷却。试样凹槽面只在变形过程中与锤头端面接触，用来模拟带钢和轧辊在热轧过程中的接触情况。

（5）更换新的试样放在前次实验锤头的同一位置，重复压缩实验。更换多个试样进行压缩，模拟热轧过程中轧辊与带钢表面连续接触情况。

（6）利用金相显微镜、扫描电子显微镜和电子探针等设备观察试样表面和锤头表面的变化情况。

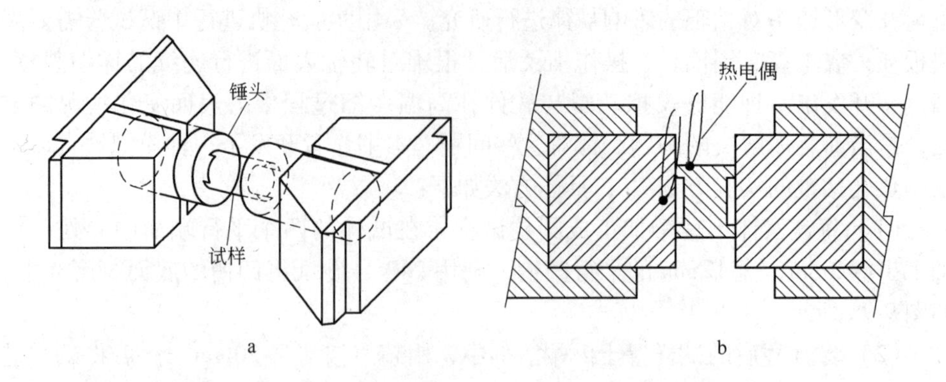

图 9-10　模拟热轧粘辊实验装置的示意图和截面图

a—示意图；b—截面图

这种实验方法操作灵活，含有热变形过程，与实际热轧工艺符合程度高；锤头可以采用各种工作辊材料加工并且表面粗糙度可以加工，用以研究变形条件下轧辊材质对粘辊的影响；可以通过预处理对试样表面的氧化层结构、厚度进行设计以模拟高压水除鳞和高温氧化对粘辊的影响；便于单独设定实验参数如变形速率、变形温度、压下量等，研究单一工艺参数对热轧粘辊的影响。采用真空感应炉冶炼 17% Cr 和 21% Cr 两种超纯铁素体不锈钢。表 9-5 示出的是实验钢及高速钢压缩锤头的化学成分。

表 9-5　两种超纯铁素体不锈钢和高速钢的化学成分（质量分数,%）

钢 种	C	Si	Mn	P	S	Cr	Ti + Nb	V	Mo	N
21% Cr	≤0. 006	0. 2	0. 2	≤0. 01	≤0. 01	21. 5	0. 1 ~ 0. 3	—	—	≤0. 008
17% Cr	≤0. 006	0. 2	0. 2	≤0. 01	≤0. 01	17	0. 1 ~ 0. 3	—	—	≤0. 008
HSS	1. 0 ~ 2. 0	0. 1 ~ 1. 0	0. 3 ~ 1. 0	—	—	8 ~ 12	—	2 ~ 7	2 ~ 7	—

张驰等人采用所开发的模拟粘辊的实验方法，对超纯 21% Cr 铁素体不锈钢热轧粘辊行为进行了研究[12~14]，表 9-6 示出的是具体工艺参数。实验 1 研究带钢表面氧化情况对热轧粘辊的影响，对试样进行了预先氧化处理，将试样放入管式炉在 1120℃ 保温 5min，使得试样表面生成厚度为 1μm 厚的氧化层，与没有预氧化处理的试样一同进行热变形实验；实验 2 主要研究轧辊表面粗糙度对粘辊的影响；实验 3 主要研究变形温度对热轧粘辊的影响；实验 4 主要研究变形速率对热轧粘辊的影响。

表 9-6　模拟热轧粘辊实验的工艺参数

工 艺 参 数	实验 1	实验 2	实验 3	实验 4
氧化铁皮厚度/μm	0/1	0	0	0
锤头粗糙度/μm	2	0. 5/2	2	2

续表 9-6

工 艺 参 数	实验 1	实验 2	实验 3	实验 4
加热速率/℃·s^{-1}	10	10	10	10
压缩前保温时间/s	10	10	10	10
实验温度/℃	960	960	850/900/960/1000/1050	960
压下率/%	30	30	30	30
应变速率/s^{-1}	1	1	1	0.1

图 9-11 示出的是模拟超纯铁素体不锈钢在加热炉内生成的氧化层的横截面形貌照片。经 1200℃ 保温 2h 后，带钢表面生成一层均匀的氧化层，测得超纯 17% Cr 铁素体不锈钢的氧化层厚度为 750 ~ 800μm，而超纯 21% Cr 铁素体不锈钢氧化层厚度为 550 ~ 600μm。可见，铬含量增加后，铁素体不锈钢的高温抗氧化能力提高。形貌观察可以发现氧化层较疏松，存在少量的微细裂纹。这是由两方面因素造成的。一方面，氧化层和基体的线膨胀系数不同，试样在冷却过程中氧化层和基体变形不一致产生内应力造成裂纹；另一方面，在试样镶嵌过程中也会对表面产生一定压力造成氧化层破碎。这也从侧面反映出铁素体不锈钢的炉生氧化铁皮易碎，在高压水除鳞过程中会被轻易除掉。

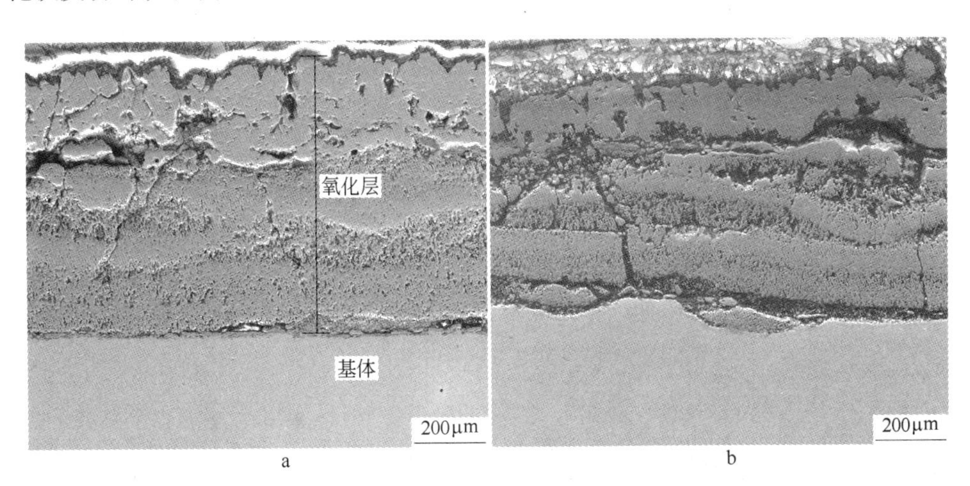

图 9-11 模拟得到的超纯铁素体不锈钢炉生氧化层的形貌（1200℃ ×2h）

a—17% Cr；b—21% Cr

通过两种超纯铁素体不锈钢的炉生氧化铁皮形貌观察，还可以发现它们都具有明显的分层现象。对 21% Cr 铁素体不锈钢试样的炉生氧化铁皮从表面到基体进行了元素分布的线扫描分析，结果如图 9-12 所示。可见，炉生氧化层外层富含铁和氧，铬含量极少，为富铁的氧化物（Fe_2O_3 和 Fe_3O_4 为主）；内层铬含量显著增加，同时含有大量的铁和氧，其主要由 Cr_2O_3 和 Cr_2O_3-FeO 尖晶石相组成[15~17]。超纯 17% Cr 铁素体不锈钢的炉生氧化层的成分分析结果与超纯 21% Cr 铁素体不锈钢的炉生氧化层特点相同。

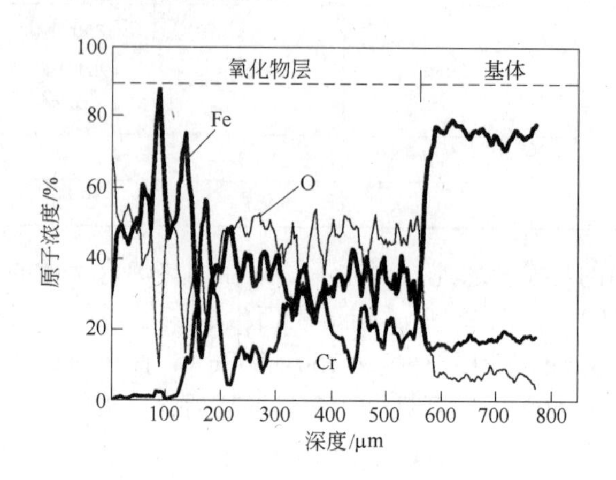

图 9-12　超纯 21% Cr 铁素体不锈钢的炉生氧化铁皮横截面元素分布的线扫描结果

图 9-13 示出的是模拟超纯 21% Cr 铁素体不锈钢在粗轧温度范围内表面生成氧化层形貌及成分分析结果[11]。超纯 21% Cr 铁素体不锈钢在 1120℃ 保温 300s 后，表面氧化层厚度约为 1.1μm，氧化层较均匀，没有发现明显的分层现象，能谱分析显示氧化层中铬含量较高（60% ~80%），表明氧化层主要是以铬的氧化物为主。氧化层中还含有一定量的硅，硅的氧化物在铁素体不锈钢氧化初期形成后，有助于提高钢的抗高温氧化性能[18]。

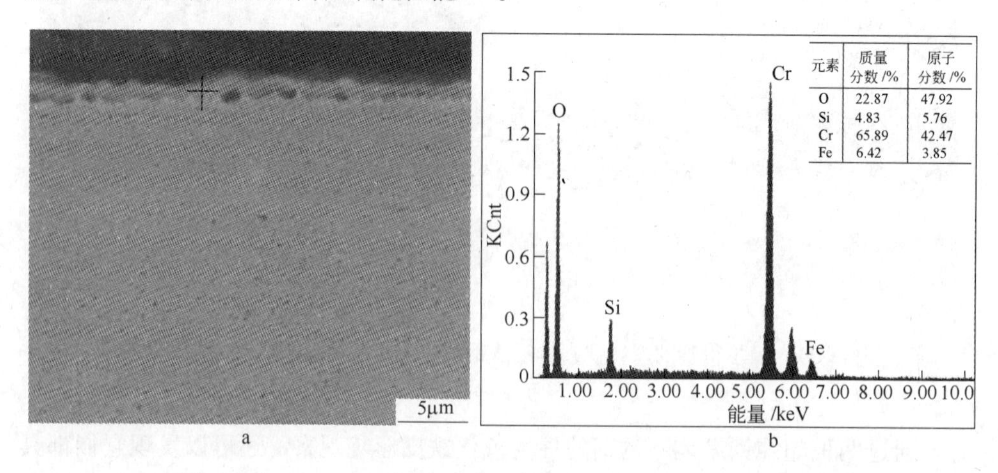

元素	质量分数 /%	原子分数 /%
O	22.87	47.92
Si	4.83	5.76
Cr	65.89	42.47
Fe	6.42	3.85

图 9-13　超纯 21% Cr 铁素体不锈钢在 1120℃ 保温 5min 生成的氧化层分析

a—氧化层形貌；b—能谱分析

超纯 17% Cr 铁素体不锈钢在 1120℃ 生成的氧化层成分和形貌与 21% Cr 铁素体不锈钢相似，但厚度存在明显差别。采用扫描电子显微镜对两者在 1120℃ 生成氧化层进行观察，得到氧化层厚度随保温时间的变化曲线，如图 9-14 所示。可以看出，在氧化初期，铁素体不锈钢的氧化速度较快，随着氧化物膜的形成，氧化速度变慢，且 21% Cr 铁素体不锈钢的氧化层厚度明显低于 17% Cr 铁素体不锈钢氧化层厚度，前者氧化层仅为后者的一半。此外，Jin 等人[4] 在研究铁素体不锈钢高温氧化时指出，含碳量较高的普通 430 铁素体不锈钢（$w(C)=0.06\%$）在 1050℃ 保温 280s 即可生成厚度为 12μm 的氧化层。对比可知，当铁素体不锈钢中碳含量降低后，其抗高温氧化能力明显提高。

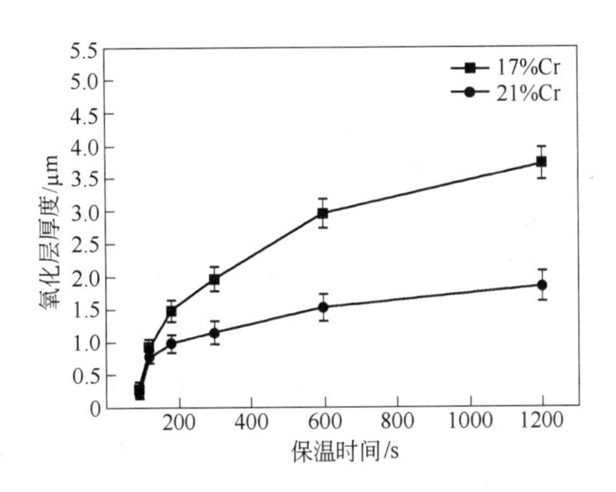

图 9-14 超纯铁素体不锈钢在 1120℃ 氧化层厚度随保温时间的变化曲线

实验还分析了两实验钢在 1040℃ 和 960℃ 的高温氧化行为，实验钢在 1040℃ 表面氧化层形貌和成分与在 1120℃ 氧化时生成的氧化层相同，但厚度降低，约为同等时间在 1120℃ 氧化层厚度的 1/2。在 960℃ 保温时，实验钢表面生成的氧化层更薄，超纯 21% Cr 铁素体不锈钢在 960℃ 保温 300s 后生成的氧化层小于 0.1μm，不能够生成均匀的氧化层。

9.3.1 表面氧化对热轧粘辊的影响

在精轧的前两个机架，铁素体不锈钢热轧粘辊现象最为严重，因此在实验 1 中选定 960℃ 作为热变形温度[11]。图 9-15 示出的是高温压缩表面无氧化层试样后锤头表面形貌的照片。压缩 1 次试样后，锤头表面的变化较小，仍保留着机械加工留下的形貌，并有少量氧化。随着压缩次数增加到 5 次，锤头表面附着有少量的氧化物，其主要来源有两部分：一方面，锤头在高温压缩实验中因锤头表面温度升高而发生高温氧化；另一方面，铁素体不锈钢试样在高温变形前以 10℃/s 的速度加热至 960℃ 并保温 10s，在这一过程中试样表面会有少量氧化，在变形过程中有部分氧化物黏附在了锤头表面。压缩 9 次后，锤头表面的机械加工凹痕

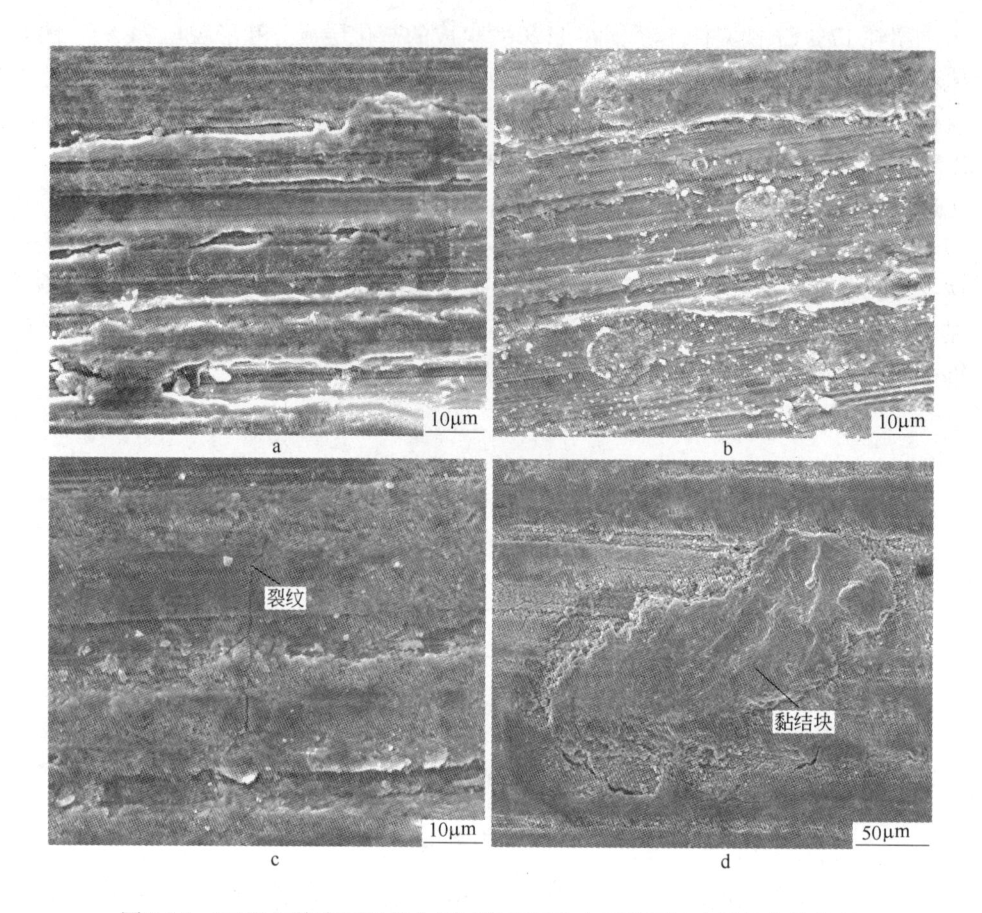

图 9-15　960℃压缩表面无氧化层试样后锤头表面随压缩次数的变化情况

a—1 次；b—5 次；c—9 次；d—14 次

已经基本被氧化物所覆盖。值得注意的是，在锤头表面观察到一定数量的细小裂纹。压缩 14 次后，锤头表面某些区域黏结了大块的碎片，纵向尺寸大于 100μm，在黏结物周围观察到有裂纹存在。EDS 成分分析结果显示，黏结物的化学成分与 21% Cr 铁素体不锈钢成分相同，说明黏结物是自试样表面剥离的，表明在此时发生了热轧粘辊。

图 9-16 示出的是压缩带有 1μm 厚度氧化层试样后锤头表面随压缩次数的变化情况。压缩 1 次后，锤头表面仍保留着明显的机械加工形貌，与压缩未带有氧化层试样的锤头相比，高温压缩带有氧化层试样后锤头表面黏结的氧化物明显增加，这是由于在压缩变形过程中，部分氧化层破碎并黏附在锤头表面。随着压缩的次数增加到 5 次，锤头表面覆盖的氧化物迅速增加。在压缩 9 次后，锤头表面黏附的氧化物进一步增加，在锤头表面也同样观察到了细小的裂纹。在压缩 14 次试样后，锤头表面覆盖的氧化物更加均匀，锤头表面的观察显示没有热轧粘辊

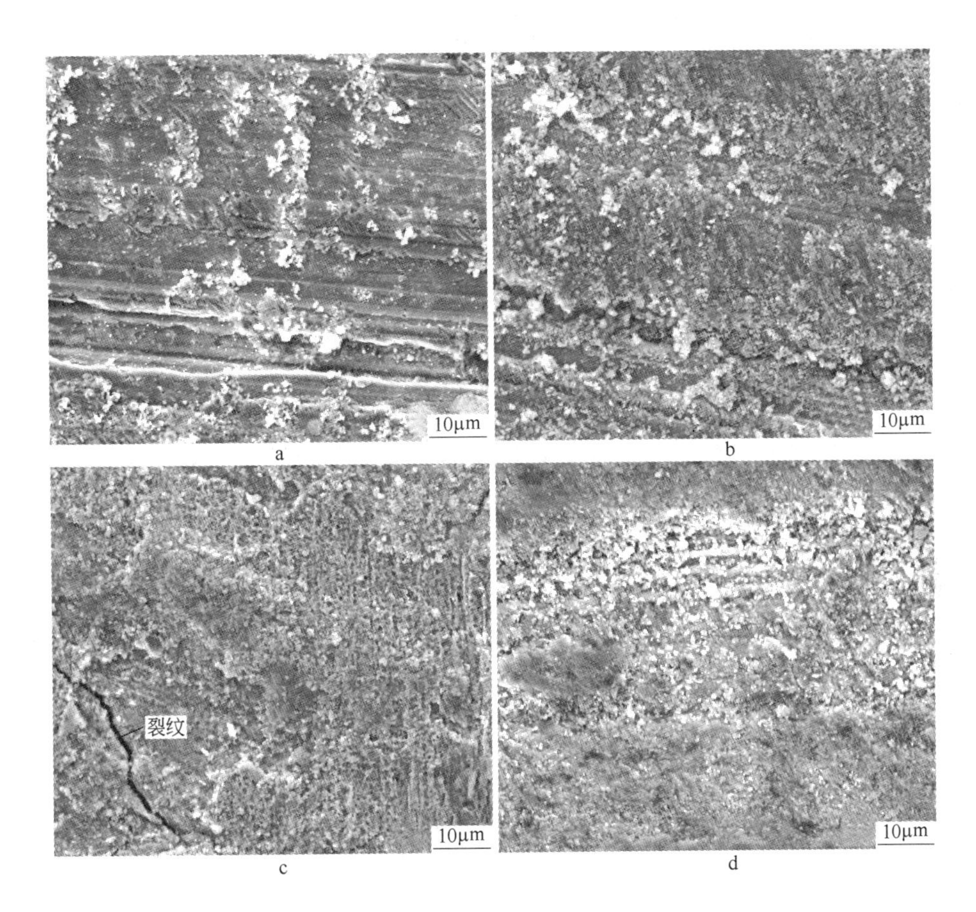

图 9-16 960℃压缩带 1μm 氧化层试样后锤头表面随压缩次数的变化情况
a—1 次；b—5 次；c—9 次；d—14 次

现象发生，并且部分裂纹被氧化物所覆盖。

图 9-17 示出的是在压缩未带氧化层的试样而发生粘辊时，锤头和试样表面的形貌。可以看到，粘辊主要包括两种典型形貌：一种是锤头表面黏结了大块的脱落于试样表面的碎片，如图 9-17a 所示，并在试样表面形成凹坑，如图 9-17b 所示，另一种是在压缩过程中，锤头表面出现部分脱落并在锤头表面形成凹坑，如图9-17c所示，脱落的碎片会在压缩过程中附着在带钢表面，如图 9-17d 所示。发生粘辊后，锤头表面变得粗糙，在下次压缩过程中将破坏试样表面质量。实际生产中，带钢表面如果形成图 9-17b 的表面缺陷，在随后轧制、冷却和卷取过程中，带钢缺陷部分与周围表面形成的氧化层厚度不同，在随后酸洗过程中表面酸洗程度不一致从而破坏冷轧板的表面质量，在成品板表面形成点线状的表面缺陷。而实际生产中带钢表面如发生如图 9-17d 的缺陷，在轧制过程中碎片将压入带钢表面，酸洗过程中不易消除，冷轧退火带钢表面也会形成严重的表面缺陷。

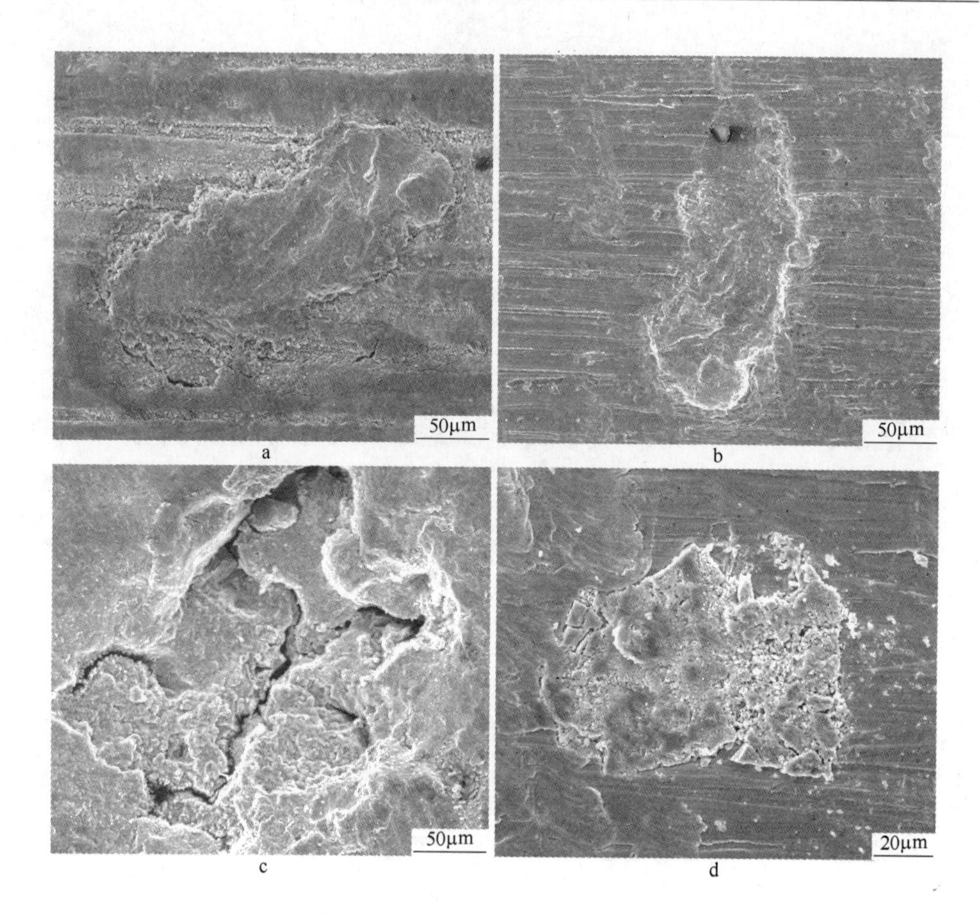

图 9-17　发生热轧粘辊后锤头和试样表面的典型形貌

a，c—锤头表面；b，d—试样表面

带钢的表面氧化对铁素体不锈钢热轧粘辊具有重要影响。在实验 1 中对比了带钢表面氧化对超纯 21% Cr 铁素体不锈钢热轧粘辊的影响。图 9-18 示出的是压缩第 14 次后未进行氧化处理的试样与带有 1μm 厚氧化层试样的表面与截面形貌。由于发生粘辊，在未进行氧化处理的试样表面形成了宽 50μm、长度大于 100μm 的凹坑，截面观察凹坑的深度在 10μm 左右。带有氧化层的试样在压缩后，试样表面平坦，试样表面覆盖着一层均匀的氧化层，截面观察氧化层的厚度在 0.6 ~ 0.7μm，表明随着压缩变形氧化层的厚度也有所减薄。对比可见，氧化层对带钢的表面质量起到了很好的保护作用，避免了铁素体不锈钢母材与轧辊的直接接触。宏观硬度测定显示，未进行氧化处理的试样和带有氧化层的试样的室温硬度分别为 155HV 和 166HV，可见氧化层的存在提高了铁素体不锈钢室温下的表面硬度。Dae Jin H. 等人的研究工作指出，STS430J1L 铁素体不锈钢的高温硬度在高于 800℃ 时低于 30VHN，硬度非常低，而氧化层的存在可以提高铁素体不锈钢的表面硬度[6,7]，从而减弱在与轧辊接触时铁素体不锈钢表面发生局部塑性变形的可能性，避免发生热轧粘辊。图 9-19 示出的是压缩带有氧化层试样 14 次后锤头的截面形貌。在循环加热与冷却及压缩变形过程中产生的应力而导致轧辊表面形成细小裂纹。与图 9-18 中显示细小裂纹成为粘辊的形核点不同，在压缩带有氧化层的试样时，锤头表面黏附了大量氧化物。黏附的氧化物覆盖在微小裂纹处而阻止了带钢基体与裂纹的直接接触，从而避免细小裂纹成为热轧粘辊的形核点。此外，部分氧化层在变形过程中被压碎，在锤头和试样之间会起到一定的润滑作用。

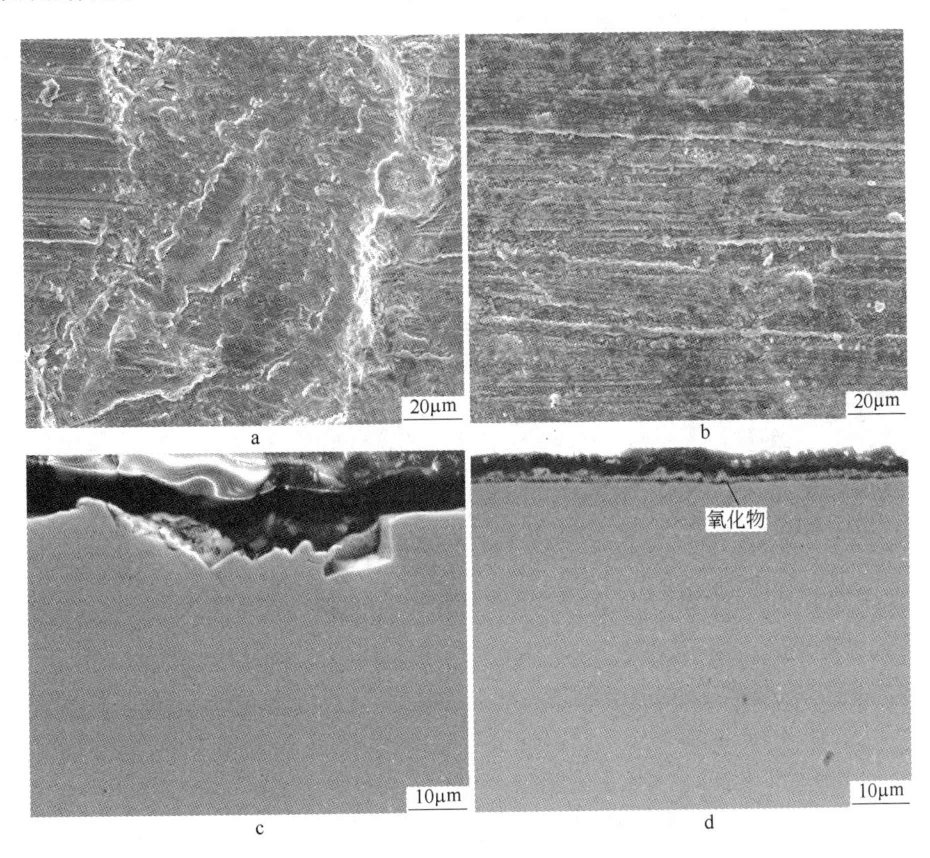

图 9-18　实验 1 中压缩第 14 次后试样表面和截面形貌

a—未带氧化层试样表面；b—带氧化层试样表面；
c—未带氧化层试样截面；d—带氧化层试样截面

9.3.2　轧辊表面粗糙度对热轧粘辊的影响

在实验 2 中探讨了轧辊表面粗糙度对超纯 21% Cr 铁素体不锈钢热轧粘辊的影响[11]，将轧辊表面粗糙度由 2μm 降低至 0.5μm 进行压缩实验。采用表面粗糙

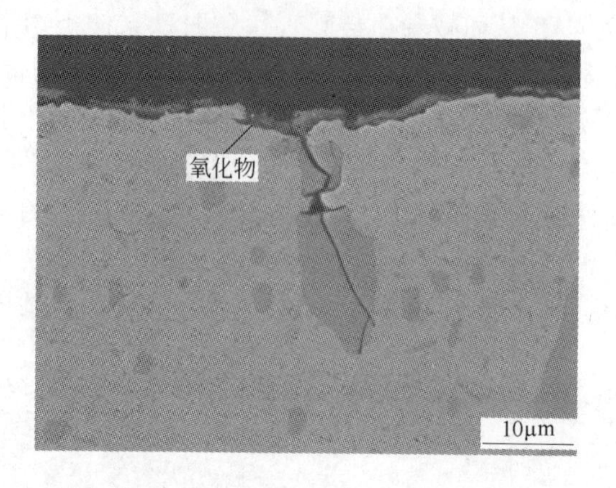

图 9-19　实验 1 中压缩带有氧化层试样 14 次后锤头截面的背散射电子像

度为 0.5μm 的锤头在压缩 14 次后试样和锤头表面依然完好，并没有观察到粘辊的发生，直至压缩到第 22 个试样时才有粘辊发生，发生粘辊的试样表面形貌如图 9-20 所示。

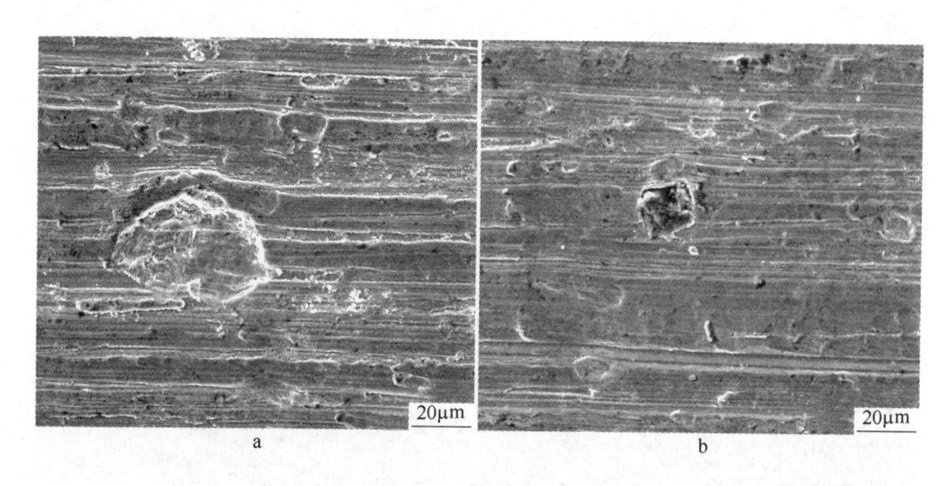

图 9-20　实验 2 中锤头表面粗糙度为 0.5μm 时压缩的第 22 个试样表面形貌
a—碎片自试样表面脱落；b—锤头碎片压入试样表面

试样表面同样可以看到存在着两种典型的粘辊形貌：一种是试样表面部分剥离，在试样表面形成凹坑，如图 9-20a 所示；一种是由轧辊表面剥落的碎片在变形过程中压入到了试样表面，如图 9-20b 所示。对比可见，降低轧辊的表面粗糙度具有削弱铁素体不锈钢热轧粘辊的作用。与表面粗糙度为 2μm 的锤头在压缩 14 次后发生粘辊相比，表面粗糙度为 0.5μm 时，连续压缩 22 次才出现粘辊现象。因此，降低轧辊表面粗糙度可降低实验钢发生热轧粘辊的倾向。

由上述结果可见，锤头表面粗糙度越大，锤头表面留下的机械加工条纹越深，在变形的过程中同样会成为黏附碎片的形核点，增加铁素体不锈钢的粘辊几率。轧辊表面光滑时，其局部变形产生裂纹的趋势也会减弱。降低轧辊表面粗糙度有利于推迟铁素体不锈钢热轧粘辊的发生时间，因此，在保证板坯咬入前提下，轧辊表面应尽可能光滑。随着轧制的进行，轧辊表面粗糙度也将越来越大，应严格控制轧辊的换辊时间，以免轧辊表面粗糙造成热轧粘辊。

9.3.3 变形温度对热轧粘辊的影响

在实验3中对不同变形温度下实验钢的热轧粘辊行为进行了分析[11]，绘制出热轧粘辊与变形温度、压缩次数的关系，如图9-21所示。图9-21中阴影区域为发生热轧粘辊区域。在900~1100℃的变形区间内，超纯21%Cr铁素体不锈钢在1050℃变形时最容易发生粘辊，在压缩6次后即有粘辊发生。在1050℃以下，随着变形温度的降低，发生粘辊所需要的压缩次数增加；在1050℃以上，随着变形温度的升高，发生粘辊所需要的压缩次数也有所增加。

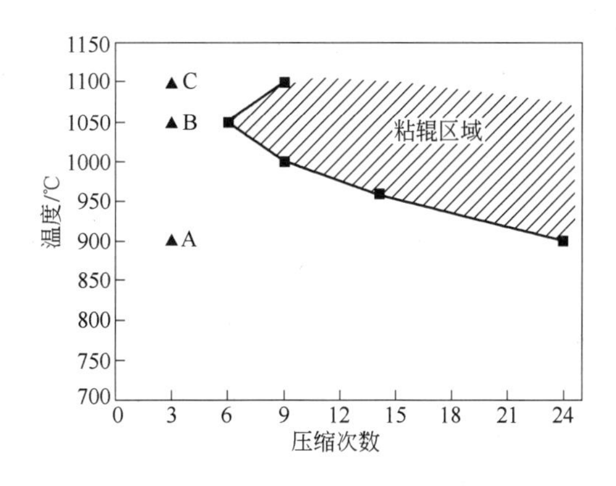

图9-21 实验钢热轧粘辊与变形温度和压缩次数的关系

分别选取变形温度为900℃、1050℃和1100℃，变形3次的锤头和试样表面，对比了不同温度变形时的表面差异（图9-21中A、B和C点），如图9-22所示。在900℃变形时，锤头表面黏附的氧化物很少，试样表面光滑，在试样表面可以看到带有机械加工条纹的锤头压缩后留下的变形形貌。在相对较高的1050℃和1100℃变形时，压缩3次后锤头表面黏附的氧化物较900℃明显增加，在试样表面也同样可以看到有部分氧化物存在。对比可以发现，1100℃变形时，试样和锤头表面的氧化物要比1050℃变形时的锤头和试样表面更加均匀致密，试样表面生成的氧化物对热轧粘辊起到了削弱作用。

超纯21%Cr铁素体不锈钢在900~1100℃区间内容易发生粘辊，在1050℃变形时最容易发生粘辊。在高于和低于1050℃，实验钢的热轧粘辊有减弱的趋势。由热轧粘辊机理分析可知，铁素体不锈钢的表面氧化和高温流变应力是影响

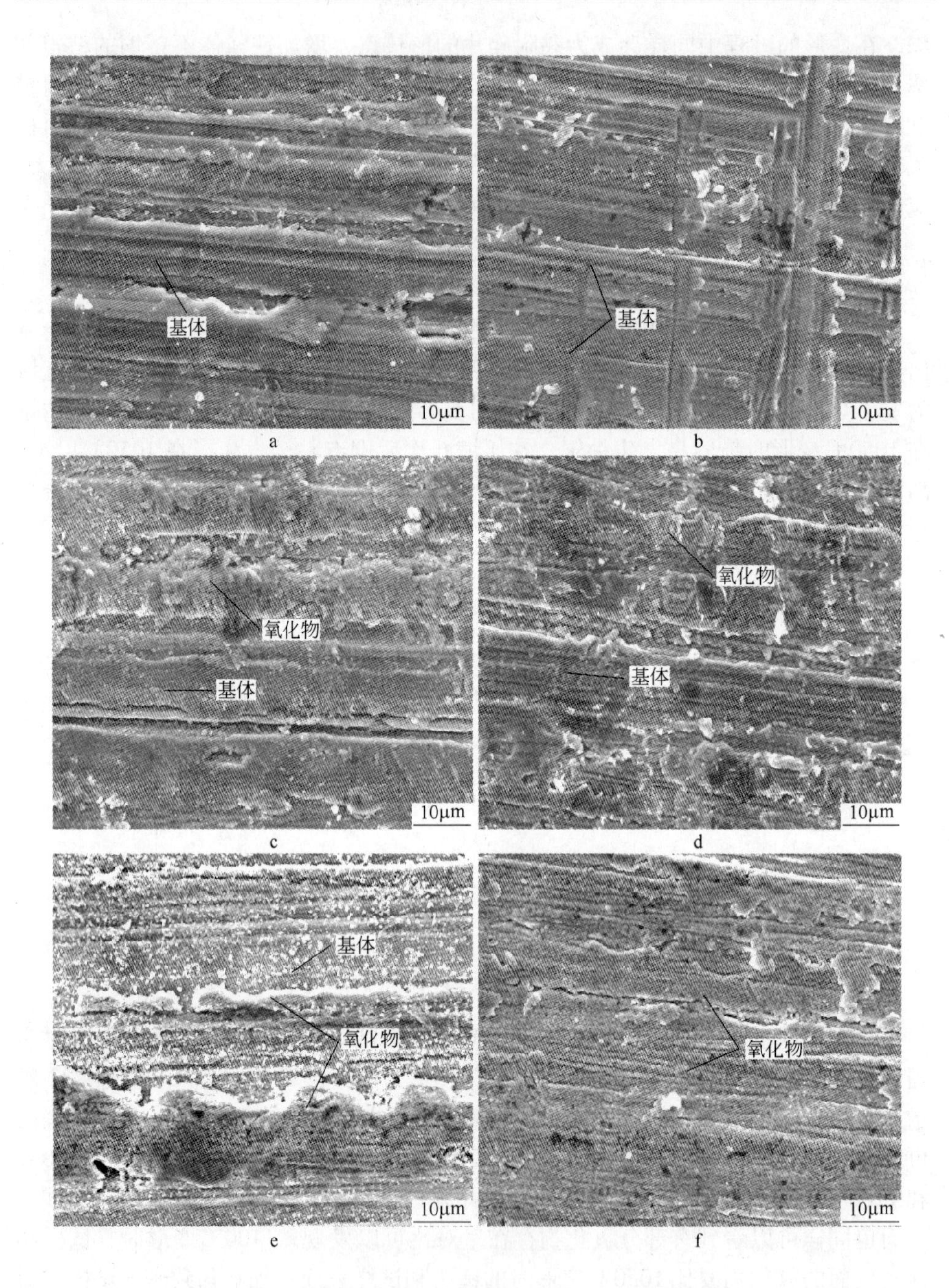

图 9-22　不同变形温度压缩 3 次后锤头和试样表面形貌

锤头：a—900℃；c—1050℃；e—1100℃

试样：b—900℃；d—1050℃；f—1100℃

其发生粘辊的两个主要因素。在高于1050℃时，带钢表面的氧化加快，氧化层起到了减弱热轧粘辊的作用（见图9-22）；在低于1050℃时，随着温度的降低，实验钢的流变应力增加，使得带钢不容易发生局部塑性失稳，从而减弱了热轧粘辊的发生。

Son等人在研究STS430J1L和STS436L铁素不锈钢粘辊行为时指出，两种实验钢最易发生粘辊的温度区间为900～1000℃，以1000℃最为严重[10]。比较可知，超纯21%Cr铁素体不锈钢的易发生热轧粘辊的温度和温度区间均向高温扩展。这是由于超纯21%Cr铁素体不锈钢的抗高温氧化能力比普通铁素体不锈钢的抗高温氧化能力更高，在高温过程中不容易形成氧化层，而此时的流变应力又低，导致热轧粘辊区间向高温区扩展。可见，对于超纯的中高铬铁素体不锈钢，由于抗高温氧化能力提高会使得热轧粘辊现象较普通铁素体不锈钢更为严重。

超纯21%Cr铁素体不锈钢的热变形行为研究表明，随着变形速率的增加，位错的滑移和攀移变得困难，使得铁素体不锈钢的变形抗力增加。变形抗力的增加，使得实验钢在压缩过程中抗局部塑性变形的能力增加，降低了铁素体不锈钢由于表面塑性失稳而发生粘辊的几率。因此，提高变形速率和降低轧制温度对热轧粘辊的影响趋势一致。

9.3.4 变形速率对粘辊的影响

由于实验手段的限制，关于变形速率影响铁素体不锈钢热轧粘辊的研究结果一直没有见诸报道。采用本书作者开发的基于热力模拟实验机的模拟实验方法，可以设定变形过程中的不同变形速率来解决这一问题。在实验4中将变形速率由$1s^{-1}$变化为$0.1s^{-1}$，在压缩6次后，即可在试样表面观察到粘辊的发生，如图9-23所示。图中局部放大的图片表明，试样表面有明显的碎片自试样上撕裂的痕

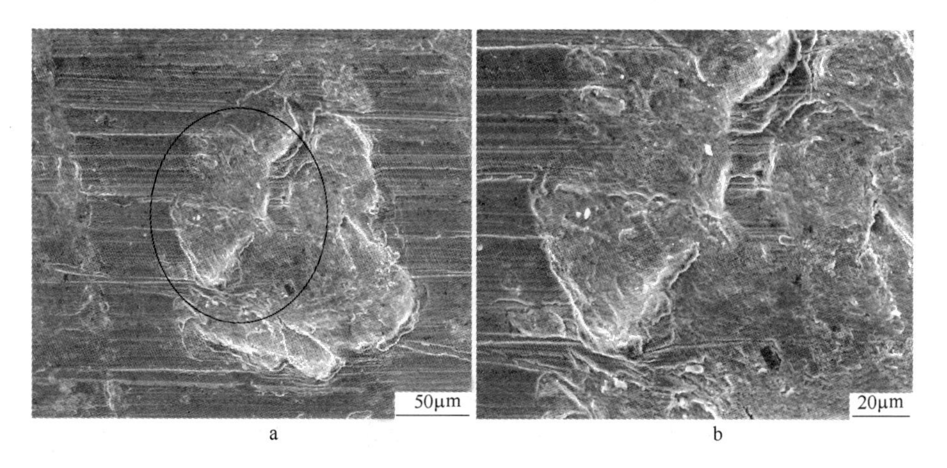

图9-23 实验4中变形速率$0.1s^{-1}$压缩第6次发生粘辊的试样表面

a—1000倍；b—图a中标记区域放大至2000倍

迹，在试样表面留下凹坑。如前所述，960℃变形速率为 $1s^{-1}$ 压缩 14 次才出现粘辊。因此可知，增加变形速率对铁素体不锈钢的热轧粘辊行为有减弱作用。

通过上述研究结果可以看出，铁素体不锈钢的热轧粘辊现象，严重地破坏了铁素体不锈钢成品板的表面质量，成为制约高品质铁素体不锈钢生产的关键因素。现有理论多基于未变形的双辊对磨实验得来，因此有必要对铁素体不锈钢在变形条件下的粘辊机理做进一步的验证，并研究各影响因素的影响规律。

将实验 1 中发生粘辊的锤头沿黏结处剖开，采用电子背散射对试样进行观察，如图 9-24 所示。在多次热压缩过程中，锤头表层经接触换热将升温至 600 ~ 700℃，随后经冷却水冷却至 100℃以下。在循环加热、冷却和变形过程中，锤头表层存在残余应力，当表层的残余应力高于锤头材料的断裂应力时，锤头表面会形成热疲劳裂纹[19~21]。由图可以看到，裂纹形成与材料显微组织有关，裂纹易于在硬质相和软相的相间处形成。由截面观察可见，黏结物倾向于在裂纹处形核，说明锤头表面的细小裂纹在变形过程中提供了粘辊黏结物的形核地点。

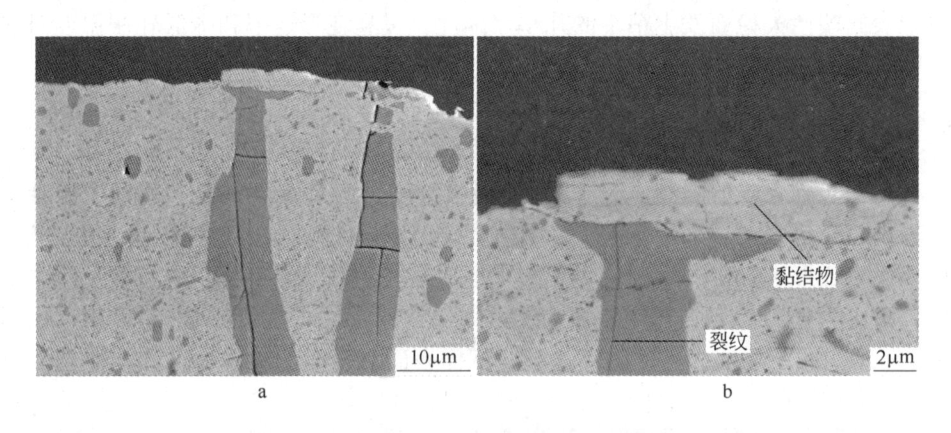

图 9-24　实验 1 中发生粘辊后的锤头截面背散射电子像
a—2000 倍；b—6000 倍

图 9-25 示出的是铁素体不锈钢在热变形条件下发生粘辊的机理。由热变形行为研究结果可知，超纯 21% Cr 铁素体不锈钢在高温压缩过程中的流变应力较

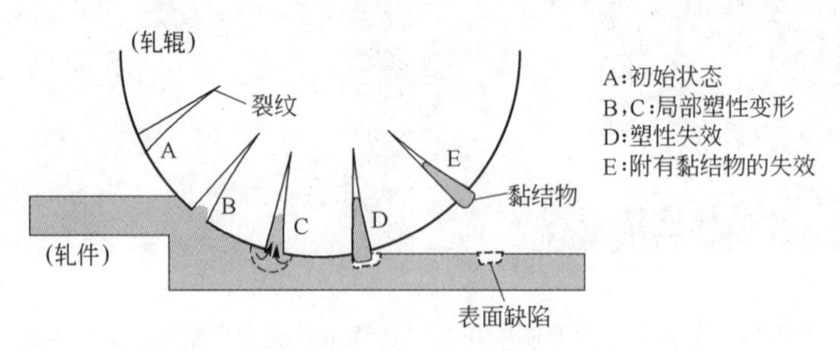

图 9-25　铁素体不锈钢热轧过程中发生热轧粘辊的示意图

小，容易发生塑性变形。在与带有裂纹的锤头接触时，铁素体不锈钢会在与锤头裂纹接触处发生局部塑性变形。当局部塑性变形达到一定程度时，会造成铁素体不锈钢的局部塑性失稳，导致部分碎片自试样表面撕裂并黏附在轧辊表面的裂纹处，形成热轧粘辊。

由热轧粘辊的形核机理分析可知，铁素体不锈钢较低的高温流变应力是导致其发生热轧粘辊的内因，而轧辊表面形成的细小裂纹提供了热轧粘辊发生的外因。与高铬钢轧辊相比，采用高速钢轧辊生产铁素体不锈钢时热轧粘辊现象较弱，正是因为高速钢具有更优异的高温耐磨性能，能够保持良好的工作辊表面状态，不容易在轧辊表面形成裂纹。因此，选用高温耐磨性能优良的轧辊，具有削弱热轧粘辊的作用。图 9-26 示出的是发生粘辊后压缩多次的锤头截面形貌及电子探针的成分面扫描（EPMA）实验结果。由 EPMA 结果可知，黏结粒子具有明显的分层现象，在层与层的界面处氧含量明显增加。这表明黏结粒子并不是在一次变形过程中同时黏结在锤头表面的，而是分为多次黏附的。可见，热轧粘辊是一个连续变化过程。粘辊发生后，随着轧制次数的增加，轧辊表面黏附的黏结物会随之增加，辊面质量进一步恶化。同时带有黏结粒子的轧辊也会反过来破坏带

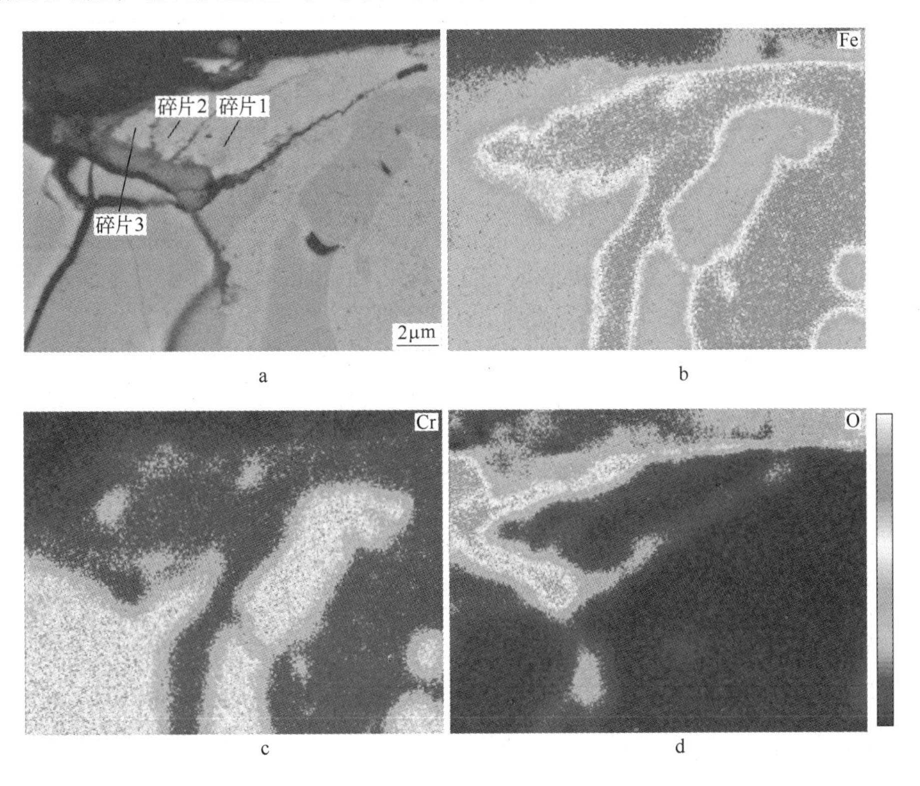

图 9-26 粘辊处锤头截面的 EPMA 扫描实验结果（彩图见书后彩页）

a—形貌；b—Fe 元素分布；c—Cr 元素分布；d—O 元素分布

钢的表面质量，当黏结粒子达到一定的质量后还会由轧辊表面脱落，脱落粒子很容易压入带钢表面，造成压入缺陷。

参考文献

[1] Jin W, Choi J Y, Lee Y Y. Effect of roll and rolling temperatures on sticking behavior of ferritic stainless steels [J]. ISIJ International, 1998, 38(7): 739 ~ 743.

[2] Kato O, Kawanami T. Investigation of scoring of hot rolling rolls Ⅰ: an experimental method for simulation of scoring of rolls during hot strip rolling of stainless steels [J]. Journal of JSTP, 1987, 28: 264 ~ 271.

[3] Kato O, Kawanami T. Investigation of scoring of hot rolling rolls Ⅱ: propagation process of scoring of rolls during hot strip rolling of stainless steel [J]. Journal of JSTP, 1989, 30: 103 ~ 109.

[4] Jin W, Choi J Y, Lee Y Y. Nucleation and growth process of sticking particles in ferritic stainless steel [J]. ISIJ International, 2000, 40(8): 789 ~ 793.

[5] Lee J S, Kim K T, Lee Y D, et al. Sticking mechanisms occuring during hot rolling of ferritic stainless steels [J]. Posco Technical Report, 2007, 10(1): 42 ~ 45.

[6] Dae Jin H, Chang-Young S, Joon Wook P, et al. Effects of high-temperature hardness and oxidation on sticking phenomena occurring during hot rolling of two 430J1L ferritic stainless steels [J]. Materials Science and Engineering: A, 2008, 492(1 ~ 2): 49 ~ 59.

[7] Dae Jin H, Hyo Kyung S, Sunghak L, et al. Analysis and prevention of sticking occurring during hot rolling of ferritic stainless steel [J]. Materials Science and Engineering: A, 2009, 507 (1 ~ 2): 66 ~ 73.

[8] Dae Jin H, Yong Jin K, Jong Seog L, et al. Effects of alloying elements on sticking behavior occurring during hot rolling of modified ferritic STS430J1L stainless steels [J]. Metallurgical and Materials Transactions A, 2009, 40(5): 1080 ~ 1089.

[9] Jin W, Piereder D, Lenard J G. A study of the coefficient of friction during hot rolling of a ferritic stainless steel [J]. Lubrication Engineering, 2002, 58(11): 29 ~ 37.

[10] Son C Y, Kim C K, Ha D J, et al. Mechanisms of sticking phenomenon occurring during hot rolling of two ferritic stainless steels [J]. Metallurgical and Materials Transactions A, 2007, 38A(9): 2776 ~ 2787.

[11] 刘振宇，等．一种模拟铁素体不锈钢热轧粘辊的实验方法及其装置：中国，2009100116806 [P]2009.

[12] 张驰．超纯21% Cr铁素体不锈钢热轧粘辊机理及组织织构控制[D]．沈阳：东北大学，2011.

[13] Zhang C, Liu Z Y, Wang G D, et al. The sticking behavior of an ultra purified ferritic stainless steel during hot strip rolling[J]. Journal of Materials Processing Technology, 2012, 212 (11): 2183 ~ 2192.

[14] 张驰，刘振宇，王国栋，等．超纯21% Cr铁素体不锈钢高温氧化层生长及热轧粘辊研究[J]．东北大学学报，2012，33(2)：195 ~ 198.

[15] Nakai M, Nagai K, Murata Y, et al. Correlation of high-temperature steam oxidation with hydrogen dissolution in pure iron and ternary high-chromium ferritic steel [J]. ISIJ International, 2005, 45(7): 1066 ~ 1072.

[16] Huntz A M, Reckmann A, Haut C, et al. Oxidation of AISI304 and AISI439 stainless steels [J]. Materials Science and Engineering: A, 2007, 447(1 ~ 2): 266 ~ 276.

[17] 彭建国，袁敏，骆素珍. SUS430 铁素体不锈钢高温氧化行为分析[C]. 2007 中国钢铁年会论文集，2007: 556 ~ 558.

[18] Mikkelsen L, Linderoth S, Bilde-Srensen J B. The effect of silicon addition on the high temperature oxidation of a Fe-Cr alloy [J]. Materials Science Forum, 2004, 461 ~ 464 (1): 117 ~ 122.

[19] Goto K, Matsuda Y, Sakamoto K, et al. Basic characteristics and microstructure of high-carbon high speed steel rolls for hot rolling mill [J]. ISIJ International, 1992, 32(11): 1184 ~ 1189.

[20] Park J, Lee H, Lee S. Composition, microstructure, hardness, and wear properties of high-speed steel rolls [J]. Metallurgical and materials transactions A, 1999, 30(2): 399 ~ 409.

[21] De Carvalho M A, Xavier R R, Da Silva Pontes Filho C, et al. Microstructure, mechanical properties and wear resistance of high speed steel rolls for hot rolling mills [J]. Iron and Steelmaker, 2002, 29(1): 27 ~ 32.

10 铁素体不锈钢的先进制备技术

10.1 采用薄带铸轧技术生产高成型性能铁素体不锈钢

随着我国经济建设的高速发展，钢铁工业作为国民经济的龙头和基础，正在以更快的速度迅猛发展。但是，能源短缺、资源匮乏以及国际市场合金元素价格剧烈波动等不利因素，使我国钢铁工业的可持续性发展面临严重挑战。近几十年来，国际国内钢铁界一直围绕节省能源、提高生产效率、改进产品质量来开发新技术，以达到长久而持续地节省能源提高质量的目的，最终实现每吨钢节约35% ~60%能源的目标。薄带铸轧技术即是在这种大环境下出现的节能高效型新技术。薄带铸轧技术通过直接将钢水浇铸到侧封挡板与旋转的结晶辊组成的结晶器中而直接生产出1 ~4mm厚的热带卷。与传统板带生产方法相比，可以省掉板坯加热和热轧过程，从而节省大量的能量，大幅度提高生产效率。到目前为止，这种先进板带的产业化生产技术仍限于生产普碳钢和奥氏体不锈钢，很少应用于铁素体不锈钢板带的生产。

Raabe和Hölscher等人研究了Cr16铁素体不锈钢铸轧薄带的初始织构及其在冷轧、退火过程的演变规律[1~3]。结果发现由于铸轧过程中的亚快速凝固引发了不均匀形核，抑制了凝固时晶粒的选择生长，铸带坯的织构因而非常微弱，并且全厚度范围内织构梯度较小。他们认为这种铸轧带的冷轧退火板应该具有较高的抗表面起皱的能力。另外，与常规连铸坯的冷轧退火板的不均匀的、明显向$\{334\}\langle 4\bar{8}3\rangle$组分偏转的γ纤维再结晶织构不同，在铸轧带的冷轧退火板中易形成规则而均匀的γ纤维再结晶织构，但是强度较低。他们对这种再结晶织构的平均r值进行理论计算。结果表明，平均r值比常规冷轧退火板更高。与上述研究结果完全不同的是，Hunter和Ferry却发现在铸轧条件下，铸轧带会形成具有显著$\langle 001\rangle$//ND织构特征的发达柱状晶组织[4,5]，由此可能导致成品板的成型性能和表面质量降低。

为探索亚快速凝固条件下铁素体不锈钢凝固组织变化规律及其对织构和成型性能的影响，刘海涛等人以Cr17铁素体不锈钢为实验材料，在ϕ500mm×254mm水平式双辊铸轧实验机上开展了系统实验研究[6~11]。实验用钢的化学成分如表10-1所示。

表 10-1 实验用钢化学成分（质量分数,%）

Cr	Si	Mn	S	P	C	Ni	Fe
16.9	0.243	0.154	0.004	0.016	0.03	0.114	余 量

0Cr17 原料在惰性气体保护的条件下在 50kg 中频感应熔炼炉内加热、熔化和精炼。同时，对中间包和浇注水口进行预热，预热温度达到 1100～1200℃，由供气装置向中间包内通入氩气以防止浇铸时钢水氧化。最后，将中频感应炉内钢水倒入中间包内。中间包内的钢水再经浇注水口流入两只旋转铸辊的辊缝后直接凝固成带后空冷至室温。浇铸过程如图 10-1 所示。熔池内钢水的温度可由安装在熔池上方的红外测温仪测得，熔池内钢水温度与实验用钢的液相线（1490℃）之差定义为钢水的过热度。熔池内钢水的过热度可以通过改变钢水的出炉温度进行控制。在出炉温度为 1590～1710℃（熔池内钢水的过热度为 20～140℃）的条件下进行了多炉次的铸轧实验，以获得具有不同凝固组织的铸轧带。

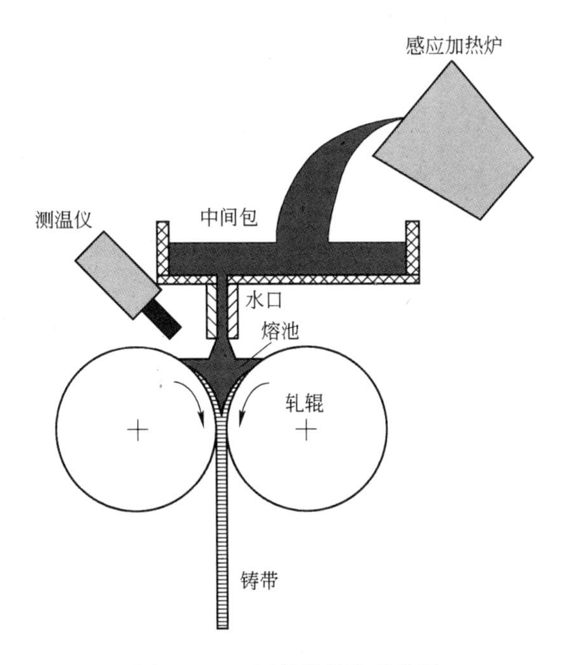

图 10-1 双辊薄带铸轧示意图

全等轴晶和全柱状晶组织的铸轧带经酸洗后在四辊可逆冷轧轧机上分别进行 80% 压下量冷轧，再进行温度为 860℃、保温 2min 的退火处理。从相同化学成分的常规连铸坯上分别截取全等轴晶和全柱状晶对比试样并在二辊可逆热轧实验机组上进行热轧。开轧温度为 1150℃，终轧温度约为 900℃，经 5 道次轧至

3.5mm，轧后水冷至700℃后缓冷至室温。对热轧板进行退火处理，退火温度为860℃，保温3h。热轧退火板经酸洗后在冷轧实验机上进行80%压下量冷轧后，进行退火温度为860℃、保温2min的退火处理。

图10-2示出的是在熔池内不同的钢液过热度条件下，Cr17铁素体不锈钢铸轧带纵截面显微组织的EBSD晶体取向图。在不同的过热度条件下，铸轧带的初始凝固组织差异明显。随过热度的升高，细小等轴晶组织逐渐减少，粗大柱状晶组织逐渐增多。当过热度为20℃时，组织全部为等轴晶。当过热度为50℃时，表层开始出现较小的柱状晶。当过热度分别为55℃、60℃、70℃和80℃时，表层的柱状晶逐渐向中部延伸，柱状晶尺寸逐渐增大，中部等轴晶逐渐减少。当过热度达到95℃时，表层的柱状晶更加发达，此时中部仅有一层等轴晶；当过热度达到140℃时，柱状晶组织异常发达，铸带坯由贯穿的柱状晶组成。

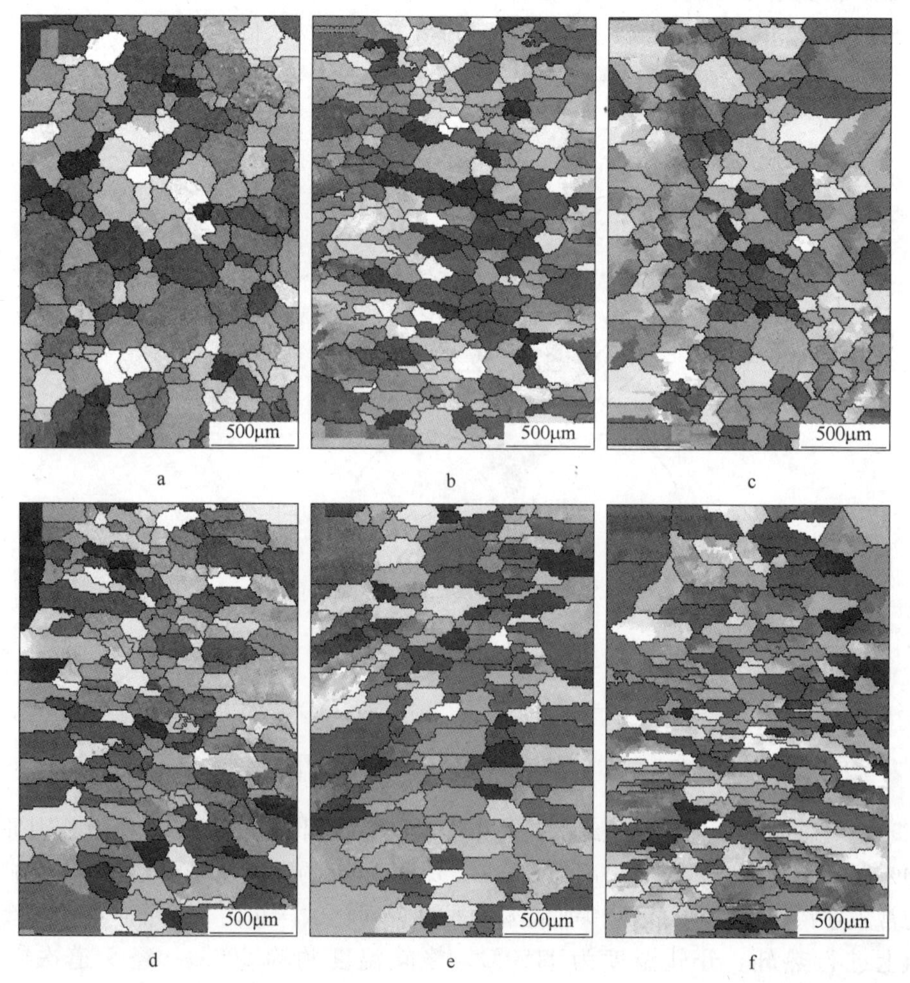

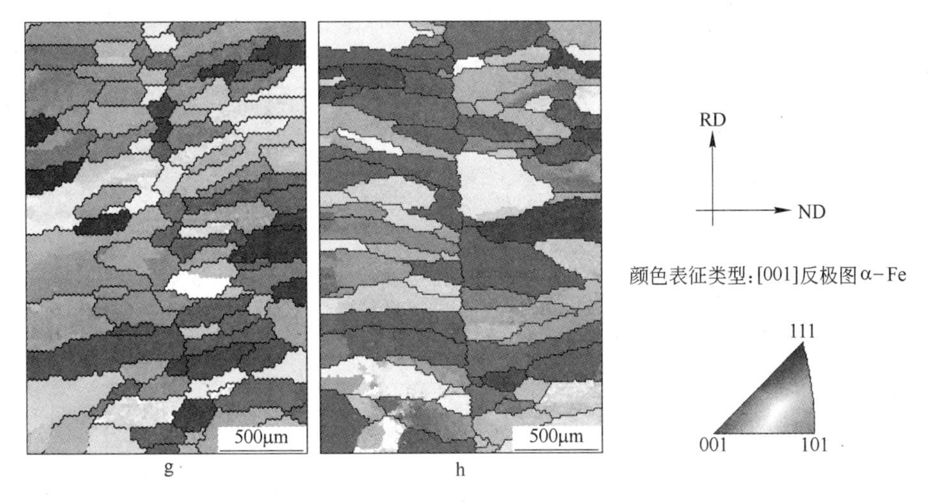

图 10-2 不同过热度条件下 Cr17 铁素体不锈钢铸轧带的晶体取向图（彩图见书后彩页）
a—20℃；b—50℃；c—55℃；d—60℃；e—70℃；f—80℃；g—95℃；h—140℃

图 10-3 示出的是钢水过热度对铸带坯等轴晶率的影响。随着浇铸过热度升高，明显地分为等轴晶区（20～40℃）、等轴晶和柱状晶混合区（40～90℃）、柱状晶区（90～140℃）。在等轴晶区、等轴晶和柱状晶混合区、柱状晶区进行铸轧时，铸轧带分别由等轴晶组织、等轴晶和柱状晶混合组织、柱状晶组织组成。当熔池内钢液的过热度控制在 20～140℃之间时，随着浇铸过热度的升高，等轴晶率变化曲线呈明显的近“Z”形。

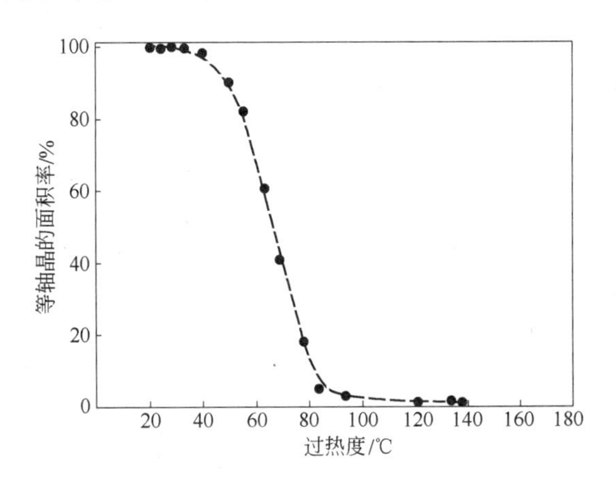

图 10-3 过热度对铸轧带等轴晶率的影响

图 10-4 示出的是全等轴晶铸轧薄带表层和中心层织构的 φ_2 截面图。由图知，全等轴晶铸轧带的织构非常微弱，各组分随机、分散。表层织构的强点的取向密度仅为 $f(g)=4.1$，中心层织构的强点的取向密度仅为 $f(g)=3.5$。这种织构与 Raabe 和 Lücke 等人的研究结论基本一致[2]。图 10-5 示出的是全柱状晶铸轧

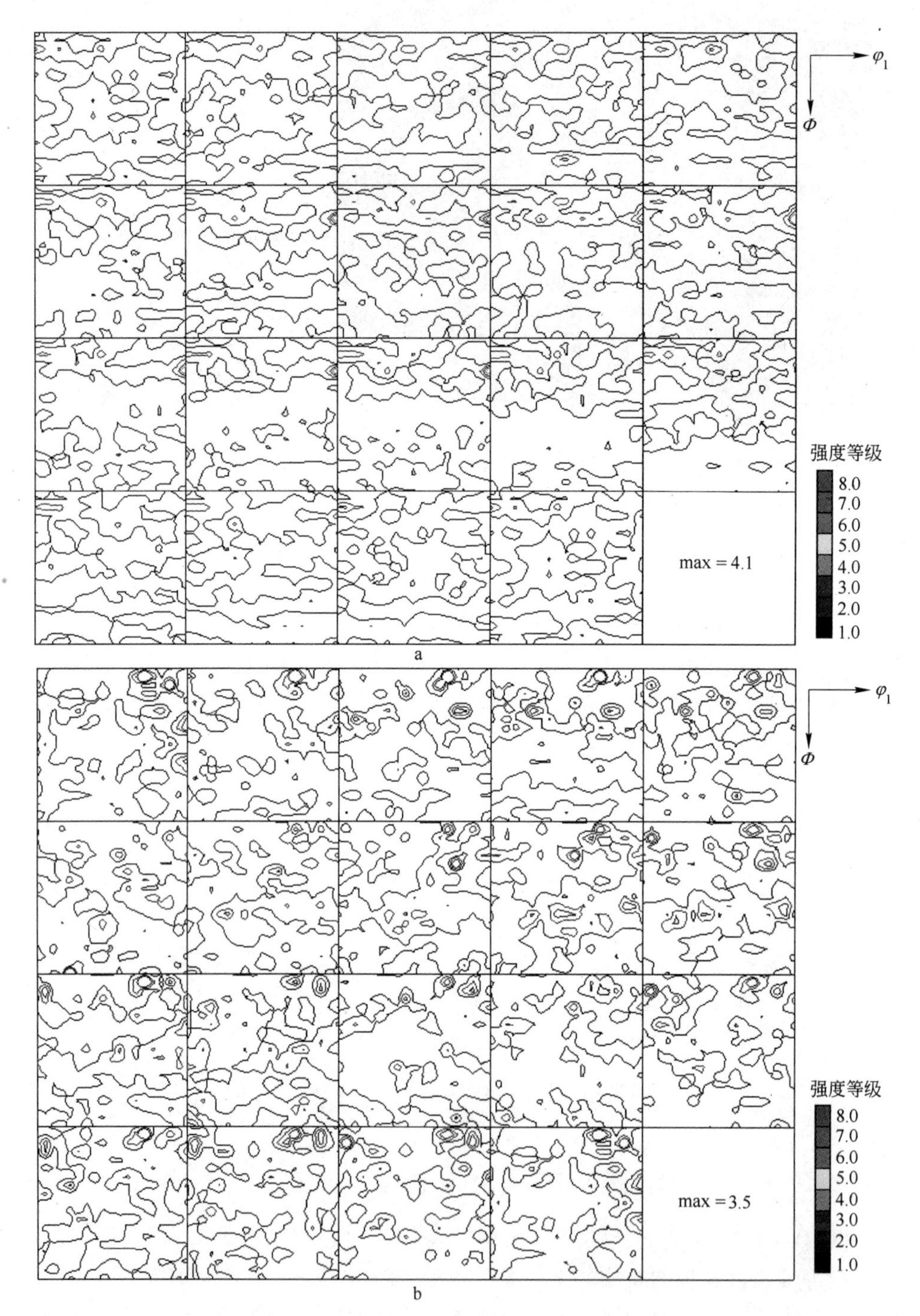

图 10-4　全等轴晶铸轧带表层和中心层织构的 φ_2 截面图（彩图见书后彩页）

a—表层；b—中心层

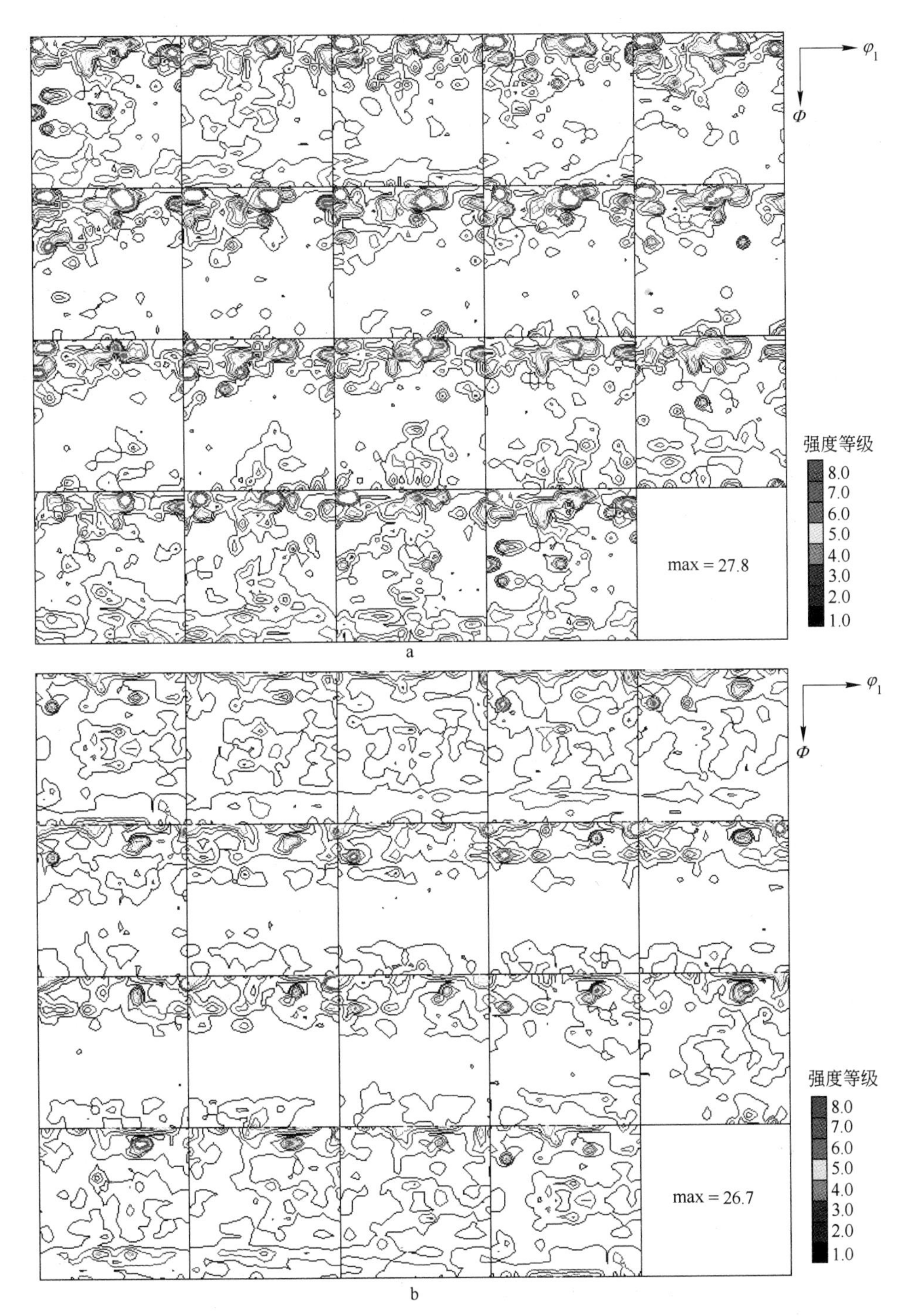

图 10-5 全柱状晶铸轧带表层和中心层织构的 φ_2 截面图（彩图见书后彩页）

a—表层；b—中心层

带表层和中心层织构的 φ_2 截面图。由图 10-5 知，全柱状晶铸轧带的织构以显著的⟨001⟩//ND 纤维织构为特征。但是，⟨001⟩//ND 织构的主要组分偏离⟨001⟩//ND 0 ~ 15°。表层织构的强点在 {001}⟨0$\bar{1}$0⟩ 附近，取向密度高达 $f(g)=27.8$，中心层织构的强点在 {001}⟨$\overline{1070}$⟩ 附近，取向密度高达 $f(g)=26.7$。

图 10-6 示出的是全柱状晶铸轧带和全等轴晶铸轧带的冷轧及退火织构的演变情况。柱状晶铸轧带的冷轧板的织构强点为 {001}⟨0$\bar{1}$0⟩，取向密度为 $f(g)=5.9$。

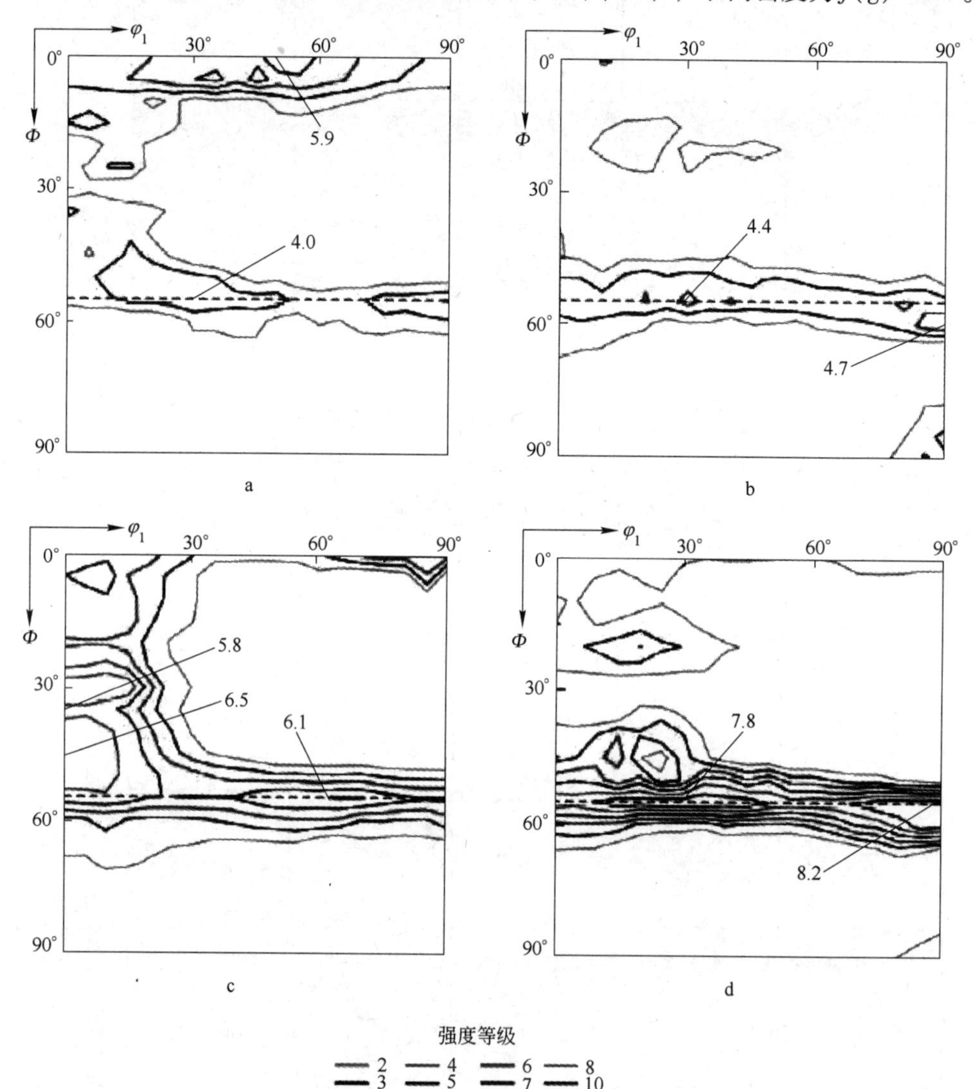

图 10-6　全等轴晶和全柱状晶铸轧带的冷轧及退火织构（$\varphi_2=45°$）（彩图见书后彩页）

柱状晶：a—冷轧；b—冷轧退火

等轴晶：c—冷轧；d—冷轧退火

另外，形成了明显的γ纤维织构，但是，取向密度较低，主要组分 $\{111\}\langle 1\bar{2}1\rangle$ 的取向密度为 $f(g)=4.0$。经再结晶退火后，形成了较均匀的、规则的γ纤维织构。但是，取向密度仍较低。强点 $\{554\}\langle\bar{2}\bar{2}5\rangle$ 的取向密度为 $f(g)=4.7$，次强点 $\{111\}\langle 1\bar{2}1\rangle$ 的取向密度为 $f(g)=4.4$。另外，α纤维织构中的 $\{001\}\langle 1\bar{1}0\rangle$ ~ $\{112\}\langle 1\bar{1}0\rangle$ 组分基本消失。等轴晶铸轧带的冷轧板则形成了较弱的α纤维织构，强点 $\{112\}\langle 1\bar{1}0\rangle$ 的取向密度为 $f(g)=6.5$。特别的是，同时也形成了与α纤维织构的取向密度相当的γ纤维织构，主要组分 $\{111\}\langle 1\bar{1}0\rangle$ 的取向密度为 $f(g)=6.1$。经再结晶退火后，形成了较强的、均匀的、规则的γ纤维织构。与柱状晶铸轧带的冷轧退火板相比，γ纤维织构的取向密度明显较高，强点 $\{111\}\langle\bar{1}\bar{1}2\rangle$ 的取向密度为8.2，次强点 $\{111\}\langle 1\bar{2}1\rangle$ 的取向密度为 $f(g)=7.8$。另外，α纤维织构中残留的 $\{001\}\langle 1\bar{1}0\rangle$ ~ $\{112\}\langle 1\bar{1}0\rangle$ 组分的取向密度非常低。综上所述，铸轧薄带的轧制及退火织构的演变与常规连铸坯明显不同，主要表现在冷轧织构中γ纤维织构的发展和较均匀的、规则的γ纤维再结晶织构的形成。

图10-7示出的是具有不同凝固组织的常规连铸坯与铸轧带的最终冷轧退火板的 r 值变化情况。四种冷轧退火板的各向异性均呈典型的 $r_{45°}<r_{0°}<r_{90°}$ 的"V"字形分布。可以看出，初始等轴晶组织的冷轧退火板的 $r_{0°}$、$r_{45°}$ 和 $r_{90°}$ 都比柱状晶组织的冷轧退火板的对应值高，因而平均 r 值较高。应该注意的是，柱状晶铸轧带的冷轧退火板的平均 r 值远比常规连铸坯的冷轧退火板的平均 r 值要低，而等轴晶铸轧带的冷轧退火板的平均 r 值远比常规连铸坯的冷轧退火板的平均 r 值高。等轴晶铸轧带的冷轧退火板的平均 r 值比等轴晶连铸坯的冷轧退火板的平均 r 值高出近20%，比柱状晶连铸坯的冷轧退火板的平均 r 值高出约24%。

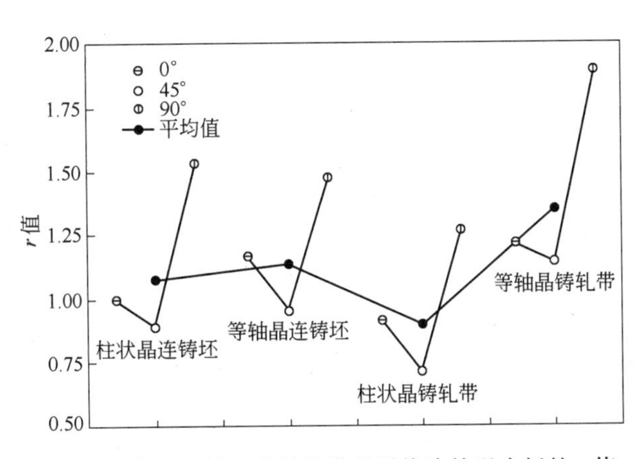

图10-7 常规连铸坯和铸轧带的最终冷轧退火板的 r 值

10.2 提高铁素体不锈钢强度的 Q&P 热处理技术

淬火至完全马氏体区并回火的热处理工艺已经在生产较高强韧性组合的回

火马氏体钢中得以广泛应用。近来，为生产出具有较好的强度、塑性和韧性组合的 TRIP 钢，开发出了在钢中添加抑制碳化物生成的合金元素硅和铝并在热处理时淬火至贝氏体区的相关技术。通过这种技术可得到在 TRIP 钢中生成的板条贝氏体和位于板条间的残余奥氏体的显微组织。最近，为生产具有更高强度和较好塑性、韧性的先进高强钢，Speer 等人提出了一种“淬火-配分”(Quenching and Partitioning，Q&P）热处理工艺技术，其基本原理如图 10-8 所示。首先，由完全或部分奥氏体区温度淬火至部分马氏体区温度，即 M_s 与 M_f 温度之间，以获得足以调节性能的马氏体和奥氏体含量；然后，在此温度或更高的温度保温一定时间，使碳由过饱和的马氏体相中迁移至未相变的奥氏体相；最后，淬火至室温以保留被碳充分稳定化的奥氏体相，其余的奥氏体则转变为马氏体。当“淬火-配分”工艺采用完全奥氏体化时，成品组织为板条马氏体和板条间的残余奥氏体；当采用部分奥氏体化时，成品组织为多边形铁素体和马氏体与残余奥氏体组成的岛状物。“淬火-配分”工艺对钢种化学成分的要求着重于添加抑制碳化物生成的合金元素 Si、Al、P 等，从而使过饱和马氏体中的碳能高效地迁移至未相变奥氏体之中，最终使更多的奥氏体能稳定至室温。

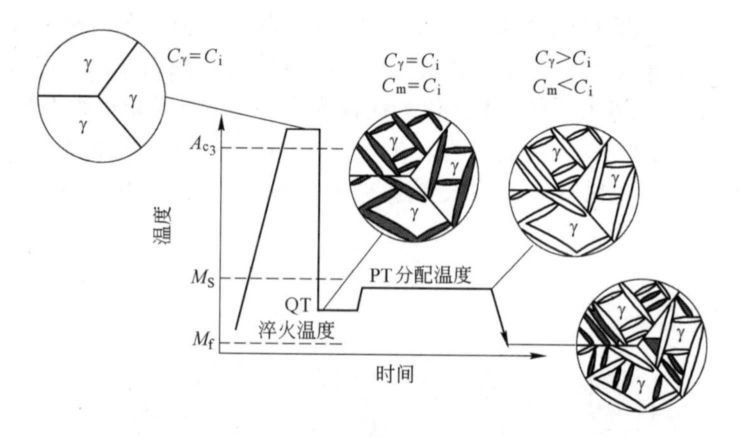

图 10-8　淬火-配分过程中组织演变示意图

（C_i，C_γ，C_m 分别代表初始合金、奥氏体和马氏体中的碳含量）

10.2.1　Q&P 工艺在 AISI430 铁素体不锈钢中的应用

由于铁素体不锈钢的铬含量一般高于 12%（质量分数），因此其淬透性较高，可有效抑制配分过程中残余奥氏体相转变为贝氏体，这是对铁素体不锈钢采用“淬火-配分”工艺的优势。然而，铁素体不锈钢由于碳含量很低（ <0.05%），高铬低碳的合金成分使得铁素体不锈钢在高温阶段一般不存在单一奥氏体区，而仅存在（奥氏体 + 铁素体）两相区，中高铬（ >17%）超纯铁素体不锈钢甚至不存在两相区。因此，铁素体不锈钢淬火过程中形成的奥氏体相的数量有限，而且配分过程中用于稳定奥氏体的碳含量较少。

图10-9示出的是通过相变仪检测的AISI430膨胀量与温度的对应关系[12]。可以看出，当材料由1000℃直接淬火至20℃时，M_s温度为210℃，M_f温度为70℃。当Q&P工艺设定为由1000℃淬火至160℃，再于160℃分别配分1min、5min和60min时，未转变奥氏体在第二次淬火过程中的M_s温度点逐渐降低。当Q&P工艺设定为由1000℃淬火至160℃后，再分别于200℃、300℃、400℃、500℃和600℃进行1min配分时，未转变的奥氏体在第二次淬火过程中的M_s温度在配分温度由200℃升高至500℃的过程中逐渐降低，但在配分温度由500℃升高至600℃的过程中又升高，表明当配分温度高于500℃时，未转变奥氏体发生了分解。根据这些实验研究，De Cooman等开发出了AISI430（16.1Cr-0.4Mn-0.3Si-0.1Ni-0.04C-0.04N）的“淬火-配分”工艺，如图10-10所示。由于AISI 430在高温阶段仅存在“铁素体+奥氏体”两相区，故在奥氏体含量最多的温度下进行部分奥氏体化。Q&P工艺设定为由1000℃淬火至120~180℃，再于450℃配分5min。通过磁饱和度检测发现，当淬火温度设定为160℃时，残余奥氏体含量在达到极大值，如图10-11所示。

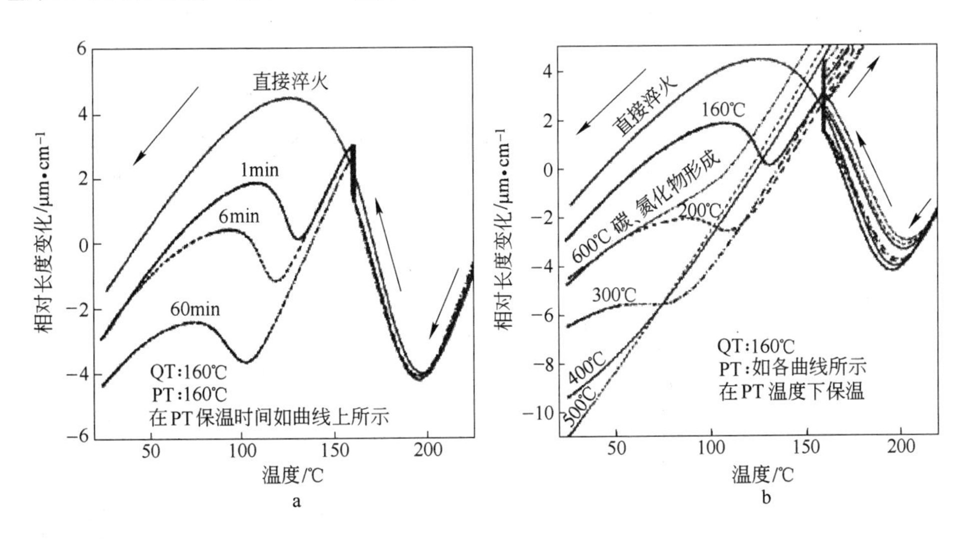

图10-9 AISI430不锈钢在“淬火-配分”过程中的热膨胀曲线

a—配分1~60min；b—配分1min

图10-12示出的是AISI430经Q&P处理后试样的应力-应变曲线。与常规成品板对比可以发现，常规单一铁素体区退火的成品板在拉伸时出现屈服平台，抗拉强度为480MPa，伸长率为28%。奥氏体相比例达到极大值38%（1000℃保温5min）再淬火至20℃（铁素体+马氏体）的成品板在拉伸时无屈服平台，抗拉

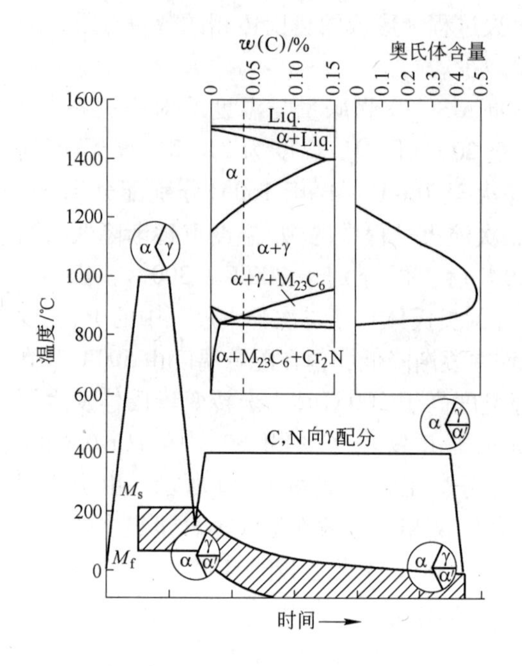

图 10-10　AISI430 不锈钢淬火-配分工艺制度

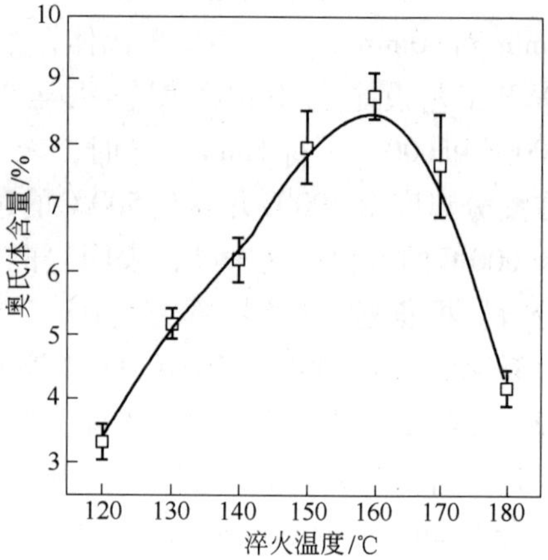

图 10-11　不同淬火温度下 AISI430 不锈钢中残余奥氏体的含量

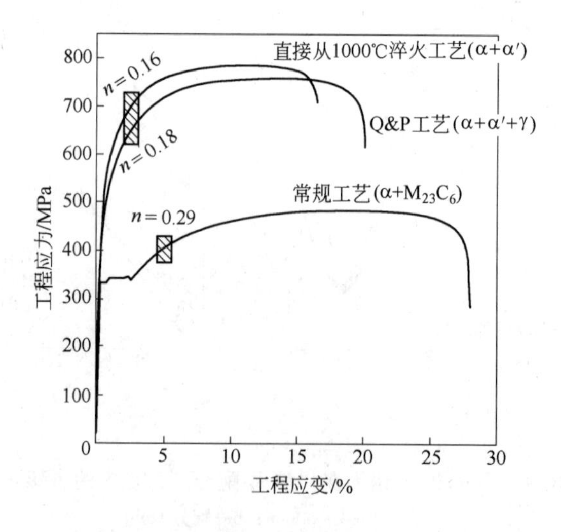

图 10-12　不同工艺下，AISI430 不锈钢拉伸试样的应力-应变曲线

强度达到 780MPa，伸长率为 17%。在 1000℃保温 5min 后淬火至 150℃并保温 30min，再升温至 400℃进行 30min 配分热处理（铁素体 + 马氏体 + 残余奥氏体）的成品板在拉伸时无屈服平台，抗拉强度可以达到 750MPa，伸长率为 20%。

10.2.2 Q&P 工艺在 AISI420 不锈钢中的应用

图 10-13 示出的是通过相变仪测定的 AISI420（13.18Cr-0.31C-0.47Si-0.29Mn-0.15Ni）在“淬火-配分”工艺过程中的热膨胀曲线[13]。可以发现配分热处理后，部分未转变的奥氏体由于内部固溶的碳浓度不足而继续发生马氏体相变，此相变温度要低于淬火温度，说明通过配分热处理可提高未转变奥氏体的稳定性。图 10-14 示出的是分别采用磁饱和度、XRD 和热膨胀曲线测定的成品组织中残余奥氏体的含量。当淬火温度在 M_f 至 M_s 温度区间内逐步升高时，残余奥氏体的含量先增多后减少，在此温度区间内的中点附近达到极大值。根据这些研究结果，开发出了 AISI420 不锈钢的 Q&P 热处理工艺和主要参数，如图 10-15 所示。由于马氏体不锈钢 C 含量较高，其高温存在单一奥氏体区，故其采用 1150℃保温 2min 的完全奥氏体化，淬火温度为 60～200℃，配分温度为 450℃，配分时间为 3min。

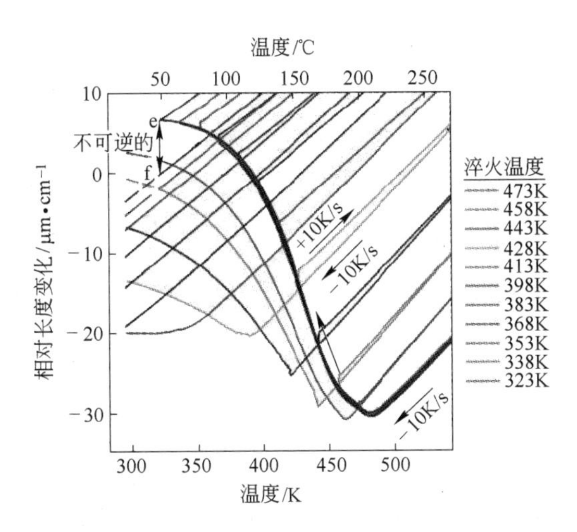

图 10-13 不同淬火温度下，AISI420 不锈钢中在“淬火-配分”过程中的热膨胀曲线（彩图见书后彩页）

图 10-16 示的是当淬火温度在 65～200℃、配分温度为 450℃、配分时间为 3min 时，AISI420 不锈钢的拉伸性能。当淬火温度为 65～125℃时，即低于获得最多残余奥氏体的 130℃时，拉伸试样表现出具有颈缩延伸的韧性断裂；而当淬火温度高于 130℃时，拉伸试样表现为无颈缩延伸的脆性断裂。这是由于前者组织中的马氏体均为回火马氏体，而后者组织中还含有未回火马氏体。当淬火温度为 65～125℃时，拉伸试样的屈服强度 $\sigma_{0.2}$ 高于淬火温度为 140～200℃时，这是由于前者组织中回火马氏体的含量较高，当马氏体回火后，碳化物会在马氏体内的位错、亚晶界等缺陷处析出，增加马氏体变形时的流变应力。与屈服强度不

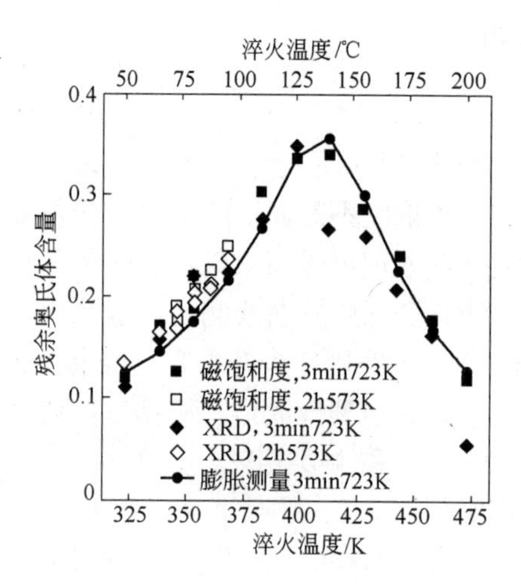

图 10-14　不同淬火温度下，基于磁饱和度、XRD 和热膨胀曲线测定的 AISI420 不锈钢中残余奥氏体的含量

图 10-15　AISI420 不锈钢的“淬火-配分”工艺制度和主要工艺参数

同，试样的抗拉强度基本稳定，对成品组织中马氏体的状态及残余奥氏体的含量不太敏感。试样的伸长率基本随淬火温度的升高而减小，这主要是因为成品组织中未回火马氏体含量增加。然而，不同淬火温度试样的伸长率与其内残余奥氏体

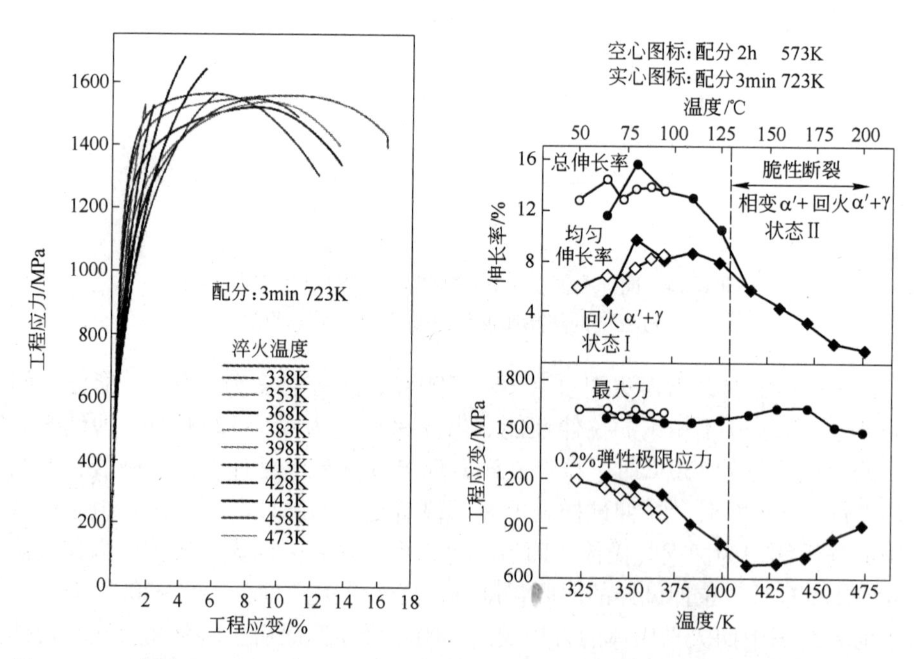

图 10-16　不同淬火温度下 AISI420 不锈钢拉伸试样的应力-应变曲线（彩图见书后彩页）

含量的关系不大，这是因为在不同淬火温度下，残余奥氏体的含量和其机械稳定性的变化趋势不一致。残余奥氏体的含量随淬火温度的升高先增加后减少；而其机械稳定性主要取决于其 C 浓度，随着淬火温度升高，残余奥氏体的 C 浓度降低，故而其机械稳定性降低。这种残余奥氏体的含量和其机械稳定性随淬火温度变化趋势的不一致，导致不同淬火温度试样的伸长率不是由其内残余奥氏体的含量主导，而是由其内回火马氏体与未回火马氏体所占的比例主导，再加之回火马氏体的塑性和韧性均优于未回火马氏体，因此，在不同淬火温度下，试样中回火马氏体所占比例越多、未回火马氏体所占比例越少，试样伸长率越大。

10.2.3 Q&P 工艺在 AISI410 马氏体不锈钢中的应用

图 10-17 示出的是 AISI410 不锈钢（12.02Cr-0.12C-0.26Si-0.87Mn）中碳含量对 M_s 点温度的影响规律[14]。通过线性拟合 C 含量与 Cr12 钢 M_s 点的关系，用外延法可以确定出 M_s 点降低至室温所需的 C 含量。假定材料中的 C 全部以该浓度固溶于奥氏体相中，依据材料的化学成分可以确定其理论上可获得最大残余奥氏体含量。图 10-18 示出的是通过磁饱和度仪测定的钢中奥氏体含量随配分温度配分时间的变化关系。可以看出，在不同配分温度下，随着配分时间的增加，残余奥氏体的含量均表现为先增加后减少，这是由于在配分时间增加的前期，碳元素由马氏体向残余奥氏体内的迁移过程占主导，但随着配分时间的继续增加，开始大量析出碳化物。图 10-19 示出的是配分温度和配分时间对成品组织硬度和奥氏体的晶格参数的影响。由于成品组织中的相配比对硬度产生主要影响，因此成品组织的硬度主要随残余奥氏体含量的增加而降低，钢中残余奥氏体的晶格常数随其碳含量的增加而增大。根据这些研究结果，确定的“淬火-配分”参数为完全奥氏体化温度为 1000℃、淬火温度为 240℃、配分温度为 300 ~ 450℃、配分时间为 1 ~ 120min。

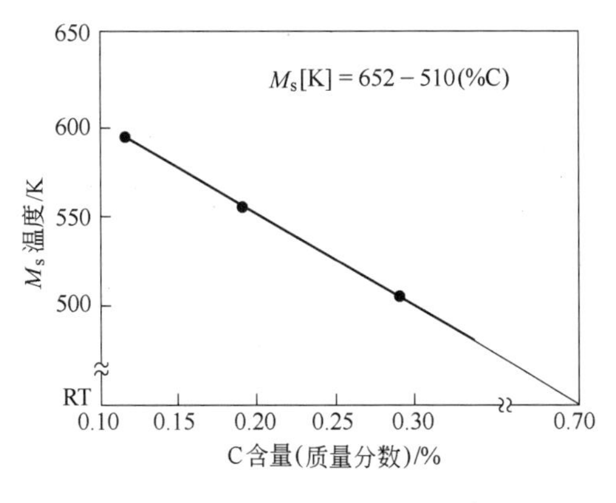

图 10-17 C 含量与 Cr12 不锈钢 M_s 温度点的关系

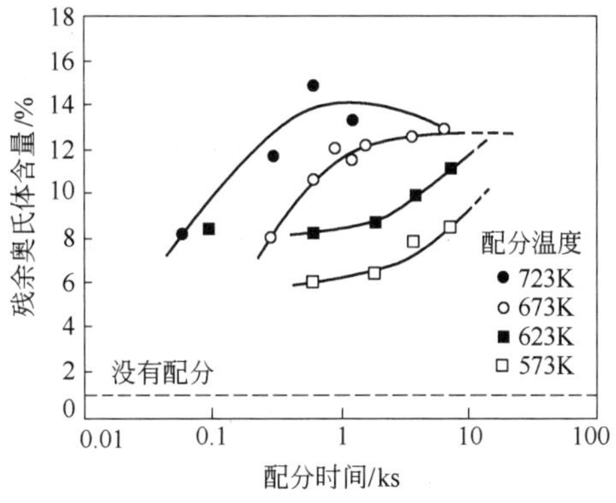

图 10-18 AISI410 不锈钢中残余奥氏体含量随配分温度和配分时间的变化关系

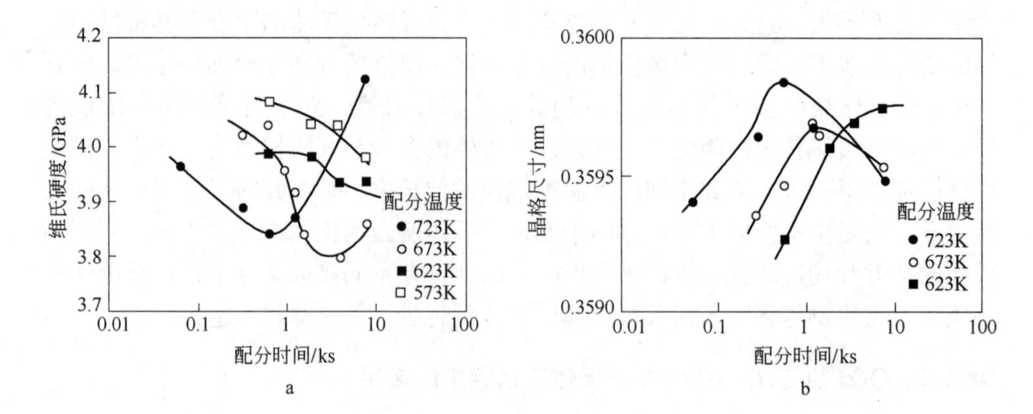

图 10-19　配分温度配分时间对 AISI410 马氏体不锈钢成品组织硬度及残余奥氏体晶格参数的影响

a—对成品组织硬度影响；b—对残余奥氏体晶格参数影响

图 10-20 示出的是配分温度和配分时间“淬火-配分”工艺处理的成品力学性能的影响。与“淬火-回火”工艺相比，不同“淬火-配分”工艺的试样均表现出屈服强度较小、加工硬化指数较大、伸长率较大的特点。这是由于“淬火-配分”工艺试样中含有残余奥氏体，其在变形过程中具有相变诱导塑性效应。经不同时间配分热处理后，具有最多残余奥氏体含量的试样的伸长率最大、抗拉强度也接近最高。

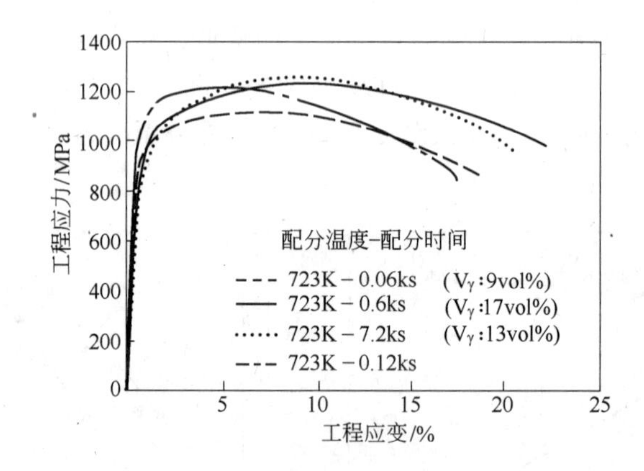

图 10-20　配分温度和配分时间“淬火-配分”工艺处理的 AISI410 不锈钢成品的拉伸性能的影响

10.3　提高铁素体不锈钢成型性能的 TMCP 技术

目前，铁素体不锈钢面临冷成型过程中发生严重的表面起皱及成型性能与奥氏体不锈钢仍有一定差距等主要问题。针对这些问题，本书作者开展了新工艺条件下铁素体不锈钢组织、织构和性能演变规律的研究，为热轧工艺的进一步优化提供了理论依据，并提出了一种采用“高温粗轧 + 中间坯快速冷却 + 低温精轧”的控制轧制和控制冷却工艺（TMCP）思想（专利号：ZL 200910220459.1），在实际生产中开发出综合改善中、高铬铁素体不锈钢成型性能和表面质量的工艺制度，为高品质铁素体不锈钢生产探索出了新的技术路线。张驰等人以 Nb、Ti 复合微合金化 21% Cr 铁素体不锈钢（化学成分（%）：0.005C，0.008N，0.20Mn，0.20Si，21.48Cr，0.14Ti，0.17Nb）为实验材料，研究了提高其成型性能的 TMCP 工艺[15]。图 10-21a 和 b 分别示出的是采用新的 TMCP 与传统热轧工艺制度的比较及采用两种工艺制度制备的超纯铁素体不锈钢成品板表面质量的对比。可以看出，采用新工艺后成品板的抗表面起皱性能得到显著提高。

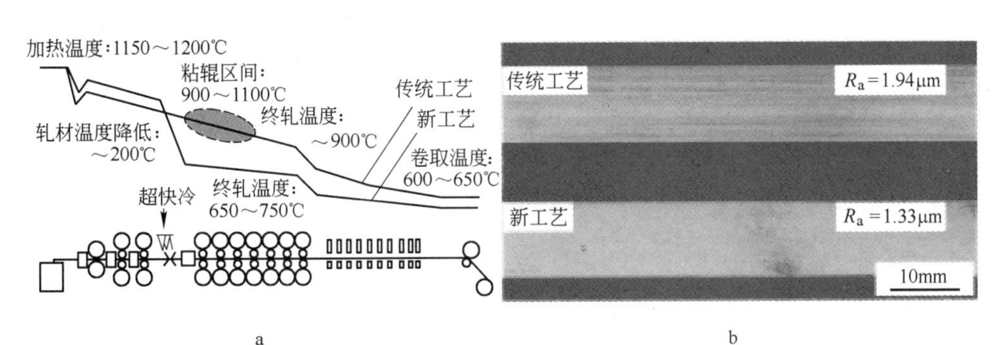

图 10-21 铁素体不锈钢热轧工艺改进示意图及成品板拉伸 15% 后表面形貌的对比
a—工艺图；b—拉伸形貌

10.3.1 热轧 TMCP 工艺的热变形组织和再结晶行为

图 10-22 示出的是 21% Cr 铁素体不锈钢在不同温度下变形速率为 $10s^{-1}$时的显微组织[16]。试样压缩前为等轴晶铁素体组织，压缩后晶粒呈现拉长状态，没有动态再结晶发生。由金相分析可知，在 700℃变形时，在变形晶粒内部存在明显的条带状的变形带，与压缩圆柱径向呈 20°～35°，且两组变形带相互交割，如图 10-22a 所示，这种显微组织特点与 IF 钢和低碳钢温轧后的显微组织相似，为晶内剪切变形带。在 750℃变形时，部分晶粒内部依稀可以看到晶内剪切变形带的存在。而在 800℃以上变形时，晶粒呈拉长状态，晶粒内部较光滑，没有观察到晶内剪切带。晶内剪切变形带通常被认为是由于局部塑性变形较大造成的[17～20]。由实验结果可知，在 800℃温度以下变形时，压缩过程中局部变形增大，局部区域变形速率增加而流变应力却增加很少甚至减小，进一步促进了试样的局部塑性变形，导致晶粒内部出现大量的剪切变形带。图 10-23 示出的是

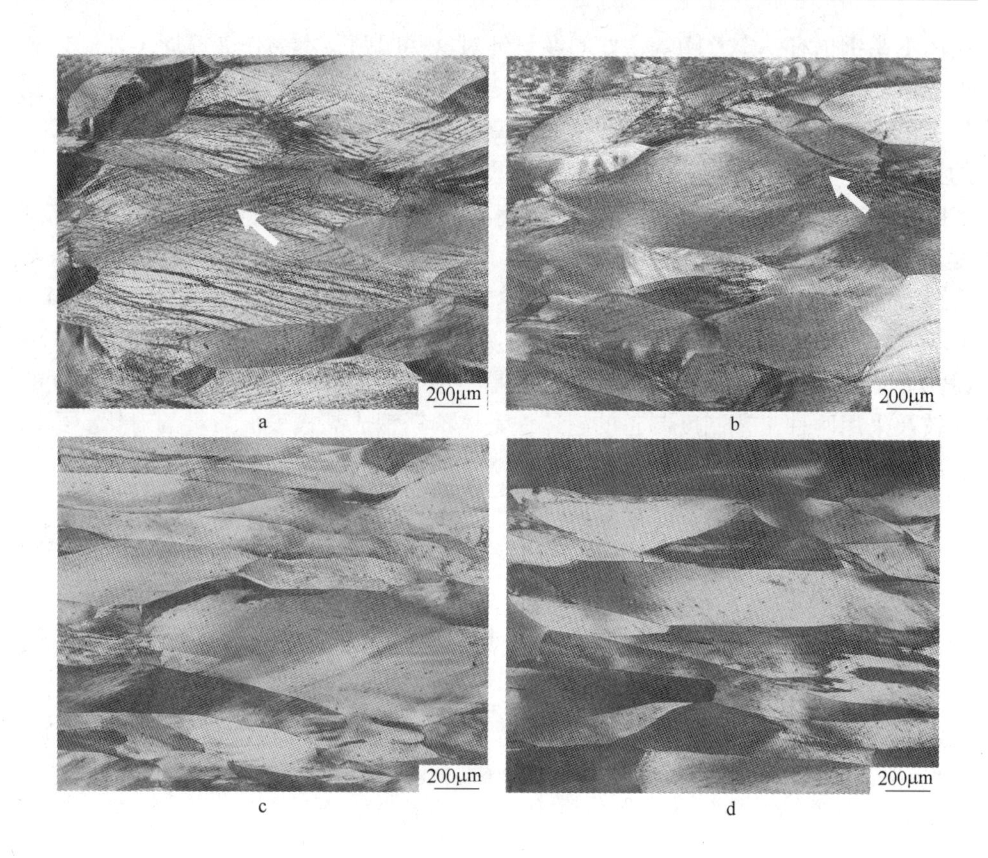

图 10-22　不同温度下变形速率为 $10s^{-1}$ 时实验钢的显微组织照片
（箭头表示晶内剪切带组织）
a—700℃；b—750℃；c—800℃；d—900℃

700℃和900℃分别变形量为30%和63%的试样的透射电镜照片。在700℃变形量为30%时，铁素体不锈钢晶粒内部呈现较细的变形带，变形带的边界为互相平行的密排位错墙结构（Dense Dislocation Walls，DDWs）[21,22]。在进一步变形到63%时，由于滑移系的进一步运动，晶粒内部由拉长的变形带变成短小的位错胞，胞内有大量的位错缠结，并在某些区域发生两系滑移，形成剪切带变形组织，发生两系滑移处的位错胞内位错密度更大，如图 10-23b 右上角所示。在900℃变形30%时，实验钢内的变形带相比700℃变形明显要宽，在变形带内位错排列成位错墙（DDWs），这是因为在高温条件下，铁素体不锈钢可发生快速的动态回复而导致位错发生规则排列。变形量进一步增大至63%后，位错运动发生多边形化和滑移系运动共同形成多个亚晶粒，亚晶界主要由位错组成。对比可见，变形晶粒内部组织随变形温度的下降和变形量的增加而细化。

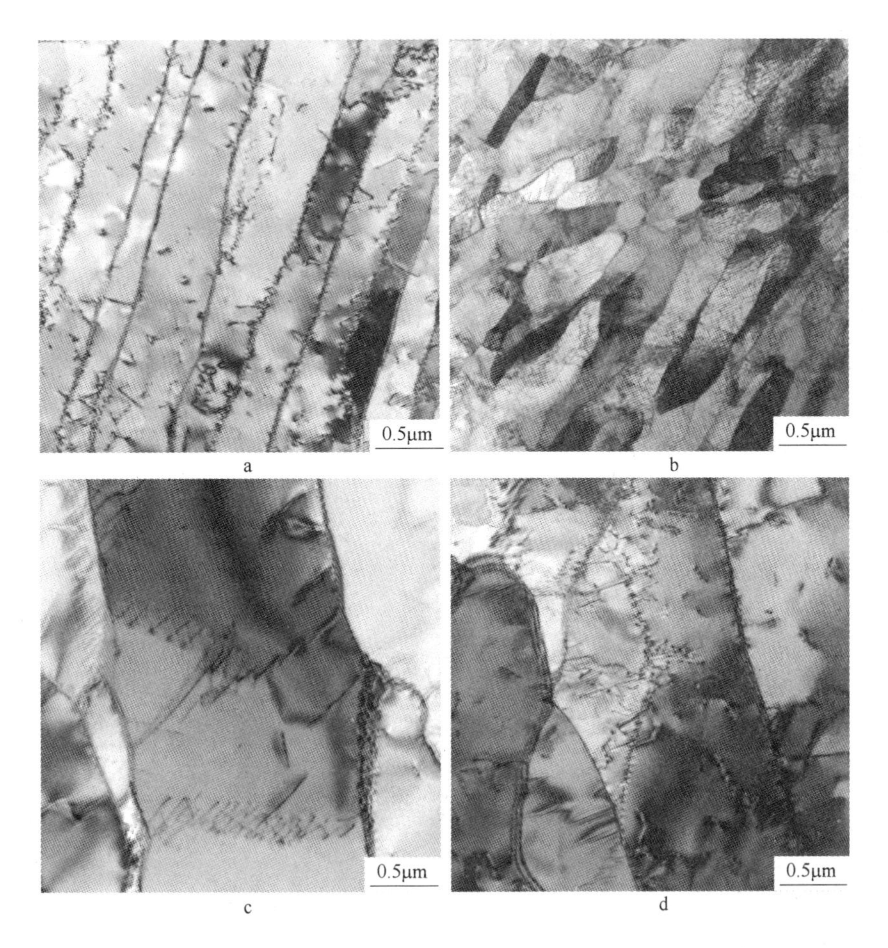

图 10-23 当变形速率为 $10s^{-1}$ 时实验钢在 700℃ 和 900℃ 不同变形量的 TEM 照片
a—700℃压缩 30%；b—700℃压缩 63%；c—900℃压缩 30%；d—900℃压缩 63%

图 10-24 示出的是不含有晶内剪切带和含有晶内剪切带组织的热轧板在退火过程再结晶初期的 EBSD 分析。不含有晶内剪切带的试样中，再结晶初期仅有很少量的再结晶晶粒在带状变形晶粒晶界处形成，再结晶晶粒主要分布在 γ 纤维取向的变形晶粒与其他取向变形晶粒的交界处，而在 α 纤维取向变形晶粒间的晶界处再结晶形核很少。这是因为 γ 纤维取向的 Taylor 因子较高，在热轧中获得的变形储能比 α 纤维取向的变形晶粒的变形储能更高。因此，在随后的退火过程中，再结晶晶核首先在变形储能高的 γ 纤维取向带状变形晶粒附近形核。与不含有晶内剪切带的带钢相比，含有晶内剪切带的带钢在相同退火温度和时间条件下，获得的再结晶晶粒数量明显增加，除了在变形晶粒晶界处存在再结晶晶粒外，晶内剪切带附近也有一定量的再结晶晶粒生成。在带状变形晶粒晶界处生成的再结晶晶核主要在 γ 纤维取向的带状变形晶粒与其他取向带状

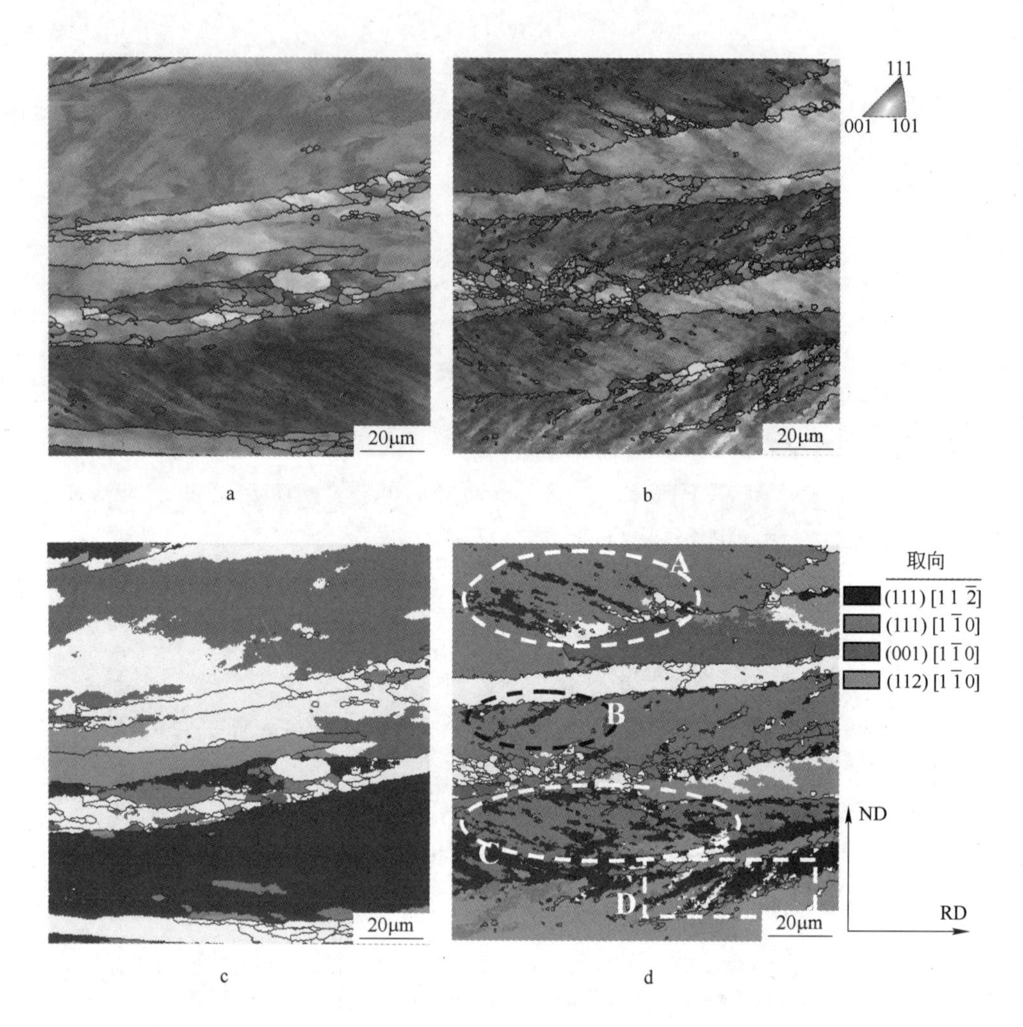

图 10-24　不含和含有晶内剪切带热轧板 950℃退火 75s 后的晶粒取向图（a，b）和特定取向分布图（c，d）（彩图见书后彩页）

a，c—不含晶内剪切带；b，d—含有晶内剪切带

变形晶粒的交界处，而在 α 纤维取向带状变形晶粒之间的晶界处再结晶形核很少，这与不含有晶内剪切带变形组织的再结晶形核情况相同。对晶粒内部的再结晶晶粒取向分析可知，在 {111}〈1$\bar{1}$0〉变形晶粒内的晶内剪切带附近形成的再结晶晶粒的取向主要为 {111}〈1$\bar{2}$1〉，如图 10-24d 中 A、B、C 区域所示，在 {112}〈1$\bar{1}$0〉的变形晶粒内也会生成{111}〈1$\bar{2}$1〉取向的晶粒，如图 10-24d 中 D 区域所示。再结晶晶粒与变形基体具有明显的取向关系，因而可以确定在晶内剪切带处形成的再结晶晶核具有取向形核特点。这种晶内剪切带处的取向变化与 Sanchez-Araiza 等人在温轧 IF 钢中观察到的结果一致[23]。

10.3.2　热轧 TMCP 工艺对织构及成型性能的影响

为进一步分析晶内剪切带对热轧退火后带钢组织和织构的影响，对精轧温度分别为 850℃ 和 800℃ 的热轧退火带钢进行了 EBSD 分析[16]，结果如图 10-25 所

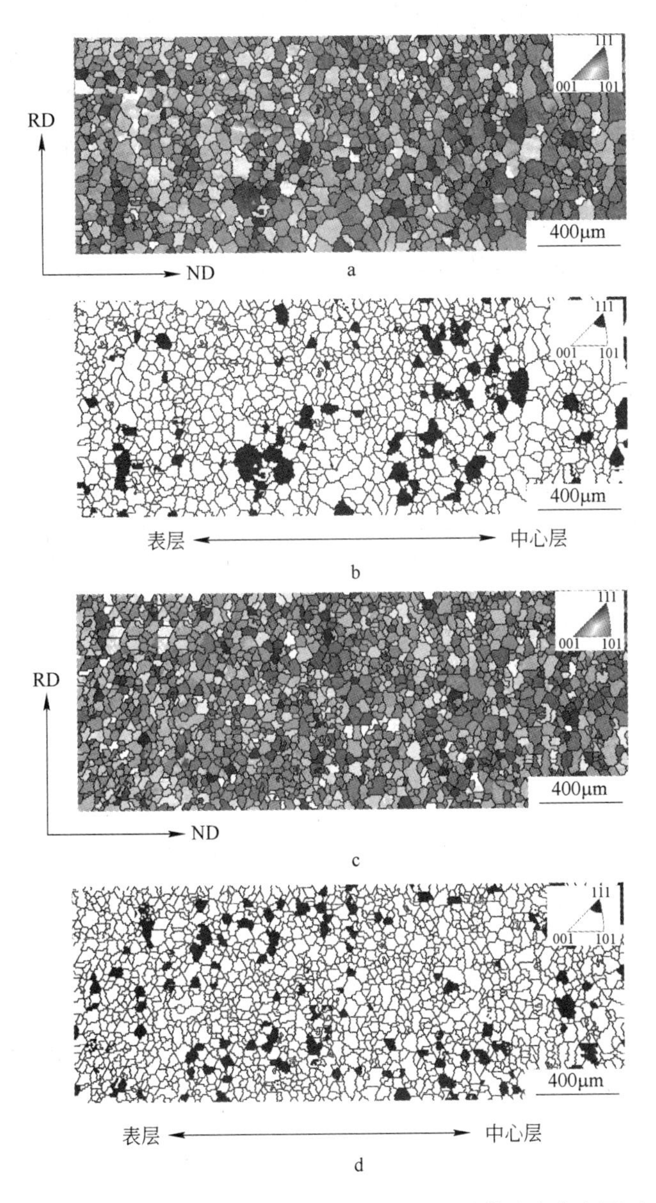

图 10-25　经不同精轧温度的热轧退火带钢纵截面的晶体取向分布图（a，c）和 γ 纤维取向晶粒分布图（b，d）（彩图见书后彩页）

a，b—850℃；c，d—800℃

示。由图10-25可知：一方面，由晶粒尺寸分析可见，在850℃精轧的热轧退火带钢中晶粒相对较大且不均匀，在中心层中分布一些非等轴的α纤维织构取向的晶粒（红色），由前述分析可知，这是由柱状晶组织经轧制和退火遗传而来。在800℃完成精轧的热轧退火带钢中晶粒更加均匀细小。原因在于较低温度轧制时，带钢的变形抗力增加，变形储能升高，且在退火过程中晶内剪切带和晶界均可提供再结晶形核点，使热轧退火后带钢中的晶粒更加均匀细小，对柱状晶组织起到了一定的破碎作用。另一方面，低精轧温度的带钢在热轧退火后形成的γ纤维取向的晶粒在整个厚度层内分布更弥散，γ纤维织构组分也相对较多，这是因为晶内剪切带促进了退火过程中γ纤维取向再结晶晶粒的形成。热轧退火板中的织构组态通过冷轧和冷轧退火，会最终影响成品板的织构组态，热轧板晶粒尺寸细小并具有较高的γ纤维织构将促进成品板中形成有利的〈111〉//ND再结晶织构[24]。表10-2示出的是经不同精轧温度获得的冷轧退火板的成型性能。图10-26示出的是冷轧退火板的平均r值和Δr随精轧温度的变化曲线。可以看到，随着精轧温度的降低，冷轧退火板的平均r值提高，Δr降低。与精轧温度为900℃时的冷轧退火板相比，精轧温度为750℃的冷轧退火板平均r值提高19%，而Δr值降低了36%，表明随着热轧精轧温度的降低，铁素体不锈钢的成型性能及表面起皱抵抗力均提高。

表10-2　不同精轧温度获得的实验钢冷轧退火板的r值和Δr值

FET(精轧温度)/℃	$r_{0°}$	$r_{45°}$	$r_{90°}$	$\bar{r}$	Δr
900	1.83	1.33	1.97	1.62	0.57
850	1.81	1.38	2.01	1.65	0.53
800	1.76	1.51	2.03	1.70	0.39
750	1.98	1.74	2.22	1.92	0.36

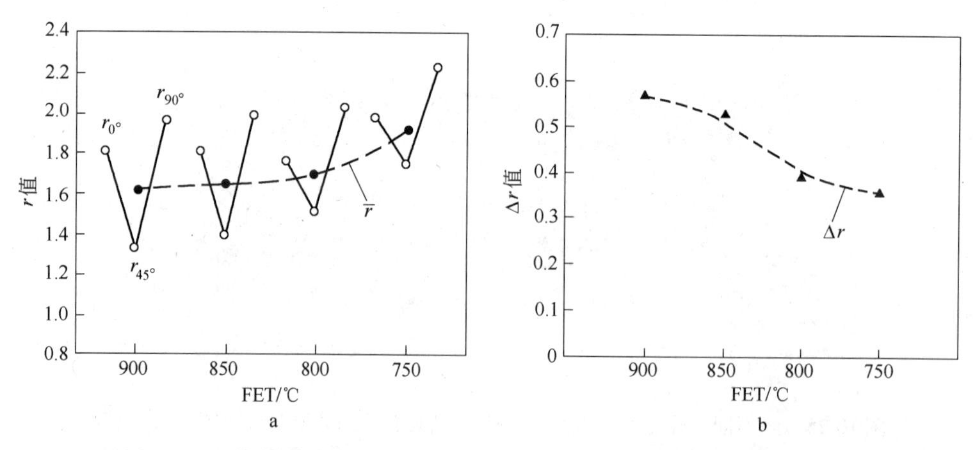

图10-26　实验钢冷轧退火板的r值和Δr值随热轧精轧温度的变化曲线

a—r值；b—Δr值

10.3.3 热轧 TMCP 对铁素体不锈钢低温韧性的影响

与奥氏体不锈钢相比，铁素体不锈钢的韧脆转变温度（DBTT）高且室温韧性低、对缺口敏感且具有非常明显的厚度效应，即成品板越厚则低温韧性越差，难以作为结构材料而被广泛应用。图 10-27 示出的是典型铁素体不锈钢低温韧性随厚度规格变化关系。为解决铁素体不锈钢低温韧性差的问题，高飞等人采用热轧 TMCP 生产技术制备了高韧性铁素体不锈钢中厚板[25]，厚度规格达到 7 ~ 8mm。通过优化轧制工艺，控制成品板的显微组织结构，铁素体不锈钢中厚板的韧性得到显著改善，有助于其在化工、交通运输及建筑等行业代替价格高昂的 304 奥氏体不锈钢中厚板，从而大幅度降低成本。研究结果表明，采用适用于铁素体不锈钢的控制轧制与控制冷却技术后，成品板的显微组织明显细化。图 10-28 示出的是常规工艺与 TMCP 工艺条件下成品板的显微组织及冲击功随温度的变化关系。与常规工艺相比，采用 TMCP 工艺后铁素体不锈钢的平均晶粒尺寸由 80μm 降低至 35μm，且重位点阵晶界（CSL）数量比例由 5% 提高至 20%，使 DBTT 由常规条件下的 0℃左右降低至 -40℃左右，达到替代奥氏体不锈钢使用的低温韧性标准。

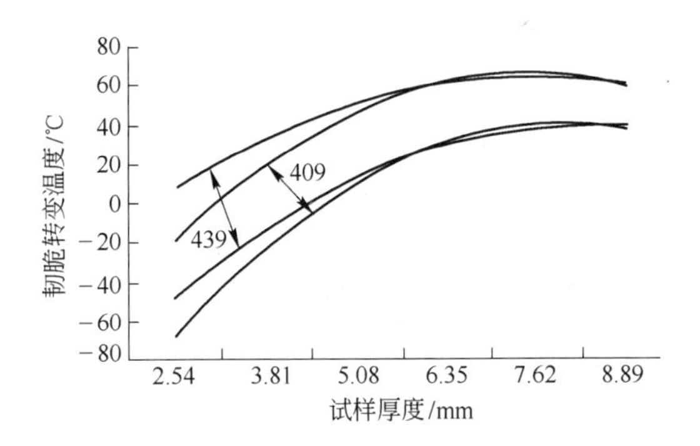

图 10-27 典型铁素体不锈钢（409 和 439）的 DBTT 与厚度之间的对应关系

10.4 改善铁素体不锈钢表面质量的新技术——柔性化退火技术

随着钢铁制造技术的突破，采用超纯化技术（$[C]+[N]\leqslant 150\times 10^{-6}$）可以得到耐蚀性能及成型性能均显著改善的铁素体不锈钢。同时，较低屈强比及无吕德斯带的连续屈服行为有利于成型性能的进一步改善。但研究表明，在间隙原子含量达到 20×10^{-6} 以下的超纯化 Fe-Cr 合金在拉伸过程中仍可观察到明显的吕德斯带[26,27]，如图 10-29 所示。通常认为，在超低碳钢中添加微合金元素 Nb 和 Ti 可以有效固定间隙原子 C 和 N 以消除柯氏气团[28]。以此推论，微合金化的超

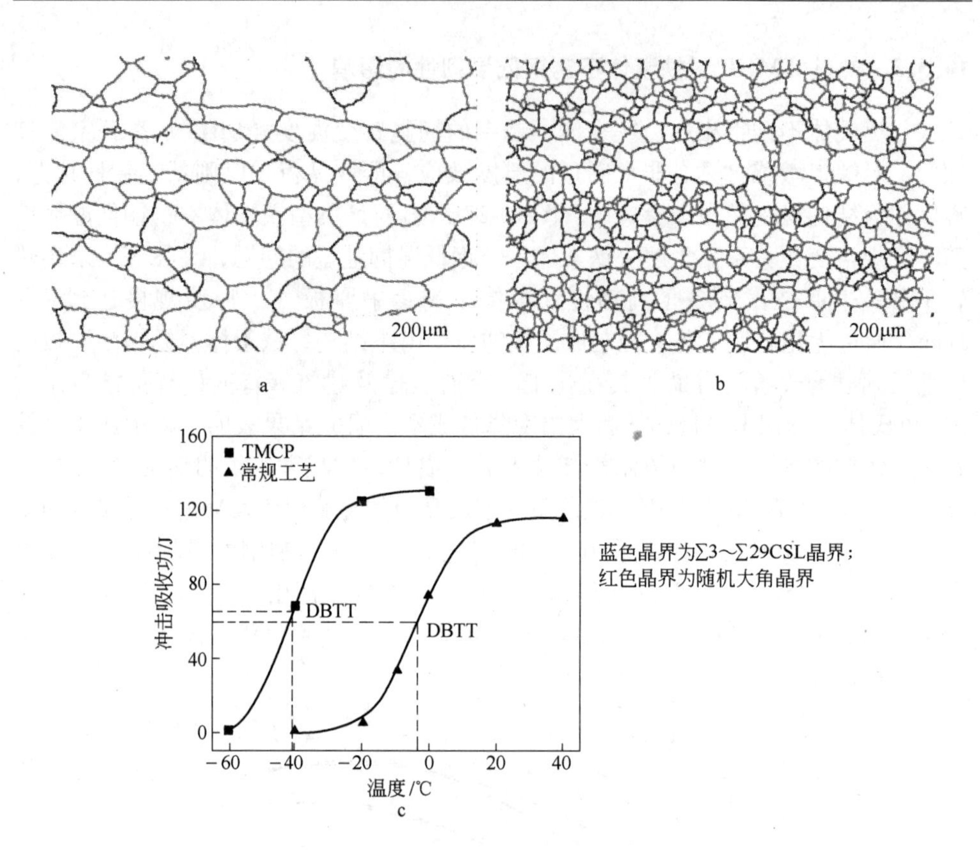

图 10-28　常规工艺与 TMCP 工艺条件下成品板的显微组织及冲击功随温度的变化关系

（钢种成分：Nb/V/Ti 复合微合金化超纯 17% Cr）

a—常规工艺；b—TMCP 工艺；c—显微组织及冲击功随温度变化关系

（其中图 a、b 彩图见书后彩页）

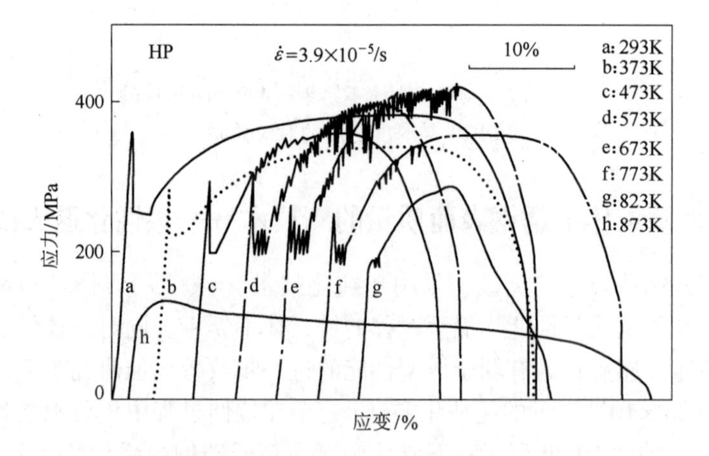

图 10-29　不同温度条件下高纯 Cr18 铁素体不锈钢的应力-应变曲线

纯铁素体不锈钢可以完全消除吕德斯带的形成。但是，工业生产的微合金化铁素体不锈钢薄板在拉伸过程中仍存在较大的吕德斯应变。为消除这种吕德斯应变，成品板需要进行压下量通常为2%左右的平整变形，不可避免会导致成品板表面横折印等缺陷的发生并恶化成品板的镜面效果[29,30]。

结合本书第5章关于铁素体不锈钢中Laves析出相对钢中间隙原子含量影响规律的研究结果，本书作者通过对Nb微合金化的Cr17超纯铁素体不锈钢在不同工艺条件下成品板中沉淀相析出行为与屈服行为对应关系的研究，提出了旨在消除吕德斯应变的新的退火热处理技术，可改善冲压件的表面质量并降低工业生产中的平整压下率，从而减小精整工序的负荷（专利号：ZL 200910220459.1）。图10-30示出的是以超快冷为核心的新的连续退火工艺与传统退火工艺对比示意图。图10-31示出的是两种不同退火工艺条件下成品板拉伸过程中的工程应力-工程应变曲线。从图中可看出，传统工艺制备的成品板（SA-1）在拉伸过程中存在大约为2%的吕德斯应变。相反，新工艺制备的成品板（SA-2）则发生连续屈服。

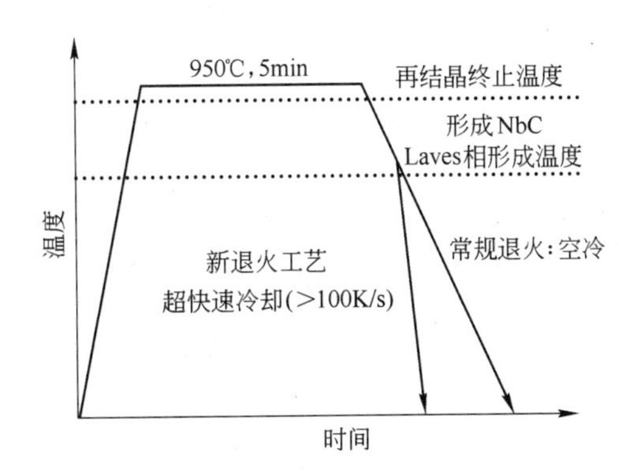

图10-30 以超快冷为核心的新的连续退火工艺与传统退火工艺对比示意图

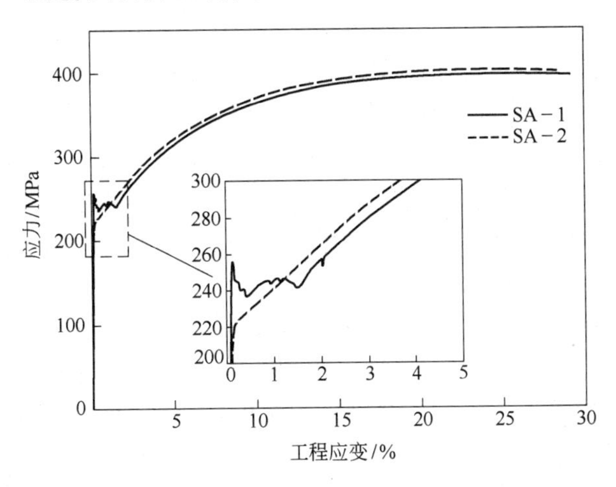

图10-31 两种工艺条件下成品板的工程应力-工程应变曲线

表 10-3 示出的是两种不同工艺条件下成品板的力学性能、晶粒尺寸及 γ 纤维再结晶织构强度的对比。可以看出，不同工艺的成品板具有较为相近的抗拉强度，但由于连续屈服的发生，SA-2 成品板具有较低的屈强比，不同工艺的成品板具有相近的 $\bar{r}$ 及 Δr 值，但 SA-2 成品板具有较好的成型性能。

表 10-3　两种工艺条件下 Cr17 超纯铁素体不锈钢成品板的力学性能、晶粒尺寸及 γ 纤维再结晶织构强度的对比

样品	屈服强度/MPa	抗拉强度/MPa	屈强比	晶粒尺寸/μm	γ 纤维再结晶织构分数/%	r 值			$\bar{r}$
						0°	45°	90°	
SA-1	250	400	0. 625	26	46. 5	1. 56	1. 06	2. 11	1. 45
SA-2	223	398	0. 560	23	43. 3	1. 72	1. 16	1. 95	1. 50

10. 5　铁素体不锈钢的低熔点元素微合金化技术及产品

镍和铬资源匮乏是导致我国不锈钢产业陷入难以持续发展困境的主要因素，开发资源节约型高性能不锈钢是当前最为紧迫的任务[31]。最新研究发现，钢中添加合适的低熔点元素（Low Melting Point Elements，LMPE）如 Sn（熔点为 231℃）、Sb（熔点为 630. 5℃）和 Cu（熔点为 1083℃）等可大幅提高不锈钢的耐蚀性从而降低其铬和镍用量。

Nam 等人对含 Sn 低合金钢在氯化物与硫酸溶液中的腐蚀行为进行了电化学研究[32]。他们的研究结果证明，钢中添加 0. 1% Sn（质量分数）可以降低腐蚀速度一半以上；同时也证明，Sn 与 Cu 或 Sb 同时添加后，可以充分发挥这些元素的协同作用，更大幅度提高耐蚀性、降低腐蚀速度。Pardo 等人针对 Sn、Cu 和 Sb 等元素合金化的奥氏体不锈钢（304 和 316）在 H_2SO_4 和 3. 5% NaCl 溶液中的腐蚀行为进行了系统研究[33,34]。结果发现，奥氏体不锈钢中添加 Cu 促进了点蚀坑形核但阻碍其进一步长大，Sn 则具有几乎相反的作用。因此，单独添加 Sn 或 Cu 对不锈钢耐蚀性的提高作用有限。然而，优化钢中 Sn-Cu 及 Sn-Sb 的协同作用可明显提高其耐蚀性能。例如，当 316 奥氏体不锈钢中 Cu 和 Sn 含量分别为 0. 73% 和 0. 06% 时，可发挥两者最佳的协同作用，使其点蚀临界温度（CPT）提高至 80℃以上；而 316 不锈钢中单独添加等量甚至更多的 Cu 或 Sn 时，其 CPT 均在 35℃左右。

低熔点元素提高耐蚀性机理的研究结果表明，它们在腐蚀过程中可以作为一种金属及氧化物存在于表层含 Cr 氧化物的钝化膜中，有助于增加钝化膜的稳定性和钝化膜自身的再生，从而提高钢材的耐蚀性。图 10-32 示出的是含 Sn 钢提高钝化膜稳定性示意图。根据这一原理，日本的 NSCC 最近开发出含 Sn 铁素体不锈钢[35]，通过系统腐蚀性能评价后发现，在 35℃的 0. 35% NaCl + 2% H_2O_2 溶

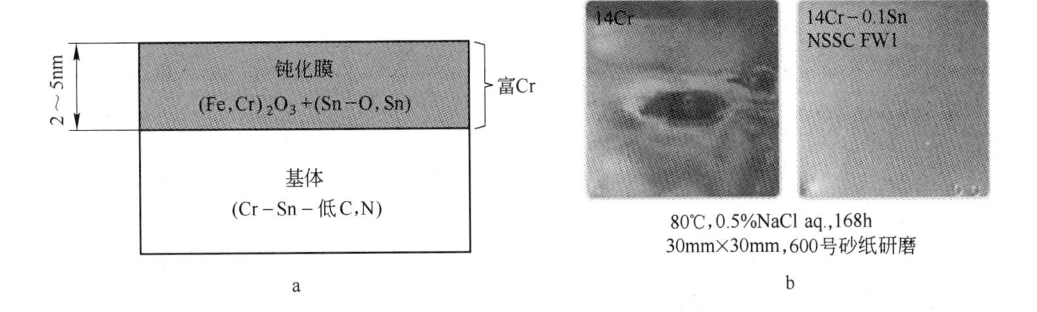

图 10-32 含 Sn 钢提高钝化膜稳定性示意图

a—Sn 增强耐蚀性的简图；b—铁素体不锈钢 14Cr 和 14Cr-0.1Sn 腐蚀行为的对比

液中，Cr 含量（质量分数）为 16% 的钢中添加大约 0.1% ~0.3% 的 Sn（质量分数）后，其耐蚀性达到甚至超过 SUS443（Cr 含量（质量分数）为 21%）和 SUS304，从而取消稀有金属 Ni 的使用并使 Cr 含量降低大约 2% ~5%。图 10-33 示出的是新开发的 Sn 微合金化节铬铁素体不锈钢点蚀电位与常规 430、低碳 430LX 及 304 奥氏体不锈钢点蚀电位的比较。可以看出，Sn 微合金化节铬铁素体不锈钢的点蚀电位虽然与 304 相比仍有一定的差距，但可以达到 0.22V，比常规 430 的点蚀电位提高近一倍，比低碳 430LX 的点蚀电位提高近 10%。在其他腐蚀环境中，Cr 含量（质量分数）为 14% 的铁素体不锈钢在添加 0.1%（质量分数）以上的 Sn 后，其耐蚀性也可以达到甚至超过 Cr18 铁素体不锈钢的水平。表 10-4 示出的是 NSCC 开发出的耐蚀性能达到 304 奥氏体不锈钢水平的 Sn 微合金化铁素体不锈钢品种（FW2）的化学成分。

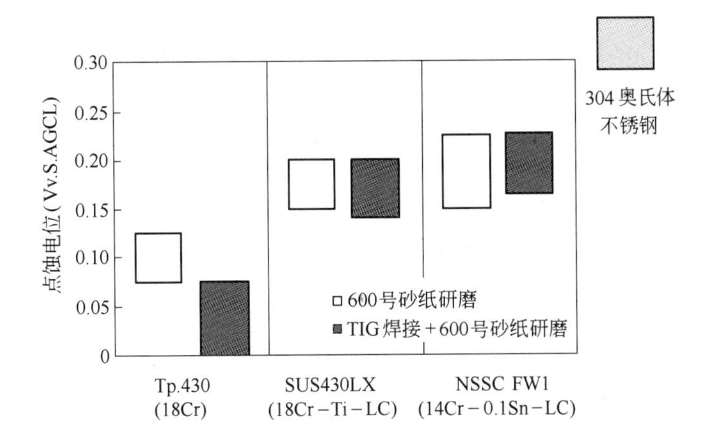

图 10-33 NSSC 开发的节铬型铁素体不锈钢（FW1）的点蚀电位与其他铁素体不锈钢和奥氏体不锈钢点蚀电位的比较

表 10-4　NSSC® FW2 的化学成分　（%）

分类	C	Si	Mn	P	S	Cr	Nb + Ti	Sn	N
规格	≤0. 010	≤0. 50	≤0. 50	≤0. 040	≤0. 030	15. 75 ~ 17. 00	≥10(C + N)	0. 30 ~ 0. 45	≤0. 015
代表例	0. 005	0. 07	0. 06	0. 020	0. 001	16. 40	0. 22	0. 31	0. 010

Sn 微合金化超纯铁素体不锈钢具有高耐蚀性。由于超纯化技术及微量 Sn 的添加促使其耐蚀性显著改善。进一步的研究表明，在含 Cr 量为 16% 的钢中添加大约 0. 3% 的 Sn 可使开发出的 NSSC® FW2 的耐蚀性达到甚至超过 SUS304。而与 SUS304 相比，完全省去稀有金属 Ni 并使 Cr 含量降低大约 40%。不仅如此，这种 Sn 微合金化的节铬型铁素体不锈钢成品板在深冲后，其表面起皱现象也与常规铁素体不锈钢（如 18Cr-LC）相比大幅度改善。图 10-34 示出的是 SUS430LX 成品板与 Sn 微合金化的 Cr14 铁素体不锈钢成品板在深冲后表面质量的比较。

SUS430LX
(18Cr－LC)

NSSC FW1
(14Cr－Sn－LC,N)

图 10-34　深冲后 14Cr-Sn-LC，N 不锈钢表面起皱与 18Cr-LC 不锈钢表面起皱情况对比

参考文献

[1] Raabe D, Hölscher M, Dubke M, et al. Texture development of strip cast ferritic stainless steel [J]. Steel Research, 1993, 64(7): 359 ~ 363.

[2] Raabe D, Reher F, Hölscher M, et al. Textures of strip cast Fe16% Cr [J]. Scripta Metallurgica et Materialia, 1993, 29(1): 113 ~ 116.

[3] Raabe D. Textures of strip cast and hot rolled ferritic and austenitic stainless steel [J]. Materials Science and Technology, 1995, 11(5): 461 ~ 468.

[4] Hunter A, Ferry M. Comparative study of texture development in strip-cast ferritic and austenitic stainless steel [J]. Scripta Materialia, 2002, 47(5): 349 ~ 355.

[5] Hunter A, Ferry M. Texture enhancement by inoculation during casting of ferritic stainless steel strip [J]. Metallurgical and Materials Transactions A, 2002, 33A(5): 1499 ~ 1507.

[6] 刘海涛. Cr17 铁素体不锈钢的组织、织构及成形性能研究 [D]. 沈阳: 东北大学, 2009.

[7] Liu H T, Liu Z Y, Wang G D. Texture development and formability of strip cast 17% Cr ferritic

stainless steel[J]. ISIJ International, 2009, 49(6): 890 ~ 896.

[8] Liu H T, Liu Z Y, Wang G D, et al. Characterization of the solidification structure and texture development of ferritic stainless steel produced by twin-roll strip casting[J]. Materials Characterization, 2009, 60(1): 79 ~ 82.

[9] 刘海涛，刘振宇，王国栋，等．铁素体不锈钢铸轧薄带凝固组织对冷轧退火带晶粒簇的影响[J]．钢铁研究学报，2009，21(1):42 ~ 46.

[10] 刘海涛，曹光明，李成刚．薄带连铸 Cr17 铁素体不锈钢的织构演变[J]．东北大学学报，2011，32(2):232 ~ 235.

[11] 刘海涛，刘振宇，王国栋，等．薄带连铸与常规生产流程条件下 Cr17 铁素体不锈钢的织构及成形性能[J]．钢铁研究学报，2011，23(6):54 ~ 58.

[12] Mola J, De Cooman B C. Quenching and partitioning processing of transformable ferritic stainless steels[J]. Scripta Materialia, 2011, 65(9): 834 ~ 837.

[13] Mola J, De Cooman B C. Quenching and partitioning (Q&P) processing of martensitic stainless steels[J]. Metallurgical and Materials Transactions A, 2012, (9): 1 ~ 22.

[14] Tsuchiyama T, Tobata J, Tao T, et al. Quenching and partitioning treatment of a low-carbon martensitic stainless steel [J]. Materials Science and Engineering A, 2012, 532A (1): 585 ~ 592.

[15] Zhang C, Liu Z Y, Wang G D. Effects of hot rolled shear bands on formability and surface ridging of an ultra purified 21% Cr ferritic stainless steel[J]. Journal of Materials Processing Technology, 2011, 211(6): 1051 ~ 1059.

[16] 张驰．超纯 21% Cr 铁素体不锈钢热轧粘辊机理及组织织构控制[D]．沈阳：东北大学，2011.

[17] Barnett M R, Jonas J J. Distinctive aspects of the physical metallurgy of warm rolling [J]. ISIJ International, 1999, 39(9): 856 ~ 873.

[18] Oudin A, Barnett M R, Hodgson P D. Grain size effect on the warm deformation behaviour of a Ti-IF steel [J]. Materials Science and Engineering: A, 2004, 367(1 ~ 2): 282 ~ 294.

[19] Huang C, Hawbolt E B, Chen X, et al. Flow stress modeling and warm rolling simulation behavior of two Ti-Nb interstitial-free steels in the ferrite region [J]. Acta Materialia, 2001, 49: 1445 ~ 1452.

[20] Dongsheng L, Humphreys A O, Toroghinezhad M R, et al. The deformation microstructure and recrystallization behavior of warm rolled steels [J]. ISIJ International, 2002, 42 (7): 751 ~ 759.

[21] Belyakov A, Sakai T, Kaibyshev R. New grain formation during warm deformation of ferritic stainless steel [J]. Metallurgical and materials transactions A, 1998, 29(1): 161 ~ 167.

[22] Haldar A, Huang X, Leffers T, et al. Grain orientation dependence of microstructures in a warm rolled IF steel [J]. Acta Materialia, 2004, 52(18): 5405 ~ 5418.

[23] Sanchez-Araiza M, Godet S, Jacques P J, et al. Texture evolution during the recrystallization of a warm-rolled low-carbon steel [J]. Acta Materialia, 2006, 54(11): 3085 ~ 3093.

[24] Yazawa Y, Ozaki Y, Kato Y, et al. Development of ferritic stainless steel sheets with excellent

deep drawability by {111} recrystallization texture control [J]. JASE Review, 2003, 24(4): 483 ~ 488.

[25] Gao F, Liu Z Y, Wang G D, et al. Toughness under different rolling processes in ultra purified Fe-17 wt% Cr alloy steels [J]. Journal of Alloys and Compounds, 2013, 567(8): 141 ~ 147.

[26] Abiko K. Hot ductility and high temperature microstructure of high purity iron alloys [J]. Journal de Physique Ⅳ (Colloque), 1995, 5(C7): 77 ~ 84.

[27] Hishinuma A, Takaki S, Abiko K. Recent progress and future R&D for high-chromium iron-base and chromium-base alloys [J]. Physica Status Solidi A, 2002, 189(1): 69 ~ 78.

[28] Hook R E, Elias J A. The effects of composition and annealing conditions on the stability of columbium (niobium) -treated low-carbon steels [J]. Metallurgical Transactions A, 1972, 3(8): 2171 ~ 2181.

[29] Hu H. Effect of solutes on Lüders strain in low-carbon steel sheets [J]. Metallurgical Transactions A, 1983, 14(1): 85 ~ 91.

[30] Komori K. Analysis of longitudinal buckling in temper rolling [J]. ISIJ International, 2009, 49(3): 408 ~ 415.

[31] 朱孔林. 应加快开发能适应不锈钢市场波动的高性能铁素体不锈钢[J]. 世界钢铁, 2009, (3): 62 ~ 70.

[32] Nam N D, Kim M J, Jang Y W. Effect of tin on the corrosion behavior of low-alloy steel in an acid chloride solution[J]. Corrosion Science, 2010, 52(1): 14 ~ 20.

[33] Pardo A, Merino M C, Carboneras M, et al. Influence of Cu and Sn content in the corrosion of AISI304 and 316 stainless steels in H_2SO_4[J]. Corrosion Science 2006, 48(5): 1075 ~ 1092.

[34] Pardo A, Merino M C, Carboneras M, et al. Pitting corrosion behaviour of austenitic stainless steels with Cu and Sn additions, Corrosion Science 2007, 49(2): 510 ~ 525.

[35] NSSC (Nippon Steel & Sumikin Stainless Steel Corporation; NSSC Markets NSSC® FW2, the Second FW series Stainless Steel using World-first Technology, December 15, 2010.

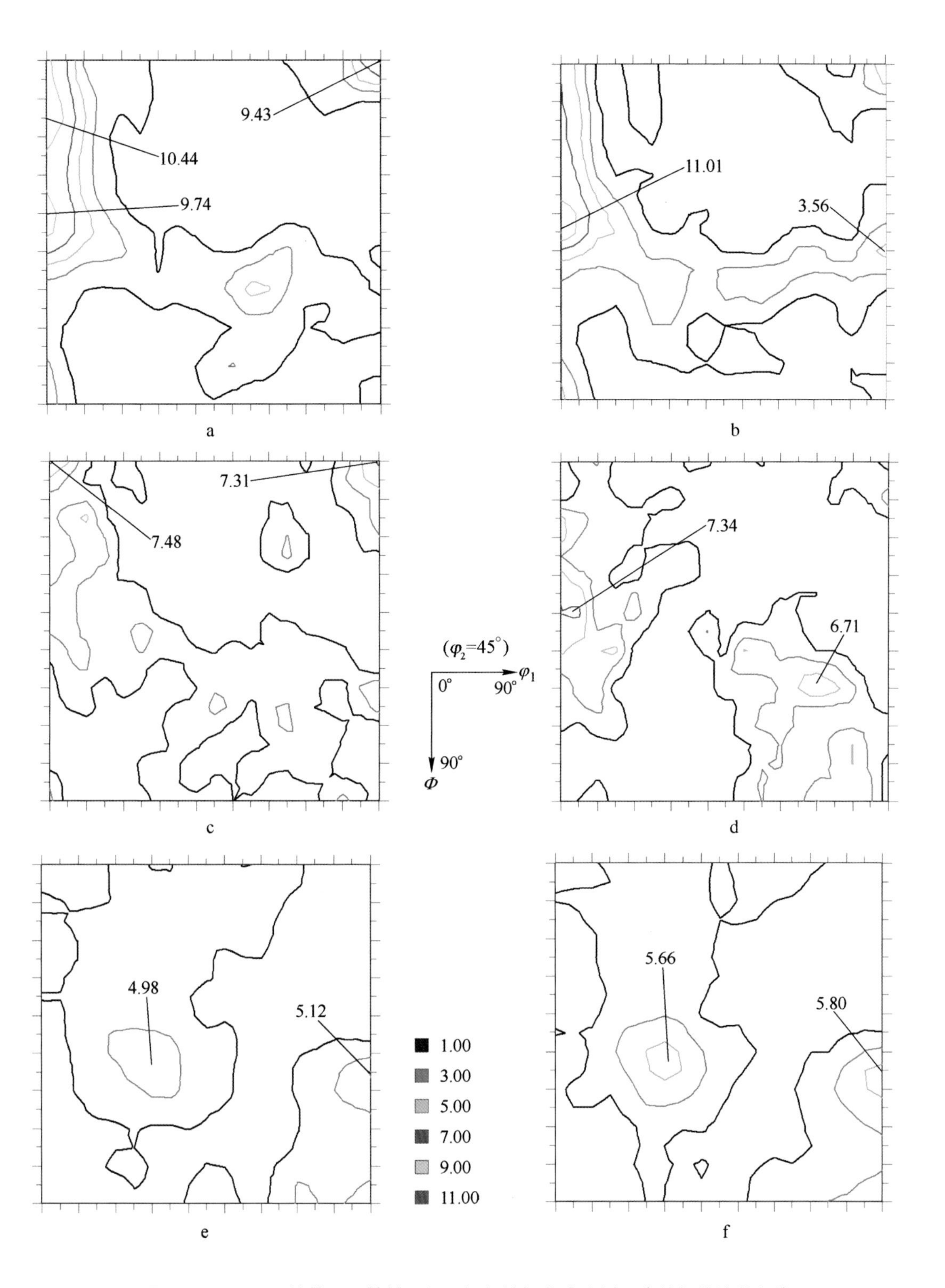

图 **4-14** SUS430 柱状晶和等轴晶凝固组织铸坯在生产过程中的织构演化行为

a，c，e—分别为柱状晶热轧、热轧退火、冷轧退火的织构；
b，d，f—分别为等轴晶热轧、热轧退火、冷轧退火的织构

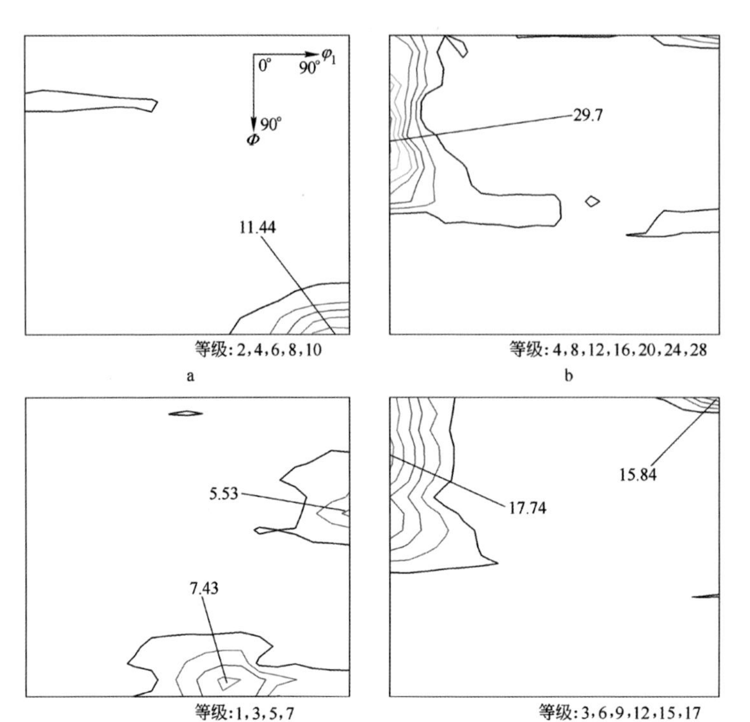

图 **4-17**　超低碳 Cr17 铁素体不锈钢不同凝固组织试样的热轧织构

柱状晶：a—表层；　b—中心层
等轴晶：c—表层；　d—中心层

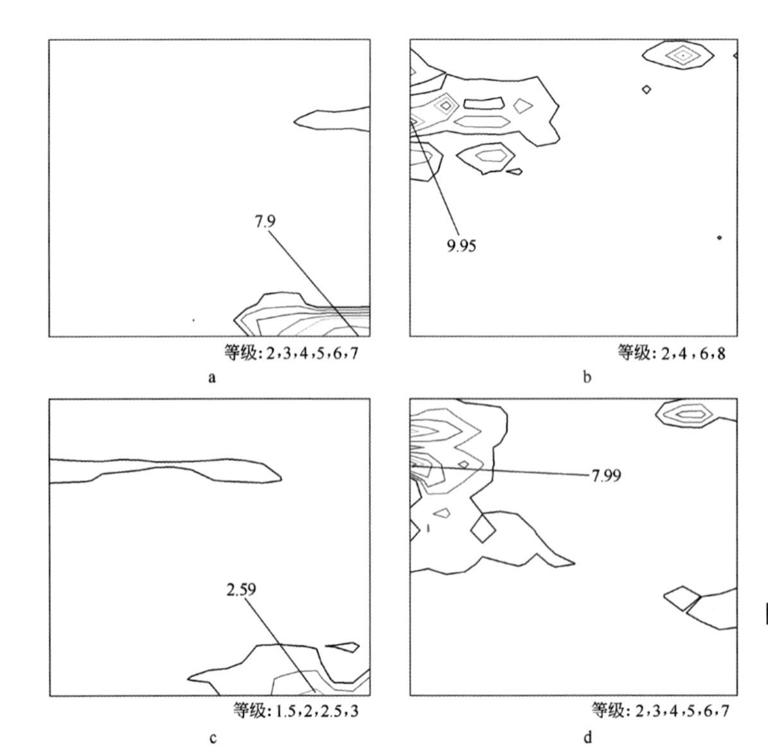

图 **4-18**　超低碳 Cr17 铁素体不锈钢不同凝固组织试样的热轧退火织构

柱状晶：a—表层；　b—中心层
等轴晶：c—表层；　d—中心层

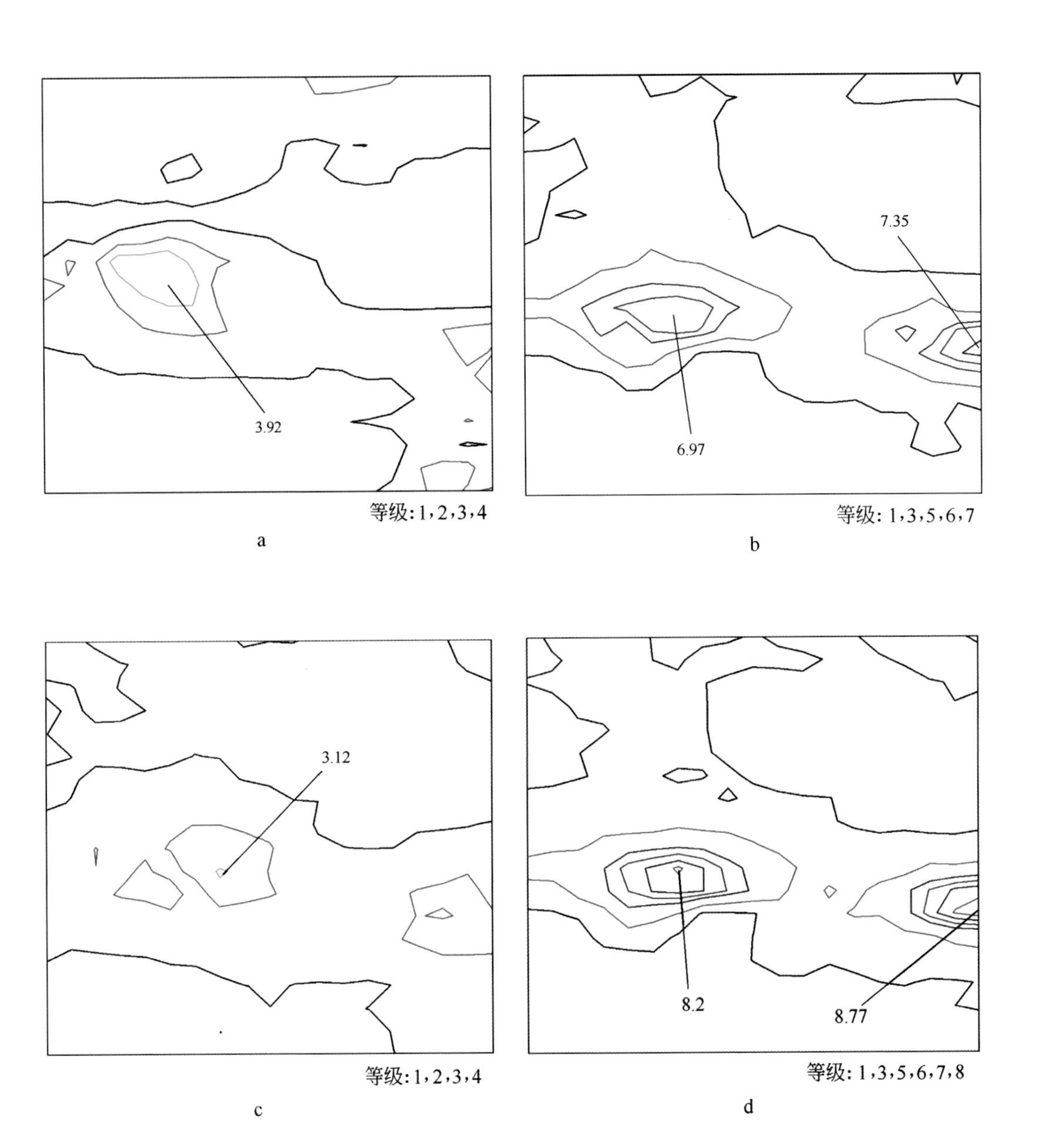

图 4-19　超低碳 Cr17 铁素体不锈钢不同凝固组织试样的冷轧退火织构

柱状晶：a—表层；　b—中心层
等轴晶：c—表层；　d—中心层

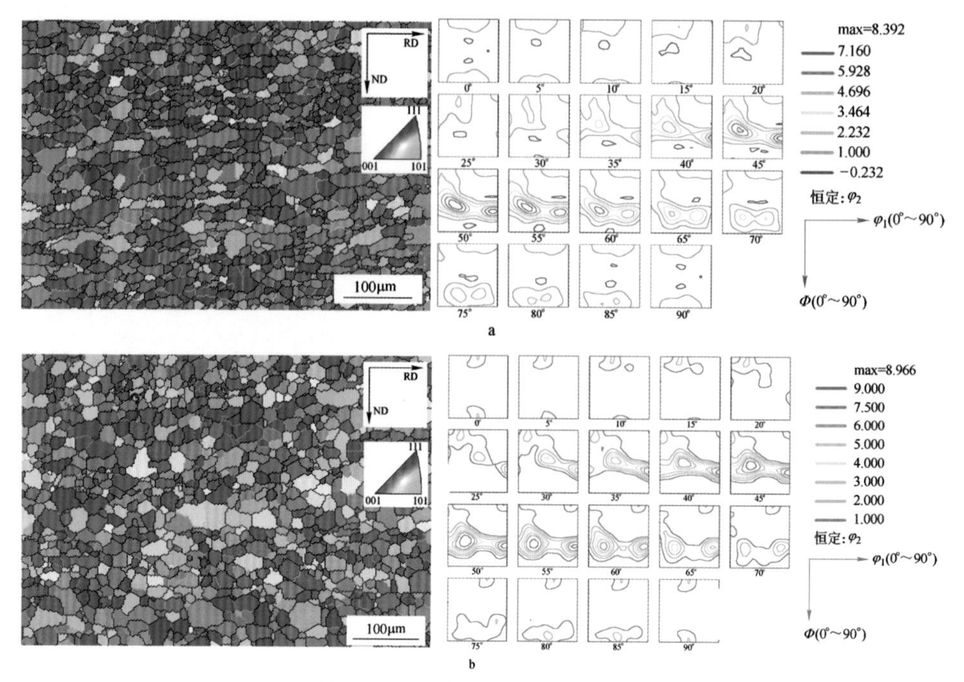

图 4-15　显微组织的 EBSD 分析

a 一凝固组织为等轴晶的成品板的取向分布图和恒 φ_2 的 ODF 图；
b 一凝固组织为柱状晶的成品板的取向分布图和恒 φ_2 的 ODF 图

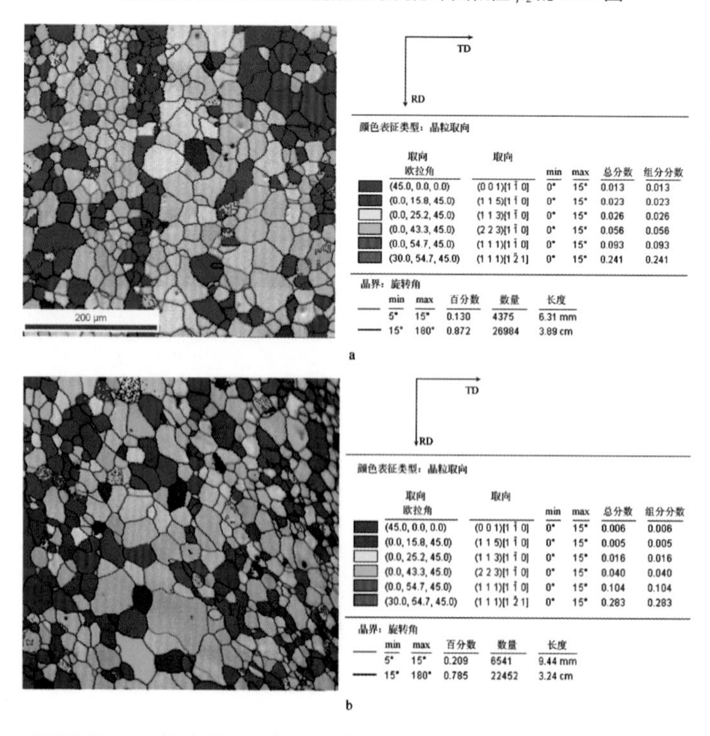

图 4-20　超低碳 Cr17 铁素体不锈钢不同凝固组织试样的冷轧退火板的取向分布图

（再结晶晶粒取向 (001)[1 $\bar{1}$0]、(115)[1 $\bar{1}$0]、(113)[1 $\bar{1}$0]、(223)[1 $\bar{1}$0]、(111)[1 $\bar{1}$0] 和 (111)[1 $\bar{2}$1]
分别用紫色、深红色、黄色、绿色、蓝色以及红色进行表征，取向偏差设定为 15°）
a—柱状晶； b—等轴晶

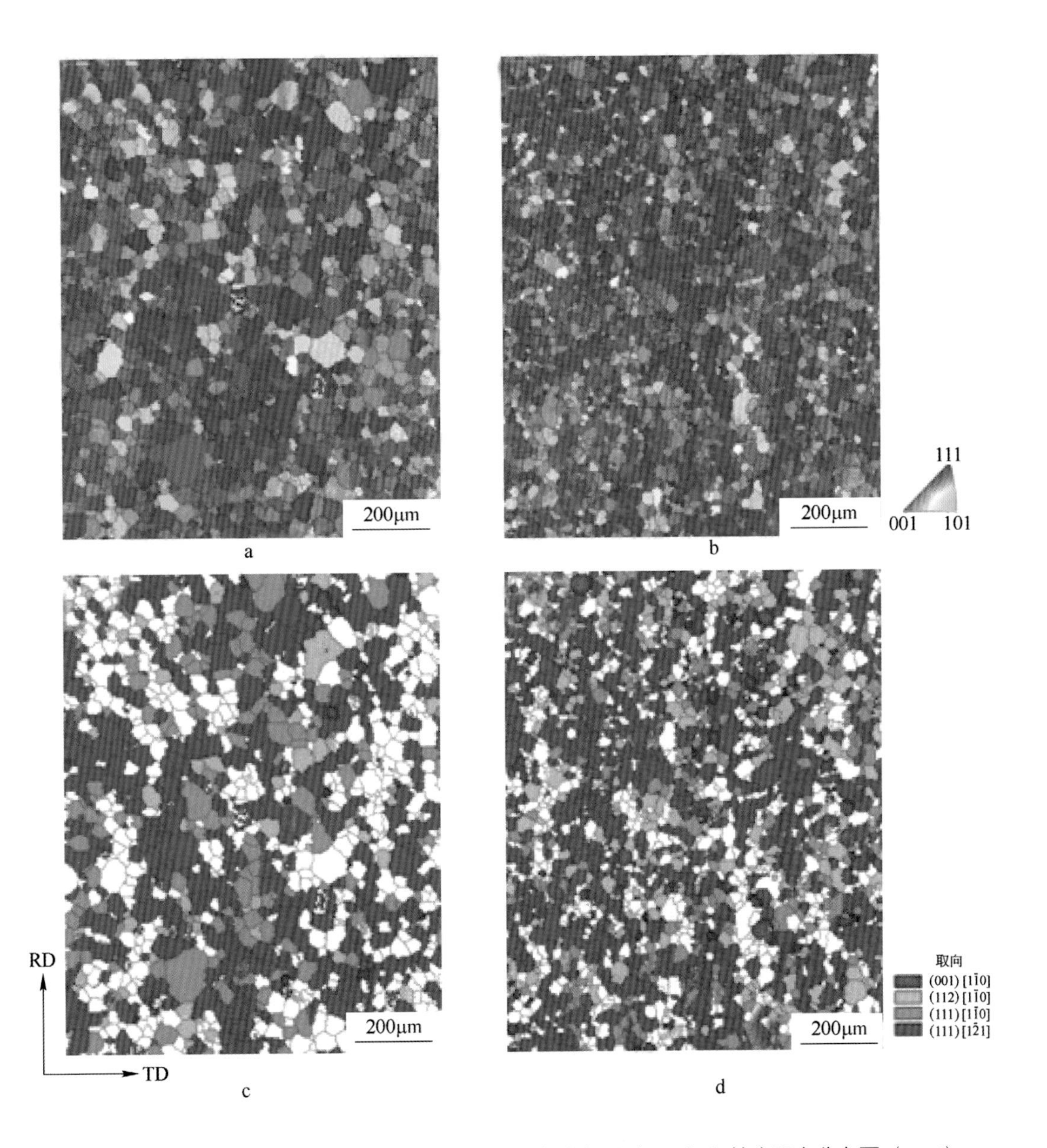

图 4-22　实验钢冷轧退火后中心层的晶粒全部取向分布图（a，b）和特定取向分布图（c，d）

a，c — Ti 稳定化实验钢；　b，d — Ti、Nb 稳定化实验钢

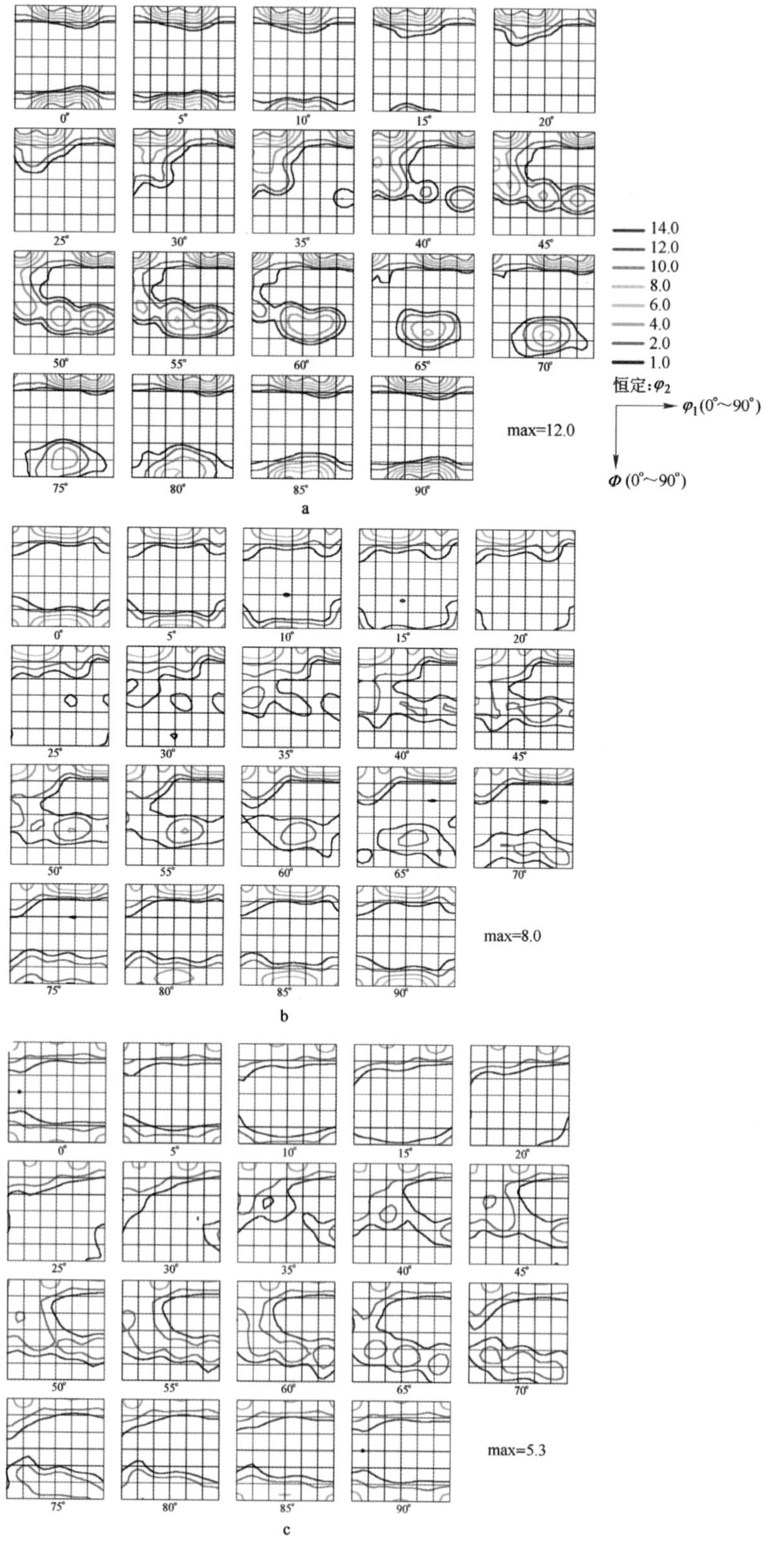

图 6-15　热轧板退火不同时间后织构的 ODF 恒 φ_2 截面图

a — 0s；　b — 150s；　c — 350s

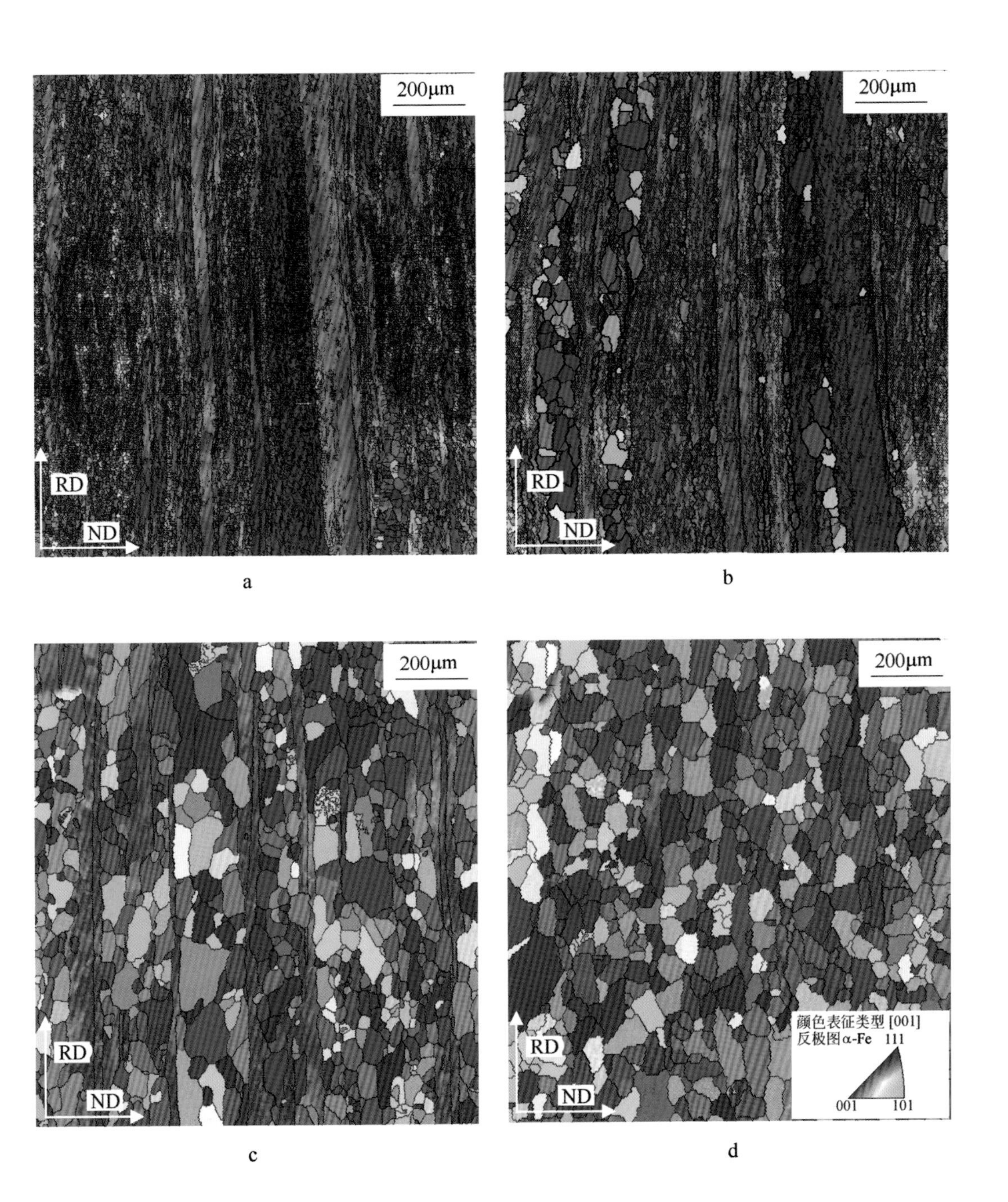

图 **6-16** 不同退火时间热轧板试样纵截面的晶体取向分布图

a — 0s； b — 25s； c — 150s； d — 350s

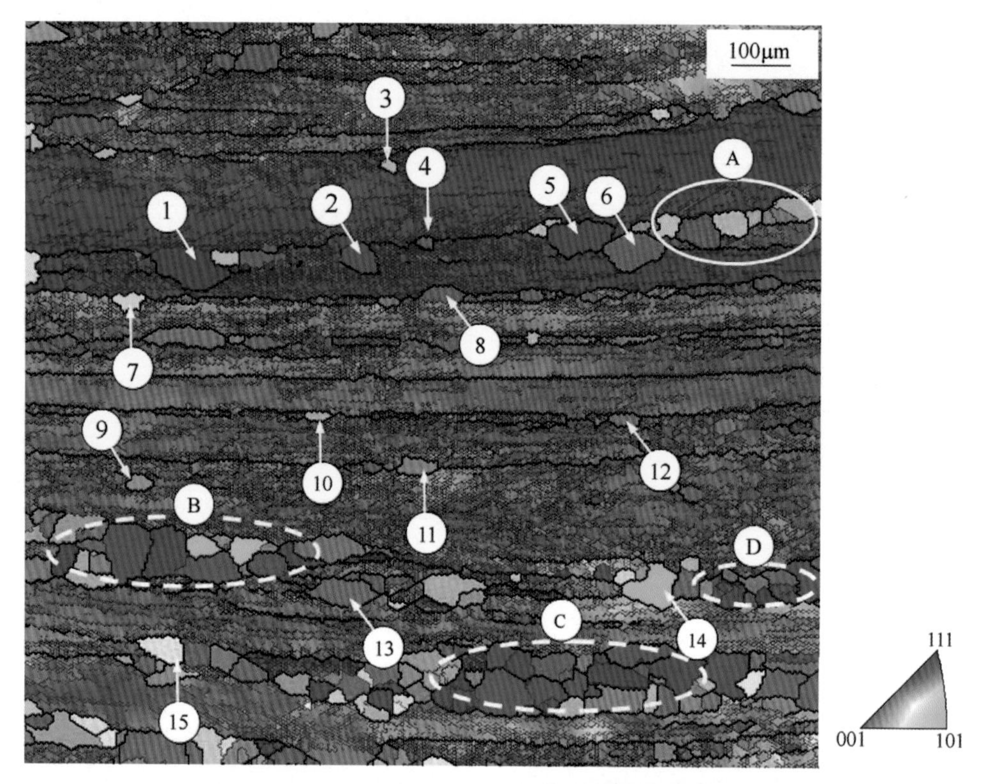

图 6-19　热轧板在 880℃条件下退火 25s 后试样纵截面的晶体取向分布图

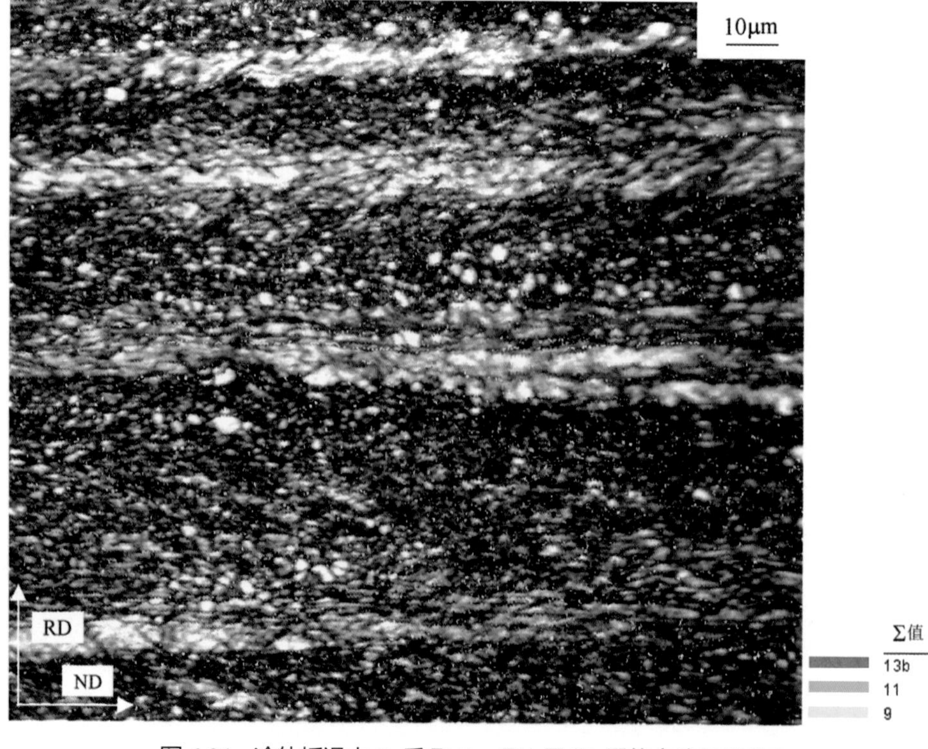

图 6-24　冷轧板退火 7s 后 Σ13b、Σ11 及 Σ9 重位点阵晶界分布

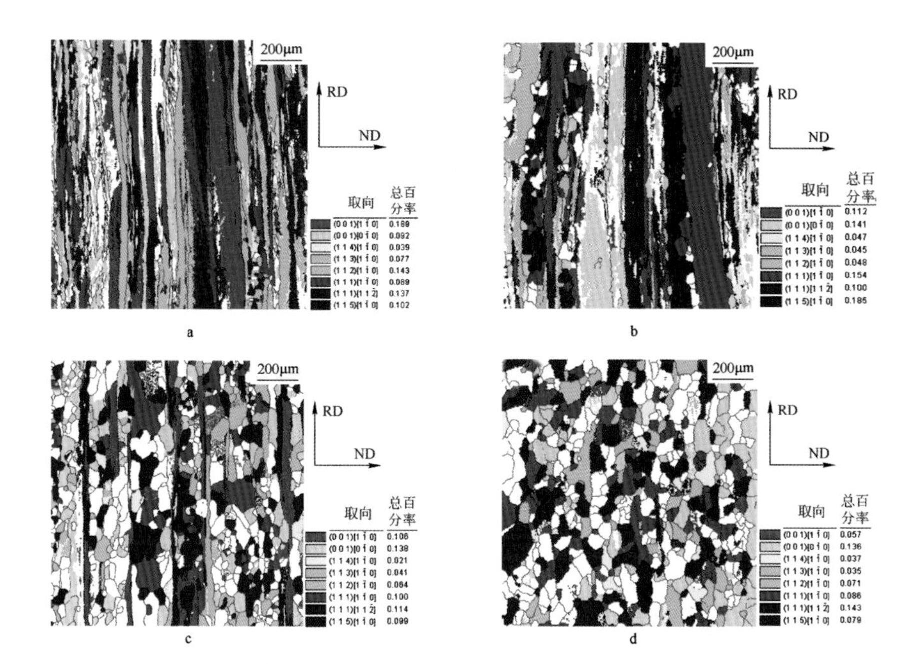

图 6-20　经不同时间退火处理的热轧板中特定晶体取向分布图

a — 0s；　b — 25s；　c — 150s

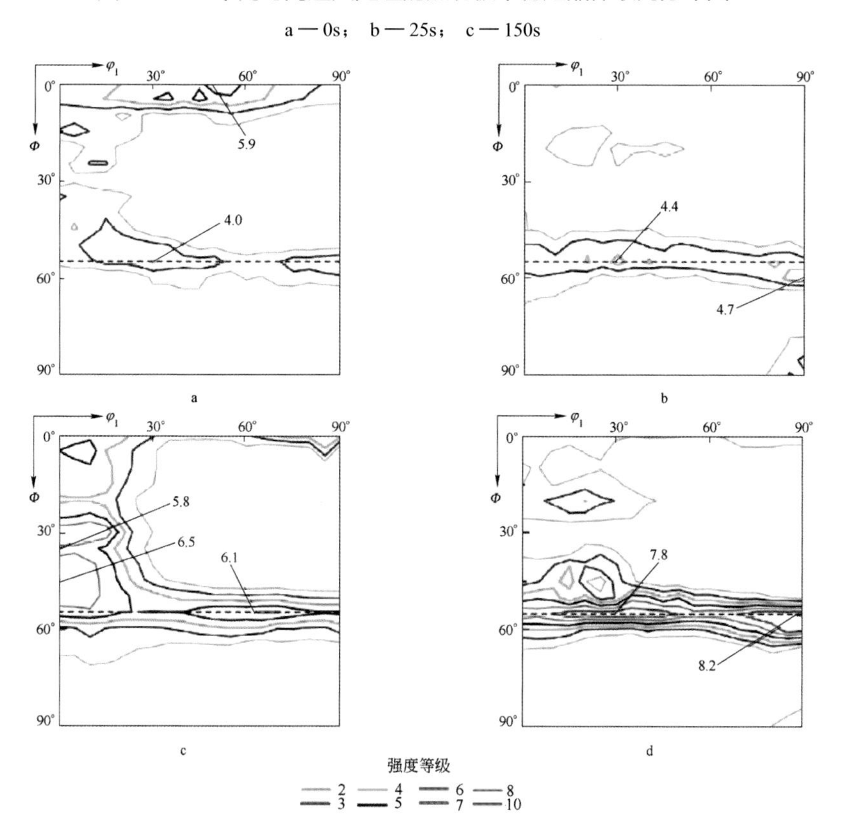

图 10-6　全等轴晶和全柱状晶铸轧带的冷轧及退火织构 (φ_2=45°)

柱状晶：a—冷轧；b—冷轧退火

等轴晶：c—冷轧；d—冷轧退火

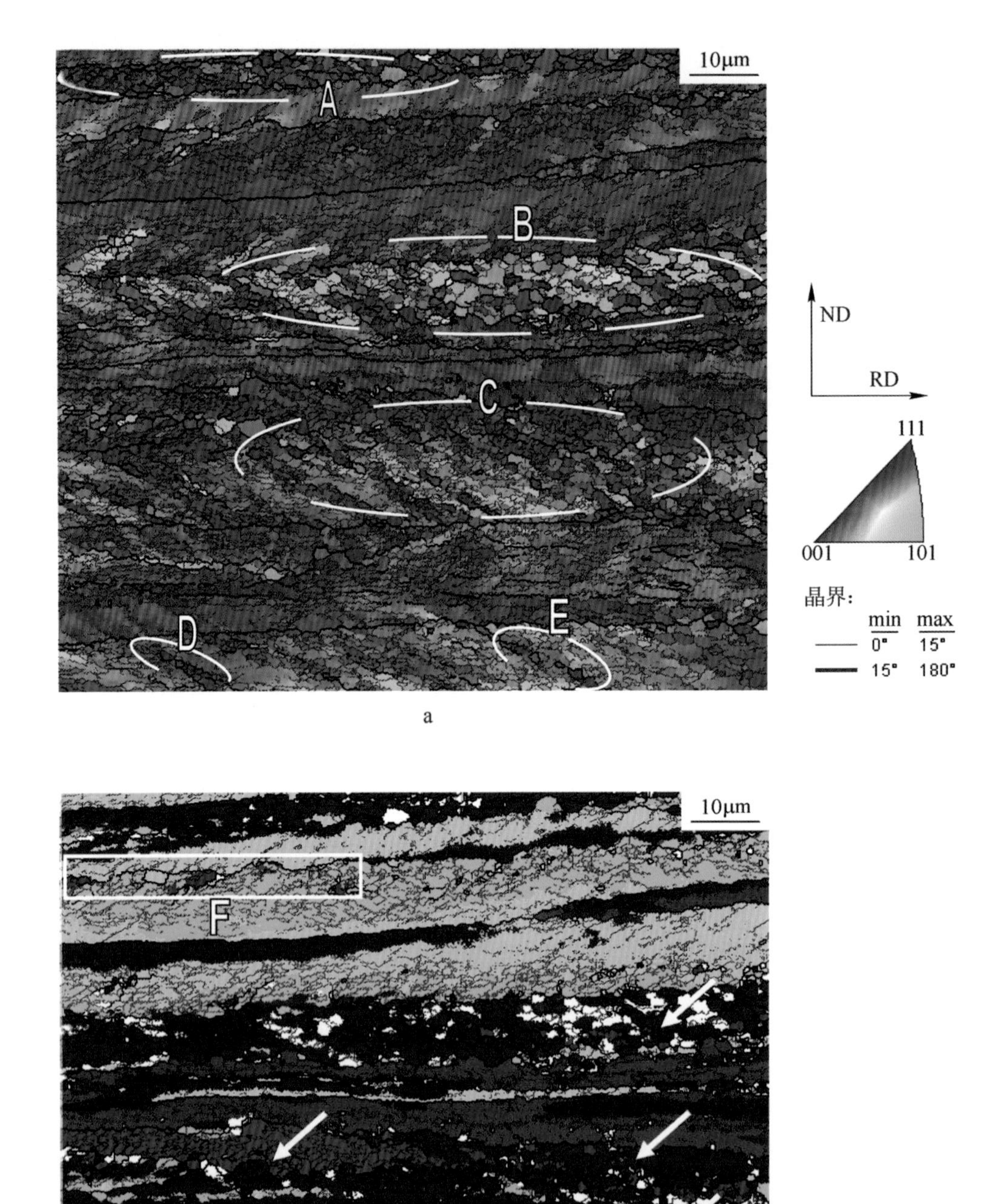

图 **6-22** 退火 7s 后冷轧板显微组织的全部晶体取向分布图及特定晶体取向分布图

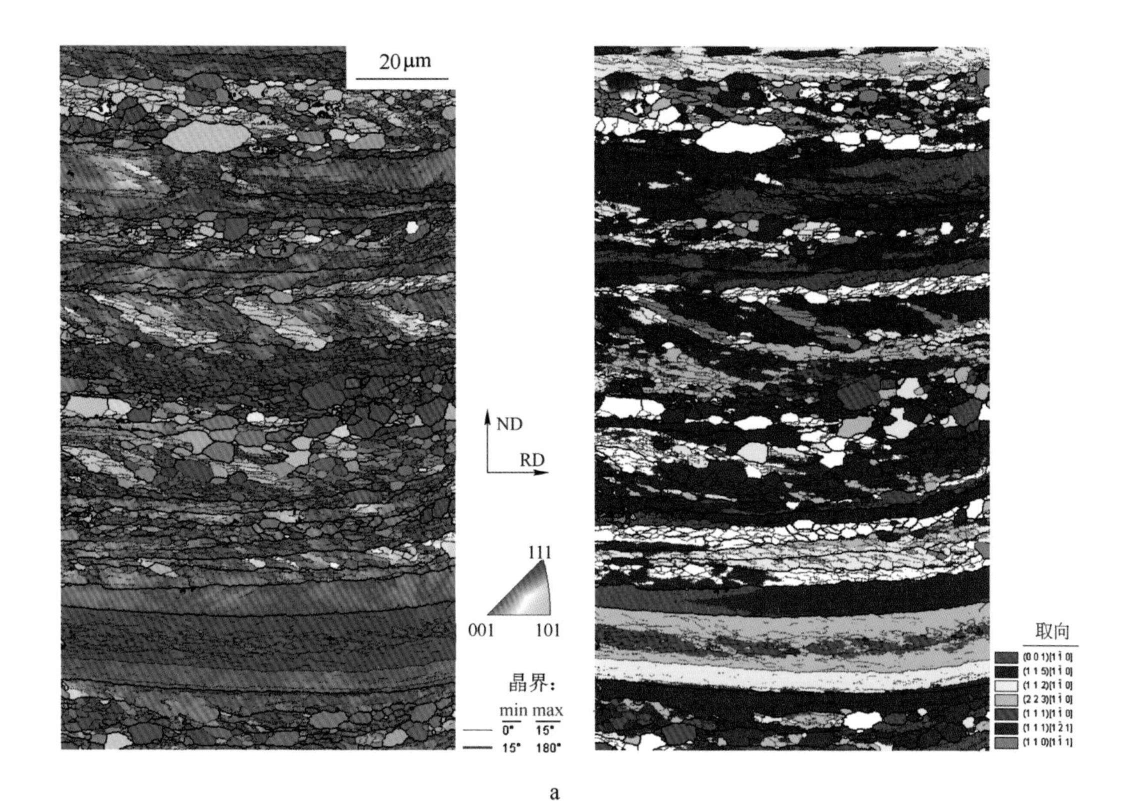

a

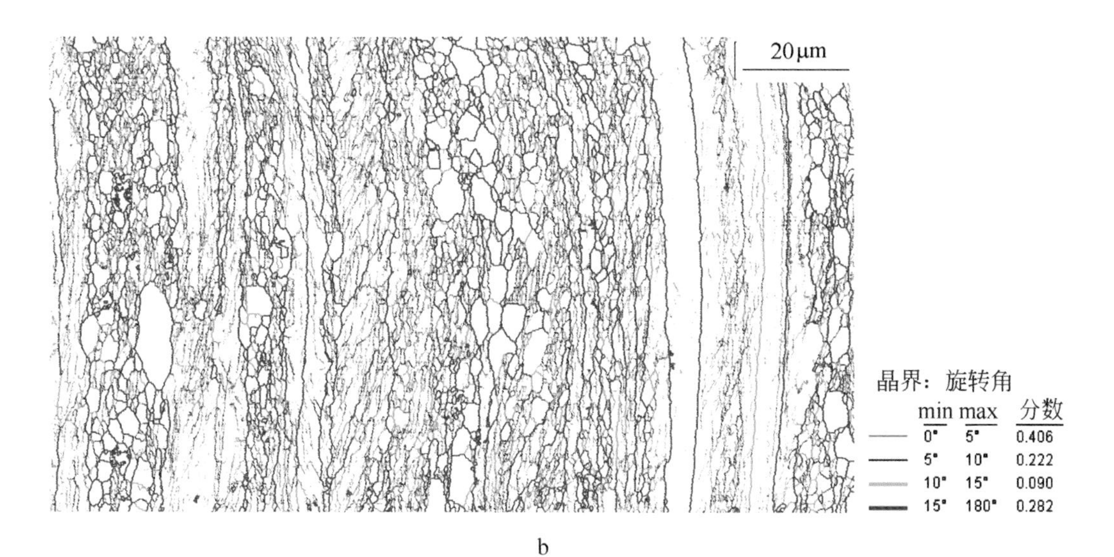

b

图 **6-25**　冷轧板退火 10s 后显微组织的取向分布图及晶界的特征分布图

a—全部晶体分布取向成像图及特定晶体取向分布图；　b—晶界分布图

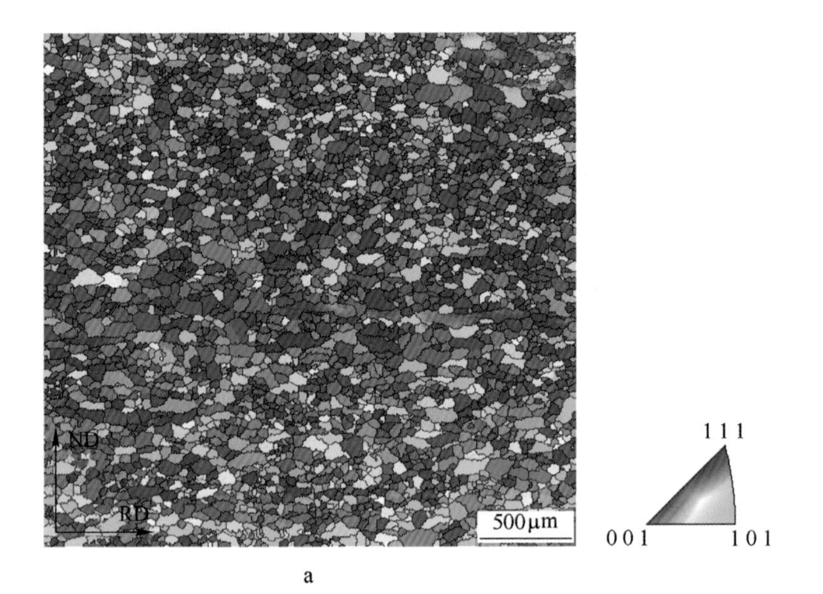

a

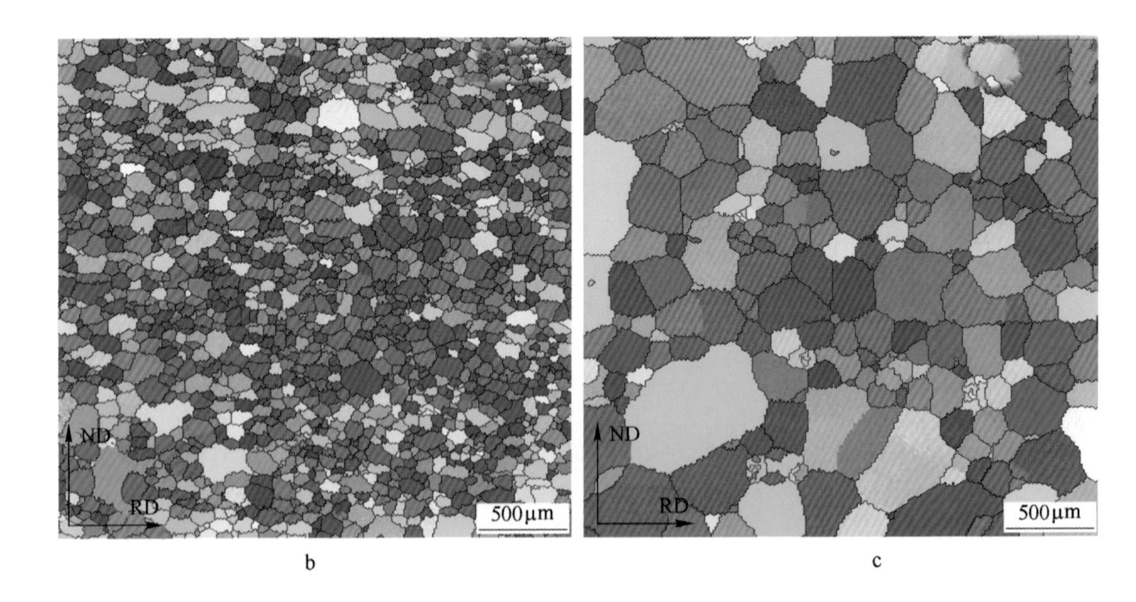

b　　　　c

图 **7-11**　热轧板不同温度退火的晶体取向图

a — 900℃；　b — 1000℃；　c — 1100℃

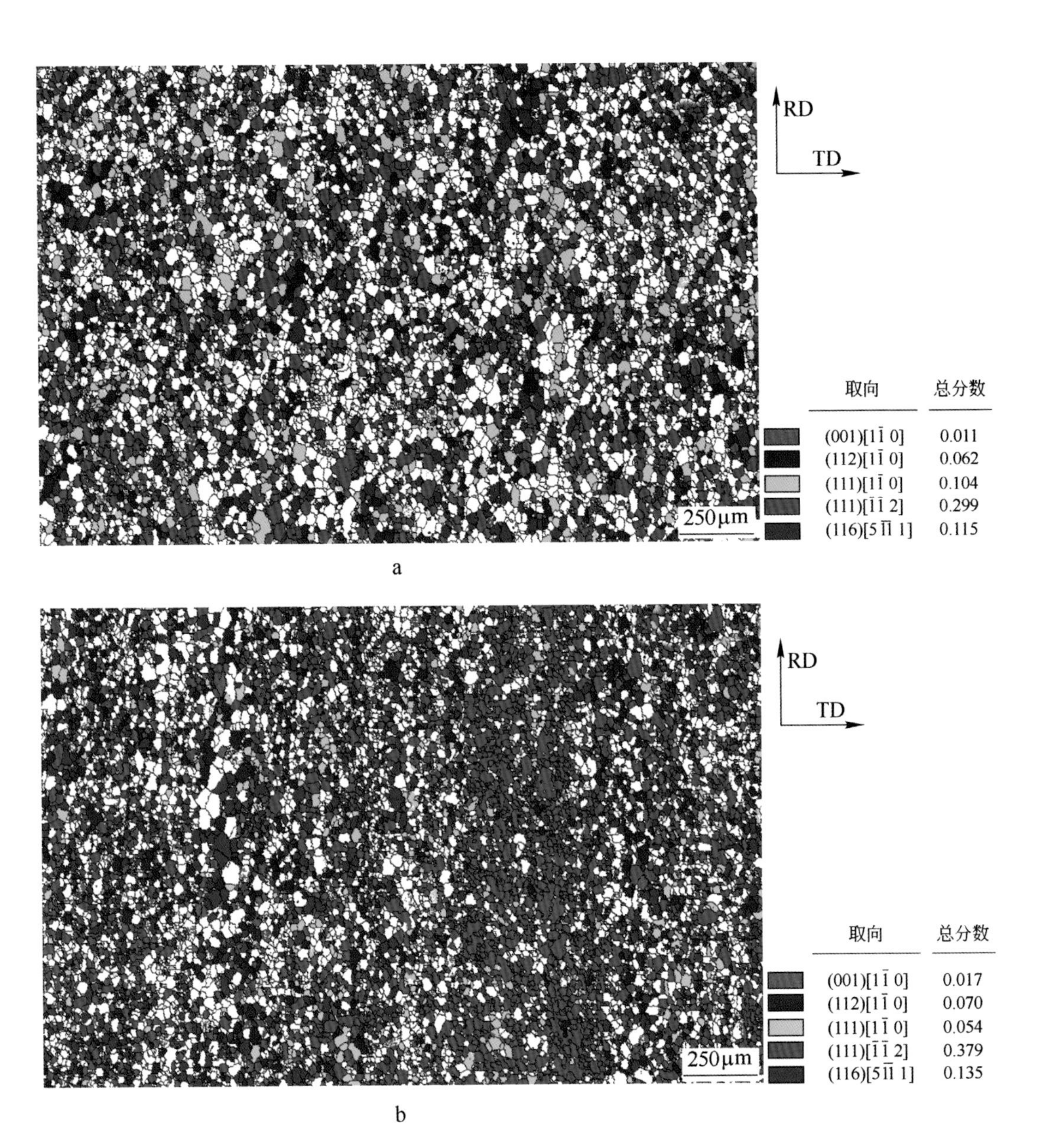

图 7-18　热轧板退火或不退火后的冷轧退火板板面的特定取向晶粒的晶体取向图

a—退火；b—不退火

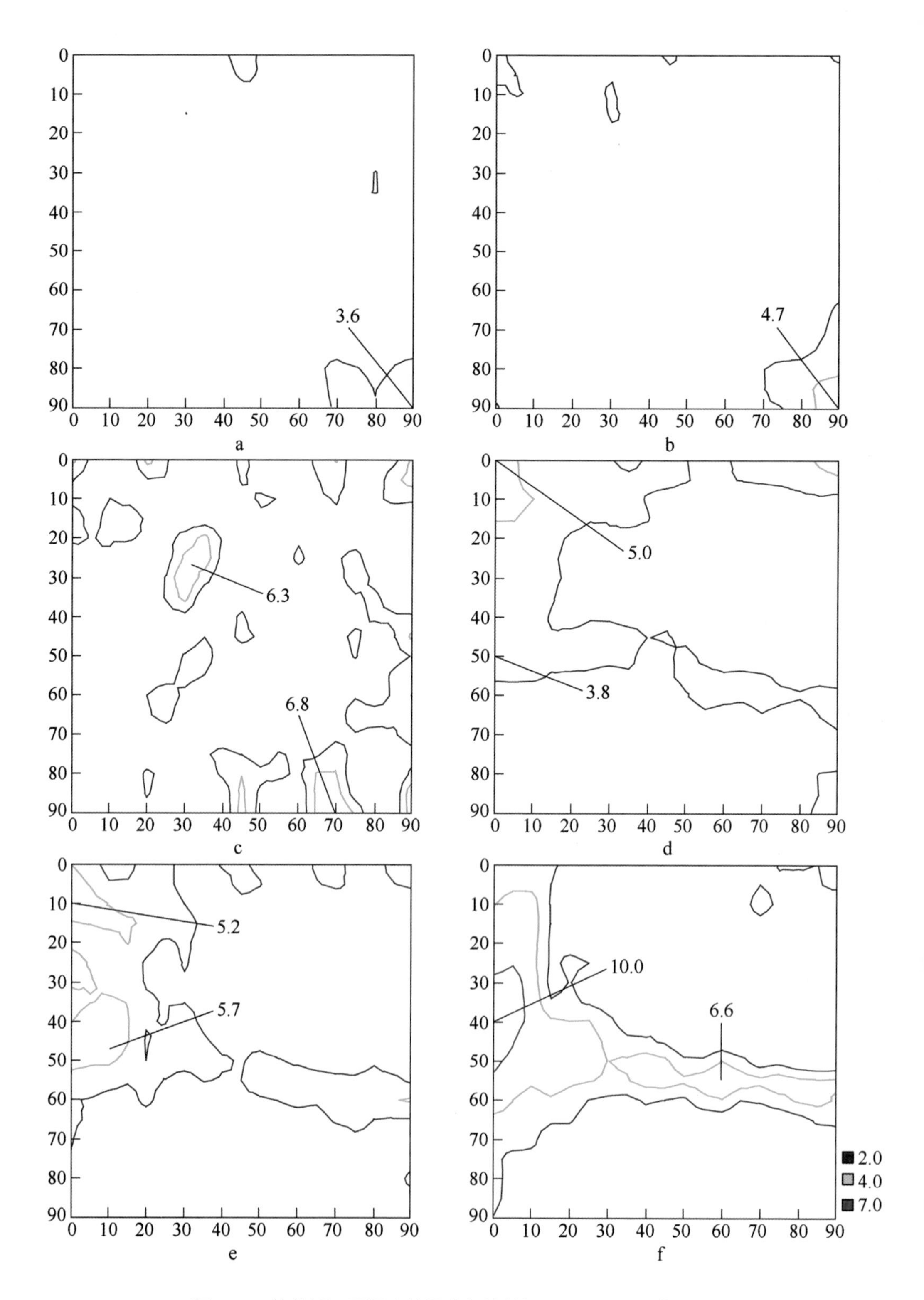

图 **7-19**　热轧板不同温度的退火织构的恒 φ_2=45° ODF 截面图

表　层：a—900℃；b—1000℃；c—1100℃
中心层：d—900℃；e—1000℃；f—1100℃

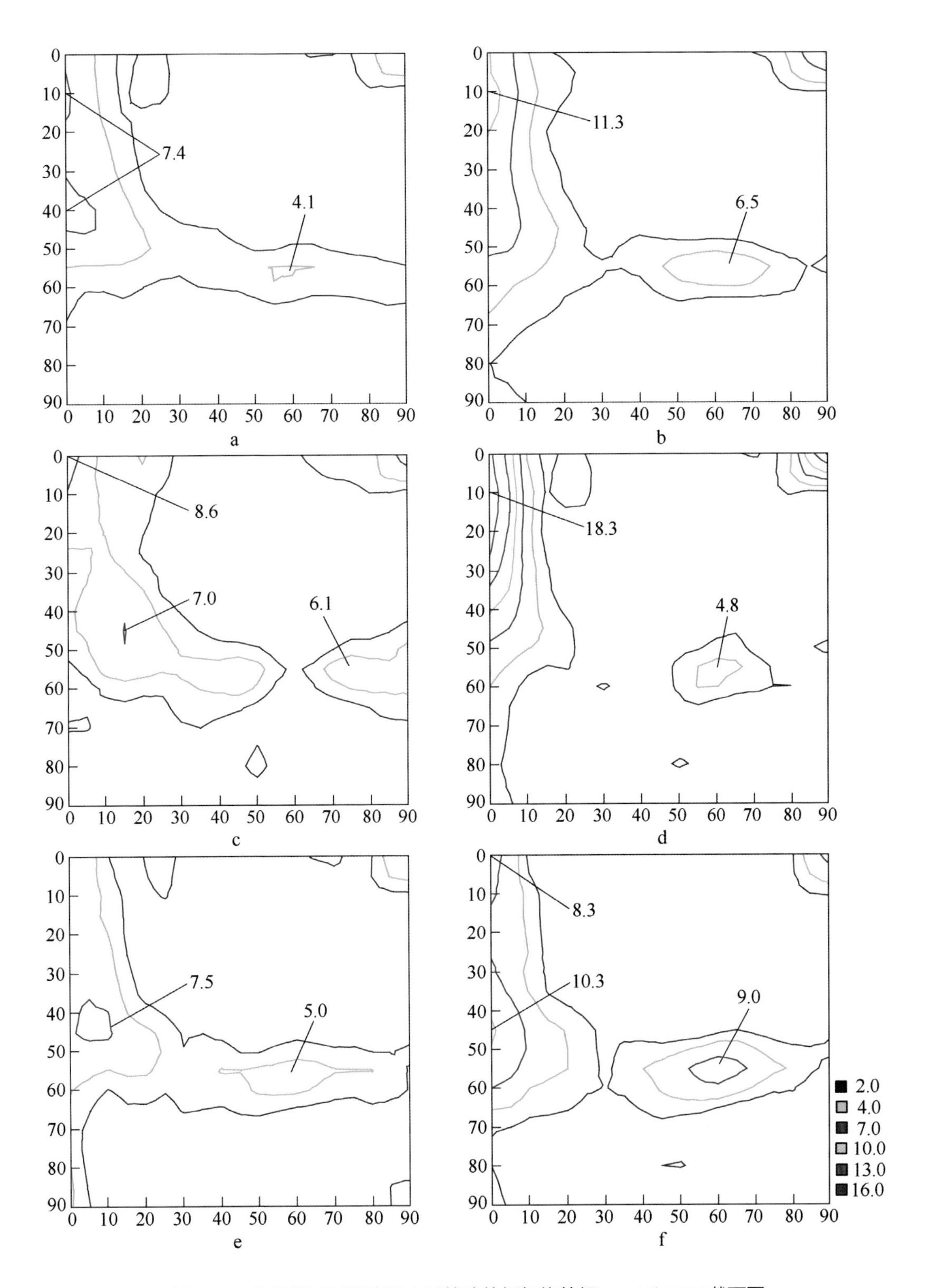

图 7-20　热轧板不同温度退火后的冷轧板织构的恒 φ_2=45° ODF 截面图

表　层：a—900℃；b—1000℃；c—1100℃
中心层：d—900℃；e—1000℃；f—1100℃

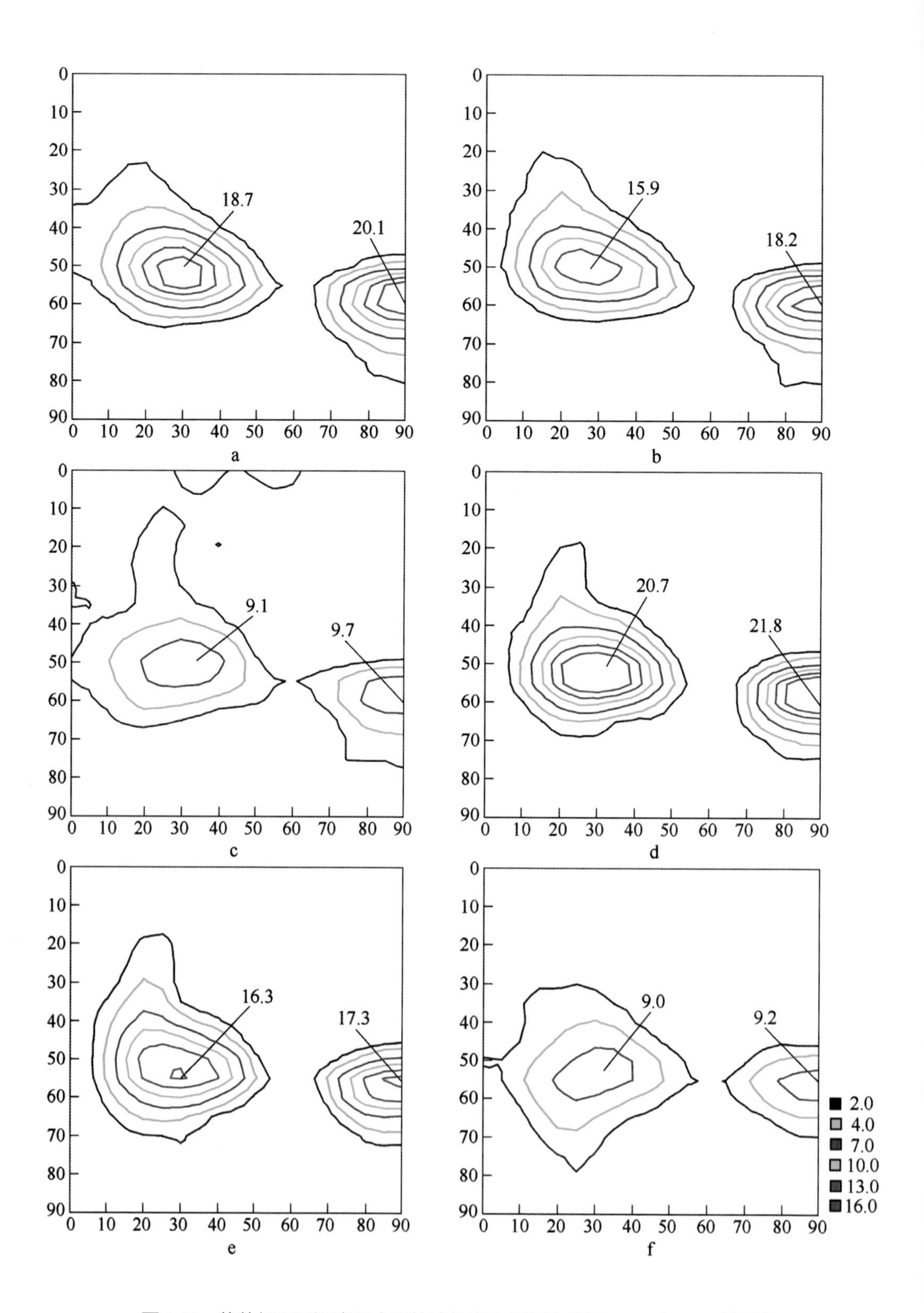

图 7-21　热轧板不同温度退火后的冷轧退火板织构的恒 φ_2=45° ODF 截面图

表　层：a—900℃；b—1000℃；c—1100℃
中心层：d—900℃；e—1000℃；f—1100℃

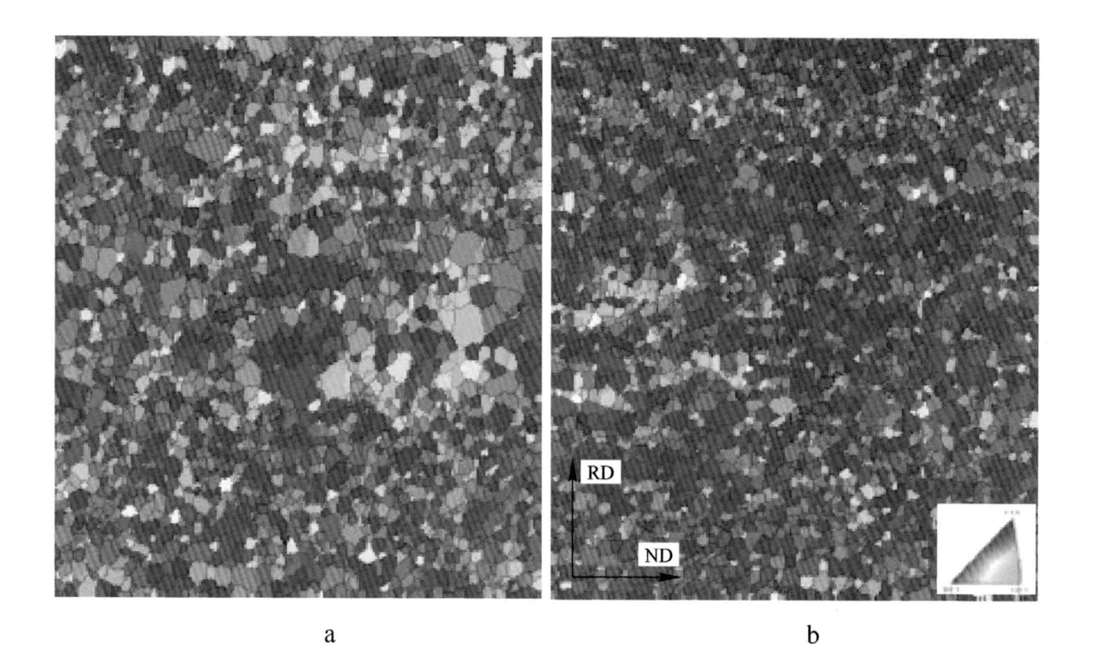

a　　　　　　　　b

红色取向：<001> ~ <112>//ND
蓝色取向：<111>//ND
（误差半径：15°）

c　　　　　　　　d

图 **8-11**　不同热轧工艺 430 铁素体不锈钢冷轧退火板的晶体取向图及特定取向的晶体取向图

a，c — 常规热轧；　b，d — 低温精轧

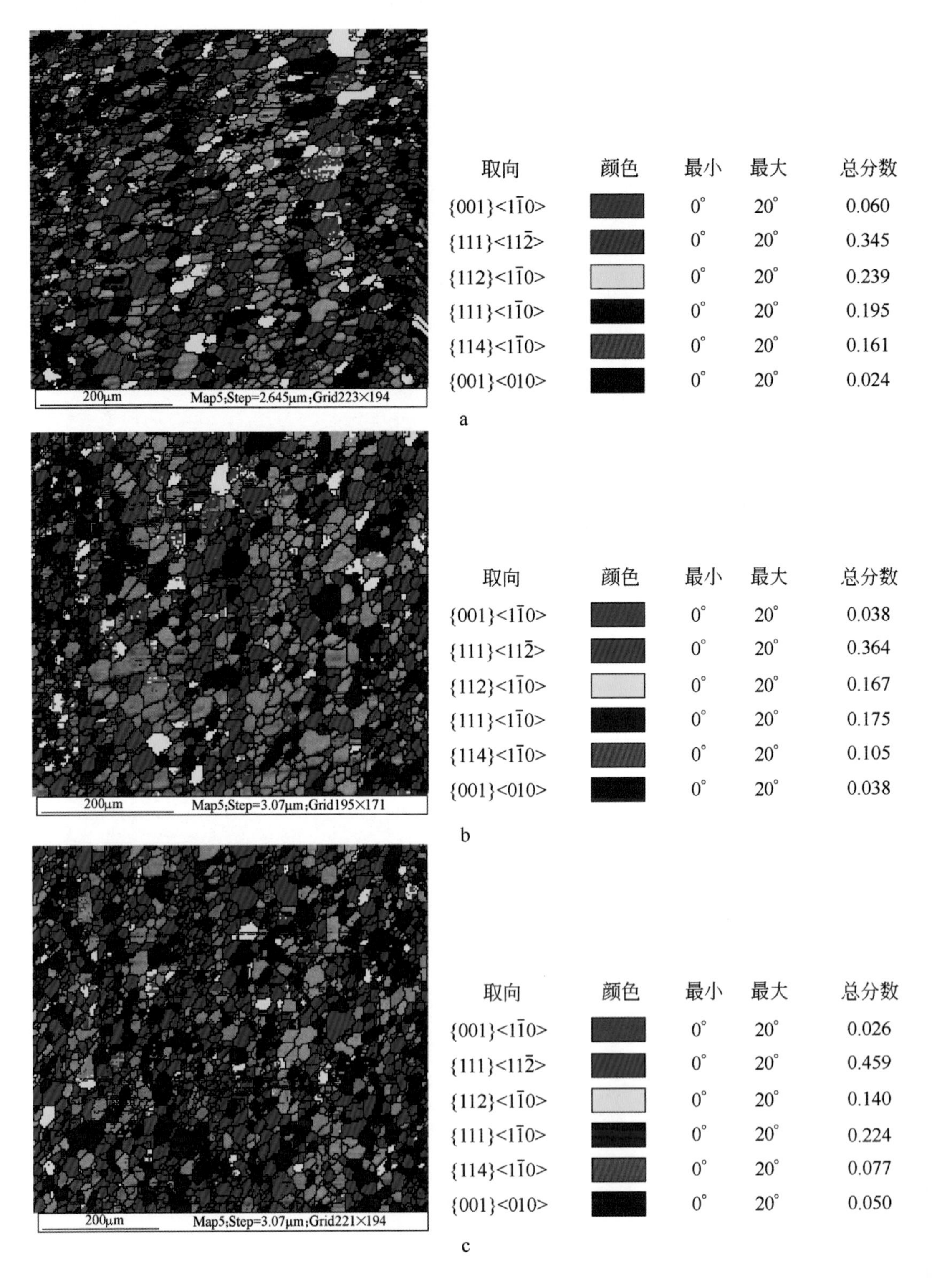

图 **8-18** 不同条件退火后成品板显微组织取向分布图

a一热轧不退火成品板中特定取向晶粒的分布图；b一热轧罩式退火的成品板中特定取向晶粒的分布图；
c一热轧连续退火的成品板中特定取向晶粒的分布图

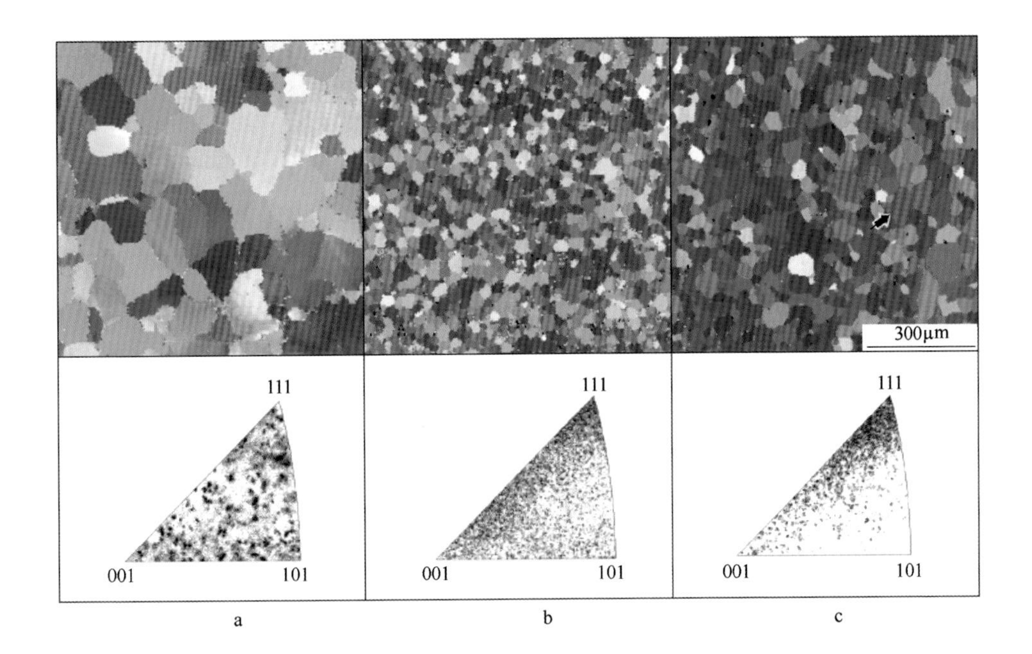

图 **8-26**　Fe-12Cr-1Ni 与 JIS-SUH409 经 80% 压下量冷轧变形后及再结晶退火处理后的 EBSD 分析

a — Fe-12Cr-1Ni 热轧板在 1023K 退火 20min 后的再结晶组织取向成像图；
b — Fe-12Cr-1Ni 热轧板经 80% 压下量冷轧变形后，在 1023K 退火 60s 的再结晶组织取向成像图；
c — JIS-SUH409 经 80% 压下量冷轧变形后，在 1223K 退火 60s 的再结晶组织取向成像图

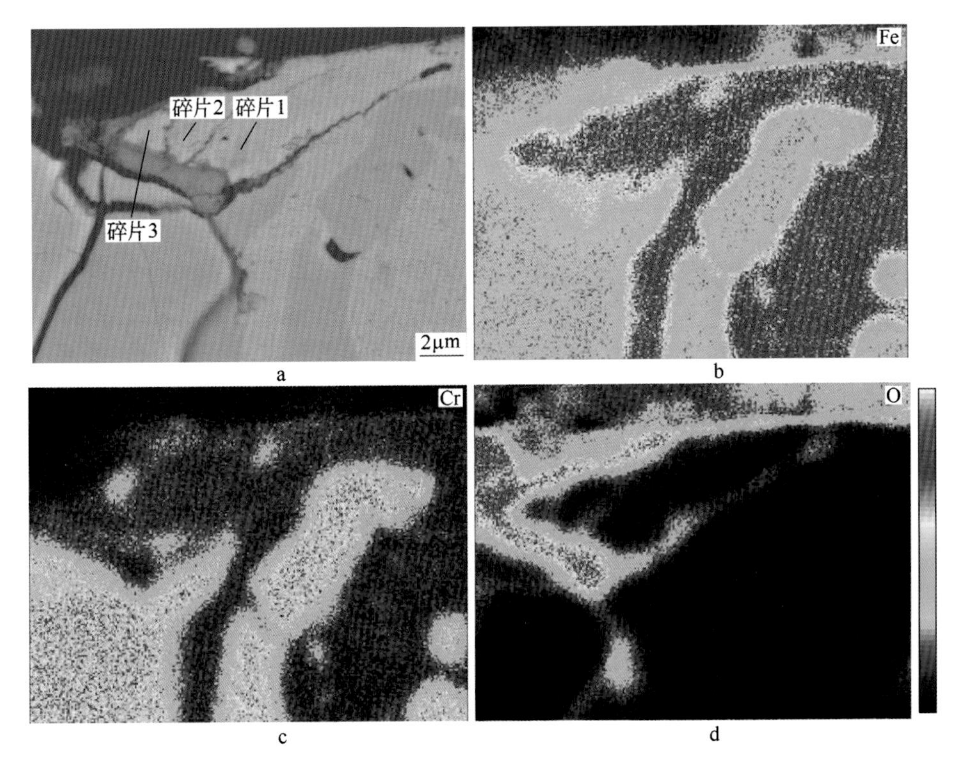

图 **9-26**　粘辊处锤头截面的 EPMA 扫描实验结果

a—形貌；　b—Fe 元素分布；　c—Cr 元素分布；　d—O 元素分布

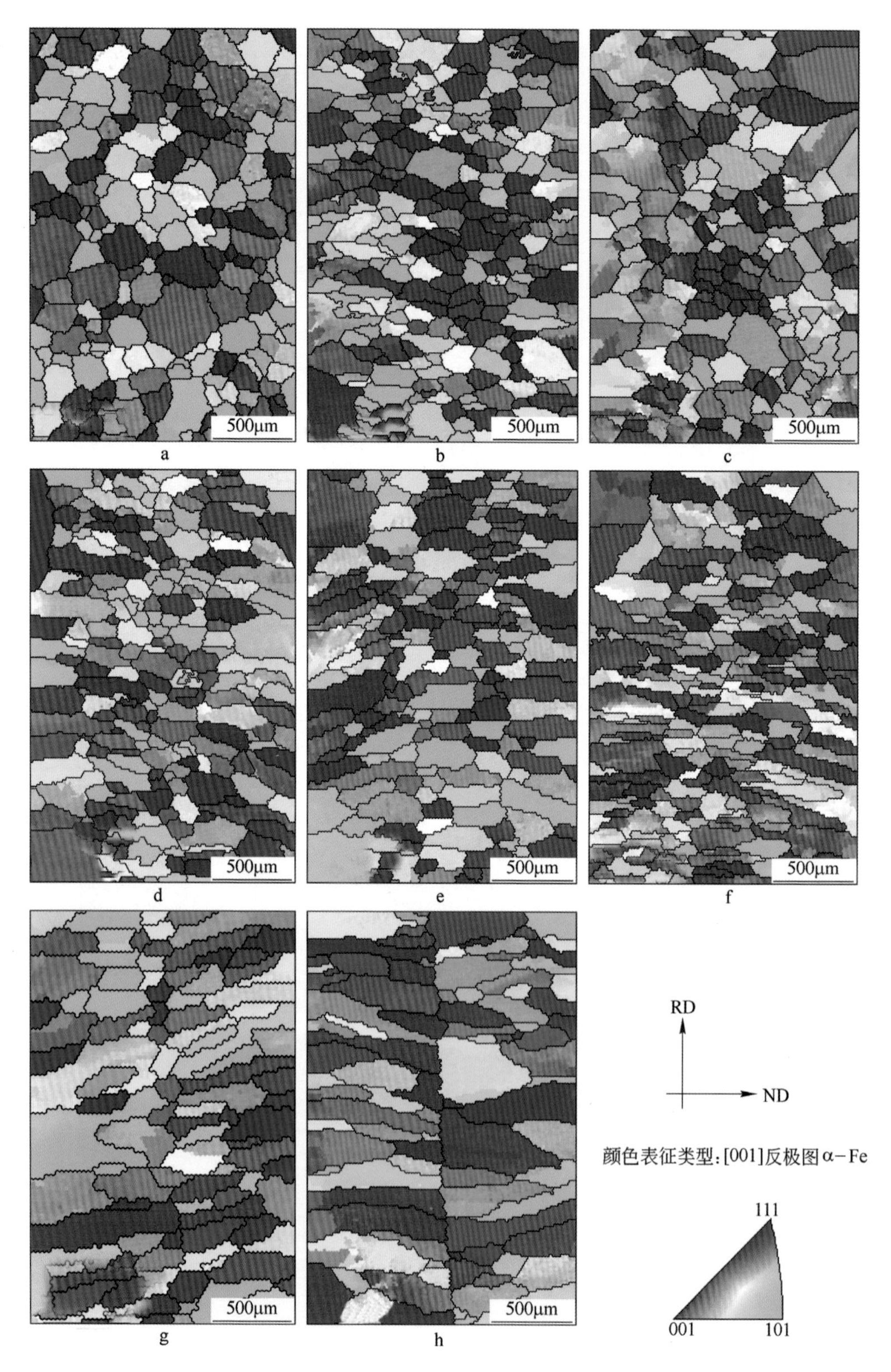

图 **10-2** 不同过热度条件下 Cr17 铁素体不锈钢铸轧带的晶体取向图

a—20℃； b—50℃； c—55℃； d—60℃； e—70℃； f—80℃； g—95℃； h—140℃

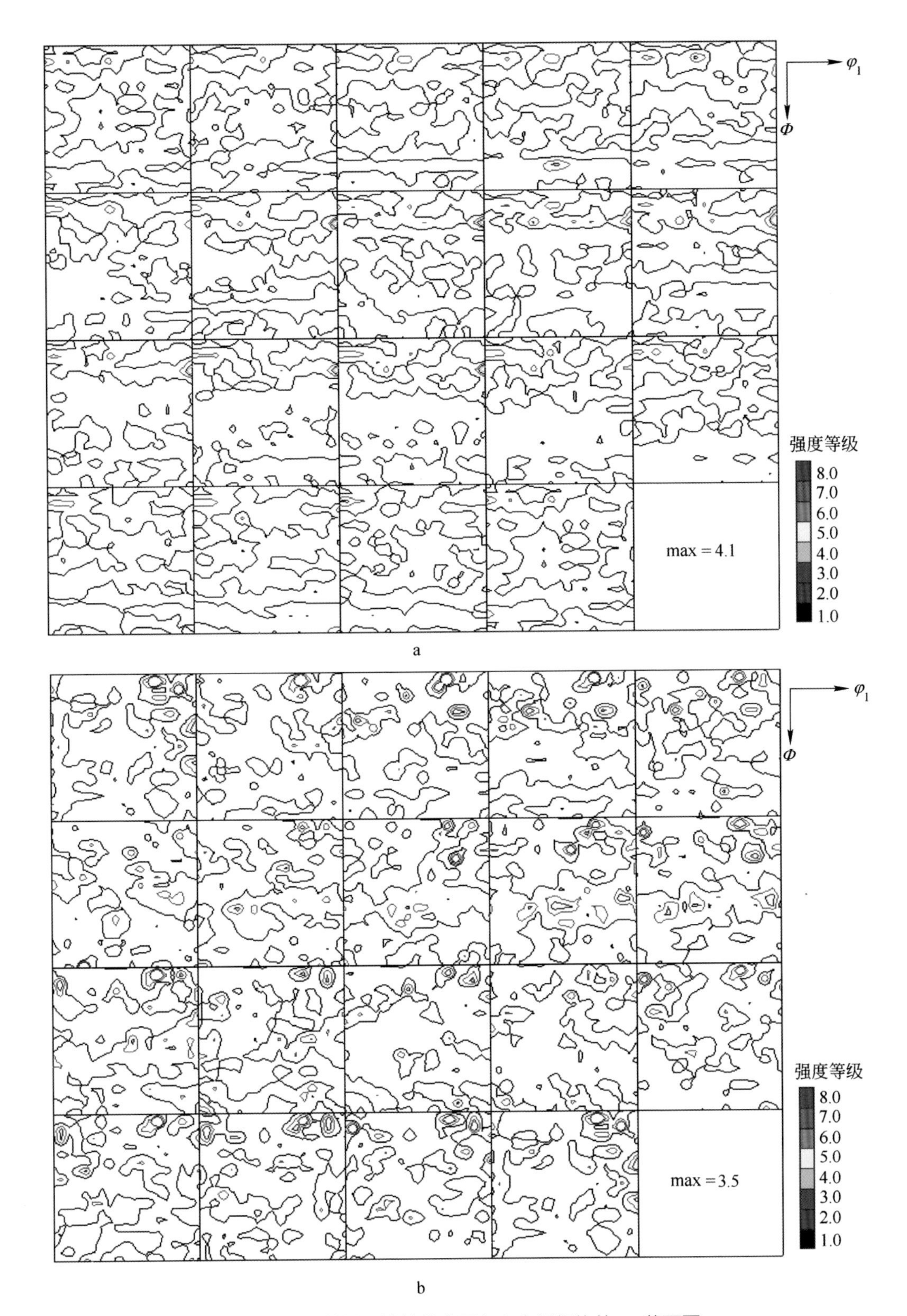

图 **10-4**　全等轴晶铸轧带表层和中心层织构的 φ_2 截面图

a — 表层；　b — 中心层

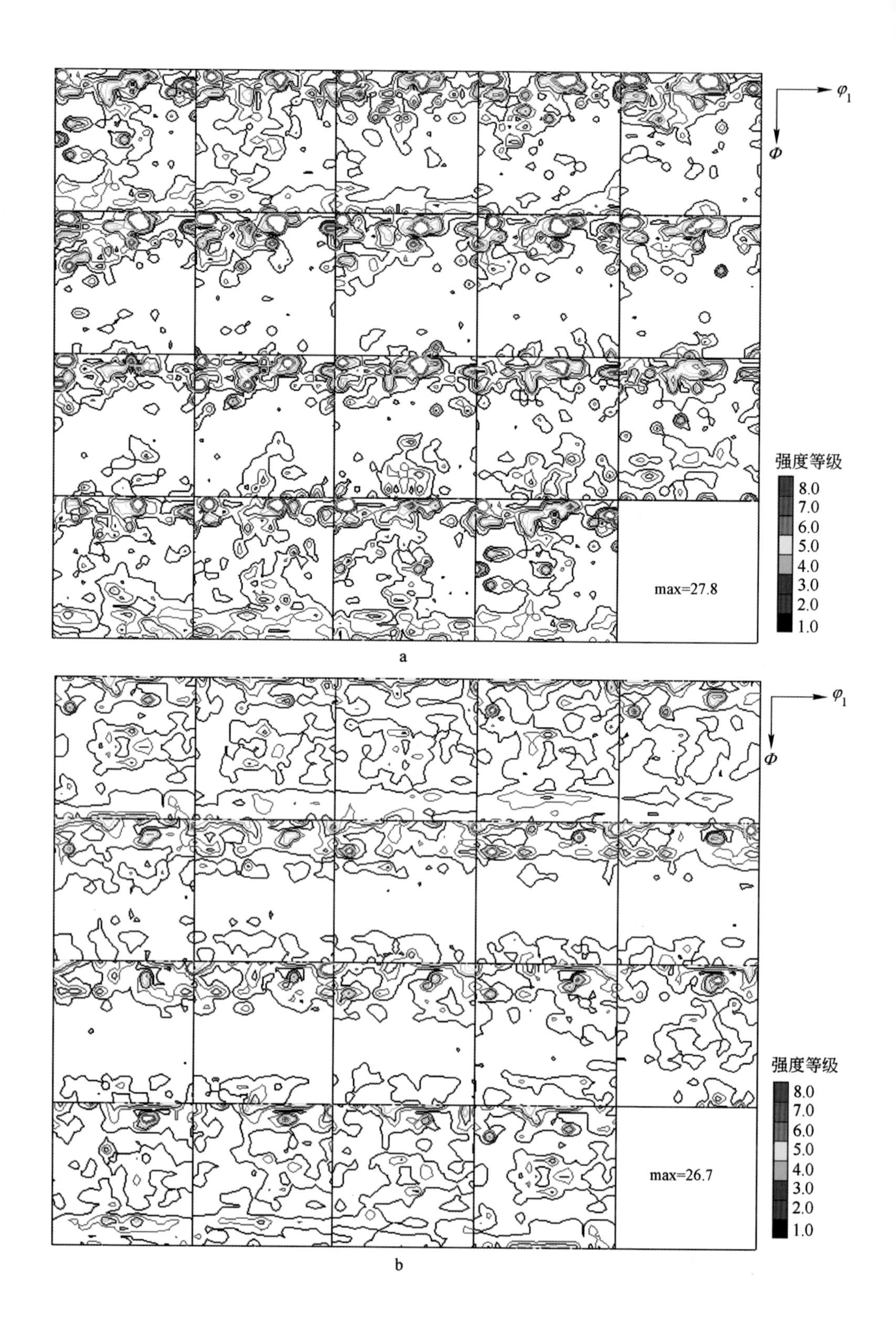

图 10-5　全柱状晶铸轧带表层和中心层织构的 φ_2 截面图

a—表层；　b—中心层

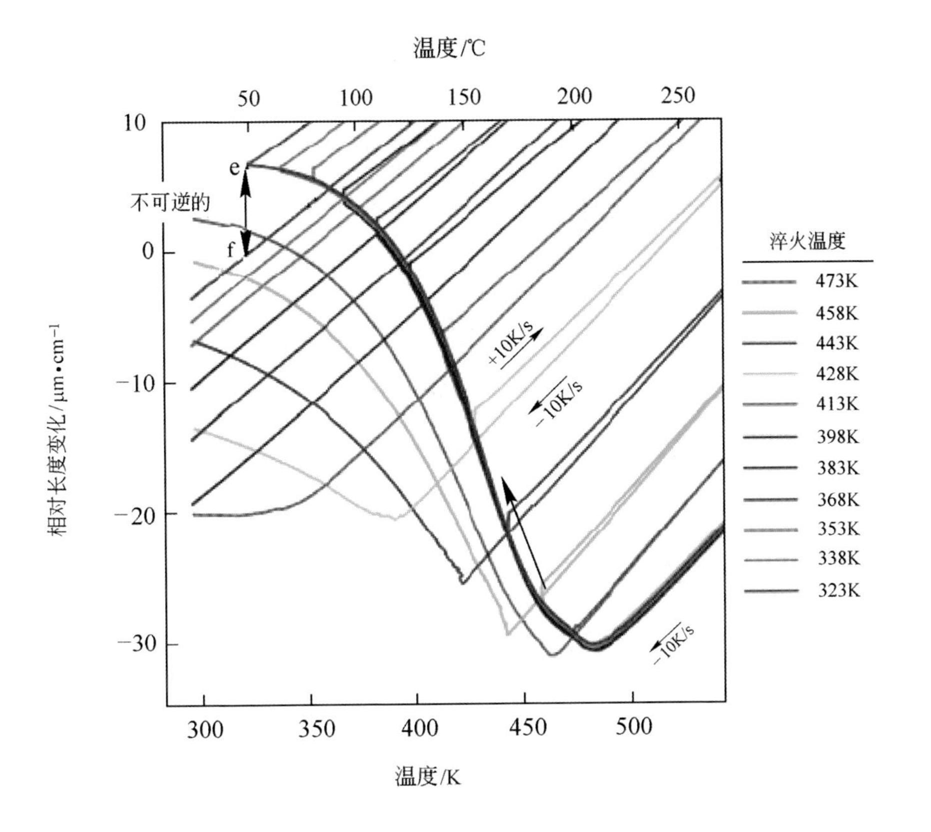

图 **10-13** 不同淬火温度下，AISI420 不锈钢中在“淬火－配分”过程中的热膨胀曲线

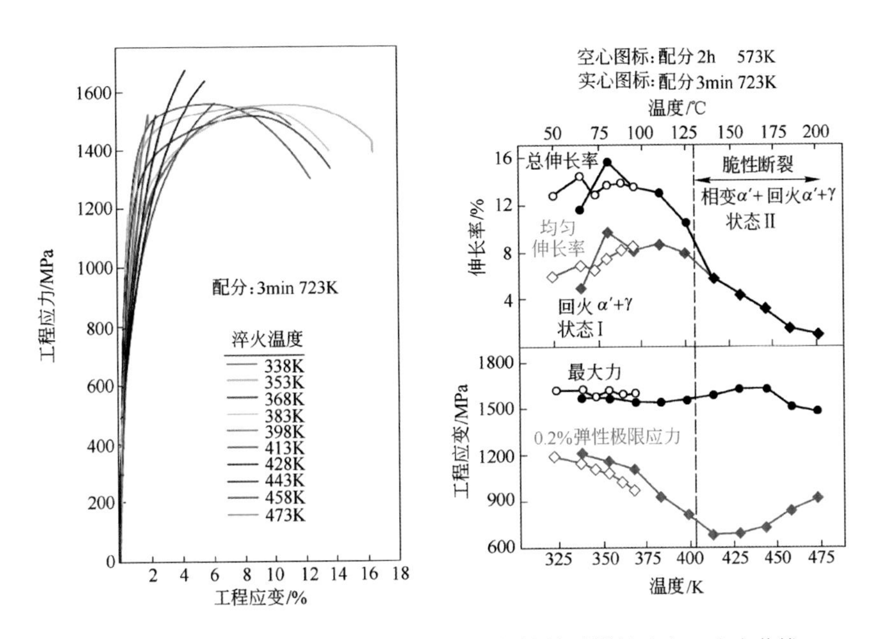

图 **10-16** 不同淬火温度下 AISI420 不锈钢拉伸试样的应力－应变曲线

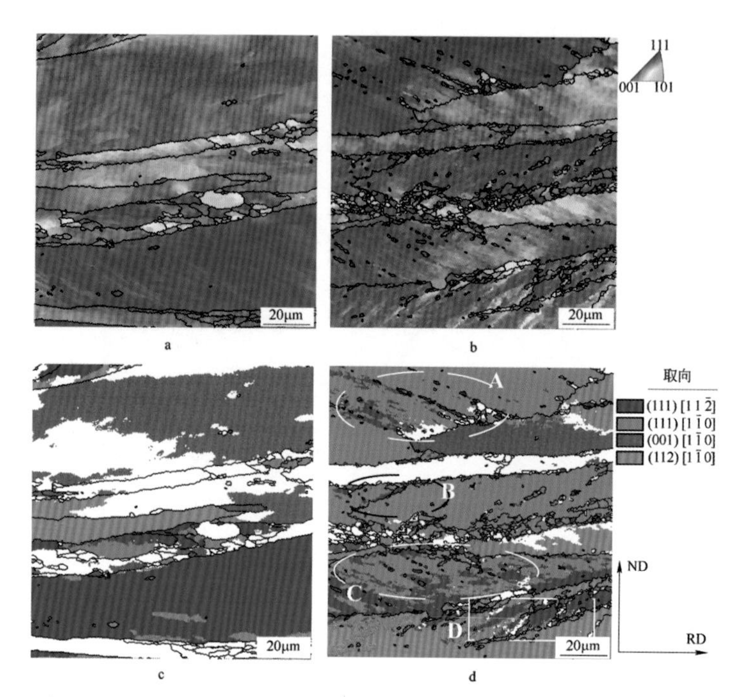

图 10-24　不含和含有晶内剪切带热轧板 950℃退火 75s 后的晶粒取向图（a,b）和特定取向分布图（c,d）

a，c — 不含晶内剪切带；　b，d — 含有晶内剪切带

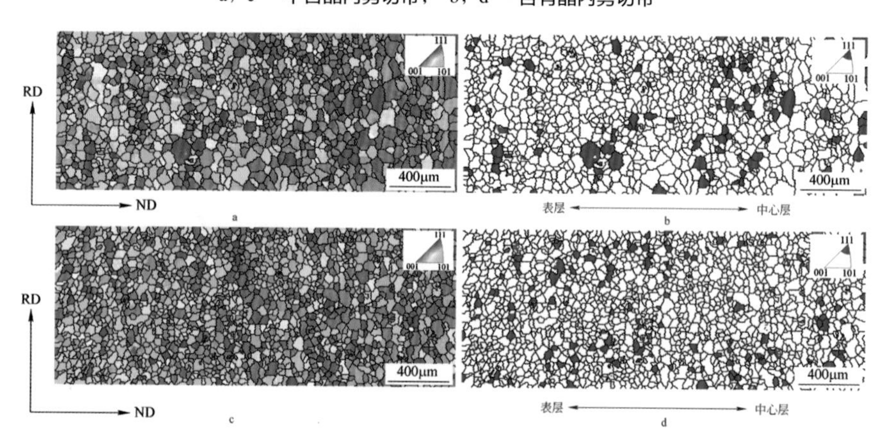

图 10-25　经不同精轧温度的热轧退火带钢纵截面的晶体取向分布图(a,c)和γ纤维取向晶粒分布图(b,d)

a，b — 850℃；　c，d — 800℃

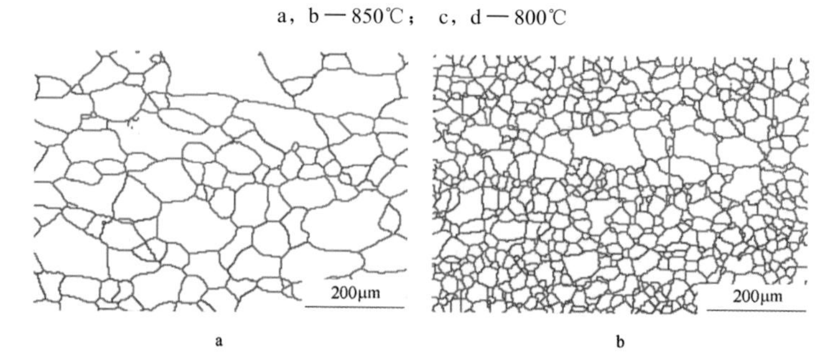

图 10-28　常规工艺与 TMCP 工艺条件下成品板的显微组织及冲击功随温度的变化关系

a — 常规工艺；　b — TMCP 工艺